Food Processing & Preservation

개정판 식품가공저장학

머리말

현대인의 식생활은 최근 들어 웰빙이라는 개념의 확산과 함께 천연식품의 선호로 바뀌고 있다. 그러나 인간의 생활에 있어 가공, 저장을 떼어 놓고 식생활을 생각하기 어렵다. 천연식품이라도 세척해야 하고, 남으면 이를 보관해야 하기 때문이다. 이런 의미에서 식품가공저장은 우리의 식생활에 아주 중요한 자리를 차지하고 있다.

식품가공산업은 기술의 발전과 더불어 날로 발전하고 있으며, 이로 인해 수많은 가공식품이 생산·수입·판매되고 있다. 현대 문명의 산물인 가공식품에 대한 논쟁은 지속되고 있어, 우리 소비자들이 올바른 판단을 하기 위해서는 이에 대한 기본지식을 갖고 있는 것이 중요하다.

이 책은 식품가공저장에 관한 기본 정의 및 각각에 영향을 주는 인자와 식품가공의 기초공정에 대하여 설명을 하였으며, 저장원리는 크게 열처리 공정과 비열처리 공정으로 분류하고 장별로 설명을 다루어 식품가공저장의 기본공정에 대해 이해하도록 하였다. 마지막으로 식품가공저장 각론을 다루어 실질적으로 식품을 가공저장할 때의 다양한 방법에 대해 설명하고, 이에 관련된 최신 정보와 연구 동향을 많이 다루려고 노력하였다.

모든 관련 정보를 다 수록하기에는 많이 부족하나 식품가공저장학을 배우는 학생들과 이 분야에 관심이 있는 사람들에게 조금이나마 도움이 되길 바라며, 지속적으로 새로운 정보를 수록하여 이 책이 더 유익한 교재가 되도록 노력할 것이며 이를 위해 많은 전문가의 도움을 부탁드리는 바이다.

책을 만드는 동안 함께한 교수님들과 여러 부분에서 인용된 책의 저자들께 감사드리며, 이 책이 출간되기까지 힘써주신 파워북 임직원들께도 감사드린다.

저자 일동

차례

01 식품가공 및 저장의 기초

1. 서론 10

1) 식품가공 및 저장의 정의 10
2) 식품가공 및 저장의 목적 11
3) 식품가공 및 저장의 분류 12

02 식품가공 및 저장에 영향을 주는 인자

1. 수분함량 및 수분활성도 16

2. 미생물 20

1) 수분활성도와 미생물 20
2) 온도와 미생물 22
3) pH와 미생물 22
4) 산소와 미생물 23
5) 삼투압과 미생물 24
6) 산화환원 전위와 미생물 25

3. 효소 25

1) 온도와 효소활성 26
2) pH와 효소활성 26
3) 기질농도와 효소활성 27
4) 압력과 효소활성 27
5) 수분활성도와 효소활성 27

4. 산소 28

5. pH 29

6. 온도 31

7. 빛 32

03 식품가공의 기초공정

1. 선별 및 세척 34

1) 선별 34
2) 세척 39

2. 분쇄 44

1) 분쇄공정 45
2) 분쇄비율 46
3) 분쇄기 46

3. 혼합과 유화 51

1) 혼합 51
2) 유화 56

4. 분리 58

1) 침강분리 59
2) 원심분리 60
3) 여과 61
4) 막분리 62
5) 압착 64
6) 흡착 65

5. 추출 65

1) 추출 66

6. 농축 68

1) 농축방법 및 장치 69
2) 냉동농축 72

7. 증류 72

1) 증류방법과 증류장치 72

8. 성형 74

1) 성형방법 75

04 저장원리

1. 열처리 80

1) 건조 80
2) 냉장 및 냉동 89
3) 가열 109
4) 가열살균 112

2. 비열처리 129

1) 삼투압과 화합물을 이용한 저장 129
2) 전자파와 전기의 이용 135
3) 가스저장(CA 저장 포함) 146
4) 고압살균 150
5) 포장 152

05 곡류, 서류 및 콩류

1. 곡류 가공 178

1) 도정 179
2) 쌀의 가공 및 이용 181
3) 보리의 가공 및 이용 187
4) 밀의 가공 및 이용 189
5) 제빵 200
6) 제과 210
7) 제면 212
8) 옥수수의 가공 및 이용 216

2. 서류 및 콩류 가공 218

1) 서류 가공 218
2) 전분 및 전분당 218
3) 콩류 가공 228
4) 콩을 이용한 발효식품 238
5) 주류 241
6) 커피 246

06 과일 및 채소 가공

1. 과일과 채소의 특성 및 가공상의 주의 250

1) 과일과 채소의 특성 250
2) 가공상의 주의할 점 253

2. 과일 및 채소류의 생리적 특성 255

1) 호흡작용 255
2) 후숙작용 256
3) 성장과 발육 256
4) 수분 손실 256
5) 펙틴질의 변화 256
6) 휴면작용 257

3. 과채류의 가공 257

1) 과일주스 257
2) 과일주스의 일반적 제조법 258
3) 여러 가지 과일주스 261

4. 젤리, 마멀레이드 및 잼 262

1) 젤리 응고의 원리 263
2) 젤리 264
3) 잼 266
4) 마멀레이드 266

5. 김치 266

1) 종류 및 규격기준 266

07 축산물 가공

1. 식육 및 식육가공 270

1) 식육의 성상 270
2) 식육의 화학적 조성 272
3) 육류의 사후경직과 숙성 275
4) 육류의 가공 277
5) 육류의 저장 285

2. 알(난)가공 286

1) 달걀의 구조 286
2) 달걀의 가공품 286

3. 우유 및 유가공 288

1) 우유의 성분 288
2) 시유 291
3) 농축유제품 294
4) 건조유제품 296
5) 크림 296
6) 버터 297
7) 치즈 298
8) 아이스크림 300
9) 발효유 302

08 수산물 가공

1. 수산 연제품 306

1) 연제품의 제조원리 306
2) 연제품의 종류 및 제조공정 307

2. 수산 건제품 309

1) 소건품 309
2) 염건품 309
3) 자건품 310
4) 동건품 310
5) 건제품의 저장 310

3. 수산 훈제품 311

1) 냉훈법 312
2) 온훈법 312
3) 전훈법 312
4) 액훈법 312
5) 훈제품의 저장 312

4. 수산 염장품 및 젓갈 313

1) 멸치젓 313
2) 새우젓 314

5. 조미 가공품 314

1) 조미 건제품 314
2) 조미 배건품 314

09 유지 가공

1. 유지의 분류 319

1) 식물성 유지 319
2) 동물성 유지 322

2. 유지의 채취 323

1) 식물성 유지의 채취 323
2) 동물성 유지의 채취 326

3. 유지의 정제 327

1) 전처리 327
2) 탈검 327
3) 탈산 328
4) 탈색 328
5) 탈취 328
6) 탈랍 329

4. 유지 가공품 329

1) 경화유 329
2) 마가린 330
3) 쇼트닝 331

5. 유지의 저장과 산패 332

1) 산패의 종류 332
2) 유지의 산패에 영향을 주는 요인 334
3) 항산화제 335

참고문헌 336 찾아보기 338

01

식품가공 및 저장의 기초

1. 서론

1. 서론

1) 식품가공 및 저장의 정의

식품은 인간의 생존에 있어 가장 중요한 요소임을 부인할 수 없다. 식품의 섭취를 통해 사람은 성장할 수 있으며, 건강한 생활을 영위할 수 있다. 또한 만족감 또는 즐거움을 제공하는 정신적인 역할도 수행한다. 우리나라에서 '식품'이라 함은 모든 음식물을 말한다. 다만, 의약으로서 섭취하는 것은 제외한다고「식품위생법」총칙에 간단히 정리되어 있다. 그러나 식품의 기능을 고려하여 식품을 정의하면, ① 성장을 비롯한 몸의 일련의 변화 과정을 위한 인체의 원활한 생리작용을 위해 먹는 모든 것, ② 체온유지 및 육체적 활동을 위한 에너지 공급을 위해 먹는 모든 것, ③ 식욕을 만족시키기 위해 먹는 모든 것 등을 포함할 수 있다. 물론 식품에 대한 정의는 사회, 민족, 국가에 따라 일부 다를 수 있다. 생명유지라고 하는 식품의 최소한의 기능을 고려하여 식품을 간단히 정의하면 "사람이 생명을 유지하고 건강한 생활을 영위하기 위해서는 영양소의 섭취가 필요하며, 이러한 영양소는 식품을 통해 이루어진다. 즉 식품이란 사람에게 필요한 영양소를 한 가지 이상 함유하고 있는 천연물 또는 그 가공품"이라 할 수 있다.

식품재료를 필요한 시기에, 필요한 양을, 필요한 곳에 항상 공급할 수 있다면 얼마나 좋을까? 식품의 근원은 유기물이다. 이러한 유기물로 이루어진 농산물, 수산물, 축산물 및 임산물이 바로 식품의 재료가 된다. 식품재료는 근본적으로 다량의 수분과 충분한 영양소를 함유하고 있어 변하기 쉬운 특징을 갖고 있다. '수분'과 '변화요인'을 제어할 수 있다면 식품재료의 수요와 공급은 보다 원활하게 이루어질 것이다. 인류는 선사시대부터 식품을 보다 안전하고 오랜 기간 사용하기 위하여 태양열을 이용한 건조, 자연적인 발효 및 동굴 같은 저온이 유지되는 곳에 식품재료를 보관하여 이용해 왔다. 그러나 현대의 식품가공 및 저장의 개념이 시작된 것은 1804년 니콜라스 아페르Nicolas Appert에 의해 살균, 밀봉이 가능한 통조림 공정이 개발된 이후부터이다. 그 후 프랑스 화학자인 루이스 파스퇴르Louis Pasteur에 의해 1857년 미생물과 식품 부패와의 관계가 밝혀졌으며, 1875년경 암모니아를 냉매로 사용한 기계적인 냉장시스템이 발명되었다.

이와 같은 과학적인 근거를 통해 비로소 식품을 장기 보관하는 식품의 저장 및 가공기술의 개발이 가능하게 되었다. 오늘날 여러 가지 방법이 식품의 맛과 외관 개선 및 저장성 향상에 이용되고 있다. 앞에서 언급하였듯이 식품재료는 근본적으로 변질되기 쉬운 특성을 갖고 있어 저장성 향상이 필요하며, 또한 식품원료에 새로운 기능 부여를 통한 부가가치 창출(신제품 개발)이 필요하다. 즉 식품가공 및 저장이라 함은 식품재료에 이화학적 또는 생물학적인 변화를 일으켜 오래 보존할 수 있게 하거나 더욱 쓸모 있는 식품으로 만드는 조작을 의미한다.

2) 식품가공 및 저장의 목적

식품의 가공 및 저장의 목적을 올바르게 이해하기 위해서는 먼저 식품의 생산에서부터 소비되기까지의 일련의 유통과정을 알아야 할 필요가 있다. 먼저, 일반적으로 식품원료는 계절적인 영향과 유통환경에 크게 영향을 받는다. 즉 원료의 생산량과 공급량이 주변 환경에 의해 크게 좌우되어 지속적이고 안정적인 공급이 어려울 수가 있다. 둘째, 이러한 특성을 갖고 있는 식품원료의 일부는 가공업자에 의해 원료 그대로 간단한 처리과정을 거친 후 여러 단계의 유통과정을 통해 판매되고 소비자에게 공급된다. 그리고 다른 식품원료는 구성성분들을 이용하여 여러 가지 가공방법을 통해 보다 가치 있는 산물로 만들어진 후 유통된다. 이와 같이 식품은 생산에서부터 소비자에 의해 소비되기까지 여러 단계의 과정을 거치게 된다. 이러한 과정을 거치는 동안 식품은 원료가 가지고 있는 기본적인 특성뿐만 아니라 각 단계에서 어떠한 환경과 가공 공정을 거쳤느냐에 따라 그 품질이 변화되는 정도가 달라진다. 일반적인 식품의 품질저하 요인은 그림 1-1과 같다.

그림 1-1에 나타나 있듯이 품질저하 요인은 크게 미생물, 효소, 화학적, 물리적 및 기계적 요인으로 구분할 수 있다. 이러한 품질저하 요인 및 현상에 대하여 정확히 이해하게 된다면 적합한 식품의 가공 및 저장기술을 적용할 수 있을 것이다.

식품가공 및 저장의 주된 목적을 보다 구체적으로 기술하면 ① 식품의 유통기한을 연장하고 계절적인 영향을 최소화하며 원료를 공급하는 것, ② 식품의 관능적 특성(향미, 색, 조직감)을 향상시키는 것, ③ 육체적·정신적 건강 증진에 필요한 영양소를 함유한 식품을 공급하는 것, ④ 식품원재료를 이용하여 새로운 부가가치를 부여한 식품을 제조하는 것, ⑤ 새로운 식습관의 변화를 유도하는 것이라 할 수 있다.

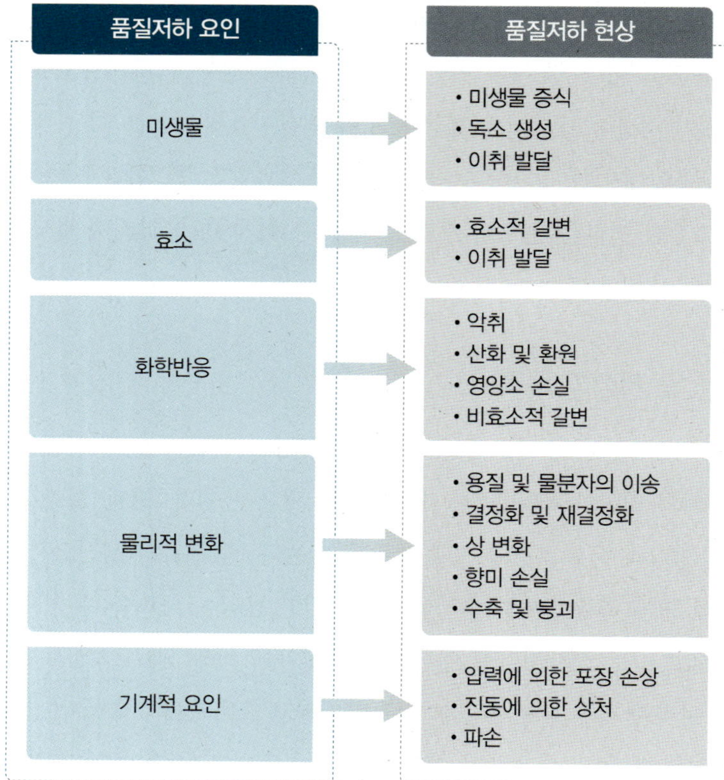

그림 1-1 품질 저하의 주된 요인과 현상

자료 : Gould, 1989

3) 식품가공 및 저장의 분류

식품저장은 식품의 변질을 억제하기 위해 사용하는 가공기술의 하나라 할 수 있으며, 식품가공은 이러한 근본적인 목적 외에 부가가치가 부여된 제품 개발에 사용되는 기술까지 그 범위가 확대된다고 볼 수 있다. 식품저장의 주된 목적은 식품 변화 요인 중의 하나인 미생물에 의한 영향을 최소화시키는 것이다. 식품에 대한 미생물의 영향은 미생물의 증식억제, 불활성화 및 2차 오염 방지를 위한 다양한 저장기술의 적용으로 최소화시킬 수 있다 **그림 1-2**.

일반적으로 모든 식품의 가공 및 저장은 단위조작unit operation으로 불리는 공정들의 조합으로 이루어져 그 목적을 달성하게 된다. 즉 식품원료의 특성 및 가공목적에 따라 적

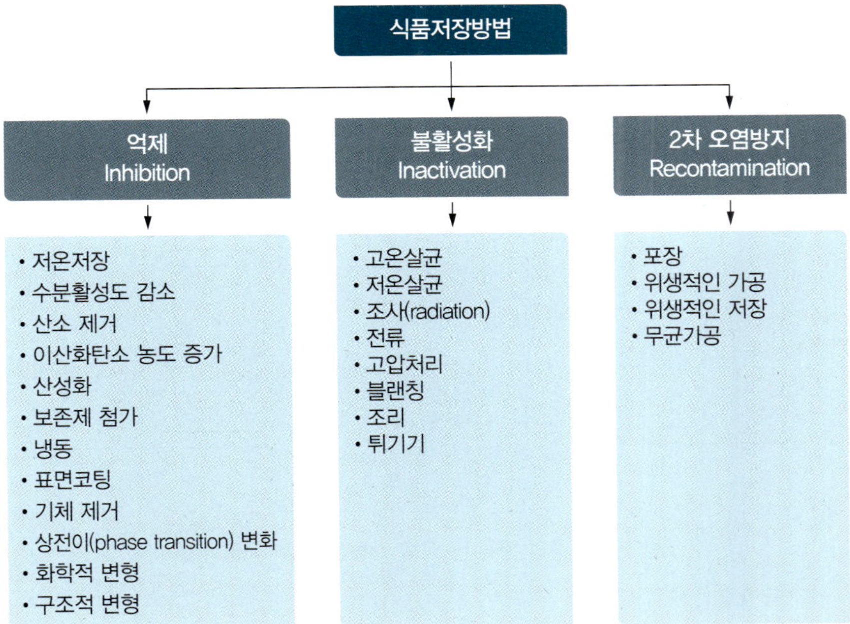

그림 1-2 주요 식품저장 기술
자료 : Gould, 1989; Gould, 1995

합한 공정들의 조합을 통해 식품의 가공 및 저장의 목적을 이룰 수 있으며, 가장 일반적인 단위공정들을 분류하면 다음과 같다. 식품가공 및 저장원리에서 보다 구체적으로 다룰 것이다.

- 열처리 공정 : 조리, 블랜칭, 저온살균, 고온살균(통조림, 레토르트 등)
- 증발 : 진공, 열교환, 원심분리 등
- 건조 : 천일건조, 열풍건조, 분무건조, 삼투건조, 동결건조 등
- 냉온저장 : 냉장 및 냉동
- 당, 산 저장 및 발효
- 조사 : 자외선 조사, 마이크로파, X-ray, 감마선(방사선) 조사

또한 식품은 변질되기 쉬운 정도에 따라 ① 수시간에서 1주일 이내에 쉽게 변질될 수 있는 식품, ② 1주일에서 수개월 이내에 변질될 수 있는 식품, ③ 수개월에서 길게는 몇

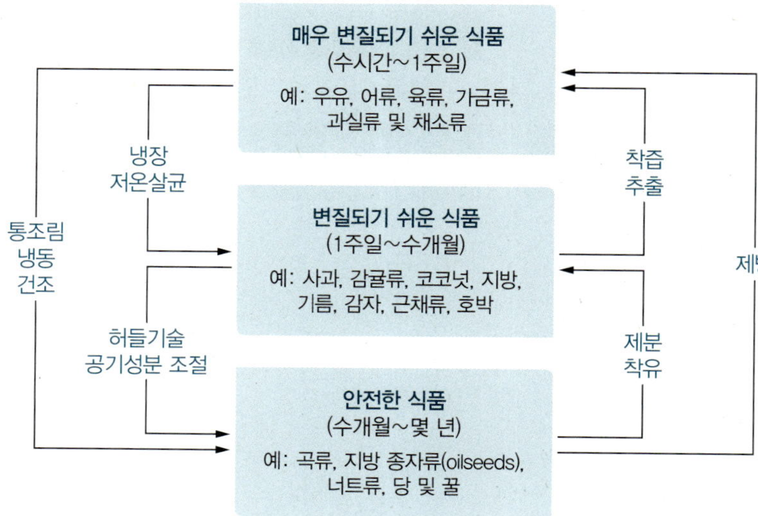

그림 1-3 식품의 분류 및 적용 가능한 가공·저장기술

자료 : Bourn, 2002

년 동안 변질되지 않는 식품으로 크게 분류할 수 있다. 이러한 식품의 기본적인 분류에 따른 유통기한과 여러 가지 가공 및 저장방법을 적용한 후의 유통기한 변화에 대하여 **그림 1-3**에 간략히 도식화하였다.

무엇보다 식품의 가공 및 저장은 최종적으로 수요자에 의한 선택을 받는 것이다. 그러나 이러한 선택성은 식품의 가공 및 저장을 통한 식품의 관능적 품질(외관, 색, 향미, 조직감), 영양적 품질(에너지 함량, 비타민, 무기질, 식이섬유, 지방, 유익한 균), 기능적 품질(영양강화, 소화성, 질병예방) 및 편리성(유통기한, 포장)을 개선한다고 하여 모든 것이 충족되는 것은 아니다. 식품의 선택성은 식품의 가공 및 저장을 통한 품질 향상과 더불어 광고, 소비자의 인지도, 사회·경제적 요인, 소비자의 연령 및 대중매체의 보고서 등도 반드시 고려해야 할 요인 중의 하나이다.

02

식품가공 및 저장에 영향을 주는 인자

1. 수분함량 및 수분활성도 2. 미생물 3. 효소
4. 산소 5. pH 6. 온도 7. 빛

모든 식품은 정도의 차이는 있으나 저장 중에 품질저하를 수반하며, 관능적 특성(색, 조직감, 향미), 영양가 및 안전성의 감소를 일으킨다. 식품의 품질저하 정도 및 현상은 식품원료의 특성, 즉 수분활성도, 구성성분, 초기 오염 정도 및 물리적 특성 등에 의존하게 된다. 식품저장 중에 일어나는 품질저하의 요인은 생물학적(미생물, 효소, 곤충·기생충 및 설치류), 화학적(산소, 빛) 및 물리적 요인(온도, 충격)으로 구분되며, 식품의 품질저하는 종종 이들 요인들이 단독으로 작용하기보다는 복합적인 작용에 의해 크게 영향을 받아 발생하는 현상이다. 일반적으로 천연의 상태로는 상온에서 **표 2-1**의 동·식물 조직의 유통기한이에 나타내었듯이 매우 짧고 쉽게 변화될 수밖에 없는 특성을 갖고 있어 식품의 가공 및 저장의 필요성이 있다고 할 수 있다.

표 2-1 일반적인 동·식물 조직의 유통기한

원료	유통기한(days) at 21℃
육류	~2
어류	1~2
가금류	1~2
건조, 염, 훈연된 육류 및 어류	1년 이상
과실	1~7
건조과실	1년 이상
엽채류(상추, 시금치 등)	1~2
뿌리작물(순무, 당근, 참마 등)	7~20
건조 종자(곡류)	1년 이상

자료 : Desrosier, 1977

1. 수분함량 및 수분활성도

식품 속의 수분은 구성성분들과 수소결합되어 쉽게 제거가 어려운 결합수와 용매로서 작용할 수 있는 자유수로 존재한다. 이러한 식품 속의 수분함량은 외부환경, 즉 상대습도relative humidity, RH와 온도에 의해 크게 영향을 받는 성질이 있다. 식품 속의 수분함량은 외부환경 변화에 따라 감소(탈습)하거나 증가(흡습)하게 되는데, 이러한 변화는 1차적으로 식품의 물리적 구조의 변화를 일으키는 원인이 되며, 2차적으로 식품 구성성분의 안정성

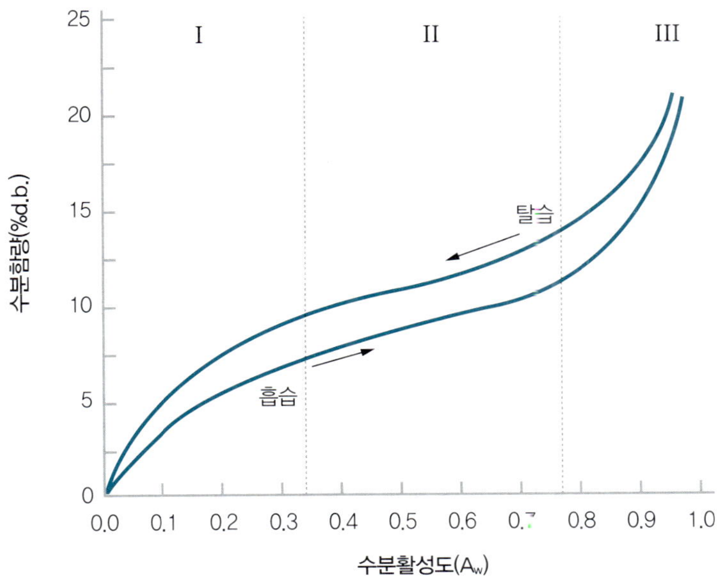

그림 2-1 일반적인 등온흡습탈습곡선

에 영향을 미치게 된다. 식품의 수분함량과 외부환경과의 상관관계, 즉 특정온도에서 평형상대습도Equilibrium Relative Humidity, ERH에 따른 식품의 수분함량과의 관계를 그래프로 나타낼 수 있는데, 이를 등온흡습탈습곡선이라 한다 **그림 2-1** 또한 평형상대습도는 식품의 구성성분과 수분과의 결합력의 차이를 고려한 수분활성도water activity, A_w와 일정한 상관관계를 갖는다. 식품의 수분활성도는 어떤 임의의 온도에서 순수한 물의 수증기압에 대한 그 식품의 수증기압의 비율로 정의되며, 평형상대습도와의 관계로 나타낼 수 있다.

$$A_w = \frac{P_s}{P_0} = \frac{N_w}{N_w + N_s}, \quad A_w = \frac{RH}{100}$$

여기서 N_w는 물의 몰mole수를, N_s는 용질의 몰수를 의미한다.

식품의 수분활성도는 구성성분의 종류 및 양에 따라 변하는 특성이 있지만, 동일한 종류의 식품에서는 큰 차이를 보이지 않는다. 이들 식품은 상대습도 및 온도에 따라 흡습 및 탈습현상이 일어나며, 이것이 넓은 수분활성도 범위에서 발생할 경우 흡습곡선과 탈습곡선이 일치되지 않는 현상이 나타나게 된다. 즉 동일한 수분활성도에서 식품 속의 수분함량이 달리 나타나는 히스테리시스hysteresis를 일으킨다. 히스테리시스 크기는 식품의 구성성분, 주변 온도, 저장기간, 전처리방법, 건조온도 및 흡습·탈습의 반복횟수 등에 의존하며, 일반적으로 동일한 수분활성도에서 등온탈습곡선의 수분함량이 등온흡습곡선보다 높게 나타나는 특징이 있다.

그림 2-2에서는 수분활성도에 따른 식품 구성성분의 상대적인 안정성과 수분함량과의 관계를 나타내었다. 일반적인 식품 원재료는 수분활성도가 큰 III영역을 가지며, 이 영역에서는 식품의 품질저하를 가져오는 미생물의 증식, 효소에 의한 반응 및 구성성분들의 화학반응이 촉진되는 특징을 갖고 있어 많은 주의 및 관리를 필요로 한다. II영역은 대부분의 수분이 구성성분들과의 수소결합에 의해 유지되는 영역으로 수분이 다분자층을 이루고 있다. II영역의 수분활성도를 갖는 식품(잼, 곶감, 건포도, 반건조오징어 등)은 비교적 우수한 저장 안정성을 나타내며 중간수분식품Intermediate Moisture Food, IMF에 속한다. I영역은 식품 속의 대부분의 수분이 단분자층을 형성하는 부분으로 구성성분들의 이온기나 극성기와 강하게 결합된 결합수의 형태로 존재한다. 이 영역에서는 지방질을 많이 함유하고 있는 식품의 경우 유지의 산화가 촉진되어 저장 안정성이 II영역의 식품보다 오히려 낮게

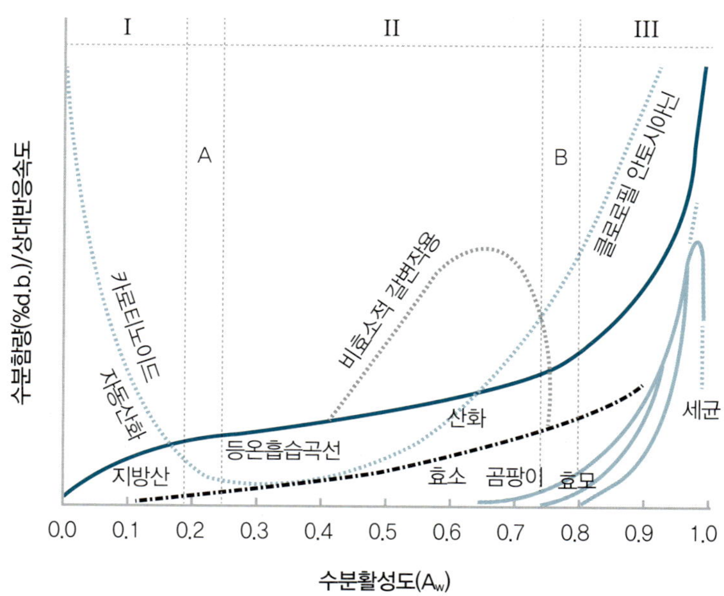

그림 2-2 수분활성도에 따른 식품의 수분함량과 상대적인 안정성

자료 : Rockland, 1987

나타나기도 한다. 일반적으로 식품의 저장 안정성이 가장 좋은 영역은 그림 2-2에서 볼 수 있듯이 I영역과 II영역의 경계부분이다. 이 부분의 단분자막에 흡착된 수분함량은 여러 가지 식(Caurie eq., GAB eq., BET eq.)을 통해 구할 수 있으며, 식에 따라 단분자막에 흡착된 수분함량이 다소 차이가 난다. 단분자막에 흡착된 수분함량은 Caurie eq. > GAB eq. > BET eq. 순으로 감소하며, 여기서는 대표적으로 BET Brunauer-Emmett-Teller식을 소개하고자 한다.

일반적으로 BET식은 수분활성도 0.5 이하에서 실제결과와 예측결과가 잘 들어맞는 경향을 보이므로, 0.5 이하의 수분활성도를 5 point 정도로 세분화하여 각각의 수분활성도에서 평형상태의 수분함량을 구한다. 이 결과를 BET식에 대입하여 구한 직선식의 절편과 기울기로부터 식(2)를 이용하여 BET 단분자막 수분함량(A영역 부근)을 계산할 수 있다. 이 값은 식품 종류에 따라 건조한계를 정하는 중요한 지표로 활용될 수 있으며, 실제 단분자층을 형성하는 수분함량은 전분식품 6%, 식육·달걀·생선 3.5%, 건조채소 및 분유 2% 정도로 그 수분함량이 매우 낮다.

BET equation,

$$\frac{A_w}{(1-A_w)\cdot M} = \frac{(C-1)}{M_c \cdot C}\cdot A_w + \frac{1}{M_c \cdot C} \quad \cdots\cdots (1)$$

$$\text{BET 단분막 수분함량(\%)} = \frac{1}{\text{BET 그래프 기울기}+\text{BET 그래프 Y절편}} \quad \cdots\cdots (2)$$

M: 수분함량, M_c: 단분자막 수분함량, c: BET 상수

식품의 수분활성도와 구성성분의 안정성은 그림 2-2와 같다. 일반적으로 세균은 수분활성 1.0~0.90(내염성 0.75)에서, 효모는 1.0~0.88(내삼투압성 0.60)에서, 곰팡이는 1.0~0.80(내건성 0.65)에서 생육이 가능하다. 즉 수분활성도 0.5 이하에서 일어나는 식품의 품질저하 원인은 미생물의 생육과 관계가 없음을 알 수 있다. 그러나 효소의 경우 일반적으로 수분활성이 감소함에 따라 상대반응속도가 감소하며 단분자층 수분활성 수준에서는 기질의 이동이 불가능하기 때문에 반응이 거의 정지된다. 그러나 특정 효소, 즉 리파아제의 경우 수분활성 0.1~0.3에서도 활성을 갖는 것으로 보고되어 있다. 이는 용매로서 작용할 수 있는 수분의 감소에 따른 기질과의 반응성이 감소하기 때문이다. 비효소적

갈색화 반응속도는 수분활성 0.6~0.7 범위에서 최대값을 가지며, 이 범위 전후에 감소하는 경향을 나타낸다. 유지 산화속도의 경우 단분자층 수분함량 이하에서 수분활성도가 감소할수록 증가하는 경향을 보이며, 특히 다공성 식품에서 불포화지방질의 산화가 매우 빠르게 가속화되는 경향을 나타내는 것으로 알려져 있다.

2. 미생물

모든 미생물이 질병이나 식품의 부패를 일으키는 것은 아니다. 그중 일부는 식품을 저장하고 만드는 데 있어 중요한 역할을 한다. 젖산을 생성하는 젖산균은 침채류, 치즈, 소시지 등을 제조하거나 저장성을 향상시키며, 알코올을 생성하는 효모는 주류 제조에 있어 중요한 역할을 수행하기도 한다. 그러나 대부분의 경우 식품의 저장 안정성을 위해 식품 품질저하의 주요인자인 미생물의 작용을 억제하는 것은 필수불가결한 요소이다. 미생물의 생육을 억제하기 위한 방법은 기본적으로 미생물의 생육에 미치는 영향인자, 즉 수분활성도, 온도, pH, 산소 등으로부터 찾을 수 있다.

1) 수분활성도와 미생물

미생물의 생육에 필요한 수분을 제어함으로써 미생물의 생육을 억제할 수 있다. 식품에 적용하는 여러 가지 건조는 식품 속의 수분을 직접적으로 제거함으로써 용질의 농도를 높여 수분활성도를 감소시킬 수 있다. 또한 염이나 당의 첨가는 이들 성분과 수분의 결합에 의해 이용 가능한 수분을 제어함으로써 미생물의 생육을 억제할 수 있다. 미생물의 종류에 따라 생육할 수 있는 한계수분활성도critical water activity가 다르지만, 그것은 대부분의 식품에서 0.6~0.7로 알려져 있다. 하지만 병원성세균의 경우 0.85~0.86 이하에서는 생육할 수 없으며, 효모와 곰팡이는 0.80 정도까지 생육할 수 있으나 보통 약 0.62까지 생육이 가능한 것으로 알려져 있다. 또한 이러한 한계수분활성도는 여러 가지 요소, 즉 pH, 염, 항생물질, 열처리, 온도 등에 의해 변화될 수 있음을 명심해야 한다. 일반적으로 잘 알려진 독소생성과 증식이 가능한 세균과 곰팡이의 최소수분활성도minimal water activity를 각각 **표 2-2** 및 **표 2-3**에 나타내었다.

표 2-2 세균성 독소 생성 및 증식을 위한 최소수분활성도

세균	최소수분활성도(mininal water activity)		독소(toxin)
	성장	독소 생성	
Bacillus cereus	0.93~0.95	–	–
Clostridium botulinum	0.93~0.95	0.94~0.95	Type A
	0.93~0.94	0.94	Type B
	0.95~0.97	0.97	Type E
Clostridium perfringens	0.93~0.95	–	–
Salmonella spp.	0.92~0.95	–	–
Staphylococcus aureus	0.86~0.87	0.87~0.90	Enterotoxin A
	0.86~0.87	0.97	Enterotoxin B
Vibrio parahaemolyticus	0.94	–	–

자료 : Beuchat, 1981

표 2-3 곰팡이 성장 및 독소 생성을 위한 최소수분활성도

세균	최소수분활성도(mininal water activity)		독소(toxin)
	성장	독소 생성	
Alternaria alternata	–	<0.90	Altenuene, alternariol,
			alternariol monomethyl ether
Aspergillus flavus	0.78~0.80	0.83~0.87	Aflatoxin
Aspergillus parasiticus	0.82	0.87	Aflatoxin
Aspergillus orchraceus	0.77~0.83	0.83~0.87	Ochratoxin
Byssochlamys nivea	0.84	–	–
Penicillium cyclopium	0.81~0.85	0.87~0.90	Ochratoxin
Penicillium viridicatum	0.83	0.83~0.86	Ochratoxin
Penicillium ochraceus	0.76~0.81	0.80~0.88	Penicillic acid
Penicillium cyclopium	0.82~0.87	0.97	Penicillic acid
Penicillium martensii	0.79~0.83	0.99	Penicillic acid
Penicillium islandicum	0.83	–	–
Penicillium urticae	0.81~0.85	0.85~0.95	Patulin
Penicillium expansum	0.83~0.85	0.99	Patulin
Stachybotrys atra	0.94	0.94	Stachybotrym
Trichothecium roseum	0.90	–	Trichothecine

자료 : Beuchat, 1981

2) 온도와 미생물

일반적으로 세균은 생육적온에 따라 고온세균(최저온도 : 30~40°C, 최적온도 : 55~65°C), 중온세균(최저온도 : 5~10°C, 최적온도 : 30~40°C), 저온세균(최저온도 : 0~5°C, 최적온도 : 12~18°C)으로 나눌 수 있다. 이들 미생물은 생육 최저온도 이하에서는 성장하지 못하지만 사멸되는 것은 아니다. 그러나 생육이 가능한 최고온도 이상에서는 쉽게 사멸하는 특성을 갖고 있다. 이 원리를 이용하여 저온저장(냉장, 냉동)이나 가열처리(저온살균, 고온살균 등)에 의해 식품의 저장 안정성을 높일 수 있다. **표 2-4**에 몇몇 병원균의 생육 최저온도를 나타내었다.

표 2-4 병원균의 최저생육온도

병원성 박테리아	최저생육온도(°C)
Staphyloccus aureus	6.7
Clostridium botulinum Type A & B	12.5
Clostridium botulinum Type E	3.3
Salmonella Heidelberg	5.3
Salmonella Typhimurium	6.2
Bacillus cereus	10.0
Clostridium perfringens	20.0

3) pH와 미생물

미생물은 생육을 위하여 물, 영양소, 적당한 온도 및 pH를 필요로 한다. 식품의 부패 및 독소를 생성하는 최소 pH는 식품의 종류에 따라 차이가 있어 그 기준을 정하기 어렵다. 그러나 일반적으로 미생물에 의한 식품의 위생 안전성을 고려할 때 pH 4.5를 기준으로 한다. pH 4.5 이하에서는 *C. botulinum*이 증식할 수 없기 때문이며, 또한 식품의 pH에 따라 내열성에 영향을 미치므로 생육 가능한 포자를 파괴하기 위하여 다른 열처리 시간을 필요로 한다 **표 2-5**. 그리고 약 pH 4.2 이하에서는 식중독을 일으키는 대부분의 미생물의 생육이 잘 제어되지만, 젖산균이나 효모, 곰팡이 종류들은 여전히 잘 생육할 수 있다. 몇몇 중요한 식품 부패와 독소를 생성하는 미생물의 생육이 가능한 최저 pH를 **표 2-6**

표 2-5 식품의 pH에 따른 *Clostrium botulinum* 포자 파괴에 필요한 시간

식품의 종류	식품의 PH	온도				
		90˚C	95˚C	100˚C	105˚C	108˚C
옥수수	6.45	555	465	255	30	15
시금치	5.10	510	345	225	20	10
강낭콩	5.10	510	345	225	20	10
호박	4.21	195	120	45	15	10
배	3.75	135	75	30	10	5
자두(prune)	3.60	60	20	-	-	-

자료 : Weiser, 1971

표 2-6 식품의 위생안전성에 영향을 미치는 미생물들의 생육이 가능한 최저 pH

미생물	최소 pH	미생물	최소 pH
Acetobacterium spp.	2.8~4.3	*Listeria monocytogenes*	4.3
Bacillus acidocaldarius	2.0~5.0	*Lactobacillus species*	3.0
Bacillus cereus	4.9	Molds	1.5~11
Campylobacter jejuni	5.3	*Pseudomonas* spp.	5.0
Clostridium botulinum (proteolytic)	4.6	*Saccharomyces cerevisiae*	2.35~8.6
Clostridium botulinum (nonproteolytic)	4.7	*Salmonella* spp.	4.0
Clostridium thermoaceticum	5.0~8.0	*Stphylococcus aureus*	4.0
Enterococcus faecalis	4.4~9.1	*Vibrio parahaemolyticus*	4.9
Escherichia coli	4.0	Yeasts	1.5~8
Lactic acid bacteria	3.5	*Yersinia enterocolitica*	4.4

에 나타내었다. 일반적으로 pH의 조절만으로 모든 미생물의 생육을 조절하기는 어려운 것이 사실이다.

4) 산소와 미생물

미생물의 생육은 산소농도에 크게 의존하며, 산소 요구성에 따라 분류할 수 있다. 산

표 2-7 산소요구성에 따른 미생물의 분류

분류	미생물 종류
편성호기성(obligate aerobe)	*Pseudomonas fluorescens*, *Penicillium* spp., *Hansenula* spp., 곰팡이, 효모
미호기성(microaerobe)	*Lactobacilli*, *Campylobacter* spp.
통성혐기성(facultative anaerobe)	*Saccharomyces cerevisiae*, *Escherichia coli*, *Salmonella* spp., *Staphylococcus aureus* 등
내성혐기성(aerotolerant anaerobe)	*Streptococcus* spp., *Clostridium perfringens* 등
편성혐기성(obligate anaerobe)	*Clostridium* spp., *Bifidobacterium*, *Methanobacterium* 등

소가 없으면 생육이 불가능한 편성호기성 미생물, 산소를 요구하지만 비교적 낮은 농도(2~10%)의 산소를 요구하는 미호기성 미생물, 산소를 이용하지만 산소 없이도 생장이 가능한 통성혐기성 미생물, 산소를 이용하지 못하나 산소 존재하에서도 죽지 않는 내성혐기성 미생물 그리고 산소 존재 시 생장이 불가능한 편성혐기성 미생물로 구분되며, 각각의 미생물을 **표 2-7**에 나타내었다. 치즈의 경우처럼 왁스 코팅이나 산소 차단필름을 사용하여 산소를 배제하면 편성호기성인 곰팡이의 생육은 쉽게 억제된다. 그러나 편성혐기성의 경우 공기의 공급에 의해 생육을 억제할 수 있으나, 큰 부피의 식품에는 적용하기가 매우 어렵고 위험하다. 왜냐하면, 식품의 중심부는 여전히 혐기상태이며, 호기성균도 증식이 가능하여 2차적인 문제가 야기될 수 있기 때문이다. 또한 식품의 종류 및 최종제품의 형태에 따라 산소의 농도가 다르고 그에 따른 생육 가능한 유해 미생물의 종류가 영향을 받으므로 식품가공 및 저장방법을 적용할 때 주의해야 한다. 특히 통조림 식품에서 중요시되는 미생물은 혐기성 식중독균인 *Clostridium botulinum*이므로 살균공정에 주의해야 한다.

5) 삼투압과 미생물

과실은 당시럽에서, 특정 육류는 소금물에서 저장성이 향상될 수 있다. 일반적으로 세균, 효모, 곰팡이는 세포막을 통해 물의 이동이 가능하며, 보통 세포 안에 80% 이상까지 함유할 수 있다. 농도가 높은 시럽이나 소금물에서는 삼투압의 차이에 의해 세포 안의 수분이 세포막을 통하여 세포 밖의 용액으로 이동하기 때문에 세포 안의 수분함량은 30~40%까지 감소될 수 있다. 이것은 결국 세포의 원형질 분리plasmolysis를 일으켜 미생물의 증식을 방해하는 결과를 초래하게 되어 식품의 저장성이 향상되게 된다. 그러나 삼투현상에 의한 미생물의 증식억제는 식품과 용액의 수분활성도와 밀접하게 관련되어 있다. 즉 용질농도가 높은 용액은 높은 삼투압과 낮은 수분활성도를 나타낸다. 삼투압과 수분활성도는 용질의 분자량과 생성된 이온의 수에 의해 좌우된다. 즉 무게가 동일한 경우 용질의 분자량이 작을수록 삼투압을 높이고, 수분활성도를 감소시키는 데 보다 큰 효과를 보이게 되는 것이다. 일반적으로 곰팡이와 효모는 대부분의 세균보다 삼투압에 대한 저항성이 크기 때문에 종종 높은 농도 식품(과일잼, 베이컨 등)에서 이들의 생육을 관찰할 수 있다.

6) 산화환원 전위와 미생물

산화환원 전위Redox Potential, Eh는 식품의 산화력(전자수용)에 대한 환원력(전자공여)의 비율로 정의된다. 고도로 산화된 물질은 양의 Eh값을, 반대로 고도로 환원된 물질은 음의 Eh값을 갖는다. 일반적으로 호기성 세균은 증식을 위해 음의 Eh값을 필요로 하는 혐기성 세균보다 높은 Eh값에 잘 견딜 수 있다. 성장을 위한 산화환원 전위는 호기성 미생물의 경우 +500~+300mV, 통성혐기성 미생물의 경우 +300~-100mV, 혐기성 미생물의 경우 +100~-250mV이다. 식품에서 미생물의 성장은 산소의 소비와 수소 같은 환원물질의 생성으로 인하여 Eh값을 감소시켜 증식 가능한 미생물의 종류가 변하기도 한다.

3. 효소

미생물이 효소를 이용하여 식품에서 발효, 산패, 부패 등을 일으키는 것처럼 감염되지 않은 동·식물성 식품원료의 경우도 자체의 다양한 효소를 함유하고 있어 식품의 저장 안정성에 영향을 미치는 요인이 된다. 또한 이들 효소들은 저장조건에 의해 영향을 받지만 대체로 수확이나 도살 후에도 일정 기간 여전히 활성을 유지하는 특성이 있다. 수확이나 도살 전에는 이들 효소의 작용이 잘 조절되어 생체에 큰 영향을 미치지 않지만 그 후에는 여러 가지 효소의 작용으로 단백질 가수분해proteolysis, 당화, 변색 등이 조절되지 않은 상태로 진행되어 대부분 식품의 품질저하를 일으키는 원인이 된다. 이러한 효소작용은 2차적으로 미생물의 오염 및 증식을 더욱 쉽게 하여 식품의 품질변화를 한층 촉진하는 결과를 초래하기도 한다. 일반적으로 효소활성은 온도, pH, 기질 농도, 압력 및 수분활성도 등에 의해 영향을 받으므로 이를 잘 응용하여 식품의 저장성을 향상시킬 수 있다.

1) 온도와 효소활성

일반적으로 화학반응속도는 넓은 범위에서 온도가 상승할수록 증가하는 경향을 보이지만, 효소는 대부분 단백질로 이루어져 있어 열에 의한 변성이 진행되기 전까지만 반응속도가 증가하게 되며, 변성이 진행되면 오히려 반응속도가 감소하는 경향을 나타낸다. 또한 효소는 종류 및 기원에 따라 최적 활성온도가 다르며, 극고온성 효소(90°C)도 있으나 대체로 30~60°C에서 최적 활성온도를 나타낸다 **그림 2-3**.

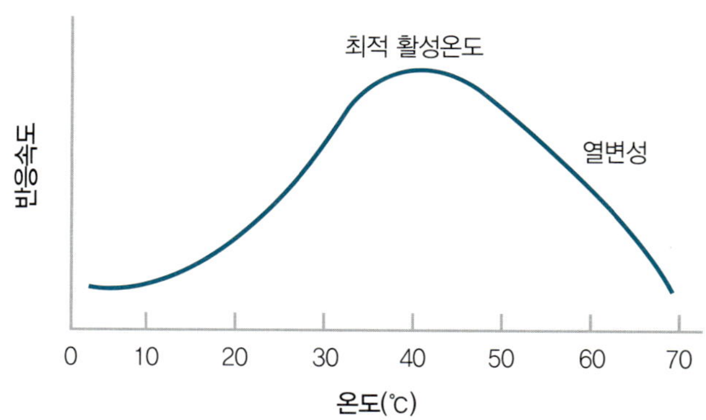

그림 2-3 일반적인 효소의 최적활성온도

2) pH와 효소활성

효소의 작용은 활성부위를 이루고 있는 아미노산의 이온화 상태뿐만 아니라 효소의 3차 또는 4차 구조의 안정적인 유지가 필요하다. pH는 효소의 전체적인 구조나 활성부위의 이온화 상태에 영향을 미치는 중요한 인자 중의 하나이며, 온도와 마찬가지로 효소작용의 최적 pH는 효소의 종류 및 기원에 따라 다르지만 대체로 생체 내 효소들은 중성 부근의 pH에서 최적활성을 나타낸다. 불포화지방산의 산화를 촉매하는 lipoxygenase는 pH 3.0 이하에서, 열에 불안정한 pectinesterase는 pH 2와 12에서 비가역적으로 불활성화된다. 그러나 열에 안정한 pectinesterase는 pH 12에서 약하게 처리될 때 거의 처리 전과 같은 활성을 유지하는 것으로 보고되었다. 그러나 일반적으로 극단적인 산성이나 알칼리성 영역에서는 효소의 작용이 억제되는 경향을 보이는 것으로 알려져 있다.

3) 기질농도와 효소활성

일반적으로 효소 반응속도는 일정한 pH 및 온도 조건에서 기질이 충분히 존재할 때 효소의 농도에 비례하여 증가한다. 하지만 효소의 농도가 일정한 경우에는 기질의 농도가 높을수록 비례적으로 증가하는 경향을 보이지만, 포화농도 이상에서는 더 이상 반응속도가 증가하지 않고 일정하게 된다. 또한 일부 효소반응은 오히려 기질 자체의 저해현상에 의해 반응속도가 감소하기도 한다.

4) 압력과 효소활성

효소활성은 초고압으로 처리할 경우 단백질이 변성되어 활성이 변하지만, 압력에 의해 모든 효소가 동일한 영향을 받는 것은 아니다. 특히 완두콩의 peroxidase와 딸기의 pectin methyl esterase는 1,200MPa에서도 활성이 유지되는 것으로 보고되어 압력에 의한 영향이 상대적으로 작게 나타나기도 한다. 또한 효소 기원에 따른 압력민감도 barosensitivity는 pH, 기질 조성 및 온도 등에 의해 복합적으로 영향을 받는 것으로 알려져 있다.

5) 수분활성도와 효소활성

효소활성에 미치는 수분활성도의 영향은 그림 2-2에서 살펴보았듯이 일반적으로 수분활성도가 감소할수록 감소하는 경향을 나타낸다. 이것은 수분활성도가 낮아짐에 따라 용매로 작용할 수 있는 수분이 부족하여 기질의 확산이 저항을 받기 때문이다. 표 2-8에

표 2-8 몇몇 식품 시스템에서 효소반응에 필요한 최저 수분활성도

식품시스템	효소	온도(°C)	최저 A_w
곡류	phytases	23	0.90
밀의 배아	glycoside-hydrolases	20	0.20
	amylases	30	0.75
호밀가루	proteases	-	-
마카로니	phospholipases	25~30	0.45
밀가루 반죽	proteases	35	0.96
빵	amylases	30	0.36
	proteases	-	-
카세인	trypsin	30	0.50
전분	amylases	37	0.40
갈락토오스	galactosidase	30	0.40~0.60
올리브 기름	lipase	5~40	0.025
포도당	glucose oxidase	30	0.40
리놀레산(linoleic acid)	lipoxygenase	25	0.50

자료 : Drapron, 1985

몇몇 효소가 작용할 수 있는 최저 수분활성도를 나타내었다.

4. 산소

식품의 관점에서 볼 때 대기 중에 약 79% 정도 존재하는 질소는 화학반응을 일으키지 않는 불활성 기체인 반면, 약 20% 정도 존재하는 산소의 경우 반응성이 매우 큰 원소로 식품의 품질저하를 일으키는 원인이 된다. 산소의 제어는 산화에 의한 식품의 품질저하를 막기 위해서 반드시 필요한 요소이다. 산소는 식품 중에 함유된 영양소(특히 비타민 A, C), 천연색소(카로틴, 클로로필, 크산토필), 향미성분 등의 화학적인 산화에 관여하여 이들 구성성분들을 파괴하기 때문이다. 이러한 변화를 최소화하기 위하여 식품 속의 공기 제거(탈기)를 통한 산소의 배제, 산화방지제의 첨가, 산소흡착제의 봉입, 불활성기체(질소, 이산화탄소) 충전 및 진공포장 등이 식품가공 공정 중에 실시되고 있다.

또한 식품 속에서 일어나는 산화반응은 수분함량에 의해 영향을 많이 받기 때문에 건조식품의 저장에서는 습기에 주의해야 한다. 특히 다공성 지질식품의 경우 위에서 열거한 여러 가지 방법을 적용하여 공기와의 직접적인 접촉을 최소화하지 않으면 안 된다. 그리고 산소는 식품 구성성분들의 산화반응뿐만 아니라 미생물의 증식속도 및 생육 가능한 종류에도 영향을 미치는 인자이므로 이를 고려한 적절한 저장 및 가공방법이 사용되어야 보다 효과적으로 산소에 의한 직·간접적인 식품의 품질저하를 최소화할 수 있을 것이다.

5. pH

수소이온농도로 표현되는 pH는 수많은 화학반응, 효소반응 및 미생물의 생육을 조절하는 인자로서 식품의 저장성 및 안정성에 영향을 미치는 중요한 요소이다. 일반적으로

표 2-9 일반적인 동·식물성 식품의 pH

식물성 식품	pH	동물성 식품	pH
사과	2.90~3.30	참치(통조림)	5.92~6.10
아스파라거스	5.20~6.10	새우	6.80~7.00
바나나	5.00~5.29	굴	5.68~6.17
강낭콩	5.73~6.20	정어리	5.42~5.93
양배추	5.40~6.00	우유	6.30~6.50
당근	5.88~6.00	난백	7.96
체리	3.29~3.32	난황	6.10
코코넛	5.90~6.52	크림	6.40~6.60
오이	5.18~5.70	닭	6.20~6.40
꿀	3.70~3.78	치즈(체다)	5.90
양파	5.32~5.85	치즈(코티지)	4.75~5.02
오렌지	3.30~4.30	버터	6.10~6.40
감자	5.40~5.90	버터우유	4.41~4.83
식초	3.12	쇠고기	5.60

자료 : Henderson, 1972

과실류, 청량음료, 식초 및 와인 등은 pH가 낮아 대부분의 세균이 성장할 수 없으므로 저장 중에 좋은 품질을 유지한다. 대부분의 육류, 해산식품(어패류), 우유는 pH가 5.6보다 크기 때문에 세균에 의한 부패와 병원균의 증식이 가능하며, 채소류 또한 높은 pH값을 가지므로 세균에 의해 부패되기 쉬운 식품이다. 식품의 pH는 가공되기 전 성장조건, 취급방법, 품종, 성숙도 및 계절적 요인 등에 의해 다양하게 나타나기도 한다. 일반적인 식물성 식품과 동물성 식품의 pH는 **표 2-9**와 같다.

한편, 식품의 pH는 미생물의 성장에 영향을 미치는 중요한 인자이지만 색, 향, 조직감 같은 수많은 기능적 특성에 또한 영향을 미친다. 젤 형성 같은 물리적 구조는 pH에 따른 식품 구성성분(단백질, 검류)의 해리 정도가 달라지기 때문에 그 안정성이 변화되는 요인이 되기도 한다. 또한 비타민의 안정성은 식품의 pH에 따라 달라지는데, 특히 비타민 B_1은 높은 수분활성도(>0.90)에서 산성영역에서 안정하나 알칼리영역에서는 불안정한 특성을 나타낸다. 그 외 비타민의 안정성은 **표 2-10**과 같다.

표 2-10 산성 또는 알칼리성에서의 비타민의 안정성

비타민 종류	조건		
	pH =7	산성	알칼리성
비타민 A	안정	불안정	안정
비타민 D	안정	-	불안정
비타민 E	안정	안정	안정
비타민 K	안정	불안정	불안정
비타민 C	불안정	안정	불안정
비타민 B_1	불안정	안정	불안정
비타민 B_2	안정	안정	불안정
비타민 B_6	안정	안정	안정
비타민 B_{12}	안정	안정	안정
니아신	안정	안정	안정
판토텐산	안정	불안정	불안정
엽산	불안정	불안정	안정
비오틴	안정	안정	안정

자료 : Henderson, 1972

6. 온도

일반적으로 식품의 품질변화는 화학반응, 효소반응, 미생물의 증식, 호흡 및 증산작용 등에 의해 일어나지만, 대부분의 품질변화는 저온처리(냉장, 냉동)를 통해 어느 정도 억제할 수 있다. 그러나 저장 중에 식품에서 일어나는 품질변화는 피할 수 없는 현실이며, 이를 최소화하기 위한 다양한 방법이 사용되고 있다. 식품의 품질변화를 최소화하기 위하여 사용하는 다양한 방법(건조, 열처리, 발효, 공기성분 조절)의 효과는 적당한 온도유지가 필수적이다. 동일한 방법을 적용할 경우에도 어느 온도에서 처리되고 유지되느냐에 따라 그 결과에 큰 영향을 미치게 되므로 최종제품의 특성에 맞도록 다양한 방법이 적용되어야 할 것이다. 또한 이러한 가공방법의 적용 이외에 저장온도에 따라 식품이 갖고 있는 근본적인 특성에 의해 품질이 변화되기도 한다. 식물성 식품의 경우 그 종류에 따라 수확 후에도 호흡, 증산작용, 에틸렌 생성 등이 지속적으로 일어날 수 있다. 일반적으로 이러한 품질변화의 최소화는 낮은 온도와 높은 습도에서 저장함으로써 얻을 수 있다. 하지

표 2-11 후숙 및 비후숙 과일류와 채소류

분류	종류
비후숙(nonclimacteric)	딸기, 포도, 레몬, 오렌지, 만다린, 라임, 파인애플, 석류, 오이, 메론, 무화과
후숙(climacteric)	사과, 배, 모과, 감, 살구, 복숭다, 키위, 바나나, 망고, 파파야, 자두, 아보카도, 토마토

표 2-12 몇몇 과일류와 채소류의 최적 저장온도

최적온도(˚C)	종류
0~5	사과, 살구, 솜엉겅퀴, 아스파라거스, 사탕무, 브로콜리, 양배추, 당근, 셀러리, 체리, 케일, 옥수수, 대추야자, 배(숙성), 무화과, 포도, 키위, 상추, 버섯, 무, 자두, 오렌지, 복숭아, 시금치, 딸기
5~10	아보카도(숙성), 월귤, 오이, 가지, 메론(숙성), 후추, 파인애플(숙성)
18~25	아보카도(미숙성), 양파(건조), 복숭아(미숙성), 감자, 수박
10~18	바나나, 코코넛, 라임, 레몬, 망고, 메론(미숙성), 견과류, 파파야, 배(미숙성), 호박, 고구마, 토마토

자료 : Floros, 1993

만 그 종류에 따라 호흡률이 다르고, 성장호르몬인 에틸렌의 생성속도도 차이가 나며, 또한 수확 후에 호흡속도가 급격히 빨라지는 현상을 보이는 후숙climacteric 과채류와 비후숙nonclimacteric 과채류에 따라 저장성에 차이가 나므로 이를 고려한 저장방법이 필요하다. **표 2-11**에 수확 후 후숙 과채류와 비후숙 과채류를 나타내었다. 또한 과채류에 대한 최적 저장온도를 **표 2-12**에 나타내었으며, 함께 저장이 가능한 과채류의 종류와 조건을 **표 2-13**에 나타내었다.

표 2-13 함께 저장 가능한 과일류와 채소류의 저장조건

온도(°C)	상대습도(%)	종류	비고
0~2	90~95	사과, 살구, 비트, 딸기류, 체리, 코코넛, 포도, 부추, 버섯, 오렌지[1], 미나리, 복숭아, 배, 감, 자두, 석류, 모과, 무	에틸렌 생성
0~2	95~100	엉겅퀴, 아스파라거스, 비트, 브로콜리, 양배추, 당근, 셀러리, 꽃상추, 상추, 버섯, 파슬리, 순무, 석류, 대황, 시금치, 순무, 마름, 물냉이	에틸렌에 민감
0~2	65~75	마늘, 양파(건조)	수분에 약함
4.5	90~95	레몬[1], 오렌지, 만다린, 금귤, 월귤	에틸렌과 냉해에 민감
10	85~90	콩, 가지, 오이, 올리브, 후추, 감자, 토란	
13~15	85~90	아보카도, 코코넛, 메론, 파파야, 파인애플, 레몬[1], 라임[1], 망고, 호박, 토마토(숙성)	
18~21	85~90	배(숙성), 고구마[2], 수박[2], 참마[2]	

1) biphenyl로 처리된 것은 다른 종류에 냄새 전이가 가능하므로 주의 요함.
2) 에틸렌에 민감하기 때문에 배와 토마토는 별도로 저장해야 함.
자료 : McGregor, 1989

7. 빛

빛은 비타민, 특히 리보플라빈, 비타민 A, 비타민 C를 파괴하며 많은 식품의 색을 변화시키는 원인이다. 모든 파장이 식품 구성성분들에 의해 동일하게 흡수되거나 파괴에 관여하지 않는다. 빛은 파장이 짧을수록 에너지가 커지며, 이러한 에너지가 특정 성분에 의해 흡수될 때 변화가 발생하게 된다. 햇빛에 대한 노출을 방지하는 포장방법이나 환경조성을 통해 식품의 품질변화를 억제할 필요가 있다.

03

식품가공의 기초공정

1. 선별 및 세척 2. 분쇄 3. 혼합과 유화
4. 분리 5. 추출 6. 농축 7. 증류 8. 성형

식품원료는 수확 또는 도살 시점부터 각종 미생물학적·생화학적 작용을 받아 신선도가 감소하고, 점차 변패가 시작되어 섭취할 수 없는 상태로 되는 과정을 거치게 된다. 식품은 그 종류가 매우 다양하며, 모양shape, 크기size 등의 구조적 특성과 색깔color, 광택glossy, 향미flavor 등의 관능적 특성, 영양성과 안전성 그리고 가공적성 등을 가지고 있다. 이들 원료로부터 만든 가공제품이 상품성과 저장성을 갖추기 위해서는 원료의 품질이 좋아야 하며, 품질이 떨어지는 원료로는 어떠한 경우에도 고품질의 가공제품이나 저장성을 기대하기 어렵다.

식품가공이나 저장을 하기 위해 사용되는 처리조작 중 주로 물리적인 조작을 단위조작unit operation이라 하는데 수송·세정·분쇄·혼합·열교환·건조·증발농축·증류·추출·흡착·흡수·포장·냉동 및 냉장 등을 말한다. 한편 유지의 수소 첨가나 전분의 산당화 등과 같이 화학반응을 수반하는 것을 단위반응 과정이라 부른다. 일반적으로 원료의 처리는 원료의 처리공정만을 의미하지만, 고품질의 제품을 생산하기 위해서는 세척cleaning, 선별sorting, 등급grading 또는 탈피peeling 등과 같은 물리적 가공조작을 하나 또는 두 개 이상 수행하게 된다 **표 3-1**. 식품가공은 단위조작과 단위반응과정이 함께 조합되어 이루어지고 있으며, 모든 공정을 능률적이고 합리적인 방법으로 처리하여야 가공의 목적을 달성할 수 있다.

표 3-1 식품산업에 사용되는 단위조작의 종류

• 선별(sorting)	• 추출(extraction)	• 건조(drying)
• 분리(seperating)	• 혼합(mixing)	• 성형(forming)
• 세척(cleaning)	• 열교환(heat exchange)	• 포장(packaging)
• 분쇄(size reduction)	• 증발(evaporation)	• 비열처리(nonthermal method)

1. 선별 및 세척

1) 선별

수확한 원료에는 화학적 물질(농약, 항생물질)이나 물리적 이물질(돌, 모래, 흙, 금속, 배설물, 털, 잎, 나뭇가지) 등이 함유되어 있다. 또한 식품가공 원료는 크기, 무게, 모양, 비중, 성분조성, 전자기적 성질, 색깔 등 이화학적 성질이 다르므로 이에 따라 분리하고 이물질을 제거해야 한다. 수확한 원료를 잘 선별하면 가공 또는 저장상의 기술적 조작을 표준화시키고, 작업능률을 향상시키며, 제품의 원가를 절감할 수 있을 뿐 아니라 결국은 제품의 품질을 향상시킬 수 있다. 이때 이물질을 제거하고 건전한 원료만 가려내는 조작을 정선공정sorting operation이라고 하며, 일정한 크기나 품질의 것만 취하는 조작을 선별이라 한다.

선별공정sorting operation은 식품의 크기, 모양, 무게 및 색깔 등 네 가지 물리적 특성에 의하여 분리한다.

선별과 관련된 용어로 분급classification(입자 크기에 따라 분류), 등급grading 등이 있다. 등급을 결정하는 인자는 일반적으로 크기와 모양(기능적, 선택적 요소), 숙성 정도(신선도와 숙성, 후숙 정도), 조직(강도, 점도 등), 냄새, 기능(가공적 성), 오염 정도, 색깔, 규격 등이며, 가끔 부수적으로 영양가 등을 고려하는 경우도 있다.

분류하는 방법은 인위적 방법이나 기계적 방법에 의하 행해진다. 인위적 방법manual grading은 반드시 훈련된 전문인에 의해 평가되며, 재현성이 떨어진다. 그러나 기계적 방법은 인위적 방법보다 객관적이며 재현성reconstitutability이 있는 편이지만 각 인자에 대한 실험결과를 종합하여 분류하여야 하므로 시간과 노력이 많이 소요되는 단점이 있다.

선별과정은 식품의 가공과 저장효율을 높이는 데 결정적으로 중요한데, 이를 통해 얻을 수 있는 효과는 다음과 같다.

① 선별된 식품의 껍질 벗기기, 데치기, 씨 빼기와 같은 기계적 가공을 쉽게 할 수 있다.
② 살균, 탈수, 냉동 등의 공정을 표준화시킬 수 있다.
③ 규격용기에 담을 때 무게 조절이 쉬워진다.
④ 크기와 모양 등이 균일하므로 소비자의 기호도가 높아진다.

네 가지의 특성에 따라 선별하는 방법을 자세히 보면 다음과 같다.

(1) 무게

무게weight sorting에 따라 가공원료를 선별하는 것은 가장 일반적인 방법 **그림 3-1**이며 육류, 생선 필레fillet, 과일류(사과, 배, 오렌지 등)와 채소류(감자, 당근, 양파 등), 달걀 등의 선별

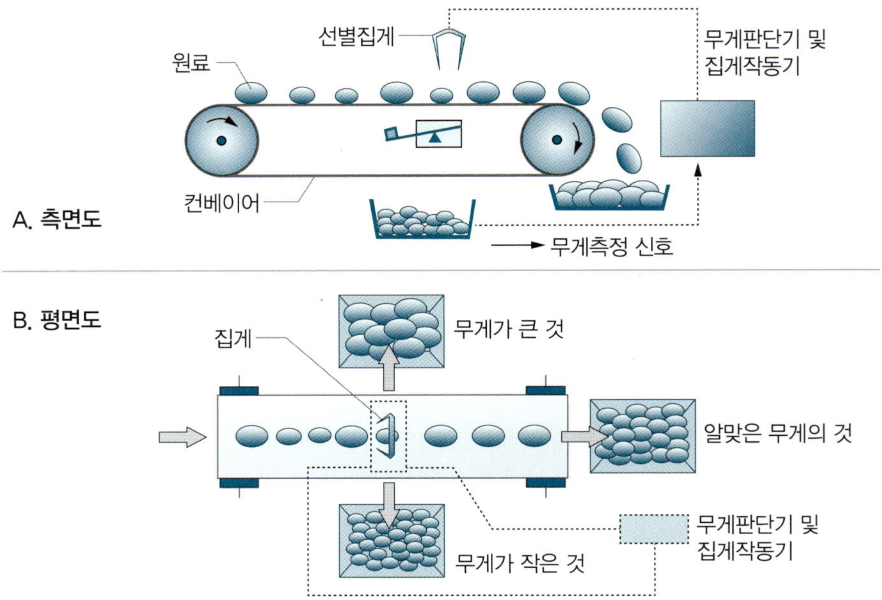

그림 3-1 무게선별기의 기본구조

에 이용된다. 무게에 의한 선별은 크기에 의한 선별보다 더 정확하게 분리가 가능하다. 일부에서는 크기 선별기를 무게 선별기로 대체하여 사용하는 경우도 많다. 최근에는 컴퓨터로 무게와 가격 등을 동시에 자동적으로 처리하기도 한다.

(2) 크기

크기size sorting에 따라 가공원료를 선별하는 가장 일반적인 방법은 체sieve를 사용하는 것이며, 보통 진동 또는 회전용 체를 사용한다. 물건의 크기와 같은 구멍을 뚫어 놓고 그 구멍을 통과시켜 선별하는 방법을 통해 덩어리나 가루로 된 가공재료의 크기별 분리에 주로 이용되고 있다. 선별 후에는 보다 균일한 크기의 재료들끼리 모이게 된다.

체눈의 크기 단위는 메시mesh인데, 1메시란 **그림 3-2**와 같이 체 1인치(2.54cm)의 길이 속에 들어 있는 체눈의 수를 의미한다. 즉 100메시의 체는 1인치 내에 체눈의 수가 100개 있는 체로, 메시가 클수록 가는 체를 의미한다.

크기 선별기는 원료 크기에 따라 구멍을 통과하여 선별되는 방법으로서 평판체, 회전원통체, 롤러컨베이어로 구성된 선별장치로 구분된다 **그림 3-3**. 평판체는 곡류, 밀가루, 향

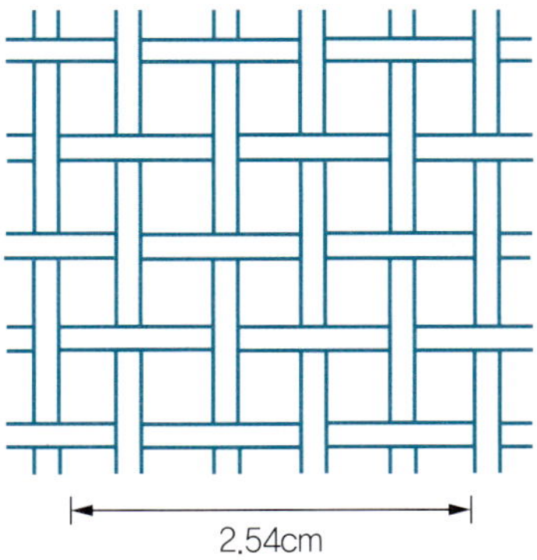

그림 3-2 메시체의 크기

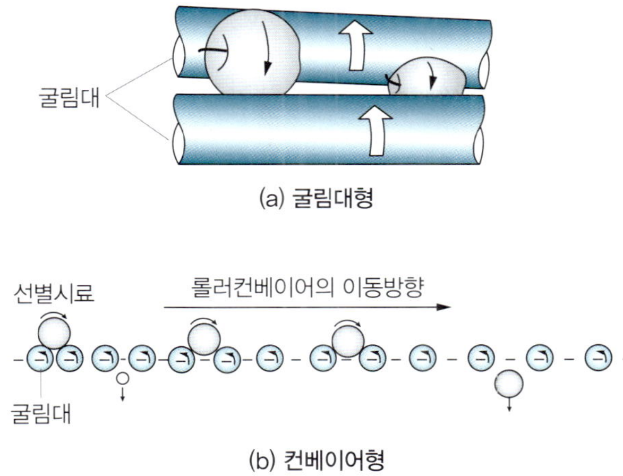

그림 3-3 롤러선별기

신료, 소금 등의 선별에 사용되고, 회전원통체는 콩 등과 같이 회전운동에 잘 견디는 원료의 선별에 이용된다. 대개 구형에 가까운 원료에 적당한 방법이며, 식품의 종류 및 상태에 따라서 식품의 직경 또는 길이를 측정하든지, 무게 또는 부피당 식품의 개수를 계산하여 입자의 크기를 선별한다. 식품의 개수를 선별하는 방법은 전체 식품의 크기가 작은 경우에는 체로 우선 분류한 후, 그 크기를 측정하는 경우가 많다.

체의 분리능력은 시간(초)당 평방미터당 통과되는 식품의 양으로 결정하는데, 입자의 모양과 크기의 분포, 체의 특성, 체의 이동거리와 이동빈도, 체의 막힘을 방지하기 위하여 사용되는 방법 등에 따라 결정된다.

(3) 모양

식품의 모양shape sorting은 종류별로 다르고, 같은 종류라고 해도 반드시 동일한 모양을 갖는 것은 아니다. 이때 같은 모양의 재료를 한데 모아 두면 가공할 때 편리한 점이 많아 가공효율이 높아진다. 예를 들면 감자 탈피기를 사용하기 위해서는 감자가 돌출 부분이 없이 균일한 타원형을 갖는 것이 좋다. 오이가 만약 막대 모양을 하면 더 균일하게 포장할 수 있다.

모양에 의한 선별은 수동 또는 기계적으로 수행되며, 곡류의 선별에 많이 사용되는데, 이 경우에 곡물의 모양에 맞도록 홈을 파서 그 홈에 들어가는 곡물만을 선별하는 선별기를 사용한다.

특히 크기와 무게에 의한 분류를 한 후에도 다른 모양을 가진 경우에는 길이와 직경을 고려한 모양에 따라 모양선별기를 사용하여 분류한다. 예를 들어 밀, 보리, 귀리, 쌀 등의 비슷한 곡류는 무게선별기와 크기선별기로는 분리하기 곤란하므로 모양선별기로 선별할 수 있다. 모양선별기 중 가장 일반적인 디스크형은 특정 디스크를 회전시키면서 수직 진동하여 같은 모양을 가진 재료를 한데 모을 수 있는 장점이 있고, 실린더형은 디스크형과 원리는 비슷하지만 회전하는 수평 실린더가 있어 이 속을 통과하면서 모양이 비슷한 것끼리 모이게 된다.

(4) 색깔에 의한 선별

색깔의 차이에 의한 선별color sorting방법은 광범위한 전자기적 스펙트럼을 이용하여 식품원료를 선별하는데, 이 원리는 가공원료의 반사reflectance와 투과transmittance 특성을 이용한 것이다.

반사에 의한 선별은 식품재료에 빛을 스캐닝scanning했을 때 재료의 표면에서 복사radiation, 산란scattering, 반사reflection 등 재료의 표면성질이 다르게 나타나는 원리를 이용한 것이다. 예를 들면, 반사 정도는 벌레 또는 표면에 흠이 있는 땅콩, 곡류, 커피콩의 분류, 흠이 있거나 껍질이 잘 벗겨지지 않은 과일이나 절단된diced 채소, 숙성 정도가 다른 과일, 부적절하게 가공된 잼, 버터 등에 따라 달라지므로 쉽게 선별할 수 있다. 특히 반사 성질의 원리는 가공재료의 선별, 세척, 등급 시에도 이용되는데, 이 성질을 이용하면 노동력이 절약되고 분류와 처리능력이 높아진다.

광학적 색깔visual color 선별은 반사원리를 이용하여 식품의 색깔을 표준 색깔과 비교하여 서로 다른 것을 제거하는 방법이다. 기기적 색깔mechanized color 선별은 수광 센서photo cell에 의해 일어나는 신호signal를 이용하여 서로 다른 특정 색깔에 일어나는 불균형 정도를 증폭하여amplified 특정 색깔을 가진 불순물을 제거하는 방법이다 **그림 3-4**.

투과에 의한 선별은 식품재료에 투과되는 빛의 정도를 기준으로 판단하는데, 채소류, 곡류, 사과, 땅콩, 토마토, 복숭아 등에 빛을 투과시키면 결함 여부를 쉽게 알 수 있다. 이 원리를 이용하여 채소의 숙성, 중심부의 결함color defect, 달걀의 외부물질 혼입 여부와 혈

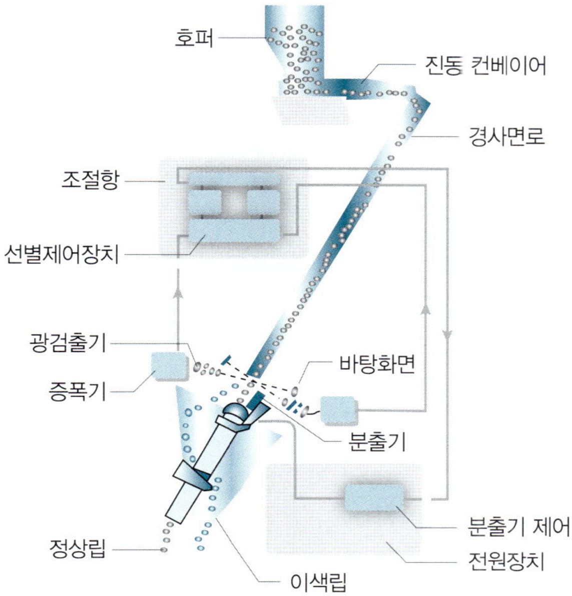

그림 3-4 색채 선별기(color sorter)

흔blood spot의 존재 여부 등을 쉽게 식별할 수 있다.

2) 세척

세척공정cleaning operation은 원료에서 오염물을 분리하거나 가공식품의 용기 또는 제품 중에 함유되어 있는 미생물과 같이 품질을 해치는 오염물질을 분리·제거하는 조작으로서, 가공효율과 가공제품의 품질을 향상시키며 또한 저장성을 증대시킨다. 식품에서 발견되는 오염물질은 표 3-2와 같다. 식품원료의 세척 또는 세정洗淨은 원료의 특성과 불순물의 성질에 따라 달라진다 표 3-3. 예를 들어 청량음료에 사용되는 물은 음용수飮用水의 기준보다 더 좋아야 한다. 왜냐하면 음료에 탄산을 포화시킬 때carbonation 부유물질, 콜로이드 입자나 어떤 종류의 무기염이 존재하면 탄산가스의 용해도가 줄어들고 탄산가스의 비산飛散이 촉진되기 때문이다.

가공원료에 부착된 오염물질 제거뿐만 아니라 과일과 채소의 탈피peeling, 육류의 껍질 제거skinning, 생선의 표면 세척descaling 등도 일종의 세척공정이다. 채소류 데치기blanching도

표 3-2 식품 원료에서 발견되는 오염물질

오염 종류	오염물질 예
금속	철 및 철 이외의 금속, 볼트
무기질	토양, 돌
식물	잎, 가지, 잡초씨, 꼬투리와 껍질
동물	털, 뼈, 배설물, 혈액, 곤충, 유충
화학물질	비료, 살충제, 제초제
미생물 세포	부패물, 곰팡이, 효모
미생물 산물	색, 향, 독소
기타	면장갑, 반창고, 엔진오일, 기름

표 3-3 세척대상과 불순물에 따른 세정방법

세척 대상	세정 방법
식기류(knife, fork, 접시 등)	• 중성세제와 같이 28Hz 정도의 초음파
회수된 병	• 묽은 가성소다용액으로 세정
조개류(shellfishes)	• 진흙을 제거하기 위해서는 단순히 호스의 물로 세척 • 오염된 물에서 수집한 조개의 경우는 깨끗한 물을 순환시켜 세균을 제거하고 순환되는 물을 자외선으 로 살균
가금류	• 배를 가른 후 거꾸로 매달아 내장(內臟)을 손으로 제거하는 방법 혹은 진공호스의 사용
식품 가공기계나 공장 내부	• 흙의 경우는 약알칼리성 세제 사용 • 유지의 경우 강알칼리 사용 • 경수(硬水)에 의한 스케일(scale)은 약산성세제 사용

원료를 세척하는 효과가 있다.

세정조작에는 침지, 분무, 부유, 초음파 세정 등에 의한 습식 세척방법과 사별, 흡인, 연마 및 자력 선별법 등에 의한 건식 세척방법이 있다.

세척 시 사용되는 세제의 종류와 사용 농도는 오염물질의 종류와 특성에 따라 결정하는데, 일반적으로 세척 온도를 증가시키면 오염물질과 원료 표면 간의 상호작용이 약해지고 세제의 점도가 저하되며, 오염물질 중의 수용성분의 용해도가 증가하므로 세척시간도 단축되고 세척효과도 커진다.

세척제로서 강산은 금속, 직물, 목재, 고무, 콘크리트에 대한 침식성이 있고, 강알칼리는 금속과 유리에 대하여 침식성이 있다. 따라서 식품공업에서 널리 사용되는 것은 약알칼리성 세제와 중성세제이다.

세척방법은 원료의 성질, 오염물질의 종류 등을 고려하여 적당한 방법을 사용하며, 세척방법에 따라 자세히 살펴보면 다음과 같다.

(1) 습식세척

습식세척은 근채류의 토양 제거 또는 과일과 채소류의 먼지나 농약 잔류물질 제거에 이용한다. 건조세척보다 더 효과적이며, 식품원료의 손상을 감소시켜줄 뿐만 아니라, 단단하게 부착된 이물질을 제거하는 데 효과적이다. 하지만 비용이 많이 들고 젖은 표면은 부패하기가 쉽다. 세척효율은 세척시간, 세척제 종류 및 사용량, 세척조건 등에 따라 결정된다.

① 침지세척

침지세척soaking cleaning은 원료를 물에 담가 부착된 오염물질을 팽연膨軟시켜 쉽게 제거하는 것으로서 분무세척의 전처리 과정으로 많이 사용한다. 효율을 높이기 위해 세척물을 교반시켜 식품과 물이 가능한 한 많이 접촉되도록 한다. 연약하고 손상되기 쉬운 식품 재료는 교반 대신 압축공기를 용기 속에 불어 넣어 물을 흔들면서 세척한다.

② 분무세척

분무세척spray cleaning은 스크린 컨베이어screen conveyer에 실어 다량의 원료를 일정한 속도로 이동시키거나 원료를 교반장치에 넣고 물을 세게 뿌려서 세척하는 방법그림 3-5으로서, 세척공정 중 가장 많이 쓰이고 있는 방법이다. 세척효과는 분무 시 물의 압력과 부피, 온도, 식품과의 분사거리, 식품에 분무되는 시간, 분무기의 수에 따라 세척효율이 달라지므로 세척원료를 손상시키지 않으면서 세척의 효과를 최대로 하기 위해서는 이러한 인자들을 적당히 조절하여야 한다.

③ 부유세척

부유세척flotation cleaning은 오염물질의 밀도와 부력 차이를 이용하여 세척하는 방법그림

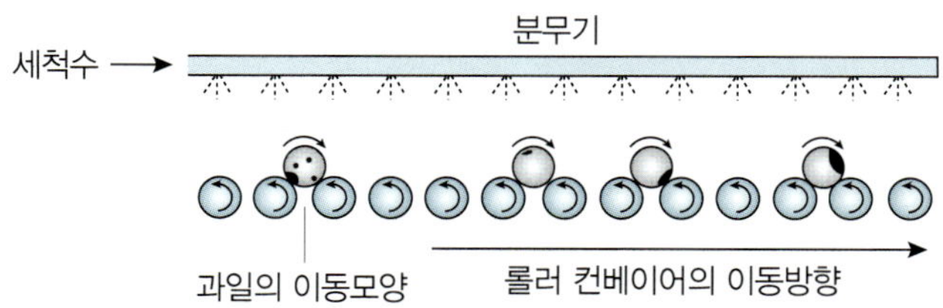

(a) 벨트형

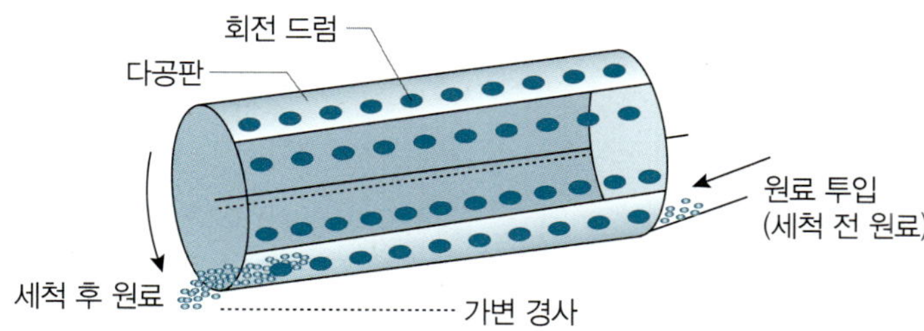

(b) 스프레이 드럼(spray drum) 세척기

그림 3-5 분무세척기

3-6으로서, 밀도가 높은 무거운 조각과 협잡물은 물에 가라앉기 때문에 적당한 위치에 설치한 탱크 속의 홈통을 통하여 제거하고 정상적인 것만 넘치게 하여 수집하는 방법이다. 부력이 적은 오염물질은 이런 방법대로 제거되지만 같은 부력을 가진 것은 진동체로 통과시키면서 물을 분무하면 제거된다. 부유세척기는 완두콩, 강낭콩, 건조채소로부터 각종 이물질을 제거할 수 있다.

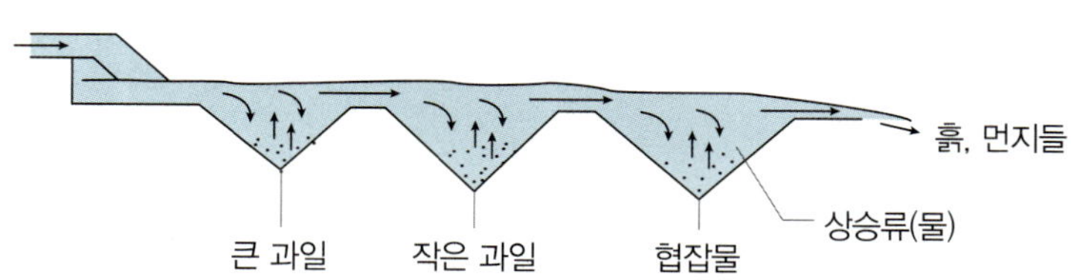

그림 3-6 부유세척기

④ 초음파세척

초음파세척법ultrasonic washing은 교반에너지로 초음파(16kHz 이상)를 사용함으로써 음압에 의하여 압력이 급격히 교대로 고압 ↔ 저압으로 변하여 기포가 급격히 생겼다가 없어지는 것이 반복되면서 원료 표면에 붙어 있는 불순물이 세척되는 방법이다. 초음파세척은 달걀 표면의 오염물, 과일 뒷면의 그리스grease나 왁스wax, 채소류의 모래나 흙 등을 제거하는 데 이용되고 있다. 세척과정을 거친 원료는 잔류 수분을 제거하기 위하여 스크린 컨베이어screen conveyer를 통과시키기도 한다.

보통 냉동용 완두콩 세척에 많이 쓰이며, 병이나 식기류의 분무세척이나 브러시 세척으로도 잘 세척되지 않는 것을 빠른 시간에 세척할 수 있다.

(2) 건식세척

건식세척 방법은 비교적 크기가 작고, 기계적 강도가 높으며, 수분 함량이 적은 식품원료(곡류, 견과류 등)의 세척에 많이 사용되고 있다. 건식세척은 습식세척에 비하여 시설비와 운영비가 적게 들고 폐기물의 처리도 쉬운 반면, 세척된 표면이 재오염될 가능성이 크다.

건조세척에 많이 쓰이고 있는 세척장비들은 다음과 같다.

- 송풍분류기air classifier
- 자력선별기magnetic separator
- 식품의 선별을 위한 분리기separators based on screening of food

송풍분류기air classifier, aspiration cleaning는 식품을 송풍분리기air separator의 공기흐름air stream 속으로 넣어 원료와 오염물질을 부력과 기체역학적 성질에 따라 분리하는 것이다그림 3-7.

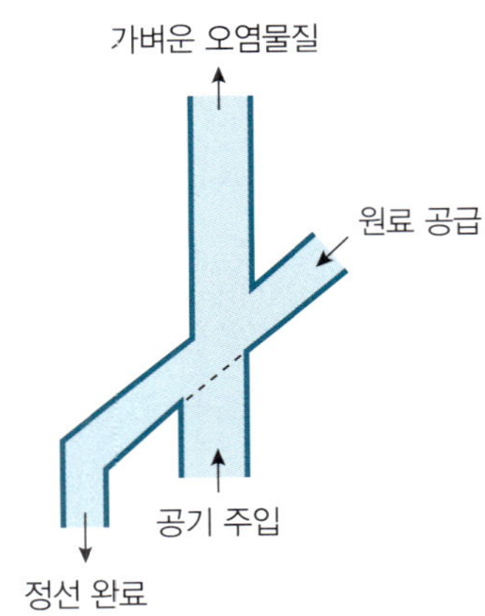

그림 3-7 송풍분류기의 기본구조

마찰세척abrasion cleaning은 식품 재료 간의 상호마찰 또는 재료와 세척기기의 움직이는 부분과의 상호접촉에 의해 오염물질이 제거되도록 한 것이며, 자석세척magnetic cleaning은 식품원료를 강력한 전자기장 속으로 통과시켜 금속을 비롯한 각종 이물질을 제거하는 것이다.

정전기적 세척electrostatic cleaning은 서로 다른 전하를 가진 원료의 이물질을 제거하는 방법인데, 보통 원료에 함유된 미세먼지 제거에 이용하고 있다. 특히 이 방법은 차tea 세척에 많이 이용되고 있다.

이 밖에도 곡류에 이용되는 원판분리기disc separator, 입자가 작은 식품에 이용되는 마이크로프로세서microprocessor, 포장식품 내부의 오염된 것을 찾아내는 엑스레이X-ray 등이 있다.

2. 분쇄

분쇄size reduction는 고체상태의 원료를 원래의 크기보다 작게 만드는 조작으로 식품재료를 기계적으로 잘게 부수는 조작을 말한다. 고체 식품의 원료를 작게 만드는 것으로서 절단cutting, 파쇄crushing, 마쇄grinding, 제분milling 등의 방법이 있으며, 물질의 화학적 변화없이 이루어진다. 특히 제분은 곡류의 입자크기를 작게 하여 가루로 만드는 공정이다. 분쇄되는 원료의 성상에 따라 고체인 경우에는 연마분쇄grinding 또는 절단분쇄cutting라 하고, 원료가 액체인 경우에는 유화emulsification 또는 미립자화atomization라 한다.

분쇄는 곡식의 분말 제조 시 가장 광범위하게 응용되고 있으며, 옥수수 전분 제조와 설탕 제조에는 연마분쇄가 많이 이용된다. 절단분쇄는 식품의 큰 조각을 다음 공정에 알맞은 작은 조각으로 만드는 데 이용되며, 육류를 소매 판매용으로 절단하거나 가공육의 제조 혹은 가공채소의 제조에 사용된다. 유화는 액체를 분쇄하여 섞이지 않는 액체를 미립자 상태로 분산시키는 의미가 포함된다.

분쇄grinding, milling는 재료를 분말粉末로 만들어 표면적을 크게 하는 것이다. 분쇄도가 많은 것일수록 표면적의 크기는 크며, 분쇄에 필요한 에너지도 커진다. 에너지를 가하는 방법에 따라 압력에 의한 분쇄, 충격에 의한 분쇄, 전단력剪斷力에 의한 마쇄磨碎 등이 있다.

절단cutting은 채소(근채류)나 과일의 토막썰기dicing에 이용되며, 최근에는 자동절단기를 사용하고 있다. 과일 칵테일의 파인애플, 깍두기 제조 시 이용된다. 육류를 절단할 때는 부위에 따라 선별적으로 잘라야 하는 고도의 숙련을 필요로 하기 때문에 이 조작은 아직까지도 수동식에 의존하고 있다. 다만 근육부분을 부위에 관계없이 일정하게 자를 때에는 절단기meat slicer를 사용한다. 마쇄grinding는 미트초퍼meat chopper로 햄버거용 고기를 만들 경우와 마쇄기grinder로 곡류나 두류를 분쇄하는 경우에 이용된다. 마쇄 시에는 발열이 되어 단백질의 변성이나 탄 냄새를 생성하는 경우가 있으므로 이러한 때에는 냉각을 필요로 한다. 고구마로 녹말을 제조할 때는 조직을 파괴하기 위해서 마쇄기를 쓴다.

균질화homogenizing는 우유나 크림에서 지방입자fat globule를 작은 입자로 쪼개어 분산시킬 경우에 이용된다. 이를 위해서 분산액을 작은 구멍을 통하여 고압하에 분출시킨다든지 초음파가 이용되고 있다. 젖소에게서 막 착유한 생유raw milk와 균질화된 우유homogenized milk는 분산되어 있는 지방입자의 크기가 서로 다르기 때문에 마실 때 입안에서의 촉감이 다른 것이다.

분쇄된 입자들은 입자의 크기가 작아지면서 표면적이 증가하므로 반응능력, 물리적 특성 등이 상승하고, 이용범위도 넓어지며, 또한 효율적인 가공재료로 이용될 수 있다. 특히 재료의 가공적성과 최종제품의 기호성에도 영향을 미친다. 최근 새로운 기술로서 나노분쇄는 식품의 크기를 나노입자의 크기(10^{-9}cm)로 미세하게 분쇄하는 것이다. 용액 내에서 입자의 침전속도는 반지름의 제곱과 반비례하며, 나노입자의 경우 이 값이 작아지므로 침전속도도 매우 작아진다. 그러므로 나노입자는 용해도, 분산성dispersibility이 향상되며 생체유용성도 증가될 수 있다.

분쇄의 목적은 다음과 같다.

① 조직의 파괴로 유용성분의 추출과 분리를 쉽게 한다(밀가루 분리, 커피 추출, 유 추출).

② 일정한 입자의 형태로 만들어 이용가치와 제품의 품질을 향상시킨다(초콜릿의 정제, 향신료의 제조, 분말음료용 설탕 입자의 조정).

③ 원료의 표면적을 증가시켜 화학반응 시 효소의 작용을 받기 쉽게 하며, 열전달 물질의 이동을 촉진시켜 건조, 추출, 용해, 증자 등의 처리시간을 단축시킬 수 있다(대두, 땅콩, 과일, 감자 등의 분쇄).

④ 분말의 형태로 하여 다른 재료와 혼합 또는 조합시킬 경우 균일한 제품을 얻을 수 있다(조제식품, 케이크 믹스, 분말수프, 향신료, 커피).

1) 분쇄공정

분쇄공정에서 분쇄 단계와 체분리screening 단계의 횟수는 원료와 최종 입자의 규격에 따라 다르다. 크기가 큰 식품원료를 미세한 분말로 분쇄하려면 여러 단계의 분쇄와 체분리 과정을 거쳐야 한다.

2) 분쇄비율

분쇄비율size reduction ratio은 분쇄기의 분쇄능력이나 성능을 결정하는 지표로, 원료 입자의 평균 크기/분쇄 입자의 평균 크기로 나타낸다. 이 값은 기기의 종류와 원료에 따라 다른데, 거친 파쇄기coarse crusher의 경우에는 분쇄비율이 8 이하이며, 미세 분쇄기fine grinder는 100 이상이다. 이 값이 클수록 분쇄기의 분쇄능력이 높은 것을 의미하며, 분쇄하는데 소요되는 에너지도 많이 필요하다. 따라서 분쇄효율을 좋게 하기 위해서는 우선 분쇄될 가공재료의 강도, 기계적 구조, 수분함량, 분쇄 중의 온도 상승에 따른 재료의 변질 등을 고려한 후, 적절한 분쇄조작을 실시하여야 한다.

3) 분쇄기

(1) 분쇄기의 선정 시 고려사항

분쇄기를 선정할 때는 원료의 특성, 수분함량과 온도조건 등을 고려하여 선택한다.

① 원료의 특성

원료의 크기, 분쇄 후의 입자크기, 입도 분포, 이화학적 특성, 재료의 양, 습·건식의 구별 등을 고려하여야 하며, 특히 온도와 열에 민감한 식품의 경우에는 분쇄 중 식품성분의 열분해, 변색, 향기성분의 발산 등에 의해 품질이 저하되므로 온도를 일정 범위 내에서 유지할 수 있도록 냉각효율이 높은 분쇄기를 선정하여야 한다. 열에 매우 민감한 식품은 드라이아이스나 액체질소를 사용하여 동결분쇄를 하는 것이 좋다.

또한 단단한 정도, 부서지는 정도, 끈적거리는 정도, 융점melting temperature, 구조structure, 비중, 화학적 안정성, 균일성homogeneity, 순수성purity 등도 분쇄에 영향을 미치는 중요한 특성들이다.

② 수분함량

원료가 함유하는 수분함량이 분쇄공정을 도울 수도 있고, 방해할 수도 있다. 대부분의 경우 수분함량이 3% 이상이 되면 분쇄기가 막히고, 시간당 분쇄량이나 분쇄효율이 감소하게 된다. 또한 수분함량이 많으면 가루가 서로 엉겨 덩어리를 형성하는 경향이 있다.

건조한 고체를 분쇄할 때 많은 먼지가 생겨 호흡기질환을 야기하거나 인화성과 폭발성의 우려가 있으므로 원료에 적당한 수분이 있는 것이 좋다. 밀 제분의 경우에도 수분함량을 엄격히 조절하며, 옥수수는 습식방식으로 제분하는 것이 필요하다.

③ 온도조건

분쇄과정에서 마찰열은 온도를 상승시켜 재료를 변하게 하거나 연화시키는데, 특히 열에 민감한 재료일 경우에는 재료가 서로 엉겨 붙거나 분쇄기에 붙으므로 가공효율이 나빠진다.

식품의 표면에 액체질소를 분사하여 순간적으로 동결한 후 충격 분쇄하는 동결분쇄의 경우 원료 품질의 열화를 억제하면서 미세하게 분쇄할 수 있다. 또한 상온분쇄 시에 발생하는 발열과 산화에 의한 품질변화를 최소화하고 물성 변화, 영양 파괴를 막을 수 있다. 또한 향미가 중요한 향신료나 조미료의 분쇄에 매우 유용하다.

(2) 분쇄기의 종류

분쇄방법은 건식분쇄와 습식분쇄가 있다. 건식분쇄는 파쇄 롤러roller를 사용하는 방법으로서, 곡류 분쇄용 기계와 초콜릿의 정제용 기계 등이 널리 이용되고 있다. 습식분쇄은 전분 제조, 고구마의 마쇄와 향신료의 분쇄에서 습식으로 행해지는 것이 있다.

분쇄기는 원료 입자의 크기에 따라서 조분쇄기·세분쇄기·미분쇄기·나노분쇄기가 있고, 분쇄원리에 따라서는 압력 분쇄, 충격 분쇄, 전단력 마쇄 등이 있다. 보통 조쇄기는 압력에 의하고, 미분쇄기는 충격 또는 전단력에 의한다.

나노분쇄는 분쇄할 때 식품에 가해지는 힘으로 인해 형태의 변형을 가져오는데 힘이 어떤 한계를 넘으면 결국 부서지게 된다. 이 힘을 파괴력이라고 한다. 이때 힘은 충격력 impact force, 압축력compression force, 절단력cutting force, 전단력shear force 등의 형태로 작용하며, 실제로는 한 가지 이상의 힘이 복합적으로 작용하여 분쇄되는 경우가 많다.

충격력은 여러 종류의 식품을 거칠게 또는 곱게 분쇄하는 데 주로 이용되며, 압축력은 단단한 물질을 거칠게 분쇄하는 데 사용되고, 전단력은 부드럽고 매끄러운 물질을 곱게 분쇄하는 데 사용된다. 이때 작용하는 힘의 0.1~2%만 사용되고, 나머지 대부분은 기계의 마찰력으로 없어지게 되는데, 이 마찰 때문에 열이 발생하게 된다. 심하게 열이 날 경우 열에 민감한 식품의 경우는 분쇄 중에 마찰열에 의하여 품질이 손상될 염려가 있으므로 냉각코일 등 냉각장치를 부착시켜야 될 경우도 있다.

분쇄기는 이용하는 힘의 종류에 따라 충격형 분쇄기(해머밀, 볼밀, 핀밀), 압축형 분쇄기(롤밀), 전단형 분쇄기(디스크밀), 절단형 분쇄기(커팅밀) 등이 있으며, 종류를 살펴보면 다음과 같다.

① 해머밀

해머밀hammer mill에는 한 개의 회전축의 원판 둘레에 여러 개의 해머hammer가 부착되어 있는 고정 해머와 원판에 매달려 회전속도에 따라서 움직일 수 있는 스윙 해머가 있다 그림 3-8. 해머는 막대 모양, 칼날 모양, T자 모양 등 여러 가지가 있으며, 원료의 성질에 따라서 교환하여 사용할 수 있다. 원료는 고속 회전하는 해머에 부딪히는 강한 충격력으로 분쇄되고 또 분쇄판에 충돌되어 더욱 작게 분쇄되며, 분쇄된 입자는 분쇄실 아래의 체를 통과하게 된다. 해머밀은 임팩트 밀impact mill이라고도 하며, 다목적 분쇄기로 결정형 고체, 섬유상 재료, 설탕, 식염, 마른 채소류, 곡류, 옥수수 전분 등의 원료를 분쇄하는 데 널리 사용된다.

② 볼밀

볼밀ball mill은 그림 3-8과 같이 회전드럼rotating shell 속에 금속이나 돌 같은 단단한 볼을 넣어 원료와 함께 회전시켜 분쇄하는 장치이다. 원료와 볼이 회전하다가 낙하될 때 볼과 볼 사이의 충격력과 볼과 원통벽과의 마찰에 의하여 식품이 분쇄된다. 곡류와 향신료의

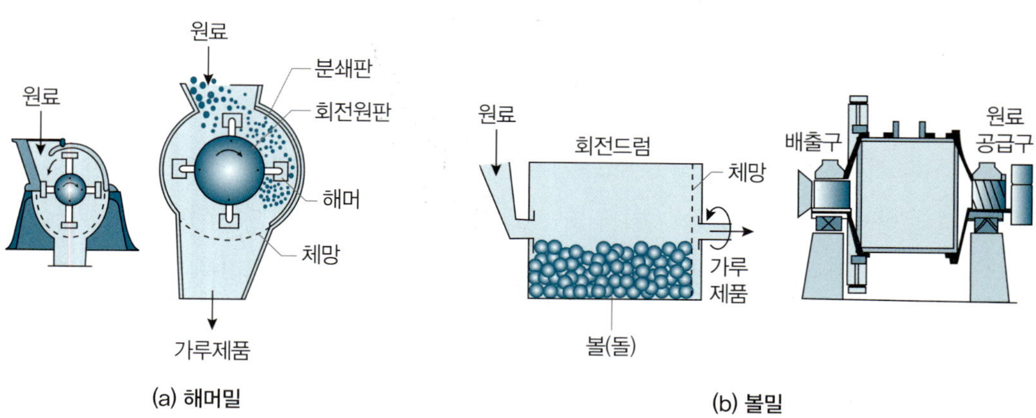

그림 3-8 해머밀과 볼밀

분쇄에 이용되고 있다. 볼밀은 고운 가루를 얻는 데 우수하며, 수분이 3~4% 이하의 재료에 적당하다.

③ 핀밀

핀밀pin mill 그림 3-9은 고정원판과 고속회전원판에 작은 막대 모양의 핀이 여러 개 붙어 있어 고정핀 사이에서 고속 회전하는 핀의 충격에 의하여 원료가 분쇄되며, 원판 주위에 링 모양의 체가 있어 분쇄된 가루가 통과하게 된다. 고속회전에 의해 높은 마찰열이 발생하게 되는데, 이 마찰열에 의하여 부착성의 원료가 핀에 붙거나 저융점의 열에 민감한 원료를 분쇄할 때는 주의해야 한다. 설탕, 전분, 곡류, 콩 등의 건식 분쇄와 습식으로 콩, 감자의 분쇄 그리고 고구마의 2차 분쇄에 사용되고 있다.

④ 롤밀

롤밀roll mill은 두 개의 간격을 조절할 수 있는 금속 또는 돌 롤이 회전하면서 회전롤 사이에서 압축됨과 동시에 분쇄되어 제분된다 그림 3-9. 표면에 홈이 파여 있는 조쇄롤break roll은 거칠게, 표면이 매끈한 활면롤smooth roll은 연한 재료를 곱게 분쇄하는 데 이용된다. 쌀가루의 제조나 밀의 제분에 많이 쓰이는데, 그 외 옥수수, 콩, 커피 등의 분쇄에도 널리 사용되고 있다.

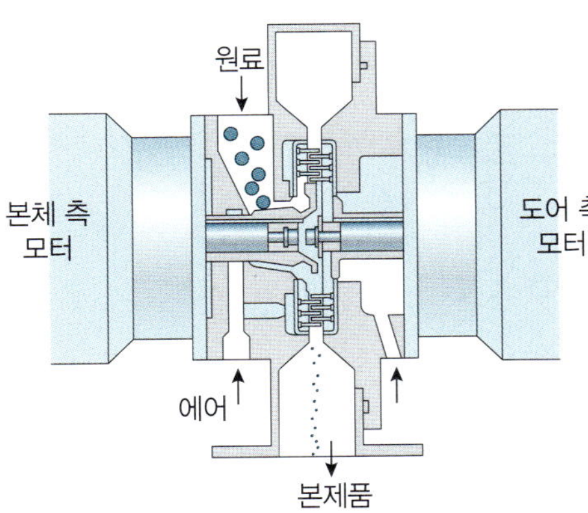

(a) 핀밀

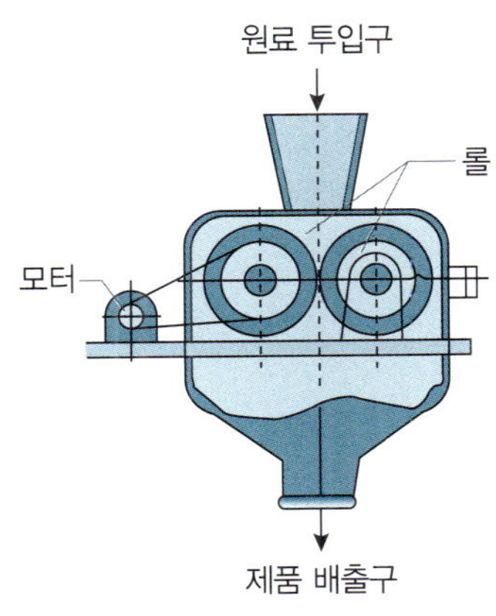

(b) 롤밀

그림 3-9 핀밀과 롤밀

롤밀은 제품이 고른 크기로 되고 구조설비가 간단하며 분쇄능력이 큰 것이 장점이다. 그러나 분쇄도는 10~15mesh가 한도여서 그것보다도 더 작게 하려면 미분쇄기를 사용하여야 한다. 수분, 유지함량이 많거나 마찰력에 의해 변질될 염려가 있는 것에는 적당치 못하다.

⑤ 디스크밀

디스크밀disc mill, disc attrition mill은 홈이 파여 있는 두 개의 원판(디스크) 사이에 식품을 넣고 원판 사이의 간격을 적당히 조절하여 회전시키면 마찰력과 전단력에 의하여 분쇄가 일어난다. 곡류의 분말제품, 섬유질의 미분쇄 또는 옥수수, 쌀의 분쇄에 널리 이용된다.

⑥ 기타

분쇄는 건조식품을 대상으로 하는 경우가 많다. 고구마, 감자 등을 분쇄하여 녹말을 제조하거나, 과일이나 채소를 분쇄하여 퓨레로 제조할 경우, 그리고 생선이나 육류를 가공할 경우와 같이 수분이 많은 상태의 원료는 습식 분쇄wet milling 방식을 이용한다.

맷돌이나 절구는 우리나라에서 예부터 사용해 온 것으로 맷돌은 지금도 재래적인 방법으로 두부, 곡분, 메밀묵 등의 재료를 분쇄할 때 사용되고 있다.

그 외에도 마쇄grinding에 의한 고기를 가는 기계로서 초퍼chopper 그림 3-10가 있다.

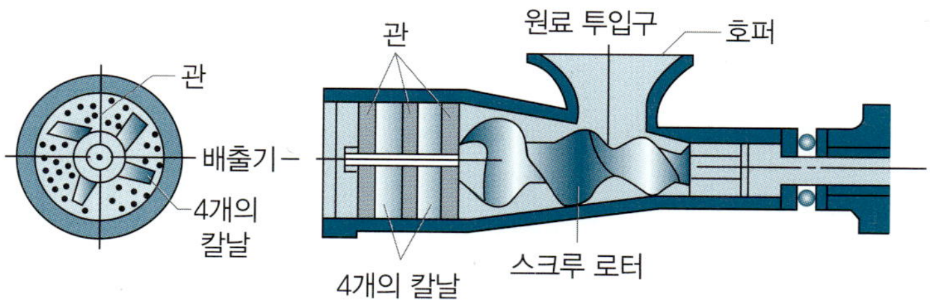

그림 3-10 초퍼

3. 혼합과 유화

1) 혼합

(1) 혼합의 원리

혼합mixing은 두 가지 이상의 다른 원료를 섞어서 보다 균질한 물질을 얻는 데 그 목적이 있다. 이때 제품의 질은 각 원료를 얼마나 잘 혼합해 주느냐에 따라 좌우된다고도 할 수 있다. 혼합에 의해 물리적 성질 및 화학적 변화를 일으켜 반응속도를 촉진시키고, 독특한 물성을 얻을 수 있게 한다. 혼합조작은 서로 혼합하고자 하는 물질의 성상에 따라 고체-고체 혼합, 고체-액체 혼합, 액체-액체 혼합, 액체-기체 혼합으로 나눌 수 있으며, 보통 혼합이라고 하면 곡물과 같은 입자나 분말형태의 고체-고체 혼합을 주로 의미한다.

혼합과 관련된 용어로는 교반stirring, agitation, 반죽kneading, 압연working, 유화emulsification 등이 있다.

일반적으로 교반은 혼합성 액체-액체 간의 혼합, 반죽은 고체-액체, 유화는 서로 녹지 않는 액체와 액체 간의 혼합 조작에 사용된다. 주로 교반은 액체와 액체, 액체와 소량의 고체, 액체와 기체의 혼합이며, 고점도의 반고체 물질과 액치를 혼합할 때 쓰인다.

반죽은 고체와 액체식품의 혼합이며 고체 및 액체의 양이 따라, 그리고 혼합물의 성질과 혼합제품의 특징에 따라 혼합원리가 달라진다. 반죽과 같은 경우 밀가루에 물을 넣어 섞는 것으로서, 점성이 크고 유동성이 거의 없으므로 반죽기의 기계적인 교반날개에 의해 혼합된다.

유화는 액체와 액체의 혼합으로 기름과 물같이 서로 녹지 않는 액체들을 교반하여 한 액체를 다른 액체에 균일하게 분산시키는 조작을 말한다.

어떤 경우에나 원료 내의 성분이 같은 비율로 균일하게 분포되어야 하며, 동력을 적게 쓰면서 짧은 시간에 혼합제품을 얻을 수 있어야 한다. 그러나 액체와 점성을 갖는 페이스트paste와는 달리 건조분말이나 입자 형태의 고체는 완전히 균일한 혼합체를 만들기 어려우므로 통계적으로 표준편차법을 이용하여 그 값이 최소가 될 때 혼합이 완료된 것으로 본다. 혼합의 정도는 다음과 같은 조건에 따라 달라진다

- 각 성분의 입자 크기, 모양과 밀도

- 이들 성분을 혼합하는 혼합기의 효율성
- 재료가 뭉치는 정도
- 수분함량, 표면 흐름의 특성

① 고체 입자의 혼합

고체 입자의 혼합solid particle mixing은 처음에는 분리된 입자로부터 시작하여 분산 상태로 고루 퍼져야만 혼합이 끝나게 된다. 즉 고체의 혼합 목적은 두 가지 이상의 별도 성분을 서로 섞어서 보다 균일한 상태로 혼합된 생성물을 얻는 데 있다. 시료의 크기, 비중, 점착성, 유동성, 응집성 등과 같은 물리적 성질이 혼합조작에 영향을 미치게 된다. 재료의 특성에 따라서 용기 속에서 혼합된 모양을 보면 그림 3-11과 같이 분류할 수 있다. 일반적으로 유사한 크기, 모양, 밀도를 갖는 식품재료는 더 균일한 혼합체를 형성한다. 그러나 밀도가 아주 다른 입자를 혼합할 때는 혼합기 내에 중력 가속도가 생겨 크기와 밀도가 같은 것끼리 한데 모이려는 경향이 있기 때문에 특별한 주의를 요한다. 또한 양적으로 어느 한 성분이 적고 다른 성분이 많으면 여러 단계의 혼합공정을 거쳐야 한다.

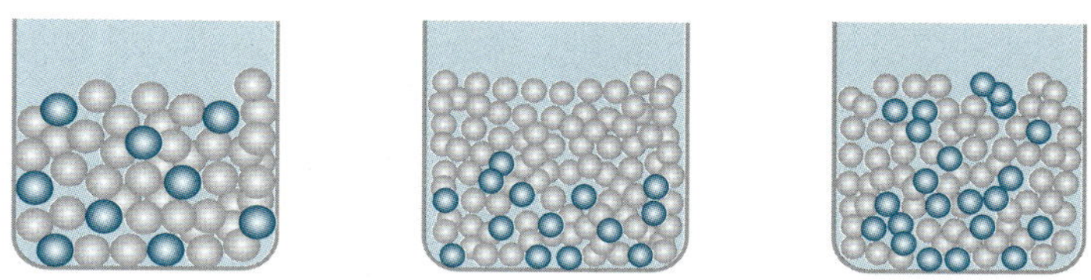

그림 3-11 고체-고체 혼합의 모양

고체의 혼합 시 입자의 크기가 분리의 주원인이 되며 75μm보다 크면 쉽게 분리되고, 10μm 이하이면 잘 분리되지 않는다. 그 이유는 작은 입자는 입자 표면 간의 힘(수소결합 electrostatic or van der Waals force)에 의해 입자가 서로 붙으려 하기 때문이다. 혼합체 속의 작은 입자들은 인접 입자들 사이의 공간을 통해서 쉽게 움직인다.

② 액체의 혼합

액체-액체의 혼합liquid mixing에는 교반과 유화가 있다. 교반은 일반적인 혼합성 액체 간의 혼합이며, 유화는 섞이지 않는 두 액체 간의 혼합이다. 유화에 대해서는 다음에 별도로 언급하기로 한다.

액체-액체 재료를 혼합할 때, 고려해야 할 사항은 점성이다. 묽은 액체의 경우는 쉽게 혼합되지만 점도가 큰 액체끼리의 혼합은 큰 동력이 필요하며 혼합시간도 길다. 밀가루 반죽과 같이 점도가 큰 물질을 혼합할 때에도 각 재료의 점도와 농도를 고려하여 혼합하여야 한다.

아이스크림 냉동기ice cream freezer는 냉동시간을 단축하며 재료를 균일하게 혼합하고 동결시키는 동시에 제품 속에 공기가 들어가게 함으로써 부피를 늘리고 텍스처를 좋게 해준다. 식품공업에서 교반기를 사용하여 혼합을 해야 하는 경우는 제과·제빵 시의 밀가루 반죽, 음료 제조 시의 액체 배합, 아이스크림·마가린·버터·마요네즈의 제조, 초콜릿의 제조 등이 있다.

(2) 혼합기의 종류

혼합기는 주로 기계적 수단에 의해 다른 성분을 균일하게 분산시키는 원리로 이루어진다. 혼합되는 대상물질의 물성이 다양하기 때문에 혼합조작의 원리도 서로 다른 점이 많으며, 혼합기의 종류와 형태도 다양하다. 최근 식품산업의 발전과 더불어 식품제조와 관련된 혼합장치의 개발도 눈부시게 향상되었다. 혼합기를 분류하는 가장 쉬운 방법은 대상물이 고체(분체), 액체 또는 진한 페이스트 상이냐에 따라 분류하는 것이다.

혼합조작은 단순히 섞어주는 기계적인 과정이지만 양이 많을 때는 골고루 혼합하는 것이 그리 쉬운 일이 아니다. 그러므로 식품의 종류에 따라 어떻게, 그리고 어떤 장치를 이용하여 단시간 내에 완료할 수 있는가 하는 것이 매우 중요하다.

따라서 혼합할 식품재료의 특성에 따라 여러 가지 모형의 혼합기mixer가 이용되고 있다.

건조상태의 원료는 원추형 혼합기conical blender나 리본형 혼합기ribbon blender를 사용하여 혼합하며, 고체를 액체에 녹일 때에는 프로펠러형propeller type, 터빈형turbine type이나 패들형paddle type의 교반기agitator를 사용한다.

① 고체-고체 혼합기

고체 식품끼리의 혼합은 회전이나 뒤집기 원리를 이용한다. 용기 속에 원료를 넣고 회

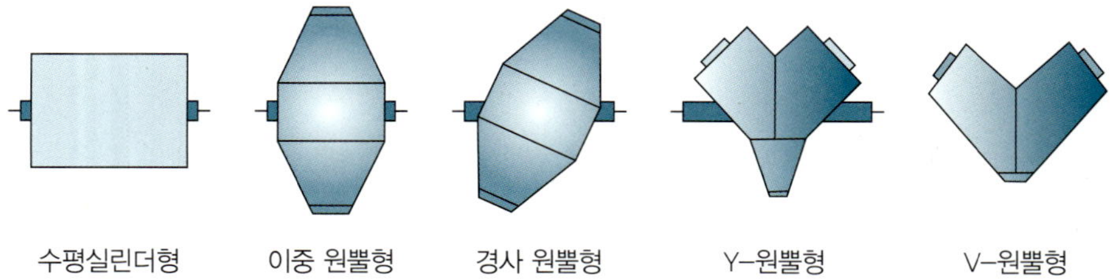

그림 3-12 여러 가지 텀블러 혼합기의 모양

그림 3-13 리본형 혼합기

전시키거나 여러 가지 텀블러**그림 3-12**를 활용하여 뒤집기를 반복 또는 리본형 혼합기**그림 3-13**나 스크루 혼합기screw mixer를 사용하여 혼합한다.

그림 3-12와 같은 텀블러 혼합기tumbler mixer는 원뿔 모양 속에 섞이려 하는 시료가 들어 있어 이것이 중앙의 축에 의해 회전하면 섞이도록 되어 있는 장치이다.

리본형 혼합기ribbon mixer는 스크루 혼합기와 원리가 유사하지만 스크루의 축 부분에서 마찰을 줄이면서 혼합효과를 높일 수 있도록 고안된 것이다. 예를 들면 리본형 혼합기는 통 안에 두 개의 나선형의 스크루가 축에 부착되어 있는데, 한 스크루는 왼쪽 방향으로, 다른 스크루는 오른쪽 방향으로 회전하도록 되어 있다. 축이 회전함에 따라 입자의 많은 양이 서로 반대 방향으로 움직이게 됨으로써 서로 섞이게 된다. 인스턴트 라면용 수프는 이와 같은 혼합기를 사용하여 제조되고 있다.

스크루 혼합기는 스크루가 회전함에 따라 고체 재료들이 아래 위, 혹은 앞뒤로 혼합되는 것이며, 혼합하면서 수송을 겸할 수 있는 장점이 있는 반면, 스크루와 식품 사이의 마찰이 많아 혼합 중에 식품이 부서지기 쉬운 단점이 있다.

② 고체-액체 혼합기

고체-액체의 혼합은 고체 및 액체의 양에 따라, 그리고 혼합물의 성질에 따라 혼합원리가 달라진다. 예를 들어 밀가루에 물을 부으면 물을 흡수하면서 덩어리를 만드는 응집현상을 일으키며 밀가루의 점성이 증가하고 액체의 유동성이 떨어지게 되는데, 기계적으로 교반날개를 이용하여 혼합물을 고루 섞어 주는 조작을 반죽kneading이라 한다. 제빵·제과용 반죽의 경우는 균일한 혼합에만 목적이 있는 것이 아니라 빵이나 과자로 제조했을 때 우수한 물성을 가진 제품을 얻을 수 있는 반죽 상태로 만드는 목적이 있다.

이와 같은 용도로 가장 널리 쓰이는 혼합기는 반죽기인데, S자형 반죽기는 두 개의 교반날개가 엇갈려 회전하면서 반죽을 끌어올려 벽에 부딪히게 하여 반죽되도록 하는 장치이다 그림 3-14. 우리가 직접 밀가루 반죽을 하듯이 교반날개가 엇갈려 회전하면서 반죽을 늘리고, 포개고, 뒤집고 하는 동작을 기계적으로 반복함으로써 혼합되게 한다.

다른 형태의 기계로는 통 안에서 페달pedal이 회전하는 것으로서, 대표적인 혼합기로 팬혼합기pan mixer가 있는데, 정지형stationary pan mixer과 회전형rotating pan mixer이 있다. 팬혼합기는 달걀, 크림, 쇼트닝, 과자의 원료를 혼합할 때 사용하는 혼합기이다.

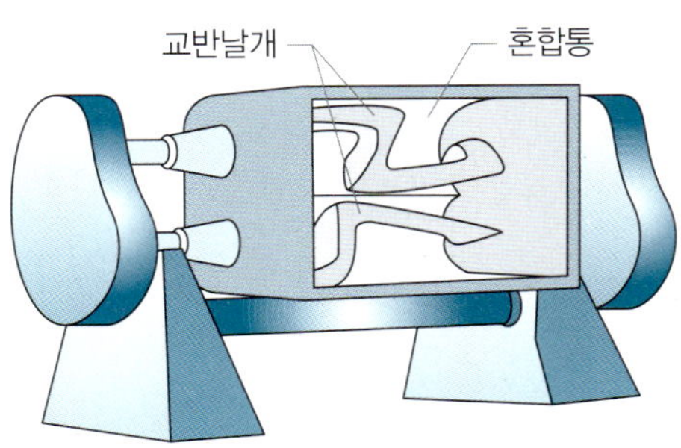

(a) 반죽기의 구조

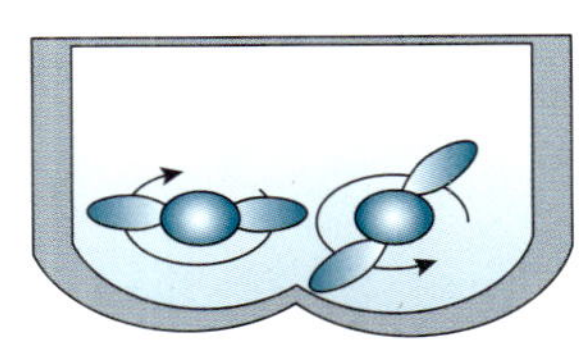

(b) 교반날개의 회전 모양

그림 3-14 S자형 수직 반죽기

③ 액체-액체 혼합기

액체를 서로 혼합하기 위해 서로 저어주는 조작을 교반이라고 한다. 교반을 기계적인 힘으로 할 때는 얼마나 효과적으로 짧은 시간에 끝내는가 하는 것이 매우 중요하다. 액체-액체 혼합장치는 용기 속의 액체를 임펠러를 장착한 축을 회전시켜 혼합하는 원리이며, 임펠러의 모양에 따라 패들 교반기, 터빈 교반기, 프러펠러 교반기 등으로 구분한다.

액체를 혼합할 때는 프로펠러 교반기가 가장 널리 쓰이는데, 프로펠러 혼합기propeller mixer를 쓸 때에는 혼합효과를 높이기 위하여 원통형 안에 공기 공동이 생기는 소용돌이 현상을 가급적 적게 하기 위해서 방해판baffle을 부착하거나 프로펠러가 불균형한 상태로 중심에서 벗어난 위치에 혹은 경사지게 설치하기도 한다 **그림 3-15**.

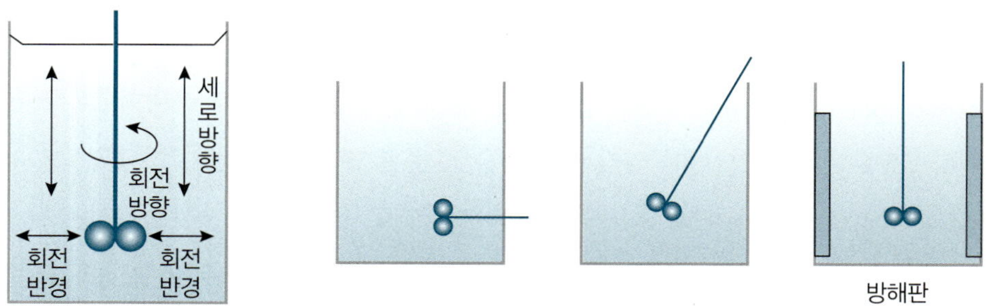

(a) 액체 혼합 시 액체의 흐름 (b) 액체를 효과적으로 교반하기 위한 프로펠러의 위치

그림 3-15 프로펠러 혼합기에서 액체 혼합

④ 기체-액체 혼합기

식품을 가공할 때 기체와 액체의 혼합 조작은 자주 일어난다. 예를 들어 기포를 포함한 반죽의 카스텔라 조직은 해면체와 같이 부드러운 질감을 갖게 하며, 아이스크림을 만들 때 크림믹스를 충분히 교반시키면 액은 거품을 많이 포함하여 원래의 부피보다 더 커지게 되는데, 이러한 현상을 오버런overrun 현상이라 한다.

2) 유화

섞이지 않는 두 종류의 액체를 분산시켜 교질상태로 균일하게 혼합하는 조작을 유화라 하며, 이러한 과정에 의해 만들어진 액을 유화액emulsion이라고 한다. 이 경우 액의 한편은 다른 한편의 액에 작은 입자의 형태로 되어 불연속으로 분산되어 있고, 다른 한편은 작은 입자 주위를 연속으로 둘러싸고 있다. 이 경우 전자를 불연속상, 분산질이라 부르며, 후자를 연속상, 분산매라고 부른다. 물과 기름의 혼합물인 마요네즈 소스와 버터 등이 유화액의 전형적인 예이다. 물과 기름의 혼합물은 서로 섞이지 않지만 여기에 인지질 같은 한 분자 내에 소수기와 친수기(-OH, -CHO, -COOH, $-NH_2$ 등)가 있는 유화제 emulsifying agent를 소량 넣고 혼합하면 유화가 되어 안정한 유화액을 형성하게 된다.

유화액을 오랫동안 방치해 두면 분산질의 입자가 서로 엉겨 붙거나 떠오를 수 있는데, 이는 다시 응집하여 분산되기 이전의 상태로 돌아가려는 성질이 있기 때문이다. 유화액의 안정성은 계면장력과 분산질의 방울의 크기, 분산매의 점성, 두 상 이상의 밀도 차에 따라 달라질 수 있다.

유화액에는 그림 3-16에서 보는 바와 같이 물 속에 기름이 분산된 수중유적형oil in water emulsion, O/W과 이와 반대로 기름 중에 물이 분산된 유중수적형water in oil emu ison, W/O 두 가지 형이 있다. 수중유적형의 대표적인 예는 우유, 생크림, 마요네즈, 아이스크림 등이고, 유중수적형의 예는 버터이다. 유화의 유형을 결정하는 요인은 유화제의 성질, 전해질의 유무와 그 종류 및 농도, 물과 기름의 비율, 기름의 성질, 물과 기름의 첨가 순서 등이며, 특히 주된 요인은 유화제이다. 친수성이 강한 유화제는 O/W형을, 소수성이 강한 유화제는 W/O형을 만들기 쉽다. 식품가공에 주로 사용되는 유화제는 독성이 없는 안전한 것이어야 하며, 단백질·레시틴과 같은 인지질, 스테롤 등의 천연 유화제와 합성 유화제가 있다. 유화분산을 한 식품의 예로는 간유유제, 식물유유제, 균질우유, 마요네즈, 샐러드 드레싱, 과즙, 유화향료, 아이스크림, 토마토케첩, 땅콩버터와 향유 등 많은 예가 있다.

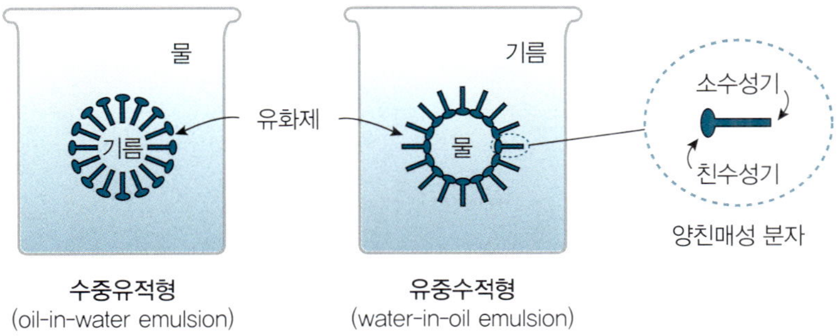

그림 3-16 유화의 종류

(1) 유화기의 종류

유화기의 종류로는 교반형 유화기, 가압형 유화기, 초음파 유화기 등이 있으며, 각각의 특징은 다음과 같다.

① 교반형 유화기

교반기와 비슷한 구조를 갖고 있으나, 액체에 강한 전단력을 작용시켜 액체를 작은 방울로 분쇄할 수 있게 하기 위하여 고속회전 터빈을 사용함으로써 균질화에 적합하도록 만든 것이다 **그림 3-17**.

② 가압형 유화기

가압형 유화기 중에서도 고압 균질기**그림 3-17**는 액체가 좁은 간격이나 구멍을 높은 압력으로 통과할 때의 분쇄효과를 이용한 것이며, 높은 압력으로 밸브에 공급하면 액은 밸브와 밸브시터 사이의 좁은 간격을 빠른 속도로 통과하면서 액체방울이 전단작용을 받아 분쇄되는 방식이다.

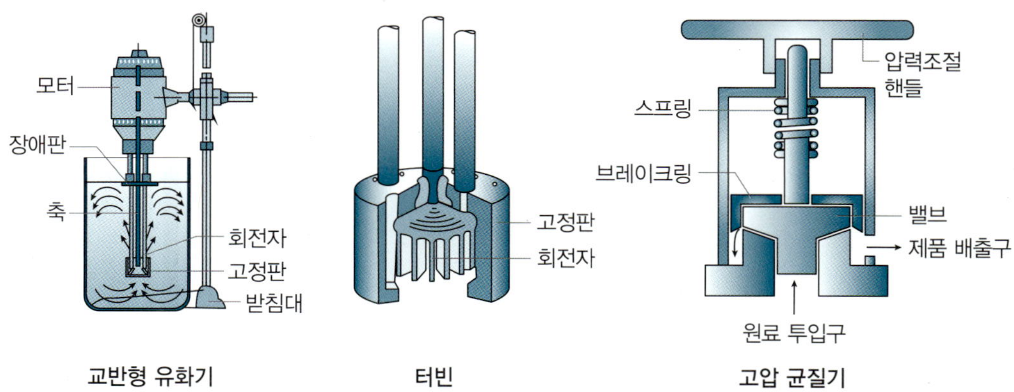

그림 3-17 교반형 유화기, 터빈과 고압 균질기

4. 분리

어떤 물체에서 특정 성분을 뽑아내는 것을 목적으로 행하는 조작을 분리·정제라 한다. 식품가공의 분리조작에는 물질의 형태에 따라 다음과 같은 종류가 있다.

① 고체로부터 고체의 분리 : 감자의 박피peeling, 견과류의 껍질 제거

② 액체로부터 고체의 분리 : 간장 덧의 여과

③ 고체로부터 액체의 분리 : 과일에서 주스의 착즙 그림 3-18

④ 액체로부터 액체의 분리 : 우유에서 크림의 원심 분리

⑤ 고체나 액체로부터 기체의 분리 : 통조림 시 공기의 감압 제거(탈기라 함)

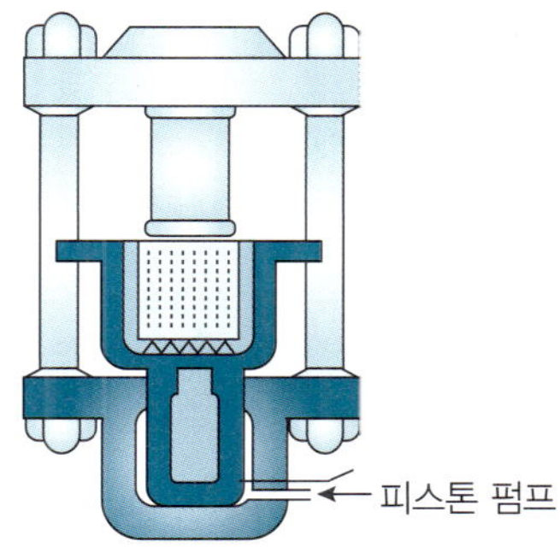

그림 3-18 착즙기

분리방법의 차이에 따라 분류해 보면, 다음과 같다.

① 여과에 의해 액체에서 고체를 분리(간장, 술) 혹은 고체와 액체의 분리(과즙)

② 원심분리에 의한 액체로부터 액체의 분리(과즙의 청징, 동식물유의 정제, 우유 크림의 분리)

③ 입자의 침강에 의한 정치 분리(전분정제) 등이 있다.

④ 그 외에 건조, 증발, 증류 등도 원리상으로는 상相의 변화를 이용한 분리 조작이다.

1) 침강분리

침강분리는 고체-액체 혼합물 중에서 액체의 양이 비교적 많을 때 이용되는 분리방법으로서 대량의 유체 중에 부유되어 있는 고체입자를 중력에 의해 침강시켜 분리하는 조작이다. 식품가공에서는 전분공업, 유가공업, 과즙가공, 양조공업 등에 이용되고 있다.

침강분리의 이용 목적은 다음과 같다.

- 현탁물을 분리하여 청징한 액을 얻기 위함(과즙 및 청주의 청징 등).
- 현탁물의 농축액을 얻기 위함(녹말의 침전).
- 현탁액 중의 고체입자를 입자의 지름이나 밀도에 따라 분별하기 위함.

입자가 침강할 때에는 중력에 의해 가라앉으려는 힘, 입자를 뜨게 하는 부력, 입자가 침강할 때 유체와의 마찰로 인해 침강에 저항하는 저항력 등 여러 가지 힘이 복합적으로 작용하여 그 결과에 따라 침강속도가 결정된다.

중력에 의한 침강에 의해 액체로부터 고체입자를 분리하는 장치는 침강이 일어날 충

분한 시간을 주도록 해야 한다.

침강분리장치는 크게 두 가지 형태로 구분할 수 있는데, 단순히 침강·분리시키기 위해 혼합물을 담아두는 용기인 회분식 침강탱크그림 3-19와 침강탱크에 몇 개의 칸막이를 함으로써 입자 크기별 분급작업도 할 수 있는 침강분급장치그림 3-20가 있다.

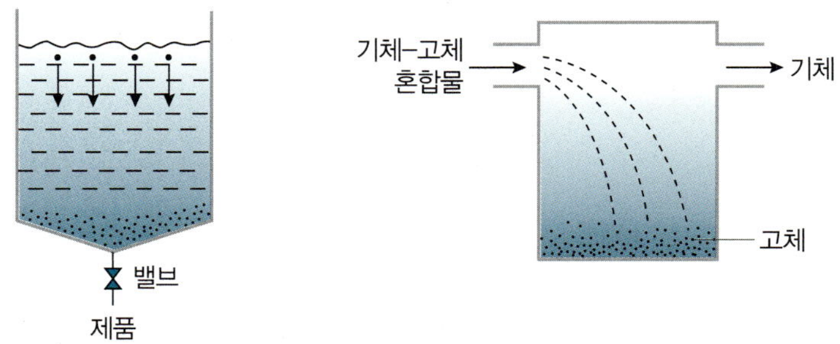

(a) 고체–액체 침강장치 (b) 고체–기체 침강장치

그림 3-19 회분식 침강탱크

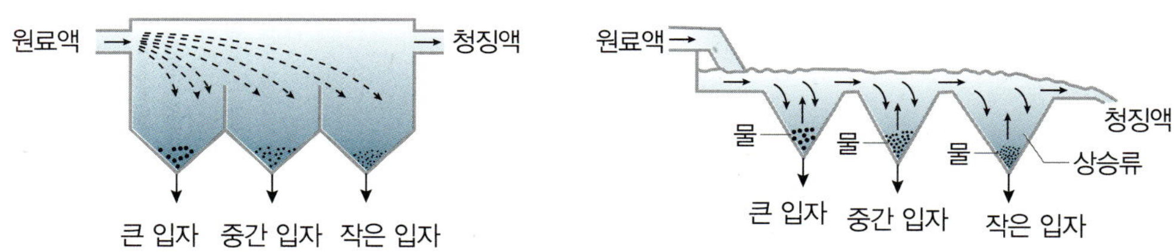

(a) 수평류만을 이용하는 경우 (b) 수평류와 상승류를 함께 이용하는 경우

그림 3-20 침강분급장치

2) 원심분리

두 가지의 서로 섞이지 않는 액체 또는 액체와 고체를 침강분리하는 것은 그 성분들의 중력효과에 의해 좌우된다. 그러나 각 성분들의 밀도 차가 크지 않고 각각을 결합시키는 힘 때문에 침강속도가 매우 느린 경우 혹은 침강이 일어나도 성분 간에 뚜렷한 경계가 없을 경우에는 여과 대신 원심력을 이용하면 보다 빨리 분리시킬 수 있다.

원심분리는 다음 세 가지 목적으로 이용될 수 있다.

- 혼합되지 않는 액체의 분리(우유에서 크림층 분리)

• 액체에 부유하는 고체입자 제거(식물성 기름, 주스 등의 청징화)
• 고체물질의 탈수 및 수거(액체 제거를 통한 침전물 수거)

원심분리기는 조작의 종류와 목적에 따라 용도가 다른데, 침강에 사용될 때는 원심침강기, 탈수를 목적으로 할 때는 원심탈수기, 여과를 목적으로 할 때는 원심여과기가 있다. 원심분리기의 기본구조는 그림 3-21과 같으며, 수직축 주위를 회전하는 볼bowl이 모터에 의해 고속으로 회전하도록 되어있다. 디스크 볼 원심분리기그림 3-21는 액체와 액체의 분리에 효과적이며, 볼 속에 있는 접시 모양의 금속원판disc이 볼과 함께 회전한다. 원심력에 의해 무거운 액체는 아래쪽을 따라 바깥쪽으로 이동하고, 가벼운 액체는 원판의 윗부분을 따라 안쪽으로 이동하게 된다.

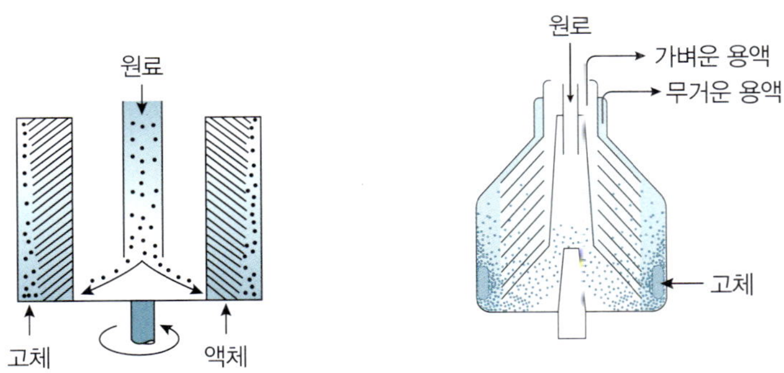

(a) 기본구조 (b) 디스크 볼 원심분리기

그림 3-21 원심분리장치의 기본구조와 디스크 볼 원심분리기

3) 여과

액체 중의 불순물이나 침전물을 걸러내는 것을 여과filtration라고 하며, 다공성 여과제 filter media를 사용하여 고체-액체 혼합물을 물리적으로 분리하는 조작이다. 여과하고자 하는 고체-액체 혼합물, 즉 현탁액slurry을 여과제에 통과시킨 후 얻어지는 액을 여액filtrate 이라고 하며, 여과제를 통과하지 못하는 고형물을 여과박fi ter cake이라고 한다. 여과는 여과지나 여과기를 이용한다. 여과기는 작은 구멍을 많이 가진 액체를 거르는 기구인데, 여과를 일으키는 압력의 원천에 따라 중력여과기, 감압여과기, 가압여과기filter press 등이 있

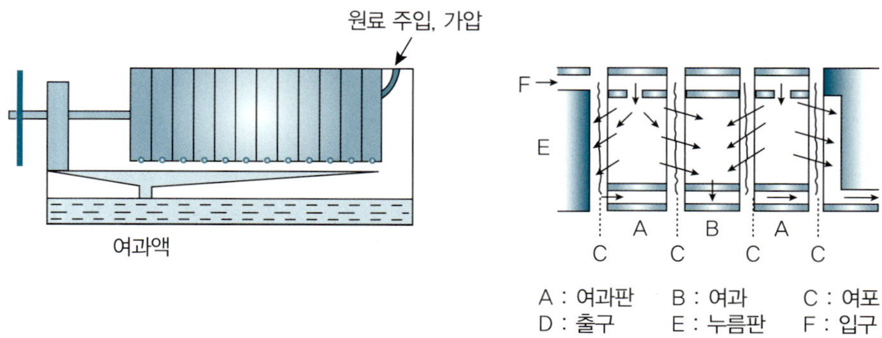

(a) 가압여과기 (b) 필터 프레스

그림 3-22 가압여과기와 필터 프레스

으며, 식품공업에서 가장 많이 사용되는 것은 압력을 가해 빠른 속도로 여과하는 가압여과기**그림 3-22**이다. 소규모 가압여과기는 숯, 골탄, 모래, 여과지, 여과포를 사용하여 걸러내며, 대규모는 여과판을 여러 개 겹쳐 놓고 여과천의 면적을 넓게 하여 한쪽에서 액체를 압력으로 밀어내어 여과하는 필터 프레스filter press를 사용하는 방법**그림 3-22**으로 여과한다.

주류, 과일주스 등과 같이 대부분의 여과조작은 청징한 액체를 얻기 위하여 이용되지만, 고형물을 얻는 데 사용되기도 한다.

여과목적에 이용되는 원심여과기는 세탁기의 탈수원리와 같이 여과포를 부착시킨 다공판의 원통형드럼에 혼합물을 넣고 회전시키면 원심력에 의해 고체가 침강되어 케이크를 형성하고 여액은 원통 밖으로 배출된다.

4) 막분리

분자단위에서 성분을 분리하는 데 사용되는 여과방법을 막여과membrane filtration라 하며, 정밀여과법, 한외여과법, 역삼투법과 전기투석법 등이 있다. 분리의 원리와 특징은 **그림 3-23**과 같다. 막분리법은 상 변화 없이 물질을 분리하는 기술로 연속조작이 가능하며, 열 손상이 없고 휘발성 성분의 손실이 적은 것이 특징이다.

한외여과법ultrafiltration은 역삼투법보다 막의 공극이 커서 저분자 물질은 통과하므로 저분자 물질과 고분자 물질의 분리에 사용한다. 용액에 분산되어 있는 물질들을 입자의 크기에 따라 분리하는 방법으로서 원하는 크기의 공격porosity을 가지는 막membrane을 선택하거나 인위적으로 만들어 고분자 물질과 저분자 물질을 서로 분리하는 방법이다. 예를 들어, 우유 가공 시 부산물로 나오는 치즈훼이cheese whey에서 단백질과 젖당을 서로 분리하는 데 이용할 수 있다. 비열처리 맥주는 막처리 기술로 열처리하지 않고 효모를 제거한 것이다.

역삼투는 **그림 3-23**과 같은 반투막을 사이에 두고 용액의 농도 차이에 의해 생성된 삼투압보다 더 높은 압력을 진한 용액 쪽에 가함으로써 진한 용액의 용매(대체로 물)를 묽은 용액 쪽으로 이동시켜 진한 용액을 더 농축시킬 수 있는 방법이다. 역삼투법은 바닷물을 민물로 만들기 위하여 개발된 기술로, 물은 통과하지만 소금은 통과하지 못하는 정밀한 아세트산 셀룰로오스, 폴리설폰 등으로 바닷물을 밀어내어 소금은 남기고, 물만 통과시키는 방법이다. 식품가공 분야에서는 과일주스나 채소주스 농축, 정수기 등에 활용된다.

여과방법에 따른 입자의 분리 크기를 비교하면 **그림 3-24**와 같다.

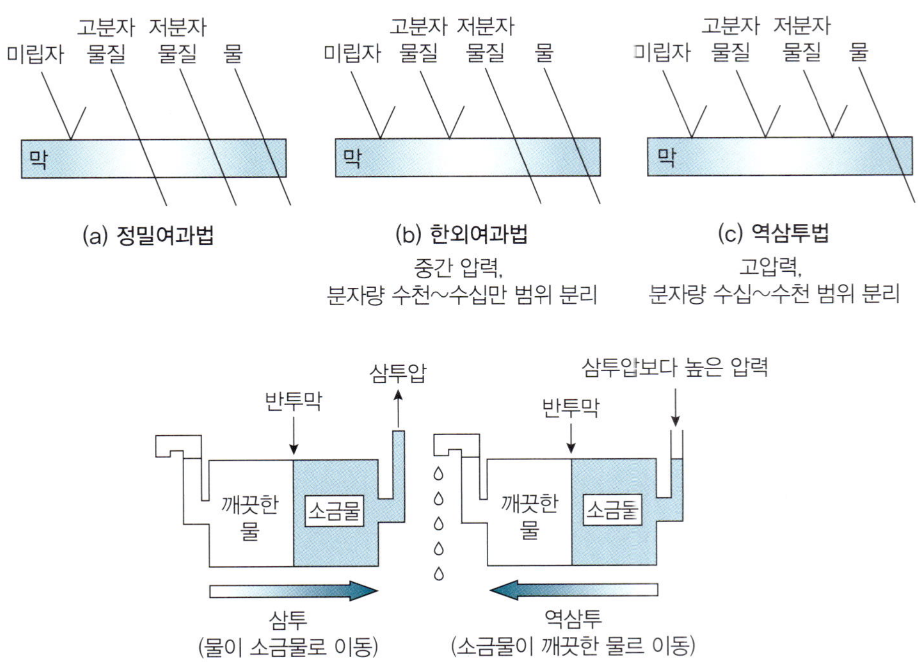

그림 3-23 막분리의 종류 및 특징

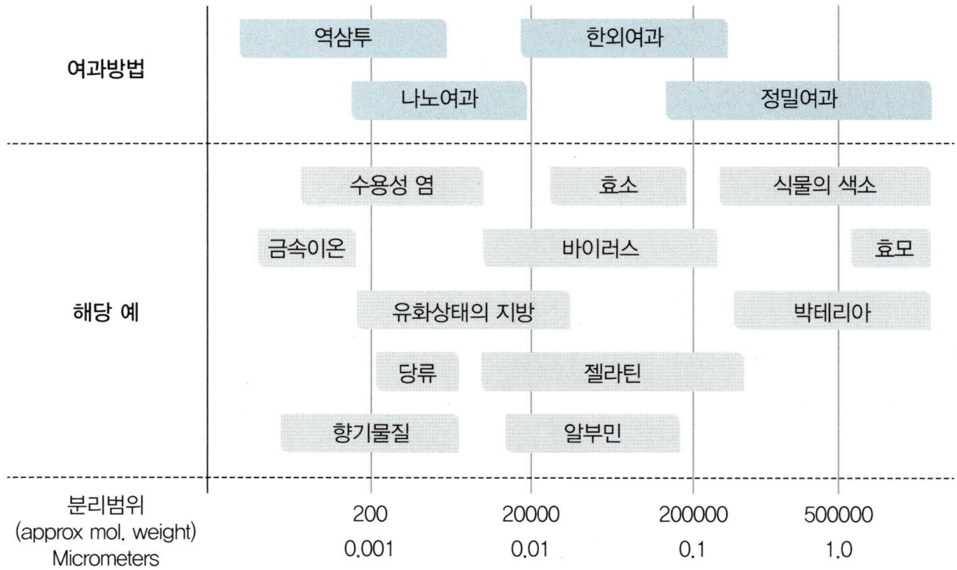

그림 3-24 막여과 방법에 따른 입자의 크기 비교

5) 압착

강한 압력을 가하여 고체 중에서 소량의 액체를 분리하는 조작을 압착press이라고 한다. 이 방법은 압축력을 가해 조직을 파괴해서 액체성분을 짜내는 조작이며, 주로 식물성 기름을 짤 때나 치즈 제조, 과일에서 주스의 착즙, 간장을 분리할 때 주로 이용한다. 간장 제조에서는 숙성이 끝난 간장덧을 마대에 넣어 압력을 가하여 간장을 분리한다. 압착기는 압축력을 주는 기계적인 장치와 액체성분을 잔류 고체성분에서 분리할 수 있는 여과장치로 구성되어 있다. 압력을 가하는 방식에 따라 수압식 압착기water presser, 유압식 압착기oil presser가 있다.

유지원료의 기름을 짤 때는 용제추출법보다 압착법을 이용한 스크루 압착 엑스펠러나 케이지 프레스cage press 등이 쓰인다 **그림 3-25**. 스크루 압착 엑스펠러는 나사 모양의 회전 장치가 있어 원통의 한쪽에서 원료를 넣고 회전 중에 원료에 눌리는 압력으로 연속적으로 기름을 짜는 기계이다. 케이지 프레스는 구멍이 뚫린 철재 원통 안에 일정량의 원료를 넣어 압력을 가해서 구멍으로 액체를 빼내는 장치이다.

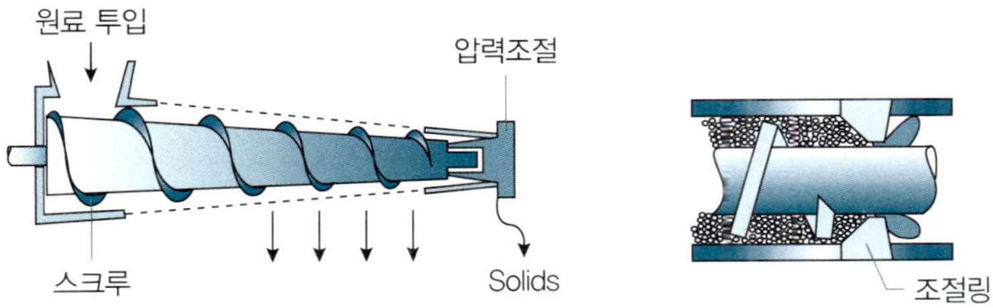

그림 3-25 스크루 압착 방식에 의한 익스펠러

6) 흡착

흡착이란 기체나 액체를 다공질 또는 이온교환 능력을 가진 고체에 접촉시켜 고체에 특정한 성분이 결합하는 성질을 이용하여 분리하는 조작이다. 흡착에서 사용되는 흡착제에는 활성탄active carbon, 산성백토acid white clay, 실리카겔, 골탄bone black, 이온교환수지ion exchange resin 등이 있다.

활성탄은 다공질로 되어 있어 내부 표면적이 크므로 유지나 물, 수용액의 탈색과 정제에 널리 이용되고 있다. 간장에 숯을 띄우는 것은 불순물의 흡착목적으로 생활에서 사용되고 있는 활성탄 흡착의 한 예라고 할 수 있다. 산성백토는 염화알루미늄이 주성분으로 유지의 탈색과 탈취에 이용되고, 실리카겔은 다공질의 당상구조를 가지므로 공기 중의 수분 제거나 가공식품의 포장에 넣는 제습제로 이용된다. 골탄은 인산칼슘이 주성분으로, 수용액의 탈색에 이용된다. 이온교환수지는 이온성 물질을 흡착하는 능력을 갖고 있는 합성수지이며, 음이온을 흡착하는 것을 음이온교환수지, 양이온을 흡착하는 것을 양이온교환수지라 한다. 염류나 이온성 화합물의 분리에 의한 물과 수용액의 정제에 이용된다.

5. 추출

추출은 고체 또는 액체원료에서 용매를 사용하여 원하는 물질을 용출하여 분리하는 조작이다. 이러한 유기용매에 의한 추출법과 최근에 개발되어 적용되고 있는 초임계유체 추출방법이 있다.

1) 추출

(1) 용매 추출

추출extraction은 용매에 대한 용해도 차이를 이용하여 원하는 물질을 용출분리 또는 농축하는 조작으로서, 추출 후 용액에서 용매를 증발시키면 순수한 용질을 얻을 수 있다. 추출속도는 용질이 한 상에서 다른 상으로 이동되는 속도이며, 입자의 크기, 용매의 종류, 온도, 액의 교반 정도, 농도 등 여러 가지 요인에 따라 달라진다.

추출을 효율적으로 하는 데는 원료의 형상과 크기가 영향을 미치며, 일반적으로 추출효율은 농도차가 클수록, 추출온도가 높을수록, 표면적이 넓을수록 증가한다. 그러므로 종실에서 유지를 추출할 경우 분쇄한 후 압편하여 박편flake상으로 만드는데, 이것은 분쇄에 의해 조직이 파괴되어 추출효율이 좋아지기 때문이다.

사용하는 추출용제에 요구되는 특징은 다음과 같다.

- 가격이 싸야 한다.
- 제품에 악영향을 미치지 않아야 한다.
- 융점이 낮고 인화의 위험이 없어야 한다.
- 원하는 성분을 선택적으로 잘 용해하여야 한다.
- 비등점이 비교적 낮아야 하며, 증발잠열과 비열이 적어야 한다.
- 화학적으로 안정하며 동시에 독성과 기구에 대한 부식성이 없어야 한다.

그러나 위에서 언급한 성질 모두를 구비한 용제는 없으므로, 위의 항목 중에서 목적에 따라 필요로 하는 성질을 갖고 있는 용제를 선택하여 사용하여야 한다. 추출용제로는 대개 유기용제로 hexane, benzene, ethanol, CS_2, CCl_4, $CHCl_3$, acetone 등과 물이 사용된다. 지방질의 추출정제에는 n-헥산이 주로 사용된다.

원료 중에 필요한 성분만을 추출하는 추출기는 용매와 원료를 섞는 혼합기와 추출이 충분히 일어난 후 용액과 잔류물을 분리하는 분리기로 구성되어 있으며, 회분식 추출기와 연속식 추출기가 사용되고 있다.

추출공정을 사용하는 대표적인 예는 대두, 옥수수 등의 종실에서 유지 추출, 인스턴트 커피와 홍차 제조, 원료로부터 엑기스분의 추출, 사탕무나 사탕수수 등의 원료로부터 설탕의 용해 추출 등이다.

유지를 추출할 때에는 앞서 언급한 바와 같이, 원료를 박편상(조쇄 후 압편)으로 만들어 헥산hexane으로 추출하고 용매는 증류시켜 회수한다. 예를 들어, 콩으로부터 콩기름을 얻기 위해서는 콩 원료를 누른 다음 헥산용제hexane solvent에 녹여서 추출하고 용제를 증발시킨 후 콩기름을 얻는다.

첨채당 추출의 경우에는 원료를 파형의 칼로 얇게 썰어 70~75°C의 열수에서 추출하면 15~16Brix의 추출액을 얻을 수 있다.

(2) 초임계유체 추출

유기용매 대신 초임계가스를 용제로 사용하는 방법으로 **그림 3-26**, 초임계유체는 물질의 기체상과 액체상이 공존할 수 있는 한계의 온도와 압력을 넘어선 상태에서 존재하므로 이를 이용하여 임계 부근의 특수한 성질을 물질 추출과 분리에 적용하는 것이다.

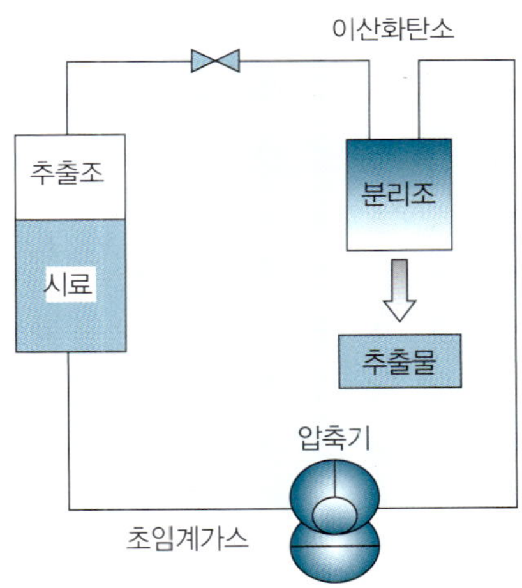

그림 3-26 초임계 추출기의 기본구조

초임계유체 및 임계점 부근의 유체는 액체에 가깝지만 기체의 성질이 남아 있기 때문에 침투율과 추출효율이 높고, 임계점 이상으로 온도와 압력을 올리면 액체의 밀도가 매우 높아져서 용해도가 증가하게 된다.

초임계유체 추출은 종래의 유기용매 추출과 다른 여러 가지 특징이 있기 때문에 식품, 의약품, 향료 등의 공업에 있어서 천연물 중의 특정 목적 성분의 추출 분리나 정제를 위해 많이 검토되고 있다. 그러나 300kgf/cm^2 이상의 고압을 사용하기 때문에 장치의 규모나 구조에 제약이 있고 연속조작 등 장치의 개발이 요망되고 있다.

무카페인 인스턴트 커피의 제조, EPAeicosa-pentaenoic acid의 추출, 향신료 향미성분의 추출, 호프 유효성분의 추출, 동식물의 색소 추출 등 고부가가치 물질을 대상으로 하는 분야에서 실용화 단계에 들어가고 있다.

초임계유체 추출법은 종래의 추출분리법에 비하여 다음과 같은 장점이 있다.

- 비교적 낮은 온도에서 조작이 가능하기 때문에 고온에서 변질, 분해하는 물질에도 적용이 가능하다.
- 추출유체가 잔류하지 않아 안전하다.
- 용매의 순환 이용이 가능하고 탈용매공정 등을 생략할 수 있기 때문에 저에너지형의 분리법이다.

초임계유체로 현재까지 이용되는 물질로는 에테인ethane, 에틸렌ethylene, 프로페인propane, 이산화탄소 등이다. 이 중 초임계 이산화탄소supercritical carbon dioxide가 가장 많이 이용되며, 장점은 다음과 같다.

- 초임계온도가 31.1°C, 임계압력이 7.3 MPa(73bar)로서 추출이 상온 부근에서 이루어질 수 있기 때문에 열에 불안정한 물질 등의 추출에도 적용이 가능하다.
- 불활성가스이기 때문에 인화성, 화학반응성이 없으며, 잔존할 경우에도 인체에 무해하다.
- 회수와 저장, 그리고 고순도 유체의 구입이 용이하고 값싸게 구입할 수 있다.

6. 농축

농축evaporation, concentration은 비점을 이용, 식품 중의 일부 수분을 제거하여 용액 농도를 높여 주는 조작인데, 직접 또는 간접으로 가열해서 증발시킨다. 수분을 제거하는 관점에서는 건조와 같지만 최종산물이 고체가 아니고 액상인 점이 다르다. 또한 증발농축의 경우에는 수분을 증발시킨다는 관점에서는 증류와 같지만, 증류는 증기성분을 응축시켜 제품으로 만든다는 것이 증발농축과 다른 점이다. 증발은 수분을 제거하여 부피를 줄이는 것으로, 주로 액상식품을 농축한다. 바닷물을 햇빛으로 증발시켜 소금을 얻거나(천일염), 솥으로 물엿을 증발시켜 엿이나 캔디를 얻거나, 우유를 농축시켜 연유를 만든다. 일반적으로 농축은 용매의 증발에 의해 이루어지지만 역침투법에 의한 조작으로도 농축이 가능하다.

식품공업에서 농축은 분리와 정제수단으로 이용되며, ① 결정·건조제품을 만들기 위한 전 단계의 예비농축, ② 용질성분의 분리, ③ 잼과 같은 농축에 의해 새로운 물성과 풍미의 부여, ④ 농축에 의해 가용성 성분의 농도를 높여 저장성과 보존성을 높이고, ⑤ 수송경비를 절감하기 위하여 액체의 부피를 감소시킬 목적으로 이용된다.

1) 농축방법 및 장치

농축방법은 용매의 제거방법에 따라 크게 증발농축evaporation, 냉동농축freeze concentration, 막농축thin film evaporation 등으로 나눌 수 있다. 증발농축은 식품을 가열하여 용매(물)을 증발시켜 제거하는 방법이며, 냉동농축은 용액을 냉동시켜 물을 얼음결정으로 석출시켜 제거하는 방법이다.

가열에 의한 방법 외에 한외여과ultra filtration, UF와 역삼투reverse osmosis, RO에 의해서도 농축이 가능하다. 막을 이용한 농축방법은 열을 가하지 않기 때문에 에너지의 소비량이 적고, 품질의 열화를 최소화하면서 성분을 농축하거나 분리할 수 있다.

(1) 증발농축

소규모 증발농축에는 이중솥이나 표준 증발관을 사용한다 그림 3-27. 대규모 농축·증발은 진공 감압증발한다. 온도가 높을수록 증발효율은 좋지만 제품이 열에 의해 분해되거나 착색될 우려가 있으므로 압력과 끓는 온도를 낮추어 품질저하를 방지하는 동시에 증발효율을 높이는 진공농축 또는 감압농축법이 널리 사용되고 있다. 농축을 하는 경우 상압하에서 실시하면 착색이나 성분의 분해가 일어나서 농축물의 품질이 떨어지지만, 진공농축은 고온 공기에 접하지 않으므로 착색이나 열에 불안정한 성분(비타민·기타)의 분해가 적고 농축제품의 변질이 적어 최근에 많이 이용되고 있다. 이 방법은 연유煉乳, 잼 등의 제품농축에 이용되며, 장점은 다음과 같다.

- 자연대기 농축에 비해 증발효율을 증대시킨다.
- 공기와 접하지 않고 저온상태의 진공하에서 농축하므로 제품의 변색, 열에 불안정한 영양소, 즉 비타민 등의 손실을 줄일 수 있다.

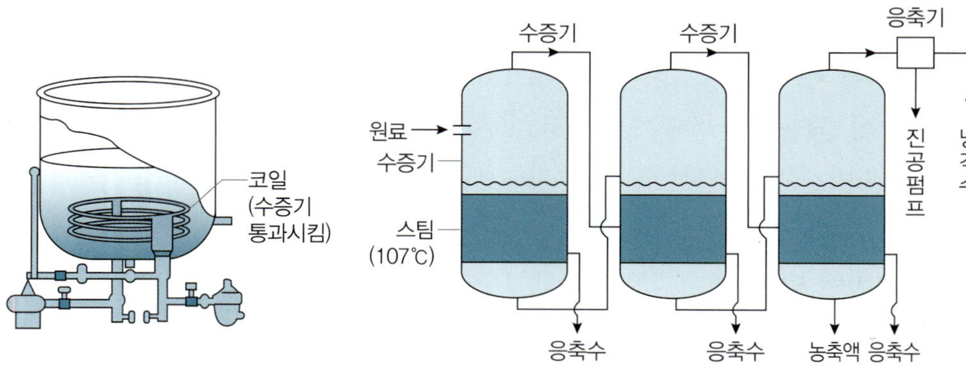

(a) 표준 증발관 (b) 다중 효능 증발관

그림 3-27 농축 및 증발기구

일반적으로 증발농축evaporation은 캔디, 캐러멜, 물엿, 포도당, 과즙, 설탕 등의 농축에 널리 사용되고 있다. 증발농축하는 식품은 수용액이기 때문에 농축이 진행됨에 따라 용액의 농도가 상승하면서 비점 상승boiling point elevation 현상이 나타난다. 이와 같은 현상은 증발관과 응축기의 열부하를 높여주게 될 뿐만 아니라, 식품의 품질을 저하시키는 요인이 된다. 특히 점도가 상승하면 이와 함께 거품이 발생되고 계속 농축을 하는 경우에는 농축기에 관석이 발생하거나 기기의 부식이 증가하게 된다. 관석이 생기면 순환이나 열전달이 균일하지 못하여 열전달 효율 및 속도가 떨어지므로 온도에 민감한 식품은 손상 위험이 크다. 관석의 원인물질은 펙틴, 식이섬유, 당류, 단백질 등의 고분자 물질로 알려져 있다. 따라서 관석이 생길 만한 식품원료는 강제순환식 농축기를 사용하거나, 농축을 하기 전에 강력한 자기장을 통과시켜 관석을 제거시키는 것이 좋다.

또한 가열농축 시 비말동반 현상이 나타나는데, 이는 액체가 끓으면서 증발하는 증기와 함께 끓는 액체방울이 밖으로 튀는 현상을 말한다. 이때는 식품성분의 손실을 유발할 수 있으므로 농축기에 장애판을 설치하여 이를 억제한다.

열에 민감한 식품을 농축할 경우에는 감압하여 비점을 가능한 한 낮추어야 한다. 특히 과즙과 같은 식품은 향기성분이 물보다 휘발성이 강하므로 액이 증발할 때 증기와 함께 휘발되어 향기성분의 손실을 가져올 우려가 있다. 그러므로 비점을 낮추는 것이 식품의 열변성 방지는 물론 향기성분의 보존에도 큰 이점이 있다. 경우에 따라서는 분별증류

fractional distillation하여 향기성분을 회수하기도 한다.

식품공업에서는 분무건조, 드럼건조, 결정화 공정을 실시하기 전에 액체를 예비농축하는데, 보통 증발농축 방법이 많이 사용되고 있다.

농축에는 여러 가지 형식의 증발관이 이용된다. 증발장치는 ① 증발에 필요한 열을 공급하기 위한 열교환기calandria, ② 증기를 농축액으로부터 분리하는 분리기separator, ③ 증기를 응축시켜 제거하는 응축기로 구성되어 있다.

식품에 사용되는 증발장치를 보면, 회분식 팬 증발기 **그림 3-28**는 잼, 젤리, 수프를 생산하는 데 널리 사용되며, 에너지 효율이 낮고 열에 민감한 제품에는 품질 손상을 일으킬 수 있는 단점이 있으나, 비용이 저렴하고 설치가 용이하여 다양한 제품의 생산에 효과적이다.

대표적인 농축장치이며 가장 많이 사용되고 있는 수직 단관형 증발농축기vertical short-tube evaporator는 관의 밑부분에 칼란드리아calandria라는 길이 1~2m, 직경 50~100mm인 관들로 구성된 원통다관형 열교환기를 가열부로 갖고 있다. 수증기는 원통에 공급되고 용액은 관의 내부를 통해서 자연대류에 의해 순환하면서 가열된다. 구조를 보면 **그림 3-28**과 같으며, 칼란드리아 농축기는 부식성이 없고, 중간 정도의 점도를 가진 액체의 농축에 상당히 효과적이므로 물엿, 포도당, 과즙, 설탕 등의 농축에 널리 사용되고 있다.

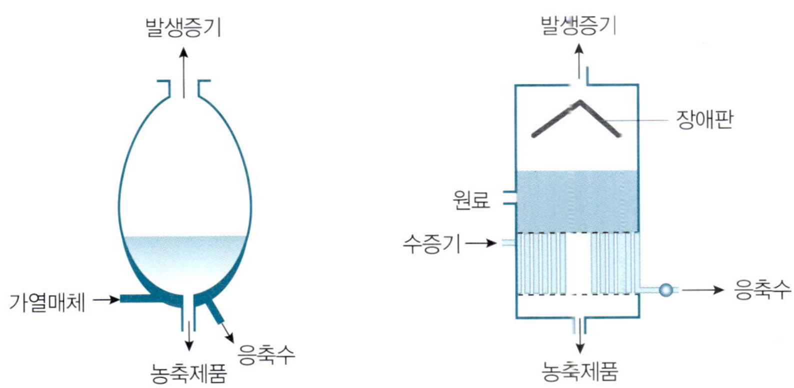

(a) 회분식 팬 증발기 (b) 단관형 증발농축기

그림 3-28 회분식 팬 증발기와 단관형 증발농축기

2) 냉동농축

동결농축freeze concentration은 수용액 중의 일부 수분을 얼음결정으로 석출시킨 후, 이것을 액체상으로부터 분리·제거하고 용액을 농축하는 방법이다. 즉 수용액을 어는점 이하로 냉각시키면 염, 향기성분, 당분, 단백질 및 지방을 거의 함유하지 않은 순수한 얼음결정이 형성되므로 용액으로부터 이것을 분리하면 고형분 농도가 높은 농축액을 얻을 수 있다.

냉동농축은 저온에서 행하므로, 특히 열에 민감한 물질의 농축에 적합하며, 향기성분이 보존되는 장점이 있지만 농축할 수 있는 농도에 제한이 있다.

냉동농축 장치의 기본 구성은 다음과 같다.

- 액체식품을 냉동시키기 위한 직접 냉동시스템 또는 간접장치
- 얼음결정을 크게 하기 위한 혼합용기mixing vessel
- 농축된 용액으로부터 얼음 제거를 위한 분리기seperator

7. 증류

증류distillation는 두 종류 이상의 성분이 혼합된 용액을 가열하여 각 성분의 끓는점의 차를 이용, 분리하는 조작이다.

식품가공에서 증류는 주정, 브랜디, 위스키, 소주, 고량주 등의 증류주 제조, 과즙 농축, 유지의 탈취, 유지 추출에 사용된 용매의 회수, 지용성 비타민, 모노글리세리드의 증류에 이용된다.

1) 증류방법과 증류장치

증류는 그 방법에 따라 상압에 의한 일반적인 방법과 감압에 의한 진공증류, 몇 가지 혼합물을 끓는점의 차를 이용해서 분리 증류하는 분별증류fractional distillation, 수증기를 통과시키면서 가열하고 수증기와 함께 우려내는 수증기증류 등이 있다. 분별증류는 끓는점이 다른 다성분의 혼합물을 가열하여 끓는점에 따라 분리하는 방법이다. 수증기증류는 수증기를 사용하는 것으로, 고온에서 열분해되기 쉽고 물에 용해되지 않는 물질을 저온

에서 증류하는 방법으로 상압과 진공하에서 행해진다. 또한 10^{-2}~10^{-3}mmHg의 높은 진공하에서 증류를 행하는 분자증류법이 최근 개발됨에 따라 유지처럼 분자량이 300 이상인 물질도 공업적 규모로 증류가 가능하게 되었다.

증류방법과 증류장치는 원료와 목적에 따라 적당한 것을 선택할 필요가 있다. 끓는점이 낮은 휘발성 성분이 많은 경우에는 용기에 냉각응집장치만을 장착하여 상압에서 증류하는 것이 좋고, 끓는점이 높은 비휘발성 성분을 증류하는 경우에는 가열에서 오는 성분의 분해를 방지하기 위해서 진공증류나 수증기증류를 하는 것이 좋다. 증류에는 환류를 하지 않는 단증류simple distillation와 환류하면서 역류 접촉을 반복하여 정밀 분리하는 정류가 있다.

(1) 단증류기

그림 3-29는 단증류기를 나타내며, 증류기로 간단한 것은 직화식 단증류기가 있다. 이것은 1개의 솥에 냉각장치를 장치한 것이고, 이것을 몇 개 연결한 것은 연속증류를 할 수가 있다. 냉각응집장치는 냉수를 흐르게 한 상자 속에 파이프를 통과시키거나, 유출물이 물에 안 녹는 것이면 탑 아래에서 유출증기를 위로 올리고 위에서는 냉수를 빗물처럼 뿌려 냉각시키면 능률적이다. 분별증류에 비해 경제적이지는 않으나 아직도 위스키 등의 증류에 사용된다.

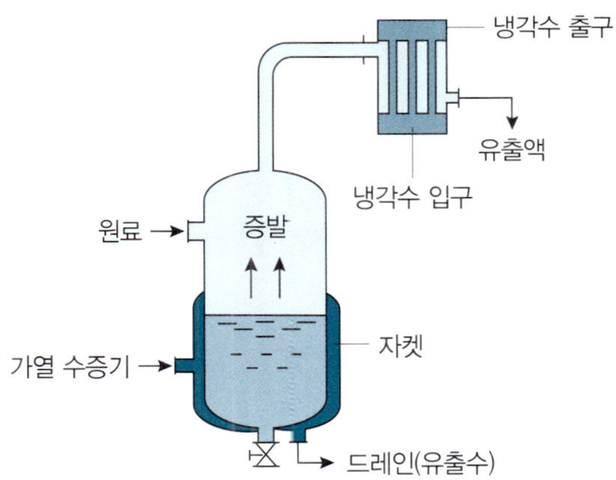

그림 3-29 단증류기

(2) 분별증류기

분별증류(정류)는 단식증류기pot still보다 경제적이어서 대개 공장에 서 많이 사용한다 그림 3-30. 이 장치는 정류탑refining column, 증류distillation, 응축기condensers의 세 부분으로 구성되어 있으며, 정류탑에는 plate 탑과 충전탑이 있다.

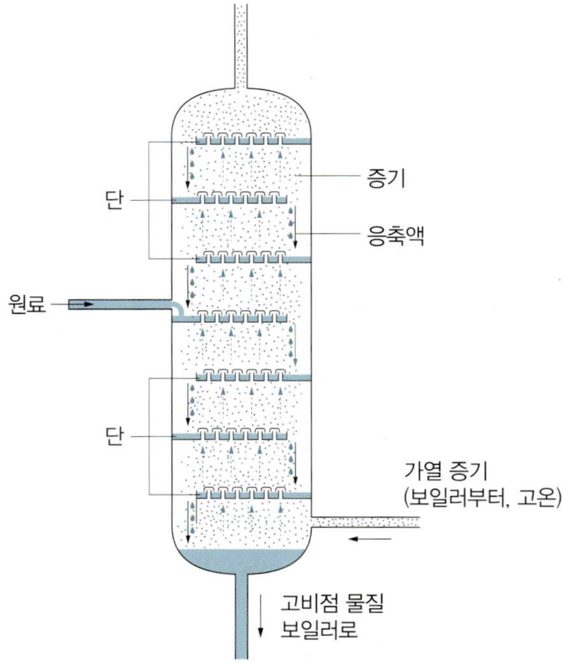

그림 3-30 분류증류의 원리

plate 탑은 증류관 위에 장치되는 여러 개의 선반plate을 갖는 높은 탑인데 선반으로 갈수록 끓는점이 낮은 성분이 응축하므로, 선반수에 따라서 필요로 하는 성분을 따로 얻을 수 있게 된다.

8. 성형

성형forming, moulding은 점도가 높거나 반죽과 같은 조직을 가진 식품을 여러 가지 모양과 크기로 바꾸어 가공식품의 최종 모양과 형태를 만드는 조작으로, 종종 혼합공정 이후에 행해진다. 이 공정은 제과·제빵류, 과자류 및 스낵식품을 다양하게 만드는 데 이용되고 있다. 특히 제빵 시 성형moulding은 발효한 반죽을 팬에 넣기 전에 일정한 모양으로 정리하는 것을 말한다. 압출성형extrusion도 일종의 성형공정이라고 할 수 있다.

성형의 목적은 가공원료의 모양을 바꾸어 식품의 외관을 좋게 하고, 식품 고유 특성을 나타내도록 하는 데 있다.

가공식품은 여러 가지 형태로 만들어진다. 예컨대 햄버거 고기는 다진 고기에 일정 압력을 가하여 디스크 모양으로 만든다. 스낵식품이나 아침식사용 시리얼breakfast cereal은 성형과정이 매우 중요한데, 여러 가지 모양의 die(찍어내는 본)를 갖춘 압출기extruder로 찍어낸다 **그림 3-31**.

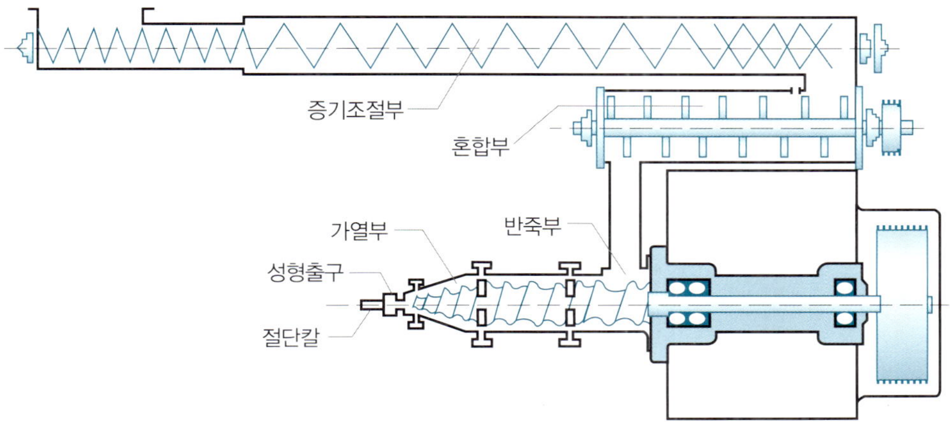

그림 3-31 압출기의 모형

1) 성형방법

성형은 식품의 종류와 성질에 따라 차이가 나며, 그 종류도 다양하다. 대표적인 방법에는 주조성형과 압출성형, 응괴성형, 과립성형 등이 있으며, 이를 간단히 살펴보면 **그림 3-32**와 같다.

(1) 주조성형

식품재료를 일정한 모양의 용기(틀)에 넣고 냉각 또는 가열에 의하여 굳혀서 제품을 만드는 성형을 주조성형이라 한다. 약과, 쿠키, 빙과, 빵, 버터, 치즈, 소시지, 두부 등의 제조에 이용된다.

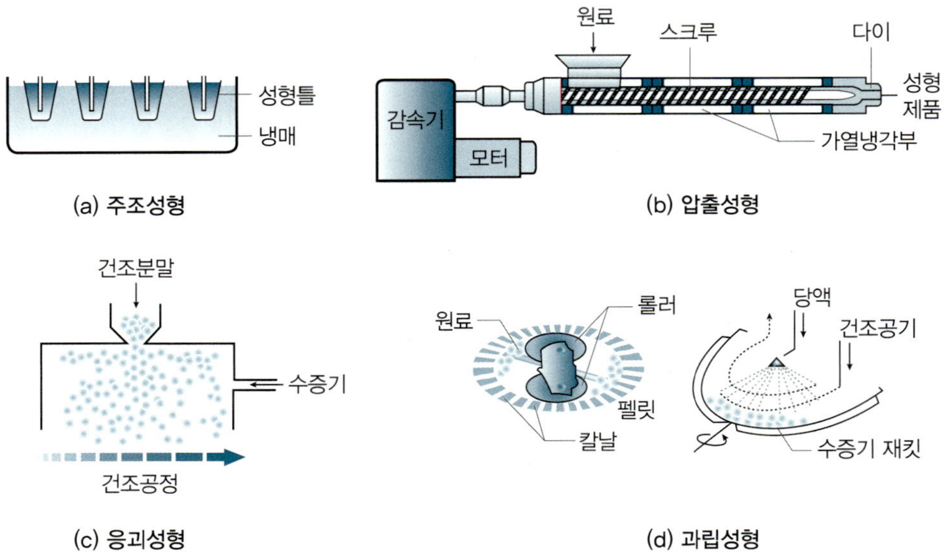

그림 3-32 성형방법에 따른 여러 가지 성형 장치

(2) 압연성형

분체상태의 식품을 반죽하고 이것을 회전롤 사이로 통과시키면서 면대를 만든 다음, 이를 세절하거나 압절하는 방법으로 성형시키는 것을 말한다. 대표적인 예로 국수, 비스킷 제조에 이용된다.

(3) 압출성형

압출성형은 반죽, 반고체 및 액체식품을 노즐 또는 다이와 같은 작은 구멍을 통해서 강한 압력으로 밀어내어 일정한 모양을 가지게 하는 성형법이다.

압출성형기는 원료공급장치, 스크루 및 구동장치, 배럴·압출구, 절단장치 등으로 구성되어 있다. 투입된 원료는 고속 스크루를 지나면서 순간적으로 고압, 고온인 점탄성 물질이 되어 외부로 압출된다. 이 과정에서 혼합, 가열, 열교환, 팽화, 성형이 이루어진다.

발열 유무에 따라 발열방식과 비발열방식이 있는데, 비발열방식은 원료의 조직 및 물성이 변형되지 않고 성형을 주목적으로 하며, 발열방식은 내부온도와 압력이 높아져서 원료의 조직 및 물성 등 여러 가지 변화를 일으킨다.

압출성형은 고단백질 곡류를 혼합가공한 스낵식품, 팽화간편식품, 인조육, 마카로니 등의 제조에 이용된다.

(4) 응괴성형

응괴성형은 입자가 작은 분말을 응집시켜 응괴형태로 바꾸어 주어 물에 녹일 때 뜨지 않고 가라앉아 용해되기 쉽게 만드는 성형방법이다. 인스턴트 커피, 인스턴트 차나 분말 주스, 조제분유, 이스트 등의 제품에 이용된다. 분유의 예를 들면, 유당, 지방, 카제인 마이셀과 침전된 유청단백질이 물에 들어가 수화될 때 서로 뭉쳐 잘 용해되지 않는데, 건조물에 수분을 분무하여 끈끈하게 만든 다음 다시 건조하여 스펀지와 같은 응괴입자로 건조하면 잘 용해된다.

(5) 과립성형

과립성형은 젖은 상태의 분체식품이 구멍이 있는 회전드럼 속에서 압출될 때 회전틀에 의하여 펠릿pellet으로 성형되는 방법이다. 자일리톨과 같은 과립형 껌이나 초콜릿 볼과 같이 표면에 당액이나 코팅제를 분사하면 피복되면서 크기가 커지는데, 이것을 피복식 과립성형이라고 한다.

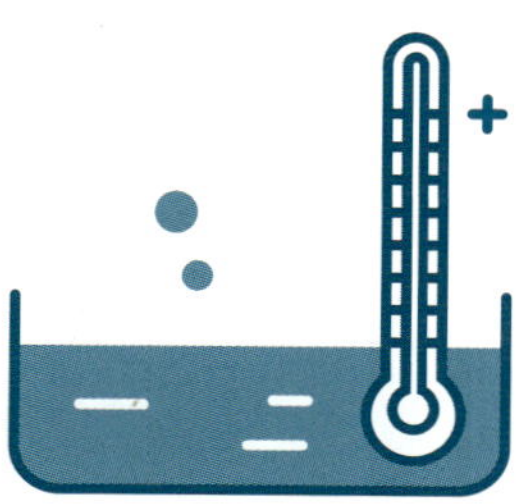

04

저장원리

1. 열처리　2. 비열처리

1. 열처리

1) 건조

(1) 물질과 에너지 변화

수분은 온도와 압력 조건에 따라 고체, 액체 및 기체의 상태로 존재한다. 얼음이 녹아서 물이 되는 현상을 융해라 하고, 물이 수증기가 되는 현상을 기화라고 하며, 고체에서 액체를 거치지 않고 직접 기체로 변하는 현상을 승화라고 한다 **그림 4-1**. 이러한 상 변화가 일어나기 위해서는 외부에서 에너지 공급이 필요하다.

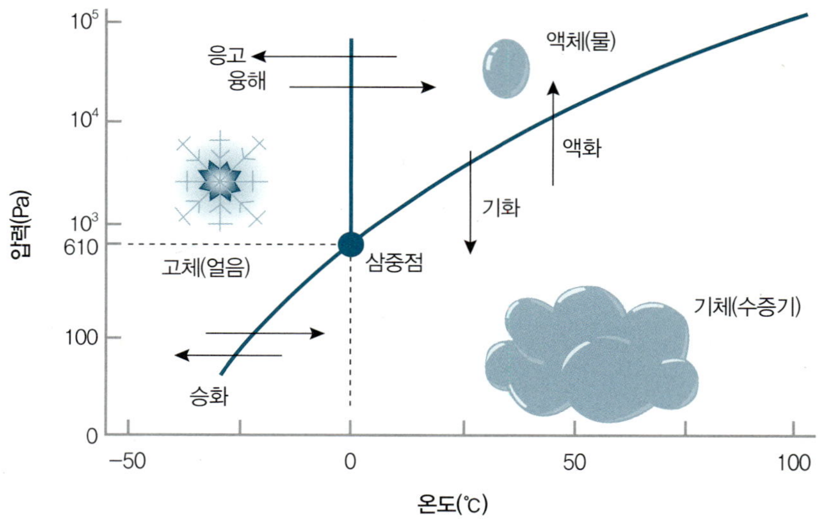

그림 4-1 물의 상태도

건조는 식품 안의 수분을 제거하여 식품의 저장성을 높이는 조작이다. 건조과정 중 식품 내의 수분은 표면으로 이동(①)하며, 표면에 도달한 수분은 외부에서 공급되는 열에너지에 의하여 수증기로 상 변화(②)가 일어나서 수분함량이 상대적으로 낮은 외부로 나가게 된다. 외부에 나온 수증기는 주위의 공기와 함께 이동하여 식품으로부터 멀어져 건조가 일어난다 **그림 4-2**. 이와 같이 건조는 식품 내부 또는 외부에서 수분의 이동이 일어나며, 상변화를 위한 열 에너지의 전달이 함께 필요한 조작이다.

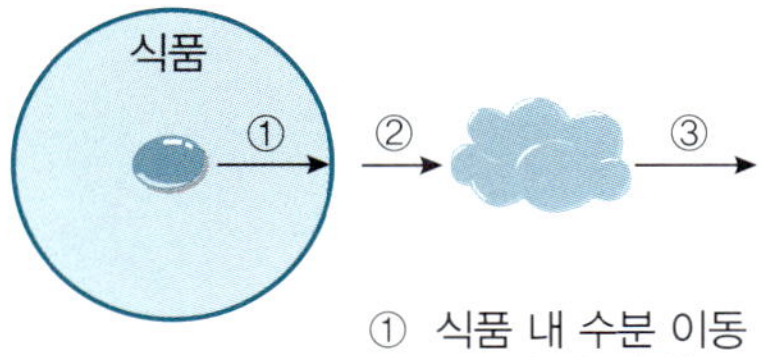

그림 4-2 건조에서의 수분 증발 기작

① 수분의 이동

건조조작 중 식품 내부에서의 수분 이동은 표면과 중심부의 수분 농도 차이에 따라서 일어나게 된다. 즉 건조 초기 식품 표면의 수분이 제거되어 식품 표면과 내부의 수분 농도 차이가 나타나게 되며, 이에 따라 내부의 수분이 확산과 모세관 현상을 통하여 식품의 표면으로 이동한다.

식품의 표면에서 상 변화를 거쳐 식품 외부로 나온 수증기는 확산 또는 공기와 함께 이동하여 식품으로부터 멀어져 수분이 제거된다. 식품 외부의 공기 이동이 없으면 방출된 수증기는 확산에 의하여 식품으로부터 멀어질 수 있으나 공기와 함께 이동하는 경우보다 그 속도가 매우 늦다.

건조가 일어나는 동안 수분 이동의 추진력은 식품과 주위 환경과의 수증기압의 차이이다. 따라서 건조속도를 빠르게 하기 위해서는 식품의 수증기압과 주위 공기의 수증기압의 차이를 크게 유지하여야 한다.

② 열에너지의 공급

액상인 식품의 수분을 수증기로 증발시키기 위해 증발잠열(100°C에서 40.657kJ/mol, 539.4cal/g)을 공급하여야 한다. 증발잠열은 가열된 공기 등의 방법으로 공급할 수 있다.

③ 물질 및 에너지 수지

식품에 포함되어 있는 수분, 휘발성 또는 저비점 물질을 제외한 고형분과 고비점 물질은 건조조작으로 식품으로부터 제거되지 않는다. 과일주스의 각종 향기성분의 비점은 물보다 낮아 농축과정에서 물보다 먼저 증발하기 시작하므로, 향기성분의 보존을 위해서 농축 초기에 증발하는 향기성분을 포집하였다가 조작 완료 후에 제품에 합치는 방법을 사용하기도 한다. 또한 일부 성분은 건조를 위하여 가해지는 열에너지에 의해 변성이 일어난다. 한편 고형분과 고비점 물질은 최종 제품에 그대로 남아 있어 양에는 변화가 없다.

건조시킬 때 필요한 에너지는 식품의 온도상승과 수분의 상변화에 필요한 에너지와 조작기기로부터 외부로 잃는 에너지이다. 한편 공급되는 에너지가 수증기인 경우는 공급되는 수증기의 에너지와 기기를 떠나는 응축수의 에너지의 차이이며, 공기로 에너지를 공급하는 경우는 공급되는 공기의 에너지와 기기를 떠나는 공기와 수증기의 에너지의 합의 차이이다. 건조 조작을 위해서는 공급하는 에너지와 필요한 에너지를 동일하게 한다.

(2) 건조조작 및 종류

건조조작은 식품의 수분을 제거함으로써 수분활성도를 저하시켜 미생물의 성장을 억제하여 저장성을 향상시키는 중요한 조작이다. 건조는 식품이 고체상을 유지할 수 있도록 수분을 충분히 제거하는 조작을 말한다. 건조제품은 식품의 무게와 부피가 줄어 다루기 편하며 수송, 보관 및 유통을 쉽고 간편하게 해준다. 그러나 건조 과정에서 색, 맛, 향이 변화가 일어날 수 있어 건조과정 중 제품의 상품적 가치에 변화를 준다. 건조방법은 공급되는 에너지원에 따라 자연건조와 인공건조로 나눌 수 있으며, 수분의 상 변화 상태에 따라 증발 또는 승화시키는 건조로 나뉠 수 있다. 증발건조는 상압에서 실시하는 방법과 건조 온도를 낮추기 위하여 감압하에서 실시하는 건조방법이 있다. 또한 가열방법 및 건조기의 종류에 따라서 구분되기도 한다.

① 증발 건조속도

처음 건조를 시작하면 온도상승 등 수분의 증발에 적합한 상태로 변화하며(조절기간, ①), 이어 식품 표면의 수분이 증발하여(항률건조, ②) 표면 수분의 감소가 일어나면 내부의 수분이 표면으로 이동하여 표면에서 증발(감률건조, ③)된다. 식품 내에서의 수분의 이동은 농도차이에 의한 확산과 모세관현상에 의해 이동하게 된다 그림 4-3.

건조속도는 식품과 공기의 온도차와 수증기 분압차에 비례하며 식품의 크기, 모양, 성질 등에 영향을 받는다. 증발건조는 표면에서 일어나는 현상이므로 식품의 입자가 작을수록 건조가 빨리 일어나게 되며, 내부의 수분이동이 원활히 일어날수록 빠르게 된다. 증발된 수증기는 빠른 시간 내에 식품으로부터 멀어져야 지속적인 건조가 일어나며, 이는 공기의

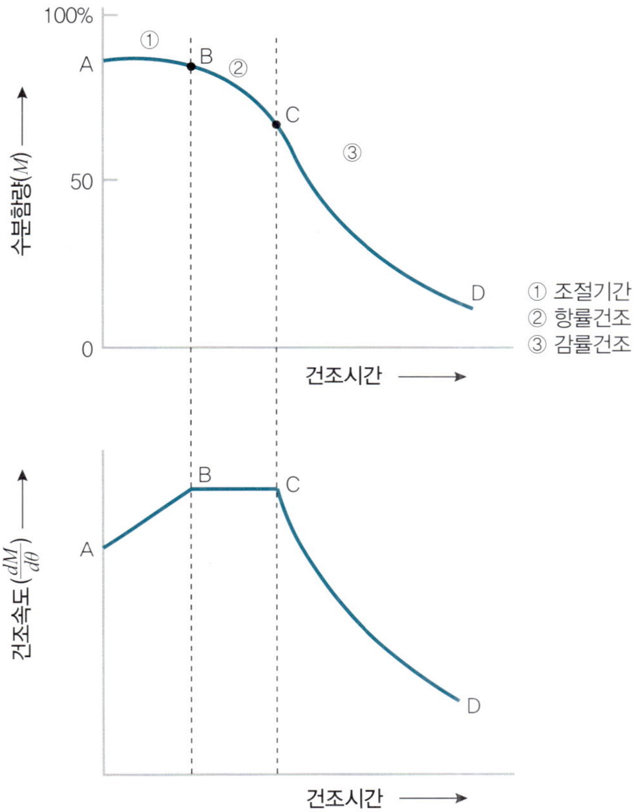

그림 4-3 식품의 건조곡선

온도, 습도를 비롯하여 유동속도와 공기의 이동 방향에도 영향을 받는다.

② 건조제품의 특성과 보관

건조된 제품은 단백질 변성과 함께 모세관이 막히는 등 식품의 구조와 물성에도 변화가 나타난다. 단백질은 수분의 감소에 따라 단백질간의 결합이 형성되어 단단한 덩어리가 생성될 수 있다. 또한 식품 내부의 수용성 성분이 건조 중 수분과 함께 표면으로 이동하여 건조되므로 표면이 매끄럽게 되며, 일부 제품의 경우는 표면이 단단하게 된다. 이러한 현상은 건조속도가 늦어지는 원인이 되기도 한다. 또한 건조제품은 수분이 제거됨에 따라 부피의 감소가 일어나게 되나 표면적은 그대로 유지하게 되므로 주름이 생긴다.

건조식품은 수분을 다시 흡수하는 경향이 크므로 습도가 높은 상태에서 보관하면 서로 부착할 수 있으므로 습기를 차단하는 포장이 필요하며, 건조가 잘된 제품은 식품의 성분과 공기의 접촉이 증가하여 산화가 일어날 수 있으므로 지방함량이 높은 식품의 경우 산소와 빛의 차단도 필요하다.

③ 증발건조기

건조기는 식품에 열을 공급하는 방법에 따라 열풍(대류), 직접접촉(전도), 적외선(복사), 마이크로파(내부발열) 가열법 등으로 나눌 수 있다. 열풍 건조는 가열된 공기를 자연대류 또는 강제순환시켜 식품에 열을 전달하는 방법이며, 직접접촉은 가열된 면에 식품을 접촉시켜 가열하는 방법이다. 마이크로파 및 적외선 가열법은 식품에 마이크로파나 적외선을 쬐어서 가열하는 방법이다. 또한 건조기는 연속식과 회분식으로 나누기도 한다.

열풍건조기 열풍건조기로서 회분식은 빈 건조기, 캐비닛 건조기 등이 있으며, 연속식은 터널 건조기, 컨베이어 건조기, 유동층 건조기, 분무 건조기 등이 있다 **그림 4-4**. 열풍건조는 가열된 공기를 이용하여 열은 대류로 식품에 전달되며, 증발된 식품의 수분은 공기와 함께 식품으로부터 제거된다.

연속식 열풍건조기는 공기의 흐름과 식품의 이동이 같은 방향인 병류식cocurrent과 식품과 열풍의 흐름이 반대인 향류식counter-current으로 구분되기도 한다. 병류식의 경우 건조된 식품의 온도는 출구의 공기 온도보다 낮으며, 식품 습도는 출구의 공기보다 높다. 향류식의 경우는 건조된 식품이 온도는 들어가는 공기의 온도까지 올라갈 수 있으며, 습도도 입구의 공기 습도까지 낮출 수 있다.

분무건조기 분무건조는 연속식 열풍건조의 하나로 건조시간이 짧기 때문에 장시간 열에 노출하면 열변성이 쉽거나, 향미의 손실 등으로 품질저하가 큰 분유, 아이스크림 믹스, 주스, 커피, 차, 수프, 분말달걀 등의 분말상 식품을 제조하는 데 많이 사용하고 있다.

액상식품을 분무장치atomizer를 통하면 작은 입자(10~200μm)가 형성되어 건조탑 내로 분무된다. 분무된 입자는 열풍과 만나 온도가 급격히 올라가면서 건조가 시작된다. 분무건조는 식품의 크기가 작기 때문에 조절기간이 짧고, 대부분의 건조가 항률건조기간에 일어나 수초(1~10초) 이내에 건조가 완료된다. 분무장치는 고압으로 원료를 좁은 구멍으로 분무하는 고압 노즐형, 고속의 공기와 함께 원료를 분무하는 이류체 노즐형 및 회전원판의 원심력을 이용하여 원료를 분무하는 원심형이 있다. 작은 입자로 뿜어진 식품은

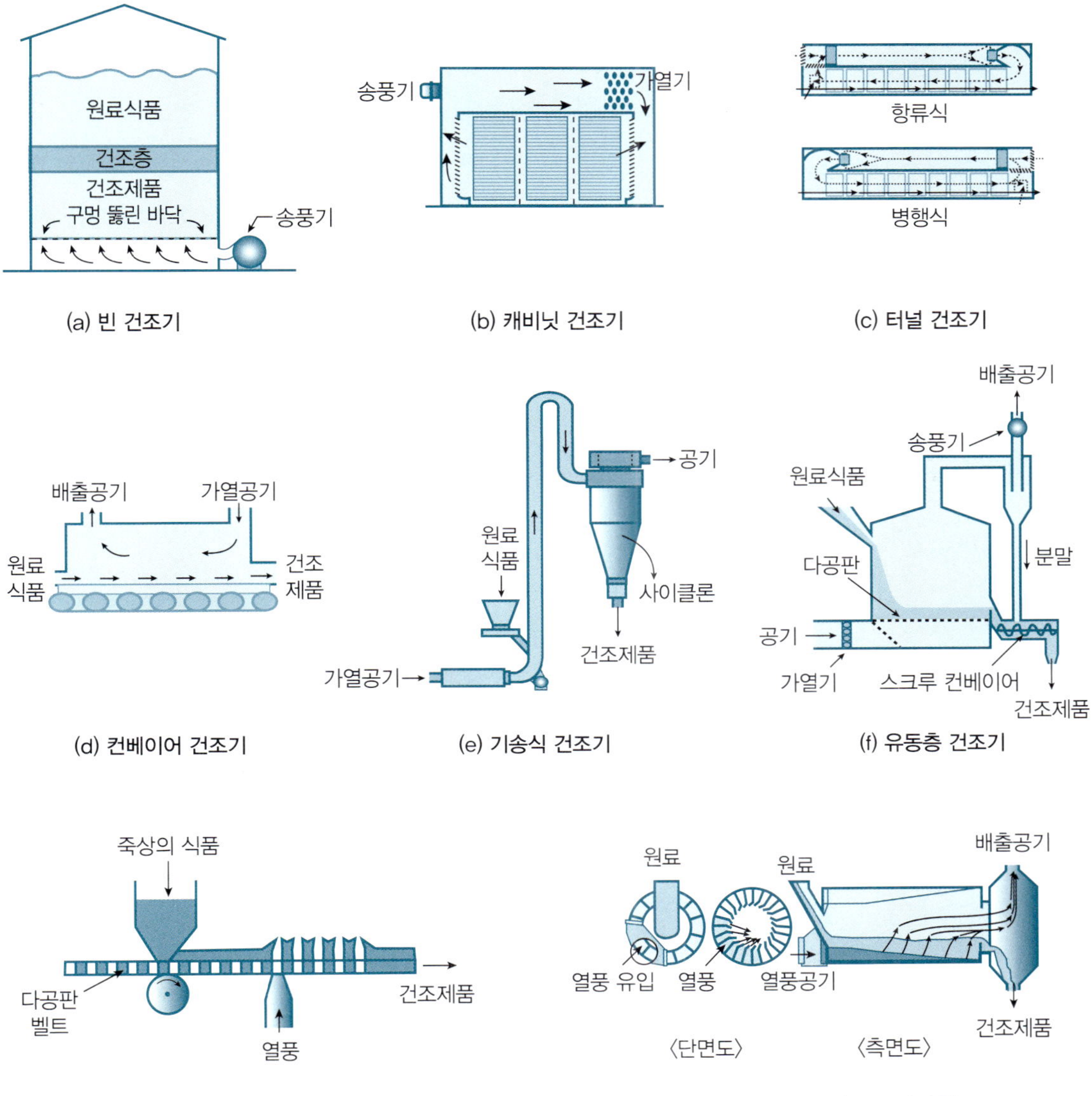

그림 4-4 열풍건조기

건조 공기와 접촉하여 온도가 올라가면서 건조가 일어난다. 분무건조도 다른 열풍건조와 같이 공기와 식품의 이동방향에 따라 향류와 병류식이 모두 가능하다. 분무건조를 할 때에는 분무된 식품의 건조가 완전히 이루어진 후 건조탑의 벽면에 접촉해야 벽면에 붙지 않는 정상적인 건조를 할 수 있다.

건조된 제품은 분말상으로 열풍과 함께 외기로 빠져 나갈 수 있기 때문에 열풍과 제품을 분리하는 사이클론을 설치한다. 사이클론cyclone은 공기와 제품의 밀도 차이를 이용하여 분리하는 장치로서, 공기를 회전시키면 원심력을 발생하며, 발생된 원심력에 의하여 분말제품은 사이클론의 벽면에 부딪히게 된다. 벽면에 부딪힌 입자는 더 이상 회전하지 않게 되므로 원심력이 없어져 중력에 의하여 아래로 떨어지며, 공기는 회전하다가 사이클론 중심부의 배출구를 통하여 외부로 나가게 된다.

기타 증발건조기 회분식 직접접촉 건조기로는 팬 건조기 등이 있으며, 연속식으로는

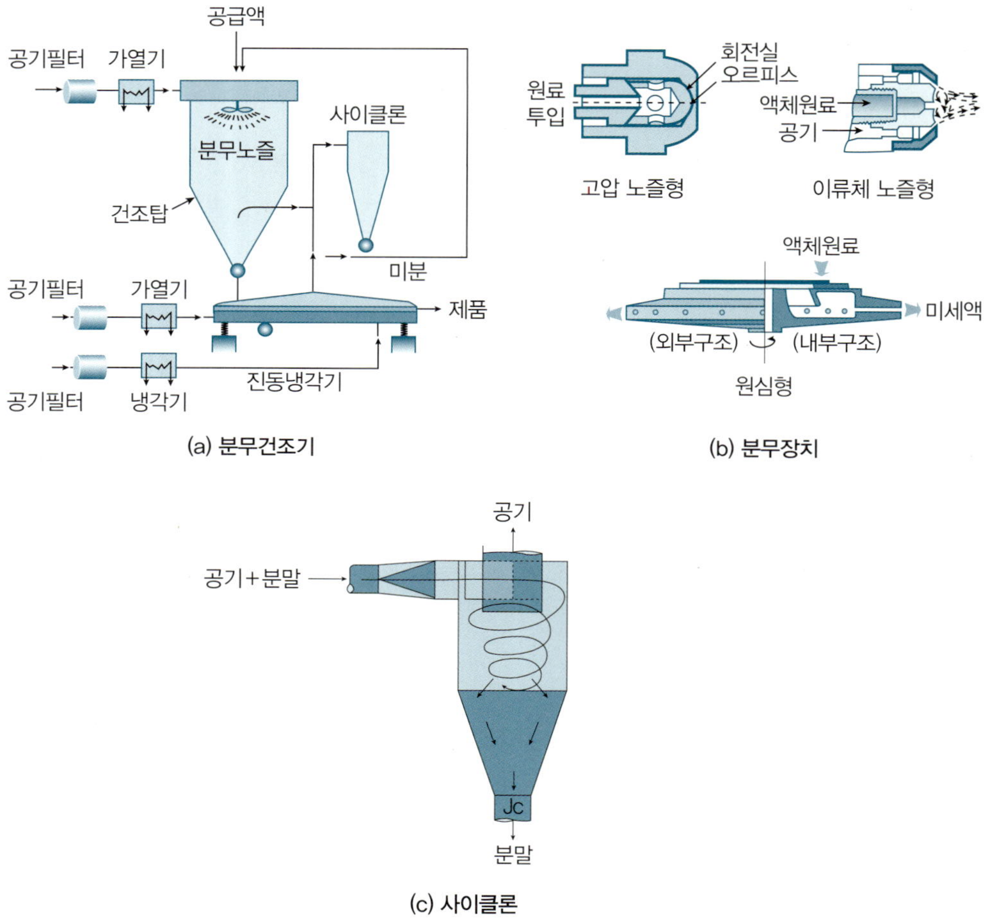

(a) 분무건조기 (b) 분무장치 (c) 사이클론

그림 4-5 분무건조기

드럼 건조기가 있다. 드럼 건조기는 회전하는 가열된 원통의 표면에 건조액을 접촉하여 묻어 나오는 것이 열에 의하여 건조되는 것으로 건조가 완료되면 날카로운 것으로 긁어서 연속적으로 건조할 수 있다.

또 고온고압으로 식품을 가열하였다가 순간적으로 압력을 낮추어 식품의 수분을 증발시키는 방법도 있다. 이외에도 태양열을 이용한 건조기, 적외선이나 마이크로파를 이용하여 열을 공급하는 건조기 등이 있다 그림 4-6.

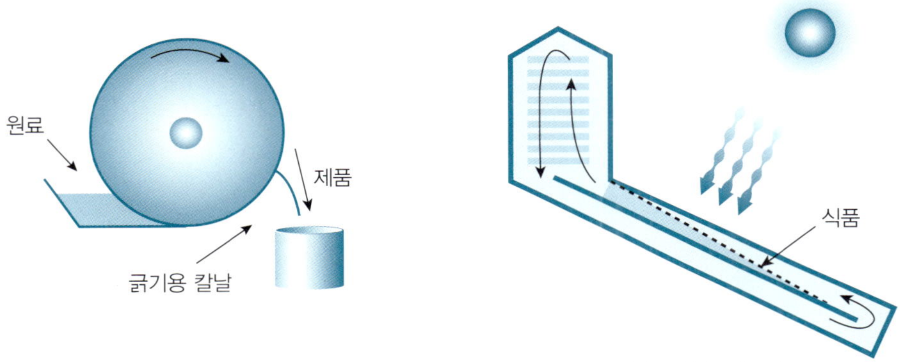

(a) 드럼 건조기　　(b) 태양열 건조기

그림 4-6 증발건조기

④ 동결건조기

동결건조는 증발건조와 달리 수분을 얼린 상태에서 승화시켜 건조시키는 조작이다. 얼음의 수증기압은 0°C에서 4.58mmHg(610Pa)이며, -20°C에서는 0.77mmHg이다. 예를 들어 식품을 -20°C로 냉동시켜 건조시킬 때에는 동결건조기의 내부를 이보다 낮은 압력으로 유지하여야 한다. 얼음을 수증기로 승화시키기 위하여 공급하여야 하는 승화열은 복사, 직접접촉 또는 마이크로파로 가열한다. 냉각기는 승화된 수증기가 직접 진공펌프로 유입되는 것을 억제하기 위하여 응축기를 진공펌프와 식품 사이에 두며, 냉각기의 온도는 식품보다 훨씬 낮은 온도(예, -40°C, 0.098mmHg)로 유지시킨다. 식품으로부터 승화한 수증기는 진공펌프로 가기 전에 수증기압이 훨씬 낮은 응축기에 닿아 다시 얼음으로 상변화가 일어나며, 따라서 진공펌프의 부하는 응축기에 의하여 감소한다.

동결건조는 식품의 수분이 고체상태에서 진행되므로 건조에 따라 수분의 이동이 일어나지 않고 얼음의 표면에서 건조가 일어나게 되어 건조가 진행됨에 따라 식품의 내부로 건조면이 이동하게 된다. 이러한 현상은 증발건조에서 일어나는 식품 표면에서의 증발현상과 대비된다. 건조될 때 승화된 수증기는 식품의 공극을 통하여 이동하며, 이때 식품의 온도가 올라가면 공극이 붕괴되는 현상이 나타나므로 식품의 온도를 붕괴온도 이상으로 상승시키지 않아야 한다. 붕괴온도는 식품의 종류와 농도에 관계 있으며, 고형분량 25%의 농축커피는 −20°C, 토마토 −41°C, 아이스크림 −33°C, 쇠고기 −12°C 등이다.

동결건조는 진공의 유지와 냉동 등 건조비용이 많이 들어 고가의 제품에 많이 사용하며, 동결건조제품은 다공질로서 가수에 의하여 복원력이 높고 식품의 온도가 높아지지 않으므로 향미의 보존과 가열에 의한 식품성분의 변화가 적다. 그러나 식품의 표면이 극대화됨에 따라 산화가 쉽게 일어날 수 있어 보존을 위하여 빛과 산소 차단 등 산화를 억제할 수 있는 포장을 하여야 한다 **그림 4-7**.

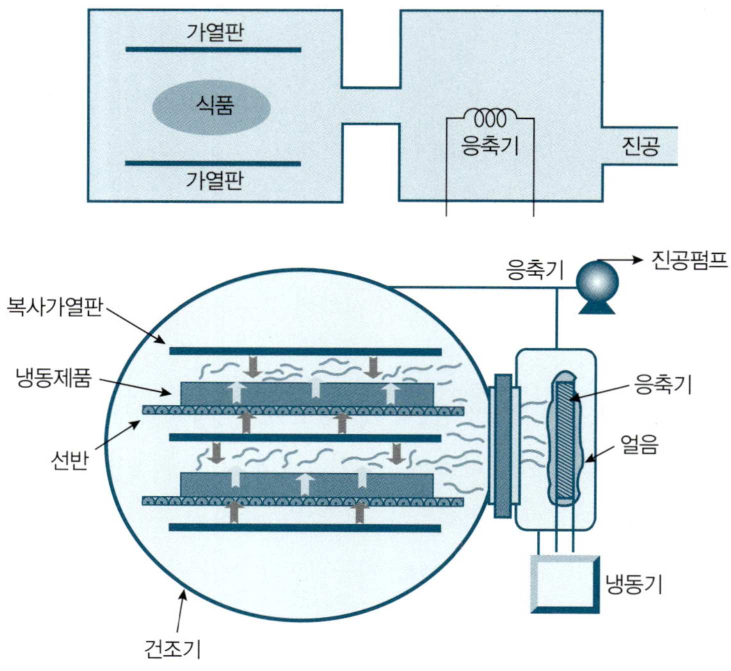

그림 4-7 동결건조기

2) 냉장 및 냉동

(1) 저온저장의 원리와 종류

저온저장은 식품의 유통이나 저장을 목적으로 식품을 저온에 보관하여 품질의 열화를 방지하는 것으로서, 식품의 저장온도대에 따라 냉장법cooling storage, 동결저장법frozen storage으로 나눌 수 있다. 냉장방법은 식품이 얼지 않는 범위, 즉 빙결점 이상(-2~-0.5°C)에서 10°C 이내의 온도범위에서 저장하는 방법이고, 이 중에 -2~2°C에서 저장하는 방법을 빙온저장이라 한다. 동결저장은 빙결점 이하로 처리하며, 보통 -18°C 이하에서 저장하는 방법이다.

일반적으로 냉동저장(동결저장)은 장기간 동안 식품의 품질을 유지하고자 할 때, 냉각저장(냉장)은 단기간일 때 이용한다. 그러나 식품 중에서는 냉각저장 상태에서 더 오래 저장이 가능한 것도 있으며, 동결저장이 적합하지 않은 경우도 있다.

저온저장은 식품을 저온에 보관하여 식품의 열화를 방지함으로써 다음과 같은 효과를 얻을 수 있다.

① 미생물의 생육을 억제할 수 있다. 대부분의 세균은 10°C 이하에서 번식하기 어렵고, 특히 -10°C 이하에서는 저온세균과 호냉세균도 번식하지 않으므로 미생물에 의한 식품의 부패와 변질을 방지할 수 있다.

② 저온에서는 효소활성이 낮아져 수확 후 호흡, 증산, 발근 및 발아 등의 대사작용을 억제할 수 있다.

③ 갈변반응, 지방산화, 영양가 손실 등 반응속도가 저하되기 때문에 식품의 품질저하를 막을 수 있다.

그러나 저온저장법은 미생물의 번식이나 식품의 화학반응속도는 낮추지만 살균효과는 없으므로 가열이나 통조림법 같은 가공이나 저장의 효과는 없다.

① 냉동 사이클

저온설비의 원리는 액체 암모니아와 같은 냉매refrigerant가 증발해서 기체로 변할 때 주위의 기화잠열을 흡수함으로써 주위의 온도를 내리게 되는 것이다.

냉매로는 암모니아와 프레온, 염화메틸 CH_3Cl, 탄산가스 등이 주로 사용된다. 냉매의 특징은 ① 쉽게 액화할 수 있어야 하며, ② 독성이 적고, 기포성이나 연소성이 없어야 하고, ③ 금속에 대해 부식성이 없어야 한다.

냉매는 냉동장치 내에서 압축 → 액화 → 기화 → 압축의 순서로 순환한다. 기체상태의 냉매는 압축에 의하여 고온고압이 되며, 응축기에서 냉각이 일어나면서 상온의 액체가 된다. 상온의 액화된 냉매는 팽창밸브에서 단열팽창을 하여 온도가 급격하게 내려가면서 기화된다. 저온의 기화된 냉매는 증발기에서 냉장고 또는 냉동고 내부의 공기와 열교환을 통하여 온도가 상승하게 되며, 증발기를 나오는 기체상태의 냉매는 다시 압축기에 들어가게 된다.

② 냉동설비

암모니아 압축식 냉동 사이클의 원리는 **그림 4-8**과 같다.

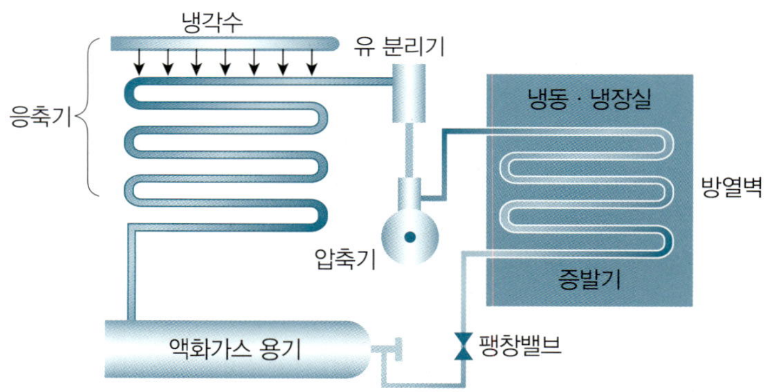

그림 4-8 압축식 냉동기의 냉동 사이클

냉동기의 구조는 압축기compressor, 응축기condenser, 증발기evaporator, 팽창밸브expansion valve 등으로 구성되어 있으며, 냉매가 순환되는 냉동 사이클cycle로 이루어져 있다.

(2) 냉장

① 미생물과 온도

일반적으로 화학반응은 액체인 경우 온도계수 Q_{10}가 2~3배 증가함에 따라 반응속도도 증가하게 된다.

미생물은 생육적온에 따라 고온세균, 중온세균, 저온세균으로 나누는데, 저온저장 때에 문제가 되는 것은 저온세균이며, 그 밖에 병원균을 포함한 대부분의 일반 세균은 중온세균이다.

어패류의 부패와 가장 관계가 깊은 *Pseudomonas*, *Achromobacter*, *Flavobacterium* 속 등의 수중세균은 저온에 대한 저항력을 가지고 있으므로 저온균psychrophiles이라고 한다. 0°C 이하에서도 자랄 수 있는 저온균이라고 해도 저온으로 내려감에 따라 번식력은 차츰 저하한다.

② 식품의 냉장

냉장은 식품을 0~10°C로 저장해서 미생물의 생육을 억제하고 저장기간을 연장시키기 위한 것인데, 이 정도의 온도로는 미생물의 생육이 가능하므로 장기간 저장하기는 곤란하다.

식품의 어는점보다 낮은 온도로 식품을 저장하면 식품 중의 물이 얼 때, 세포조직을 파괴하여 변질되는 일도 있다. 열대나 아열대산 작물인 고구마, 바나나 등은 10°C 이상의 온도로 저장을 한다. 왜냐하면 저온에서는 생리 장해를 일으켜 오히려 품질이 저하되기 때문이다.

냉장저장 기간을 최대로 유지하기 위해서는 온도와 상대습도를 조절해야 한다 **표 4-1**. 보통 냉해에 관계없는 과채류는 동결점보다 약간 높은 0°C 부근에서 90%의 상대습도를 유지하며, 냉해에 약한 과채류는 10°C의 85~90% 상대습도에서 냉장한다. 또한 저온창고를 공동으로 이용하는 경우, 냄새가 나는 식품은 버터같이 냄새를 흡수하는 제품과 같은 저장고에 두면 안된다.

저온이 유지되면 미생물뿐만 아니라 산소 및 효소의 작용 등에 의한 변색 등의 화학반응이 억제된다. 그러나 오랜 기간 냉장저장할 경우 많은 미생물이 생육할 수도 있고, 자기소화에 의해 기간이 경과되면 변패될 수도 있다. 특히 어패류, 육류와 같이 단백질이 풍부한 식품은 변질되기 쉽다. 그러므로 냉장법에 의한 저장은 과일과 채소류의 저장에 많이 이용되고 있으며, 육류 및 어패류의 경우는 단기간 저장할 때만 유효하다.

표 4-1 채소 및 과일의 적정 저장조건

식품명	온도(°C)	상대습도(%)	저장기간(일)
오이	10~15	90~95	10~14
브로콜리, 시금치	0	95	10~14
당근	0	98~100	28~42
토마토	4~10	85~90	4~7
복숭아	-0.5~0	90	14~30
딸기	-0.5~0	90~95	5~7
바나나	11~15.5	85~95	7~10
살구	0.5~0	90	7~14

③ 냉장저장 방법

빙장법 빙장법icing은 얼음의 융해잠열을 이용하는 방법으로서, 식품을 쇄빙碎氷에 넣거나 얼음물에 담가 낮은 온도를 유지시켜 저장하는 방법이다. 주로 어류의 단기저장이나 수송에 많이 이용되는 방법이다. 또한 유사한 방법으로 어선에서 해수를 냉동기로 냉각한 다음 생선을 투입하여 수송하는 냉각해수법도 있다. 이러한 방법은 어패류를 신속히 냉각시킬 수 있는 점은 편리하나 오래 저장할 경우 어패류가 수분을 흡수하여 품질이 저하되기 때문에 단기저장이나 수송에 적합한 방법이다.

장점으로는 저온유지를 위해 특별한 기계나 기구가 필요치 않고 간편하다는 점이다. 또한 냉각이 빠르고 식품이 얼음에 덮여 있어서 식품 표면의 건조를 막을 수 있다. 반면, 단점으로는 자기소화나 세균의 작용을 완전히 저지시킬 수 없으므로 단기보존에만 쓸 수 있다. 또한 얼음을 사용하므로 부피와 무게가 늘어나며 얼음이 무거워 식품이 손상될 수도 있다.

얼음의 사용량은 어종, 크기, 저장기간에 따라 다르다. 얼음에 CTCchlorotetracycline 같은 항생제를 5ppm 정도 넣어 사용하기도 한다. 소금 등의 염을 얼린 얼음을 염수빙이라고 하는데 0°C 이하의 저온이 필요할 때 사용하기도 한다.

얼음 대신 드라이아이스dry ice를 넣어 저장하기도 한다. 드라이아이스의 장점은 -80°C 가까운 저온을 얻을 수 있는 것과 녹으면 용액이 용해되지 않고 바로 기화하기 때문에 사용이 편리하다는 점이다. 또한 기화한 CO_2 가스가 세균억제 효과를 가지므로 식품의 보존성이 좋아진다.

냉장고 사용 가정에서 가장 흔하게 사용하는 식품저장고인 냉장고나 대형 냉장창고를 사용하여 식품을 보관한다.

표 4-2 냉장고에 넣지 않는 것이 좋은 식품의 종류

식품명	보관방법
양파, 당근, 연근	통풍이 잘 되는 서늘한 곳에 보관한다. 양파는 자루에 매달아 둔다.
감자, 고구마	냉장고에 보관하면 전분이 변해서 맛이 없어진다. 차고 어두운 곳에 보관한다.
바나나	온도가 낮으면 껍질이 검게 변한다.
마늘	한꺼번에 많은 양을 다져서 얇게 펴 얼리고, 각설탕 크기로 잘라 비닐에 넣어 냉동실에 보관한다.
식빵	냉장실에 보관하면 전분 노화에 의하여 굳어지므로 랩으로 밀폐하여 냉동실에 넣는다.

빙온저장법 빙온저장은 반동결저장이라고도 하는데 육류와 어패류의 저장에 이용되는 방법이다. 과채류보다 좀 더 낮은 온도에서 저장해야 하므로 수분이 어는 온도에 가깝게 저장하는 방법이다. 이 저장은 동결된 식품의 해동 시 나타나는 질의 저하도 없으며, 동결이 아니므로 전기료도 절감할 수 있다.

④ 예냉과 품온 완화

식품을 생산 직후 또는 수송 및 냉장 전에 가급적 빨리 단시간에 일정한 온도까지 냉각할 필요가 있는데, 이것을 예냉precooling이라 하며 예냉실에서 품온을 냉장온도에 가까운 온도까지 낮추게 된다. 예냉은 신선식품의 상품가치와 수명을 연장시키는 데 있어 중요하며, 냉장고에 부분적으로 식품을 입고시킬 때 냉장되고 있던 식품에 대한 온도변화 충격을 줄일 수 있을 뿐 아니라 설비적으로나 경제적으로도 유리하다.

예냉방법으로는 냉풍냉각jet cooling과 진공냉각vacuum cooling이 있다. 냉풍냉각은 냉기를 불어넣어 냉각하는 것이고, 진공(감압)냉각은 청과물을 밀폐가 가능한 방에 넣고 진공펌프로 실내의 공기를 감압하여 청과물의 수분이 증발할 때 열을 빼앗기는 기화(증발)잠열을 이용하는 것으로 표면적이 큰 엽채류는 이 방법이 적당하다. 청과물의 종류, 수량, 포

장의 유무 등에 따라 어떤 방법을 이용하는가를 선택하여야 한다.

이와 반대로 냉장한 식품을 갑자기 온도가 높은 공기 중으로 꺼내면, 식품의 표면에 물방울이 생기는 데 이를 방지하기 위하여 미리 외부 온도와 가까운 온도까지 서서히 온도를 올리는 것을 품온 완화品溫緩和라 한다.

냉장한 과일, 식육, 건조제품 등의 표면에 물방울이 생기면 그 후에는 품질의 변화가 빨라지게 된다. 특히 과일인 경우, 응축수가 기공을 막게 되어 호흡작용을 방해하고 식육과 건조제품에서는 가습상태가 되어 곰팡이 등의 번식이 쉬워진다. 특히 봄과 여름에는 외부 온도가 높아 이 현상이 심하므로 반드시 품온완화실에서 서서히 온도를 상승시켜야 한다.

⑤ 냉장저장 중의 품질 변화

생물학적 변화

- 저온장해 : 열대·아열대 채소와 과일은 냉장저장 시에 대사에 장해를 일으키는데 이것을 저온장해chilling injury라고 한다. 예를 들어, 바나나는 동결점이 -1°C이지만 12~13°C 이하에서는 과피가 흑갈색으로 변한다. 또 토마토의 연부현상이나 레몬 과육의 갈변을 피하기 위해 10°C 이하에서는 저장하면 안 된다.

  저온장해는 미토콘드리아막의 투과성을 저하시키고 TCA 회로의 일부 효소의 활성을 저하시켜 대사중간물이 축적되는 이상대사 현상을 가져오기 때문에 과피의 변색, 육질의 고무화, 반점 생성을 야기시킨다.
- 선도저하 : 과채류의 경우 냉장 중에도 성숙작용이 계속되므로 성분의 변화와 함께 식품의 선도가 떨어진다. 육류는 자가소화작용이 저온에서 너무 완만하게 진행되면서 품질이 떨어진다.
- 미생물과 효소의 작용 : 냉장 중에도 미생물의 번식을 완전히 저지시킬 수 없으므로 장기간의 냉장은 안전하지 않다. 또한 효소의 활성도 같은 온도라도 동결된 조직에서보다 과냉된 부분에서 촉진되므로 식품의 빙점에서 심한 품질의 손실이 있게 된다.

물리적 변화

- 수분증발 : 냉장 중에도 식품의 수분은 증발하여 중량감소, 위축, 연화, 변색을 일으킨다.

- 전분의 노화 : 호화상태의 전분을 냉장시키면 전분의 노화가 촉진된다.

화학적 변화

- 색과 향미의 변화 : 식물성 색소의 대부분은 저온에서도 안정성이 없어 변화한다. 엽록소는 페오피틴으로 카로티노이드와 안토시아닌은 산화되어 퇴색한다. 동물성 색소인 미오글로빈도 산화되어 갈변한다.

(3) 동결저장

① 냉동저장의 기초이론

식품을 냉동시킨다는 것은 식품의 온도를 소정의 온도까지 내리기 위하여 열을 제거하는 것을 의미한다. 저온을 얻기 위하여 고체의 융해잠열과 승화잠열을 이용하기도 하고 증발잠열을 이용하기도 한다. 얼음을 채운 아이스박스는 얼음의 융해잠열을 이용하는 것으로 식품에 얼음을 접촉시키면 얼음이 녹으면서 이에 필요한 79.68kcal/kg의 잠열을 식품에서 빼앗아 식품의 온도는 낮아진다 그림 4-9.

암모니아ammonia, 프레온freon 등의 고압 액체를 팽창시키면 기체로 되면서 많은 증발잠열을 요구하게 되는데, 이를 이용한 것이 오늘날의 냉동기이다.

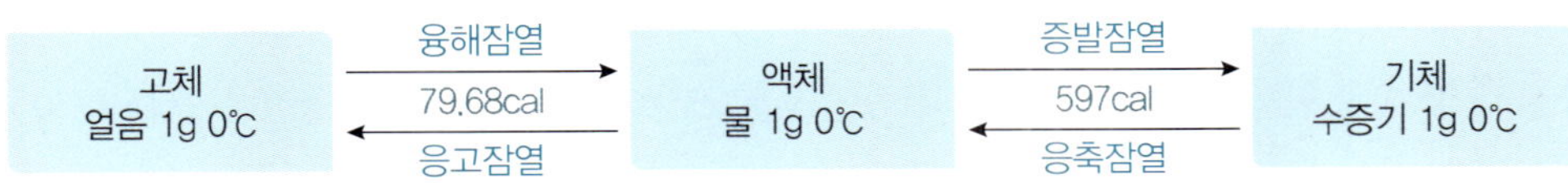

그림 4-9 물의 상태변화에 따른 함유열량

② 냉동의 원리

냉동冷凍은 식품에 함유된 수분을 동결凍結시켜 보통 -18°C 이하의 온도에서 저장하는 방법이며, 식품을 급속으로 냉동시키는 것이 바람직하다. 미생물의 성장과 증식을 억제시키고 식품의 효소 촉매반응을 저하시키며 화학적 변화를 억제함으로써 식품의 장기저장과 가공을 할 수 있다. 급속냉동은 얼음을 미세하게 결정結晶화시키기 때문에 식품조직의 파괴와 단백질의 부패가 적어 식품을 원래의 상태로 유지할 수 있다.

용액의 동결 식품이 동결할 때는 먼저 수분의 동결이 일어난다. 용액의 동결은 용질이 녹아 있기 때문에 0°C 보다 낮은 온도에서 얼기 시작한다. 라울의 법칙Raoult's law(용질 1몰당 1.86°C 빙점강하)을 따라 용질에 의한 빙점의 강하가 일어난다. 완전한 동결이란 식품의 자유수가 전부 어는 경우인데 이때의 온도를 공정점(공융점eutectic point)이라 하며, 최대 빙결정생성대가 -5°C까지이기 때문에 실제 공정점까지 내려가지 않아도 -5°C 이하가 되면 동결된 상태로 보인다.

식품의 빙결점과 공정점 식품 중의 수분은 당, 유기산, 무기염류 등이 녹아 있는 수용액으로 되어 있는 자유수와 단백질 등과 같은 고분자 물질과 결합하여 교질입자를 형성하고 있는 결합수로 존재한다. 식품이 얼기 시작하는 온도를 빙결점freezing point이라 하며, 식품 중 용액부분의 용질농도가 높을수록 빙결점은 낮아진다. 일반적인 식품의 빙결점은 -1~-2°C 부근이지만 치즈, 빵 등과 같이 상당히 낮은 것도 있다. 식품이 냉각되어 빙결점에 도달하면 얼음결정이 생기는데 이때 얼지 않고 있는 부분의 수용액은 농도가 높아지게 되며, 그 결과 빙결점은 더 내려가게 된다. 즉 빙결점에 도달하여도 빙결하지 않는 현상이 보이는데 이것을 과냉각super cooling이라 한다. 그 후 식품의 온도가 다시 내려가게 되면 얼음의 결정이 많아지고, 얼지 않는 나머지 수용액의 농도는 더 진해진다. 일반적으로 식품의 공정점은 -60~-50°C이므로 이 온도 이하로 온도를 낮추어야 한다. 가용성 성분들이 만드는 공융혼합물이 다르기 때문에 최후의 수분이 빙결하는 온도는 극히 낮고 확실히 알기가 힘들다. 참고로 난백의 공정점은 -55°C이며, 육류의 공정점은 -60~-50°C이다.

냉동곡선 식품을 동결시킬 때 시간의 경과에 따라 식품내부의 온도 변화를 그린 것이 냉동곡선freezing curve 또는 동결곡선이다 **그림 4-10**. 식품을 동결시키면 수분의 일부가 동결하여 빙결정氷結晶이 생성되는데, 대부분 -5~-1°C에서 동결이 시작되며, 이때 시간이 경과하여도 식품의 온도는 거의 내려가지 않고 평탄하다. 이 시기는 많은 응고잠열을 외부에 방출하는 기간이다. 식품의 빙결점에서 -5°C 사이에 가장 많은 얼음의 결정이 생성되는데 이 온도구간을 최대빙결정생성대zone of maximum ice crystal formation라 한다. 육류의 경우 최대빙결정생성대인 -5~-2°C에서 85%의 수분이 얼게 된다.

완만동결과 급속동결 식품이 최대빙결정생성대를 통과하는 사이에 만들어진 얼음결정의 크기, 모 양, 수, 분포상태 등은 이 생성대를 통과하는 데 소요된 시간에 따라 큰 차

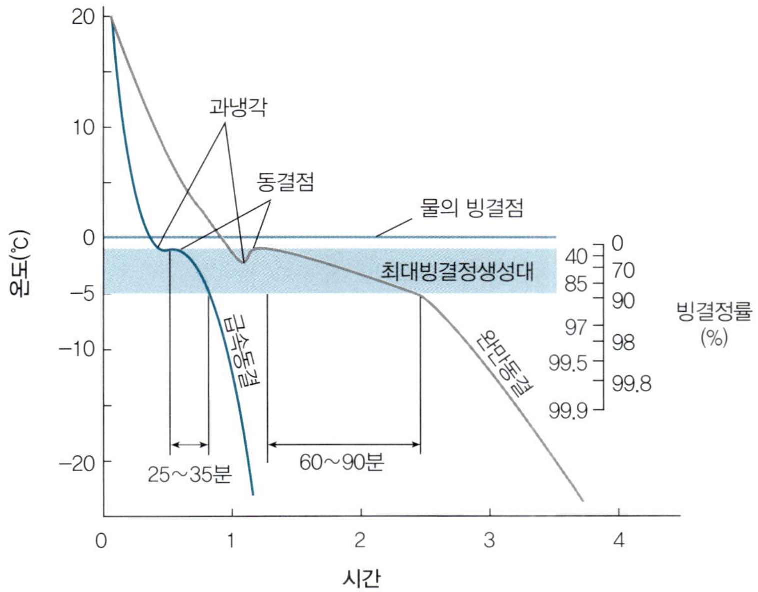

그림 4-10 식품의 냉동곡선

이가 있다 **표 4-3**. 즉 이 범위를 통과하는 시간이 빠르면 식품 중의 세포와 세포간극에는 미세한 얼음결정이 다수 생성되지만 통과시간이 느리면 큰 얼음결정이 소수 생성되어 이것에 의해서 조직이 손상된다.

일반적으로 최대빙결정생성대를 통과하는 시간이 25~35분 이내면 급속동결이라 하며, 작고 수많은 얼음 입자가 세포의 내부와 외부에 균일하게 형성되고, 조직 내의 수분이동을 극소화할 수 있다. 그러나 일반적인 냉동장치를 이용하면 25~35분간에 −5℃로 는 것

표 4-3 완만동결과 급속동결의 차이점

차이점	완만동결	급속동결
1. 최대빙결정생성대 통과시간	35분 이상	25~35분
2. 얼음결정의 크기와 수	큰 얼음결정 소수	작은 얼음결정 다수
3. 빙결정의 크기	70㎛ 이상	70㎛ 이하
4. 세포의 형태 파손 유무	형태 파손	원형 유지 가능
5. 세포 외로 수분 이동과 빙결정 성장 유무	수분 이동으로 빙결정 성장	수분 이동과 빙결정 성장 거의 없음

은 어려운 일이다. 급속동결은 얼음결정이 70μm 이하로서, 얼음결정이 미세하여 조직의 파괴와 단백질 변성이 적어 원상 유지가 가능하다. 또한 작은 얼음결정이 세포의 내부와 외부에 고르게 생성된다.

식품의 동결을 위한 전처리 과일과 채소는 데쳐서 효소를 불활성화시킨 뒤 갈변반응을 막기 위해 아황산가스, 구연산이나 사과산 또는 설탕용액으로 처리한다. 어류는 육질 변화와 자기소화에 의한 변패를 막기 위해 0°C 정도에 보관한다. 닭은 다듬기를 끝낸 후 10°C 이하에서 냉각시킨다. 닭의 숙성은 0°C보다 약간 높은 데서 2~6시간 두면 유연성이 증가한다. 쇠고기는 도살 직후 1~2°C에서 20시간 보관한 뒤 동결시킨다. 육류는 동결하기 전에 숙성시키면 육질이 좋아져 유연성과 보수성이 증가한다.

③ 동결속도와 식품의 품질

동결식품의 품질을 좌우하는 조건으로는 식품을 구성하고 있는 세포가 얼 때 생기는 얼음입자에 달려 있다. 식품의 조직 내 얼음입자의 위치는 동결속도, 동결온도, 세포의 성질 등에 의하여 결정된다. 완만동결하면 세포 밖에 큰 얼음결정이 생성되면서 동결식품의 품질은 크게 손상된다 **그림 4-11**. 수분이 빙결하면 체적이 약 9% 정도 팽창하고, 이 팽압에 의해서 세포나 조직이 기계적으로 손상되어 파괴된다.

세포 밖에서 큰 얼음결정이 생성되는 경우는 원래 선도가 떨어진 식품을 동결시켰을 때, 동결을 서서히 시켰을 때, 냉동하는 온도가 높았을 때이다. 세포간극에 고여 있던 액

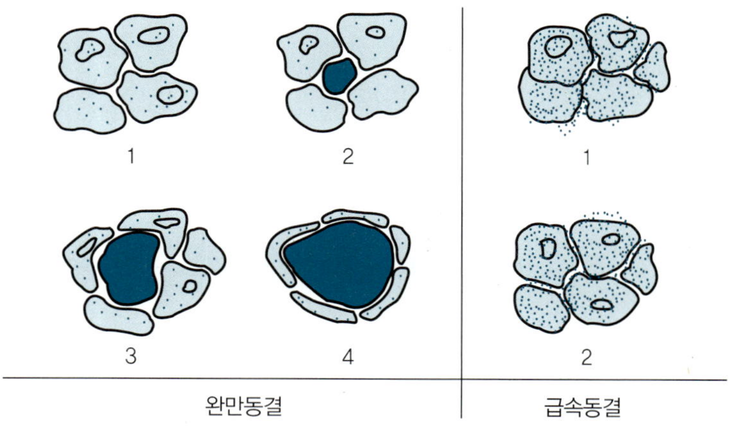

그림 4-11 식물조직의 냉동 시 완만동결과 급속동결의 차이

이 먼저 얼어 부피가 늘고, 늘어난 부피만큼 주변의 세포를 눌러 세포 내부의 액이 밖으로 밀려나와 함께 얼게 되므로 얼음의 결정은 점점 커지게 된다.

얼음결정은 동결저장 중에도 차차 커져서 식품조직에 큰 손상을 입힌다. 얼음결정이 커지는 것은 동결저장 중 온도가 올라가고 내려가는 변동이 있게 되면, 얼음결정 주위에 물과 수증기가 함께 얼기 때문이다. 이러한 세포 외 얼음결정의 성장으로 세포벽은 손상되고 세포는 압축, 탈수되며 나아가 단백질의 변성을 초래하게 된다.

④ 냉동방법

식품을 냉동할 때에는 먼저 동결속도, 최종품온, 동결방법 등을 선택하여야 한다. 일반적으로 어패류 등을 냉동할 경우, 실용적인 조건으로는 급속동결하는 것이 바람직하고, 최종동결품온은 -18°C 이하(적어도 -15°C 이하)로 유지하여야 한다. 냉동방법으로는 공기냉동법, 침지식 냉동법, 액체질소 냉동법, 접촉식 냉동법 등이 있다.

공기동결법 이것은 두 가지 방법이 있는데 그림 4-12, 먼저 정지식 공기동결법sharp freezing은 -30~-20°C로 냉각, 단열된 동결실 내부에 식품을 넣어 동결시키는 비교적 간단한 방법이다. 이 방법은 자연순환식(대류식)이므로 완만냉동에 해당하며, 동결 중 건조가

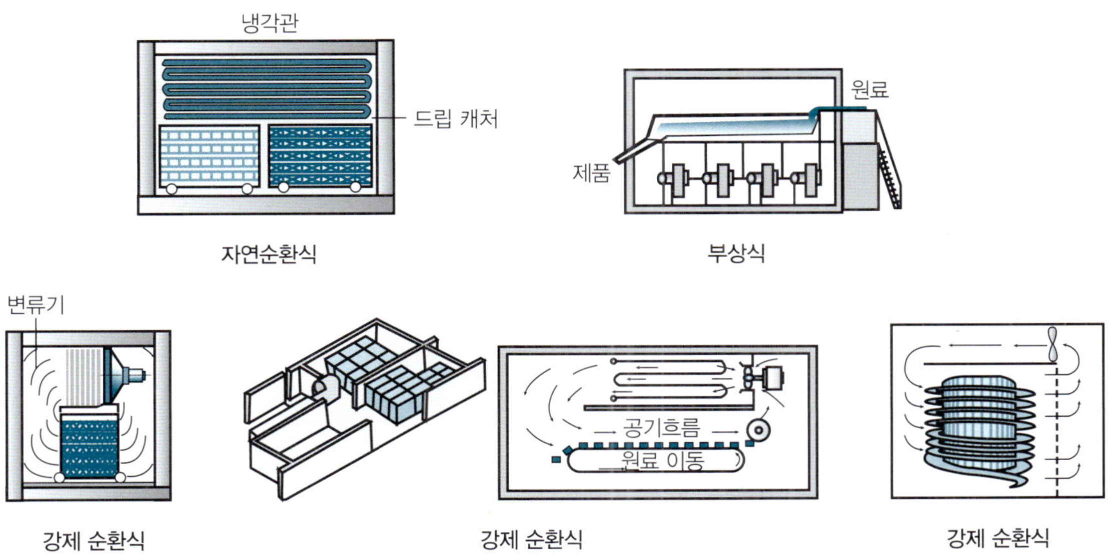

그림 4-12 여러 가지 공기냉각 방식의 냉동장치

심한 것이 단점이다.

또 다른 방법은 송풍동결법air blast freezing으로서 식품을 냉동실 내부 캐비닛이나 선반 또는 동결용 수레rack에 쌓아 둔 다음 -40~-20°C로 냉각된 공기를 송풍하여 동결이 끝나면 출고시키는 방식과 동결실을 터널형로 만들어 컨베이어conveyer 위에 포장된 식품을 얹어 놓고 터널의 이쪽 끝에서 저쪽 끝으로 이동시켜 단시간 내에 동결하는 방식이 있다. 송풍동결법은 일종의 급속동결법이므로 비교적 좋은 제품을 얻을 수 있다 **그림 4-12**. 급속동결 방법 중 다소 완만하게 동결이 진행되는 방법이며, 포장이 잘 되어 있지 않으면 탈수현상이 심하게 일어날 수 있는 단점이 있으나, 여러 종류의 제품을 냉동할 수 있고 한꺼번에 많은 식품을 처리할 수 있어 동결원가가 싼 것이 장점이다.

침지식 동결법 침지식 동결법immersion freezing은 -95~-16°C로 냉각된 부동액不凍液 또는 브라인brine에 포장된 식품을 침지시켜 급속동결시키는 방법이다. 액체가 공기보다 열전도율이 커서 동결속도가 빠르다. 그러나 브라인으로 인해 동결식품이 오염될 수 있는 단점이 있으므로 내수耐水, 방습성인 포장재료를 이용하여 포장해야 한다. 저온에서 잘 얼지 않는 브라인, 즉 염화나트륨·염화칼슘 등의 용액이 많이 사용되고 있으나 propylene glycol, ethylene glycol의 50% 수용액도 사용된다. 급속동결이 필요한 닭고기를 플라스틱 필름으로 밀착포장한 후 이 방법을 쓰기도 하며, 원양어선에서도 이 방법을 많이 이용하고 있다.

심온동결법 심온동결법cryogenic freezing은 포장 또는 비포장 식품을 액체질소N_2나 드라이 아이스dry ice 등의 냉매를 직접 분무하거나 침지시켜 순간적으로 동결시키는 방법이다. 액체질소가 기화하면서 식품의 열을 빼앗아 빠른 속도로 동결시키므로 액화液化가스 동결법이라고도 한다 **그림 4-13**. 이 방법은 다음과 같은 장점을 가지고 있다.

- 외형이 좋은 상태로 유지된다.
- 동결 중에 산소를 제거할 수 있다.
- 빨리 동결되므로 관능적·영양적 손실을 최소로 할 수 있다.
- 시설이 간단하고 연속작업이 가능하다.
- 탈수로 인한 중량 손실을 1% 이하로 할 수 있다.

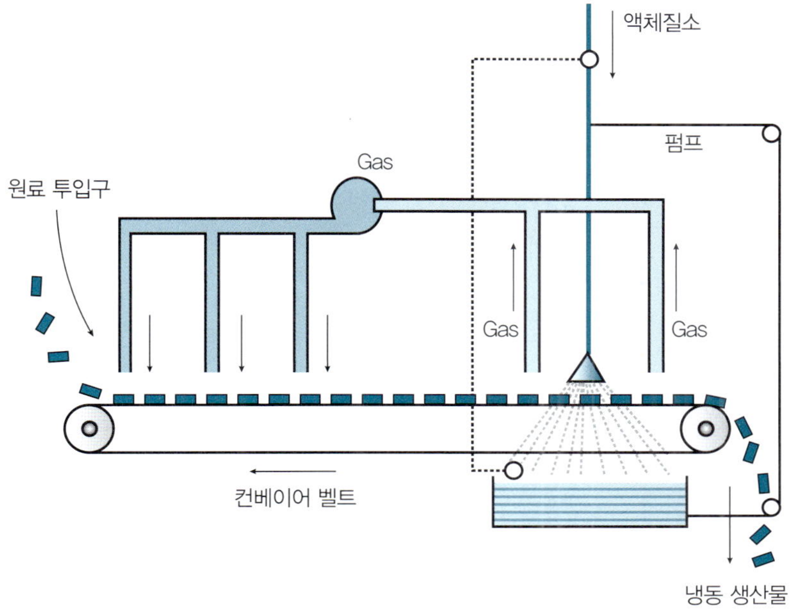

그림 4-13 액체질소를 이용한 냉동장치

액체질소는 -196℃라는 낮은 온도에서 기화하므로 액체질소를 식품에 직접 살포하면 일반적인 급속동결법보다 약 10배 높은 동결속도를 얻을 수 있다. 그러나 재사용이 안 되며 액체질소의 값이 비싸 비용이 많이 드는 결점이 있다.

종래에는 냉동판 위에서 덩어리로만 냉동이 가능하던 새우, 양송이, 절단 어육 등을 하나씩 분리하여 냉매를 분무하여 냉동시킴으로써 개별 급속 냉동식품individually quick freezing food, IQF 제조에 이용하고 있다.

접촉동결법(금속판 접촉냉동법) 접촉동결법contact plate freezing은 금속판을 -40~-25℃로 냉각시켜 놓고 여기에 식품을 끼워 넣어 급속동결시키는 방법이다 **그림 4-14**. 소형이나 각형은 금속판과의 접촉면적이 크기 때문에 동결속도가 빠르다. 금속판은 열전도도가 높고 식품이 금속판에 충분히 접촉되어 있기 때문에 동결에 걸리는 시간이 짧으므로 세포가 파괴되는 일이 적다. 균일하게 포장된 가공제품을 비교적 급속으로 냉동하는 데 알맞으며, 아이스크림이나 수산물의 동결에 이용한다. 그러나 모양이 불균일한 식품이나 동결용기에 담기 어려운 식품의 냉동은 어렵다.

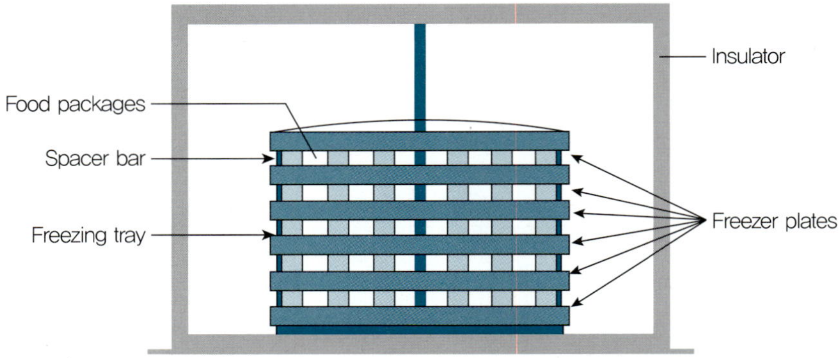

그림 4-14 접촉식 냉동기

유동층동결법 유동층동결법fluidized-bed freezing은 연속적으로 원료를 벨트 위에 올려놓고 냉동장치를 통과하는 동안 동결되도록 하는 방법으로 열전달 속도를 높이고 제품의 탈수를 적게 하는 이점이 있다.

프리즈 플로 저장법 프리즈 플로Freeze-Flo 저장법은 미국의 리치Rich Product사가 개발한 중간수분식품과 냉동식품을 조합한 것으로 냉장이나 가열을 하지 않아도 미생물적으로 안정하며 '동결되지 않은 동결식품'으로 불린다. 이것은 딱딱하지 않고 보존성이 좋으므로 첨가물이나 보존료를 필요로 하지 않는 자연식품에 응용한다. 이 식품의 특징은 다음과 같다.

- 냉동고에서 꺼내 쉽게 먹을 수 있다. 재해동과 재냉동이 가능하다.
- 자유수가 결합수와 같이 작용하므로 미생물에 대해 안전하고 건조에 의한 노화도 없다.
- 냉동식품보다 높은 온도에서 저장하므로 에너지가 적게 든다.

⑤ 동결식품의 저장 중 변화

식품의 냉동공정은 냉동freezing, 냉동저장frozen storage 및 해동thawing으로 나눈다. 일반적으로 동결식품의 품질은 급속 심온동결식품이 좋지만 식품의 종류, 전처리 등에 따라 차이가 있다. 냉동식품의 저장온도는 저장온도가 낮을수록 품질수명이 연장된다. 리파아제lipase, 아스코르브산 산화효소ascorbic acid oxidase 등의 효소의 경우 –20°C에서도 작용을 하므로 장기간 저장할 경우 –20°C 이하에서 냉동저장하는 것이 안전하다고 할 수 있다.

냉동식품의 저장 중 온도의 변화는 품질을 변화시키는 또 다른 요인이다. 저장온도에 의한 품질변화는 누적되므로 낮은 온도에서 저장하다가 단기간이라도 높은 온도에 노출되면 그만큼 품질저하가 가속된다.

식품이 방습 기밀포장이 된 경우는 관계없지만, 저장기간이 길 경우 냉동저장 중 습도가 식품의 건조와 관계가 있다. 각종 동결식품의 표준이 되는 냉동온도와 습도, 빙결점, 저장기간은 **표 4-4**와 같다.

표 4-4 식품의 빙결점, 저장온도 및 기간

종류	빙결점(°C)	저장온도(°C)	습도(%)	저장기간
쇠고기	-1.7	-18~-23	90~95	9~12개월
돼지고기	-1.7	-18~-23	90~95	4~6개월
어육	-1.0	-18~-23	90~95	8~10개월
달걀	-0.5	-18~-23	-	1년 이상
버터	-2.2	-18~-29	80~85	1년
치즈	-8.3	-	-	-
과일	-2.0	-18~-23	-	6~12개월
채소	-1.1	-18~-23	-	6~12개월
빵	-6	-20	-	-

동결식품을 저장하기 위해 가능한 한 낮은 온도를 유지하는 것이 바람직하지만 전기료도 고려해야 하므로 일반적으로 -20~-18°C가 바람직하다고 본다.

-18°C는 미생물의 성장을 저지하고 자기소화나 기타 변패를 막을 수 있는 온도라고 생각되지만 물리적 변화가 따를 수 있다. 품질변화의 예는 **표 4-4**와 같다.

조직 손상 식품을 동결시키면 물이 빙결함으로써 부피가 늘어난 얼음에 의해 식품의 조직이 파괴된다. 그러나 급속히 얼리면 얼음결정이 크지 않아 조직의 변화를 줄일 수 있다.

저장실의 온도변화가 있을 때는 얼음결정이 세포 밖에서 커지면서 세포 내 수분이 빠져나가 식물세포에서는 원형질 분리가, 동물세포에서는 변형, 수축이 일어나 세포는 변질된다. 빙결점의 재결정화와 더불어 식품 표면의 얼음이 승화하고 내부도 다공질의 건조층이 생기는데 이런 현상을 냉동화상freezer burn이라 하며, 이로 인해 식품의 향미, 색깔,

조직, 영양가가 변한다.

유화상태의 파괴 냉동은 수중유적형, 유중수적형 유화액을 불안정하게 한다. 또한 냉동은 탄수화물과 물, 단백질과 물의 결합에 작용하여 비가역적으로 변성시킨다.

단백질의 변성 빙결점 이상의 저온에서 단백질은 가역적으로 변성되는데 이것은 단백질의 소수결합이 저온에서 불안정하기 때문인 것으로 생각된다. 또한 동결로 효소활성, 용해성, 점도, 젤 형성능, 기포성의 변화가 일어난다. 이것은 빙결정의 생성으로 결합수의 이탈, 용액 중에 농축된 무기염류에 의한 염석으로 단백질이 변성됨으로써 pH 완충능의 감소, 단백질의 상호 접근에 의한 분자간 결합의 형성 등에 의한 것으로 볼수 있다.

지질과 비타민의 변화 유지함량이 큰 냉동식품은 유지의 산화에 의한 변패가 일어난다. 냉동어류의 지방은 냉동육류의 지방보다 더 빨리 산화되는 경향이 있다. 냉동상태에서도 비타민 C의 손실은 계속된다.

⑥ 냉동식품의 품질유지

동결상태로 유통되는 식품의 품질은 원료의 상태, 동결 전후의 처리 및 포장, 생산에서부터 소비하는 시점까지의 냉장, 수송, 판매하는 동안의 품온과 저장기간 등의 조건에 따라 결정된다. 선도가 좋은 원료를 사용하고, 동결 전후의 처리와 포장을 정상적으로 행한 것은 생산 직후의 고품질이 그대로 유지된다. 냉동식품의 최종품질은 생산에서 소비에 이르는 전 과정에서 저장 온도와 경과시간에 지배된다. 즉 어느 시점에 있어 냉동식품이 상품가치를 갖게 하기 위해서는 허용tolerance되는 경과시간time과 그동안의 온도temperature에 의존하게 된다. 이 관계를 수학적으로 산출한 것이 TTT, 즉 시간온도허용한도time temperature tolerance이다.

식품의 TTT 관계를 직선으로 나타낸 것을 품질유지 특성곡선이라 하며, **그림 4-15**와 같다. 예를 들면 닭고기는 −20°C에 저장하면 약 1,000일간 저장이 가능하나, −5°C로 하면 약 200일밖에 저장이 되지 않는다. 어떤 냉동식품의 초기 품질량을 1.0으로 하고, 상품가치가 없어졌을 때 0이 된다고 생각하면 품질이 1.0만큼 감소되는 데 소요되는 일수를 품질보존기간으로 볼 수 있다. 따라서 1일당 품질저하량은 초기의 품질량 1.0을 품질보존기간(일수)으로 나눈 값이 된다. 쇠고기의 경우 1일당 품질저하량은 −20°C일 때는 1.0/600 = 0.0017, −10°C일 때는 1.0/90 = 0.0111이 되며, 이 값이 클수록 품질의 변화가

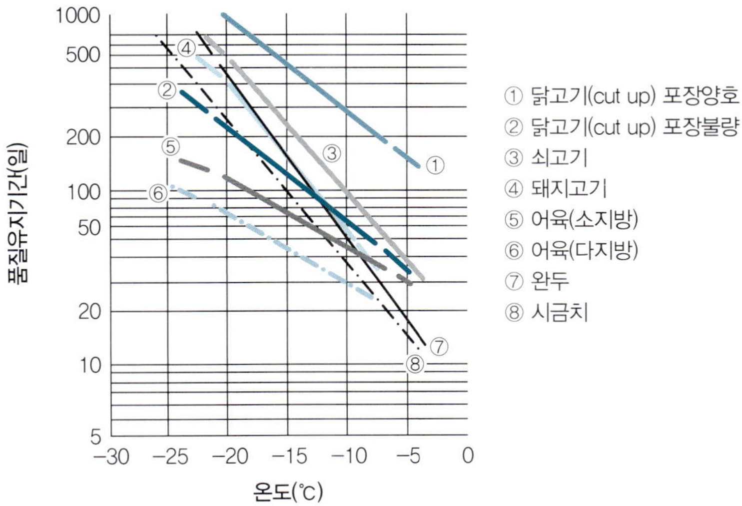

그림 4-15 냉동식품의 품질유지 특성곡선

큰 것이다. 냉동식품이 생산에서 해동될 때까지 유통의 각 단계에서 1일당 품질저하량에 저장일수를 곱하여 나온 품질변화량의 총계를 구하여 그 합계량이 1.0을 넘으면 품질 이 저하되었다고 보며, 1.0 이하이면 품질이 우수하다고 보는 것이다.

예를 들면 냉동 쇠고기가 −20°C에서 200일, −10°C에서 10일 다시 −20°C에서 150일간 유통과정을 거친 후 소비자에게 공급되었다고 하면 TTT 값은 다음과 같다.

	(1일 품질저하량)		(저장일수)	(품질변화량)
−20°C에서 200일간의 생산지 동결저장	0.0017	×	200	= 0.340
−10°C에서 10일간의 수송	0.0111	×	10	= 0.111
−20°C에서 150일간의 소비지 동결저장	0.0017	×	150	= 0.255
			합계	0.706

냉동식품을 생산 직후부터 품질이 저하되지 않고 소비자에게 이르게 하기 위해서는 생산에서 소비에 이르는 전 과정을 통해 낮은 온도를 유지하는 것이 매우 중요하다.

저온·냉동식품이 생산부터 소비까지 이르는 전 유통과정에서 저온으로 연속적인 유지·관리가 필요한데, 이와 같이 연속적으로 저온을 유지하는 체제를 저온유통체제cold chain system라 한다.

농산물 또는 식품의 저온저장 및 저온유통체계cold chain의 보급이 증대됨에 따라 저온수송의 중요성이 더욱 증대되고 있다.

보냉차insulated truck는 적재함을 단열재로 방열하여 외부로부터 열의 침투를 감소시켜 냉각된 식품의 수송 시 온도상승을 지연시키며 주로 단거리 수송에 이용되고 있다. 축산물, 수산물, 유가공품 등의 수송에 이용되나 청과물의 수송에는 별로 이용되지 않는다.

드라이 아이스dry ice를 이용할 경우 냉각력이 크고 시설비가 싸기 때문에 중·단거리 수송에 많이 이용되고 있다. 보냉차 적재함의 전면에 작은 팬이 부착된 드라이 아이스를 넣은 냉각기cooler를 설치하고 후미에 온도감지 장치를 달아 온도를 일정한 범위로 조절할 수 있다. 드라이 아이스는 ① 냉각력이 크고, ② 중량이 가볍고, ③ 승화 후 잔류물이 없고, ④ 사용이 간편하고, ⑤ 발생된 CO_2는 산화방지, 미생물 생육 억제에 효과적이다.

⑦ 냉동식품의 품질변화 방지법

냉동식품의 품질수명은 냉동되기 전의 제품품질에 의해 영향을 받는다. 즉 좋은 원료로 잘 가공된 고품질의 제품은 품질수명이 더 길다.

포장방법도 제품의 품질수명을 결정하는 중요한 요인이다. 기체의 투과성이 없고 방수성이 우수한 포장재를 사용하는 것이 좋고, 조리된 식품은 산화에 의하여 품질이 손상되는 경우가 많으므로 이를 방지할 수 있는 진공포장이나 질소가스 충진포장 등의 방법을 사용하면 도움이 된다. 따라서 급속냉동이 이루어질 수 있도록 적당한 크기로 포장하고 적합한 냉동방법의 선정이 중요하다.

특히 동결 어육이나 육류에서 많이 볼 수 있는 냉동화상을 방지하는 방법으로는 BHA, BHT, sodium L-ascorbate 등의 산화방지제antioxidant를 사용하거나 밀착포장이나 빙의graze가 있다.

⑧ 냉동식품의 해동

해동defrosting은 동결의 역현상逆現象이며 동결로 제거되었던 같은 양의 열을 흡수하면 식품 중의 빙결정이 녹아서 품온品溫이 본래의 상태로 되돌아가는 것을 말한다.

그러나 같은 온도변화 범위에 있어서는 동결에 소요되는 시간보다 해동에 소요되는 시간이 더 길다. 그 이유는 해동 시에 생성된 물은 열 전도도가 낮은 반면, 동결 시에 생성된 얼음층은 열전달을 가속화시키기 때문이다.

해동원리 냉동식품을 녹일 때는 필요에 따라 부분적 해동과 완전해동을 택한다. 얼었던 식품을 해동시키면 수분이 유출되는데 그 정도는 동결 시 얼음결정의 상태나 저온보존 상태에 따라 다르다. 해동 중에는 효소 촉매반응이 진행되거나, 손상된 조직이 미생물의 공격을 받아 변패되거나, 산화적 변패와 액즙의 유출로 인한 영양소의 손실이 따른다.

해동방법 해동방법의 공통된 원칙은 텍스처의 변화를 적게 하고 드립을 최소화하며 선도저하를 방지하는 것이다. 그 외에 내외 온도 차이에 의한 식품의 품질변화를 적게 하고 해동 중 세균의 번식을 막고 단백질이 변성되지 않도록 하는 것이다.

해동방법은 송풍해동, 접촉식 해동, 고주파해동, 수중해동 등이 있으며, 대표적인 해동방법은 다음과 같다.

- 송풍해동법air blast thawing : 송풍해동은 20°C의 공기를 송풍하여 해동하는 것으로 간편하고 경제적이며 드립drip 양이 적은 편이다. 반면, 실온에서 해동시킬 경우 해동시간이 길기 때문에 식품 내외의 온도차가 커서 변색, 표면건조, 미생물의 성장 우려가 있다.

  이러한 변질을 방지하기 위한 방법으로 저온해동은 시간은 오래 걸리지만 해동 중 품질변화나 미생물의 번식을 줄일 수 있는 장점이 있다. 포장된 냉동식품을 냉장고(3~5°C)에 넣어두면 서서히 해동된다.
- 접촉해동법contact thawing : 접촉식 해동법 또는 접촉식 판상 해동법은 접촉식 판상 냉동의 원리와 비슷 한데, 25°C 정도의 금속판 사이로 동결식품을 넣어 해동하는 방법으로 판에 냉매 대신 가열된 물이나 기름을 순환시켜 열교환을 빨리 이루어지도록 해서 해동하는 방법이다. 이 장치를 사용하려면 포장이 균일해야 한다.
- 전기해동법electric thawing : 전기해동법 중 고주파해동법은 가열과 해동이 가능하도록 제조된 전자오븐microwave oven을 이용한다. 이는 고주파(2,450MHz)와 초단파를 이용한 방법으로서, 내부 가열로 안쪽부터 해동이 진행되므로 급속해동이 가능하며 냉동식품의 해동에 널리 사용되고 있다.
- 수중해동법water thawing : 10~15°C의 흐르는 물에 담가 해동하는 것으로 물의 접촉으

로 열의 이동 속도가 커지므로 공기해동법보다 해동시간이 단축된다. 상온의 물이나 소금물은 해동속도가 빠르다. 그러나 포장하지 않은 동결식품의 경우는 육질성분의 용출이 문제가 될 수 있다.

- 기타 : 뜨거운 공기를 순환시키거나 증기가 나오는 판steam table 위에서 해동하는 방법도 있는데 비교적 단시간에 해동이 가능하고 대량처리에 편리한 장점이 있다.

해동방법은 냉동식품의 종류, 형태, 크기, 포장 유무, 해동 후의 이용 목적, 경제성, 상품가치 등을 고려하여 알맞은 방법을 선택하여야 한다.

냉동과일을 실온에서 서서히 해동하면 향미, 색깔, 텍스처의 손상이 일어난다. 가공원료용 포도나 딸기 등의 냉동과일은 해동하면 좋지 않으므로 냉동상태에서 바로 주스 등을 제조한다.

시금치, 송이버섯 등의 냉동채소는 데치기blanching가 되어 있으므로 그대로 열탕에 넣어서 녹인다. 냉동된 조리채소제품은 주로 boil-in-bag용 파우치pouch나 주머니bag에 포장되어 있다. 이런 제품은 이용 시 끓는 물에 포장된 채로 담가 해동과 가열처리를 동시에 실시한다.

빵 제품을 해동하려면 품온을 급속히 21°C로 올려 노화가 급속히 진행되는 −4~15.5°C의 온도범위에 머무는 시간을 최소화해야 한다. 이를 위하여 더운 공기가 급속히 순환되는 선반에서 빵을 해동하는 것이 좋다. 스테이크, 지짐류 등은 기름에 지지거나 하여 가열과 동시에 해동시킨다.

드립 동결식품을 해동하면 내부의 빙결정이 녹아 물이 되어 액즙이 외부로 유출되는데 이러한 현상을 드립drip이라고 한다. 드립의 발생률은 동결에 의한 식품 내부에서 일어나는 물리 화학적인 변화가 클수록 많아지므로 동결식품의 품질의 척도가 된다. 드립의 원인은 동결로 인한 식품조직의 물리적인 손상으로 일어나는 조직 구조적인 변화와 단백질의 동결변성으로 일어나는 교질구조의 변화 때문에 보수력이 감소하여 일어나는 것이다. 드립이 발생하면 액즙 속에 들어 있는 단백질, 엑스성분extracts, 염류, 비타민류 등의 영양성분과 풍미가 감소되어 식품의 가치가 떨어지므로 드립은 가능한 적은 것이 좋다.

드립의 발생량은 원료의 종류와 형태, 동결시의 선도, 원료의 전처리, 동결속도, 냉동기간과 냉동저장 시의 온도관리, 해동방법 등에 따라 영향을 받지만 원료가 신선하고, 동결 속도가 빠르며, 동결냉장 온도의 상하 변동이 적은 것은 발생량이 적다.

3) 가열

식품가공 및 저장에서 식품의 가열은 식품 외부로부터 식품으로의 열에너지 전달과 표면이 가열되어 뜨거워진 식품의 내부로의 열전달의 두 가지 단계에서 볼 수 있다. 식품과 외부와의 열전달은 전도, 대류, 복사의 세 가지 형식 중 단독 또는 복합적으로 일어나며, 식품 내부의 열전달은 전도 또는 대류의 형태로 일어난다. 이외에도 에너지를 마이크로파를 이용하여 공급하고, 공급된 마이크로파는 내부에서 열에너지로 변화되어 발열시키는 마이크로파에 의한 가열 등이 있다 그림 4-16.

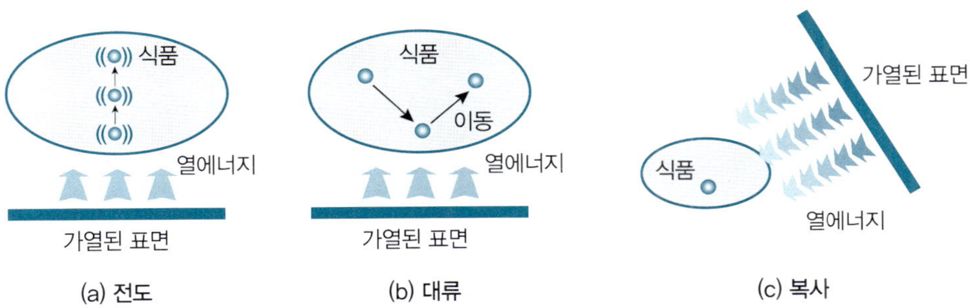

그림 4-16 가열된 표면으로부터 식품으로의 열전달 형태

(1) 열전달 형태

① 전도

전도에 의한 열전달은 고체 식품 내부 또는 외부의 가열표면이 직접 접촉하여 일어난다. 전도에 의한 열전달은 분자 수준에서 에너지의 전달이 일어나는 형태로서 분자가 열을 받으면 진동하게 되고 이 진동은 인접분자로 전달되어 나타나는 현상이다. 식품에서는 뜨거운 국에 금속의 수저를 넣어 놓으면 나중에 손잡이 부분이 뜨거워지는 현상이 전도에 의한 열전달 현상이다.

열전도는 물질의 모양과 성질에 영향을 받는다. 열전달 속도는 온도차와 열전달 넓이에 비례하며 두께에 반비례한다. 또한 물질마다 고유의 열전도도thermal conductivity가 있어 열전도가 큰 식품은 작은 식품에 비하여 전도가열이 쉽게 일어난다. 식품의 열전도도는 식품의 수분함량과 온도에 영향을 받는다. 얼음의 열전도도는 수분상태의 열전도도보다 크다.

② 대류

대류는 액상식품의 가열, 식품을 물에 중탕, 또는 열풍건조 등과 같이 열에너지를 받은 식품의 성분 또는 열에너지를 함유한 물질이 이동하여 열에너지를 전달하는 현상을 말한다. 대류현상은 액체 또는 기체에 열을 전달할 때 일어난다. 대류현상이 일어나면 가열된 부분이 전도보다 빠르게 이동할 수 있으므로 열전달이 전도보다 빠르다. 끓인 된장국의 경우 가열을 중지하여도 그릇의 국물이 움직이는 것을 볼 수 있다. 이는 대류에 의한 것으로, 된장 입자가 이동하는 것이 눈에 보이는 것이다.

대류는 온도차에 의하여 자연적으로 일어나는 자연대류와 순환펌프를 사용하여 강제적으로 일으키는 강제대류로 나눌 수 있다. 자연대류는 액체가 가열되면 부피가 증가하여 밀도가 작아지며 그 결과 온도가 상대적으로 낮은 주위의 액체보다 가벼워져서 상승하게 되는 현상이다.

대류에서의 열전달 속도는 표면의 온도 차이와 넓이, 경막전열계수film heat transfer coefficient

표 4-5 여러 가지 경우의 경막전열계수

물질	대류상태	경막전열계수(W/m²K)
가스	자연대류	3~30
가스	강제대류	10~100
점성액체	강제대류	50~500
물	강제대류	500~5,000
끓는 물	강제대류	2,000~3,000
수증기	강제대류	6,000~12,000
100% 수증기		12,000
3% 공기 포함 수증기		3,500
6% 공기 포함 수증기		1,200

출처 : 전재근 외, 2002

에 비례한다. 경막전열계수는 유체의 밀도, 열팽창계수, 비열, 열전도도, 점도와 물체의 크기에 영향을 받는다. 액체가 흐르면 액체와 고체가 접촉하는 표면에 층류층laminar layer이라는 막이 형성되는데 이 막은 액체의 흐름이 빠를수록 얇아진다. 열의 전달은 이 막을 통과하여 이루어지기 때문에 막의 두께가 얇을수록 열의 전달이 빨라지게 된다. 따라서 액체의 속도를 빨리하는 강제대류를 통하여 보다 빠르게 열을 전달할 수 있게 된다.

③ 복사

복사는 가열된 표면에서 나오는 열에너지가 중간에 어떠한 것의 도움없이 직접 식품의 표면으로 이동하는 현상이다. 식품 내부에서 복사에 의한 열전달은 거의 일어날 수 없으며, 식품 외부에서 식품으로의 복사 열전달만이 가능하다. 예를 들면 외식업체에서 샐러드바에 뜨거운 식품이 식는 것을 방지하기 위해 붉은색의 적외선 등을 이용하여 보온하는 것과 추운 겨울에 햇볕이 있는 외부에 나가면 햇볕을 받는 부분이 따뜻해지는 걸 느낄 수 있는데 이는 태양의 열에너지가 직접 우리의 옷에 복사 전달되어 나타나는 현상이다.

복사는 복사체와 피복사체의 절대온도 차이와 복사체의 복사능과 피복사체의 흡수능 및 복사면적에 영향을 받는다.

복사 열전달은 식품가공에서 곡물, 과일, 채소의 건조, 커피나 밤 등의 볶음에 이용되며, 제빵 오븐시설과 냉동식품의 해동 등에도 사용되고 있다.

(2) 열전달 기기

식품산업에서 사용하는 열전달 방법으로 직접가열과 간접가열이 있다.

① 직접가열법

직접가열법은 식품과 가열매체를 직접 접촉시켜 가열하는 방법으로 식품에 수증기를 직접 주입하여 가열하는 수증기 가열법을 비롯, 마이크로파를 이용하여 가열하는 방법과 적외선을 이용하여 가열하는 방법이 있다.

② 간접가열법

식품가공 공정에서 식품을 직접가열하는 경우보다는 보일러로 물을 가열하여 수증기를 만들고 그 수증기를 이용하여 열교환기를 거쳐 가열하는 간접가열을 많이 사용한다.

간접가열기에는 회분형으로 재킷형, 코일형 열교환기가 있으며, 연속식에는 관식, 다관

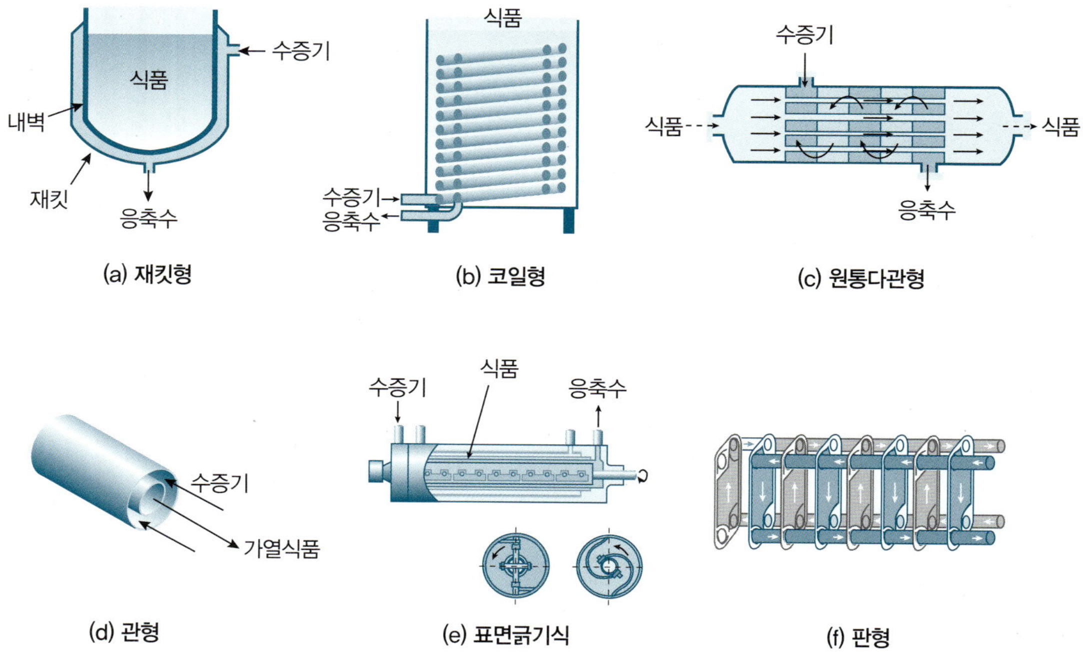

그림 4-17 여러 가지 열교환기

식, 표면긁기식, 판상식 등 여러 가지 형태의 열교환기가 있다.

4) 가열살균

(1) 용어의 정의

통조림과 레토르트 식품은 식품을 밀봉 포장한 후 포장과 함께 가열 멸균한 제품을 말한다. 통조림과 레토르트 식품의 멸균에 대하여 식품의 기준 및 규격에서 "따로 규정이 없는 한 미생물의 영양세포 및 포자를 사멸시키는 것"으로 정의하고 있으며, 살균은 "따로 규정이 없는 한 세균, 효모, 곰팡이 등 미생물의 영양세포를 불활성화시켜 감소시키는 것"으로 정의하고 있다. 한편 국제식품규격위원회Codex Alimentarius Commission와 일부 국가에서는 상업적 멸균commercial sterilization 개념을 사용하고 있다. 상업적 멸균은 *Clostridium botulinum*의 초기 포자수를 1조분의 1(10^{-12}) 이하로 감소시키는 것을 말한다.

통조림은 나폴레옹의 유럽 정벌을 위한 군용식량으로 1810년 아페르Nicolas Appert가 처음 개발하였다. 통조림은 식품을 넣은 용기를 봉한 후 가열하여 식품에 존재하는 미생물을 멸균함으로써 식품의 보존성을 높인 제품이다. 이 원리를 이용하여 통조림 이외에도 병조림과 레토르트 식품이 있다. 우리나라 「식품공전」에서 는 병·통조림과 레토르트 식품의 멸균은 제품의 중심온도가 120°C에서 4분간 살균 또는 이와 동등 이상의 효력을 갖는 방법으로 열처리하여야 하며, pH가 4.6 이하인 산성식품은 살균처리를 허용하고 있다.

① 미생물의 가열 사멸과 식품품질의 저하

미생물에 대한 살균 또는 멸균에서의 사멸은 전통적으로 미생물 개체의 사멸이 아니라 집단적 의미로 생존 미생물의 감소를 의미한다. 따라서 한 마리의 미생물의 생사를 말하지 않고 집단적으로 고려하여 초기 미생물수와 대비하여 얼마나 사멸하였는가를 말한다.

가열에 의한 미생물의 내열성은 미생물의 포자가 영양세포보다 크다. 다만 곰팡이와 효모의 포자는 영양세포에 비하여 내열성이 크나 세균의 포자에 비하면 내열성이 비교적 약하다. 또한 미생물의 농도가 높을수록 내열성은 크다. 환경적 요인으로 식품의 pH는 중성일 때 내열성이 크며 산성으로 갈수록 내열성이 작아져서 pH 4.5 이상에서는 121°C로 멸균하여야 하더라도 pH가 3.7 이하가 되면 100°C 이하에서도 멸균이 될 수 있다. 또한 탄수화물, 지방 및 단백질의 함량이 높으면 내열성이 높아지며, 염의 경우 4%까지는 내열성이 증가하나 8%를 넘으면 일반적으로 내열성이 감소한다.

미생물의 영양세포를 가열하게 되면 미생물의 사멸속도는 미생물의 농도와 비례하여 영양성분 및 품질요소의 파괴와 유사하게 일차반응을 한다(식 (1)). 한편 미생물 포자의 경우는 가열 초기 짧은 시간에 생존균수가 증가하는 현상을 보이며, 이러한 현상은 가열에 의하여 포자의 발아가 촉진되기 때문이다.

$$\log_{10} \frac{N}{N_0} = -\frac{1}{D} \quad \cdots\cdots\cdots\cdots (1)$$

N : 일정 온도에서 시간 t 만큼 가열한 후 미생물수
t : 가열시간(분)
N_0 : 가열 전 미생물수
D : D값(분)

미생물의 사멸곡선에서 D값은 가열 후 생존한 미생물수를 가열 전 미생물수의 10%로 감소시키는 데 필요한 시간으로 단위는 시간의 단위인 분(또는 초)이다. 특별한 온도에 대하여 지정하지 않는 경우 121.1°C에서의 D값을 나타낸다. 따라서 특정 온도에서 내열성이 크다는 것은 D값이 크다는 것을 의미하게 된다. D값은 가열온도에 영향을 받아 온도가 올라가면 D값이 짧아진다. 이때 D값이 10배로 증가하는 데 필요한 온도 차이를 z값으로 표현하며 D값과 z값의 관계는 식 (2)와 같다.

$$\log_{10}\frac{D_{T_2}}{D_{T_1}} = -\frac{t}{z}(T_2 - T_1) \qquad \cdots\cdots\cdots\cdots (2)$$

T : 가열온도(°C)

식품가공에서 미생물 사멸 정도를 표현할 때 D값의 배수(F)로 표현하는 경우가 있다. F값은 미생물을 목표로 하는 수준까지 사멸시키는 데 걸리는 시간으로 식 (3)과 같다. 앞에서 언급한 상업적 멸균이 1조분의 1로 감소시켜야 한다는 설명도 주어진 가공온도에서 *Clostridium botulinum* 포자의 D값의 12배의 시간 동안 가열하여야 한다는 의미로 해석될 수 있다.

$$F = nD_T = D_T(\log N_0 - \log N) \qquad \cdots\cdots\cdots\cdots (3)$$

F : 특정온도(T)에서 미생물의 영양세포 또는 포자를 목표 수준까지 사멸시키는 데 필요한 가열처리시간(분)
D_T : T에서의 목표 미생물의 D값
T : 기준온도
N_0 : 초기 생존 미생물수
N : 가열후 생존 미생물수

미생물의 사멸을 목적으로 식품을 가열하는 경우 목표로 하는 사멸 정도를 얻기 위해서는 가열되는 식품의 온도가 매우 중요하다. 예를 들어 포자를 형성하지 않는 미생물 살균을 목적으로 가열하는 경우 **표 4-6**에서 보는 바와 같이 일반적인 z값은 5°C 내외로 정해진 온도보다 1°C 낮은 온도로 가열되는 경우 D값은 58.5%가 길어진다. 따라서 식 (3)에 의하여 같은 정도의 살균에 도달하기 위하여 원래의 시간보다 58.5%의 시간을 더 가

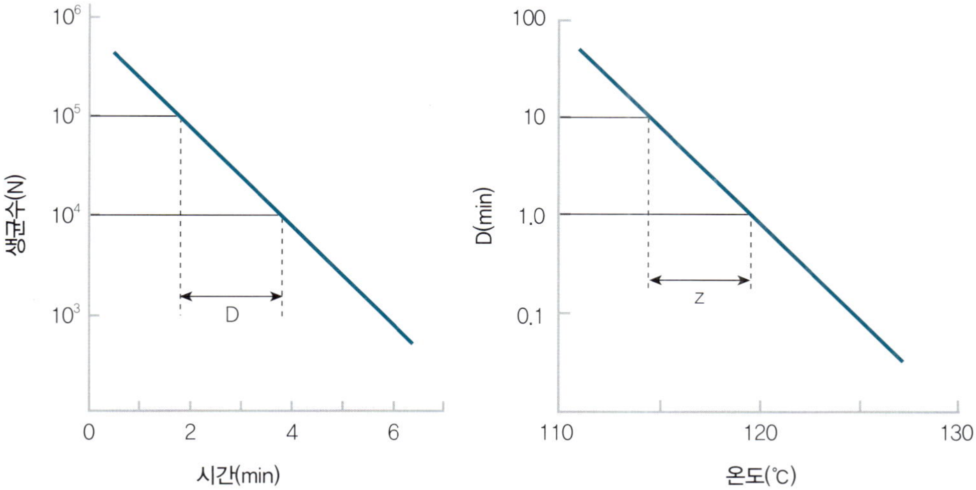

(a) 미생물의 사멸곡선　　(b) D값과 온도와의 관계

그림 4-18 미생물의 사멸과 온도

표 4-6 통조림식품에서의 미생물의 내열성

미생물명	내열성	
	D(분)	z(°C)
저산성 식품(pH 4.5 초과)		
내열성 미생물 포자	$D_{121°C}$	
Bacillus. stearothermophilus	4.0~5.0	7.8~12.2
Clostridium thermosaccharolyticum	3.0~4.0	8.9~12.2
Desulfotomaculum nigrificans	2.0~3.0	8.9~12.2
중온성 미생물 포자		
Clostridium botulinum (types A 및 B)	0.10~0.20	7.8~10.0
Clostridium sporogenes group (P.A. 3679 포함)	0.10~1.5	7.8~10.0
산성식품(pH 4.0~4.5)		
내열성 미생물 포자		
Bacillus coagulans	0.10~0.07	7.8~10.0
중온성 미생물 포자	$D_{100°C}$	
Bacillus polymyxa, *Baicillus macerans*	0.10~0.50	6.7~8.9
Clostridium pastiurianum	0.10~0.50	6.7~8.9
산성식품(pH 4.0 이하)	$D_{65.6°C}$	
Lactobacillus spp., *Leuconostoc* spp., 효모, 곰팡이	0.50~1.00	4.4~5.6

온도계의 보정

1. 표준온도계의 이용

주로 측정하는 온도의 범위를 측정할 수 있는 표준온도계와 실제 활용하는 온도계로 동시에 동일한 온도를 측정한다. 표준온도계와 활용온도계의 차이를 기록하거나 그래프로 만들어 실측 시에 활용한다. 이때 모든 온도계는 반응시간이 다르므로 정확한 온도 측정을 위하여 충분한 시간 동안 온도 측정이 필요하다.

2. 얼음물 이용법

큰 유리그릇에 잘게 깬 얼음을 최소 5cm 이상 넣고 물을 얼음 표면까지 붓고 잘 저어 준다. 여기에 온도계의 온도 감지 부분이 바닥이나 벽에 닿지 않도록 담가 최소 30초 이상 기다린 후 온도가 0를 가리키는지 확인한다. 얼음과 물은 증류수 사용이 바람직하다.

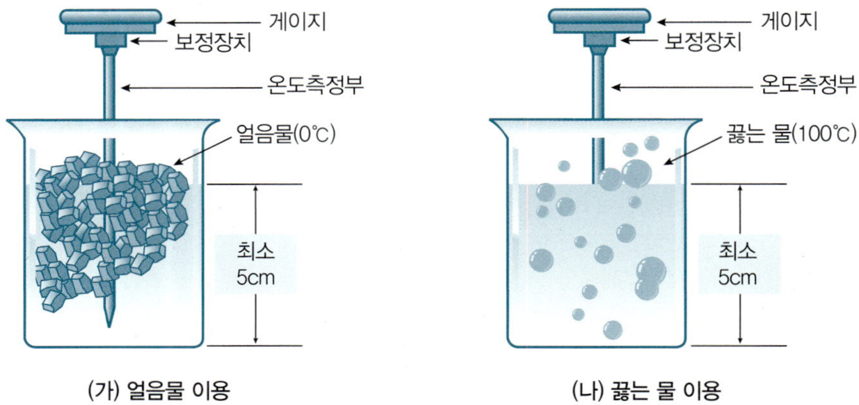

그림 4-19 온도계의 보정

3. 끓는 물 이용법

깊은 냄비를 사용하여 물이 끓고 있을 때 얼음물과 같은 방법으로 온도를 확인한다. 기압에 따라 물이 끓는 온도가 다르므로 압력을 측정하여 압력에 따른 물의 끓는점을 확인하여 끓는 온도를 확인한다. 이 경우 증류수를 사용한다.

직접 0°C 또는 100°C를 보정할 수 없는 온도계는 온도의 차이를 기록한 스티커를 부착하여 읽을 때 감안하여 읽도록 한다. 예를 들어 0°C 물에서 0.6°C를 가리키고 있으면 -0.6°C라고 기록한 스티커를 부착하여 식품온도가 5.3°C를 가리키면 0.6을 뺀 4.7°C로 읽는다.

열하여야 같은 정도의 살균목표를 달성할 수 있다. 즉 식품의 살균을 위하여 63°C에서 30분간 가열이 목표였는데 온도계의 오차로 실제 62°C로 가열된 경우 48분을 가열하여야 목표된 살균치에 도달한다. 실제 1°C의 오차이나 시간은 18분을 추가로 가열하여야 한다. 따라서 미생물의 사멸을 목표로 가열하는 경우는 식품의 온도를 정확히 측정하여야 하며, 정기적으로 온도계의 보정이 필요하다.

한편, 식품을 가열하게 되면 미생물의 사멸뿐만 아니라, 비타민의 파괴, 단백질의 열변성, 전분의 호화 등 식품성분이 변하게 되며, 그 결과 식품의 식감과 색의 변화가 있다 **표 4-7**.

표 4-7 가열에 의한 식품성분과 식품의 열변성계수

성분	식품	pH	온도 범위(°C)	z(°C)	$D_{121.1^\circ C}$(분)
비타민 B_1 (Thiamine)	완두콩(전체)	Nat.	104.4~132.2	26.1	164
	당근 퓨레	5.9	108.9~148.9	25.0	158
	강낭콩 퓨레	5.8	108.9~148.9	25.0	145
	시금치 퓨레	6.5	108.9~148.9	25.0	134
	돼지고기 퓨레	6.2	108.9~148.9	25.0	157
	인산 버퍼	6	121.1~137.8	25.0	156.8
	완두콩 퓨레	Nat.	121.1~137.8	26.7	246.9
	쇠고기 퓨레	Nat.	121.1~137.8	26.7	254.2
색(-a/b)	완두콩	Nat.	79.4~148.9	39.4	25
	아스파라거스	Nat.	79.4~148.9	41.7	17
	강낭콩	Nat.	79.4~148.9	38.9	21
관능적 품질	완두콩	Nat.	79.4~148.9	28.3	2.3
	강낭콩	Nat.	79.4~148.9	28.9	4.0
갈변	염소젖	6.5~6.6	93.3~121.1	25.0	0.91~1.08
조직감 및 조리 품질	완두콩	Nat.	76.7~93.3	32.2	1.4
	브로콜리	Nat.	100~121.1	44.4	4.4
	호박	Nat.	83.3~115.6	25.6	1.5
	당근	Nat.	80~115.6	16.7	1.4
	강낭콩	Nat.	83.3~115.6	15.6	1.0
	감자	Nat.	71.7~115.6	23.3	1.2

표에서 보는 바와 같이 동일한 성분이라도 pH와 식품의 종류의 차이에 따라 내열성이 다르다.

식품의 성분과 품질의 z값은 미생물 포자의 z값보다 크므로 미생물 사멸이 온도에 큰 영향을 미친다. 즉 높은 온도에서 가열하면 미생물의 사멸효과의 변화가 식품의 성분과 품질저하 효과의 변화보다 더 크게 나타난다.

(2) 멸균

① 용기의 종류

멸균포장용 용기는 유리병, 금속제 통조림관 및 유연포장재 등이 있다. 유리는 내용물을 확인할 수 있으며 식품과 반응하지 않으나 물리적 충격에 약하고 무거운 단점이 있어 멸균공정과 유통 시 취급에 주의하여야 한다.

금속제 통조림관으로는 주석을 도금한 양철판이 많이 사용되고 있으나 알루미늄, 무주석 강판tin free steel plate 등의 사용도 늘고 있다. 무주석 강판을 사용하는 경우 주석 대신 크롬이나 알루미늄 도금강판을 사용하기도 한다. 이러한 금속판은 식품과의 반응을 억제하기 위하여 식품에 따라 적절한 유성도료 또는 에나멜 수지로 도장한다.

일반적인 통조림통은 캔 몸통에 위, 아래 부분을 결합하여 3개의 부품구성이 되어 있는 스리피스캔three piece can이 많이 사용되나, 음료 캔을 중심으로 밑바닥과 일체구조가 되어 있는 캔 몸통에 위 덮개를 2중으로 감아 결합하여 2개의 부품구성으로 되어 있는 투피스 캔two piece can의 사용도 증가하고 있다. 이들 금속제 통조림통은 큰 것일수록 주름이 잡힌 것이 많은데 이는 통조림통의 강도를 부여하기 위한 것으로 멸균공정 또는 유통 중의 충격에 견디기 위한 것이다. 또한 소비자의 편이식품 요구 증가로 다른 그릇으로 옮기지 않고 통조림통에서 식품을 그대로 전자레인지 등으로 가열할 수 있도록 플라스틱제 통조림도 출시되고 있다.

레토르트파우치retort pouch는 단단한 유리, 금속 또는 플라스틱이 아니라 여러 종류의 플라스틱 필름을 겹쳐서 만든 유연용기이다. 레토르트 파우치에 식품을 넣고 멸균한 식품을 일반적으로 레토르트 식품이라 한다. 레토르트 파우치는 알루미늄이 사용된 불투명한 것(예, PET/Al foil/PE, PET/Al foil/PP, PET/Al foil/Nylon/PP)을 비롯하여 투명한 것(예,

PET/PVDC/PE, PET/PE, PET/PP) 등이 있다. 레토르트 식품은 통·병조림과 같이 장기간 저장이 가능하고, 단단한 용기에 비하여 식품의 두께를 얇게 하여 열전달 거리를 짧게 할 수 있어 가공시간을 단축시켜 품질저하를 감소시킬 수 있다. 저장에 적은 공간이 사용되며, 가볍고, 유연하여 개봉이 편리하며 사용 후 용기 처분이 간단한 장점이 있다. 다만 레토르트 파우치는 취급 중 날카로운 것을 주의하여야 한다.

② 충진 및 탈기

통조림 식품을 제조하기 위하여 식품을 용기에 담는다. 이때 단단한 재질의 포장의 경우 멸균공정 중 식품의 부피팽창에 대해 용기에 안전성을 부여하고 식품의 균일한 가열을 위하여 용기의 윗부분에 일정부분의 공간을 남겨 둔다. 이 공간은 헤드 스페이스head space라고 한다.

충진 시에는 용기의 봉합부분에 식품이 오염되지 않게 하여 봉합에 영향을 주지 않도록 해야 한다.

탈기는 용기 내에 있는 공기를 제거하여 가공 중 식품의 가열이 균일하게 일어날 수 있도록 하고, 용기의 내압을 낮추어 가공 중 용기의 파손을 방지하며, 산소농도를 낮추어 식품의 화학적 변화를 억제하여 용기의 부식을 방지하고, 호기성 미생물의 성장을 억제한다. 따라서 헤드 스페이스의 공기를 제거하는 탈기를 한다. 탈기의 방법으로는 뜨거운 식품을 용기에 담고 즉시 용기를 밀봉하거나, 용기에 담은 후 다시 식품을 가열하는 방법 또는 식품을 담은 용기 위에 수증기를 분사한 상태에서 밀봉을 하는 방법이 있다. 기계적으로는 진공상태에 뚜껑을 닫지 않은 상태로 용기를 노출시킨 후 진공 내에서 용기를 밀봉하는 방법도 있다.

③ 밀봉

유리용기의 경우는 별도 재질의 뚜껑을 사용하며, 뚜껑과 용기의 모양에 따라 왕관병, 엔커병, 트위스트오프병, 유니어병, 패닉스병 등 여러 가지 종류가 있다. 레토르트 파우치의 경우 가열접착을 주로 사용하며, 플라스틱 용기의 경우는 용기의 종류에 따라 가열접착 또는 접착제를 이용한 접착을 하기도 하고, 금속 용기와 같이 이중으로 밀봉하기도 한다.

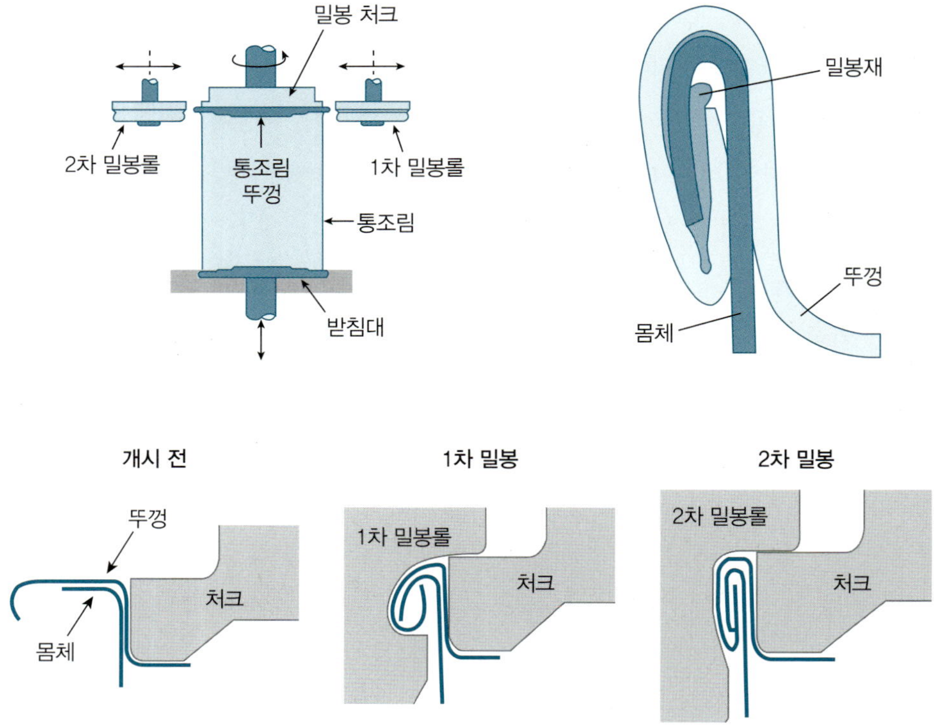

그림 4-20 통조림의 이중 밀봉

금속 용기의 경우는 뚜껑에 따라 캔을 쉽게 딸 수 있는 알루미늄 재료의 EOEeasy open end 방식, SOTstay on tab 방식, PPCpush plus can 등의 방식이 있다. 이들 뚜껑은 2단계를 거쳐 이중 밀봉double seaming한다.

④ 가열 및 냉각

식품의 열전달 형태 통조림 내의 열전달은 식품의 유동성에 따라 전도와 대류에 의하여 이루어진다 **그림 4-21**. 가열에 의한 식품의 온도변화는 용기의 종류와 크기, 내용물의 온도와 레토르트의 종류에 관계되며, 대류에 의하여 가열되는 액상식품은 가열 중 통조림의 회전방향과 속도에 영향을 받기도 한다.

통조림의 가열 중 온도변화는 냉점cold point에서 측정하며, 냉점의 위치는 열전달 형식에 따라 전도는 식품의 중앙이지만 헤드 스페이스 때문에 통조림의 중앙보다 약간 아래쪽에 위치하며, 대류에 의한 열전달의 경우는 용기의 중앙선에서 식품의 밀도와 점도에 따

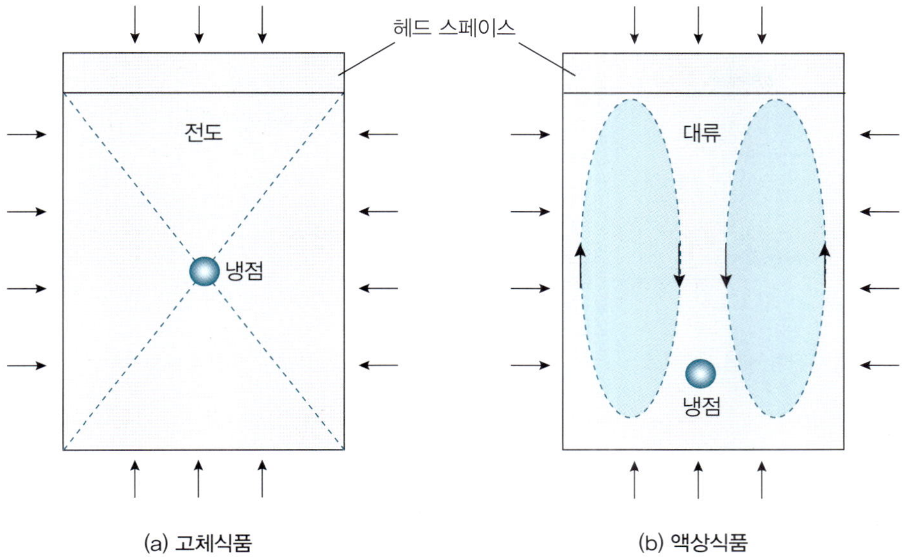

그림 4-21 통조림식품의 열전달 형태와 냉점

라 위치가 변화한다.

가압멸균기 가압멸균기는 레토르트retort라고도 불리며, 통조림의 멸균을 위한 가열 방법은 수증기, 수증기와 공기의 혼합, 고압고온의 물에 침지 또는 고압고온의 물의 분무가 있다. 일반적인 금속제 통조림은 수증기로 가열하는 경우가 많이 있으나, 병조림과 레토르트 식품의 경우는 급격한 압력변화에 취약하므로 뜨거운 물에 침지 또는 분무를 하여 가열한다.

가열 및 냉각 가장 전통적인 수증기에 의한 가열은 레토르트의 배기구를 개방한 상태에서 증기를 유입시킨다. 충분한 시간이 지나고, 레토르트의 온도가 100°C 이상으로 올라가 배기구에서 수증기만이 나오면 레토르트 내의 공기가 제거된 것으로 이때 배기구를 닫아 레토르트를 원하는 온도(예, 121°C)로 올리고 온도를 조절하면서 정해진 시간만큼 가열한다. 이러한 배기과정은 레토르트 내의 공기를 제거하여 균일한 가열이 일어날 수 있도록 하기 위하여 실시한다.

가열이 끝나면 냉각을 한다. 냉각하는 방법으로는 수증기의 공급을 차단하고 그대로 방냉하는 방법과 냉각수를 유입시키는 방법이 있다. 수증기를 차단하고 방냉하면 제품의

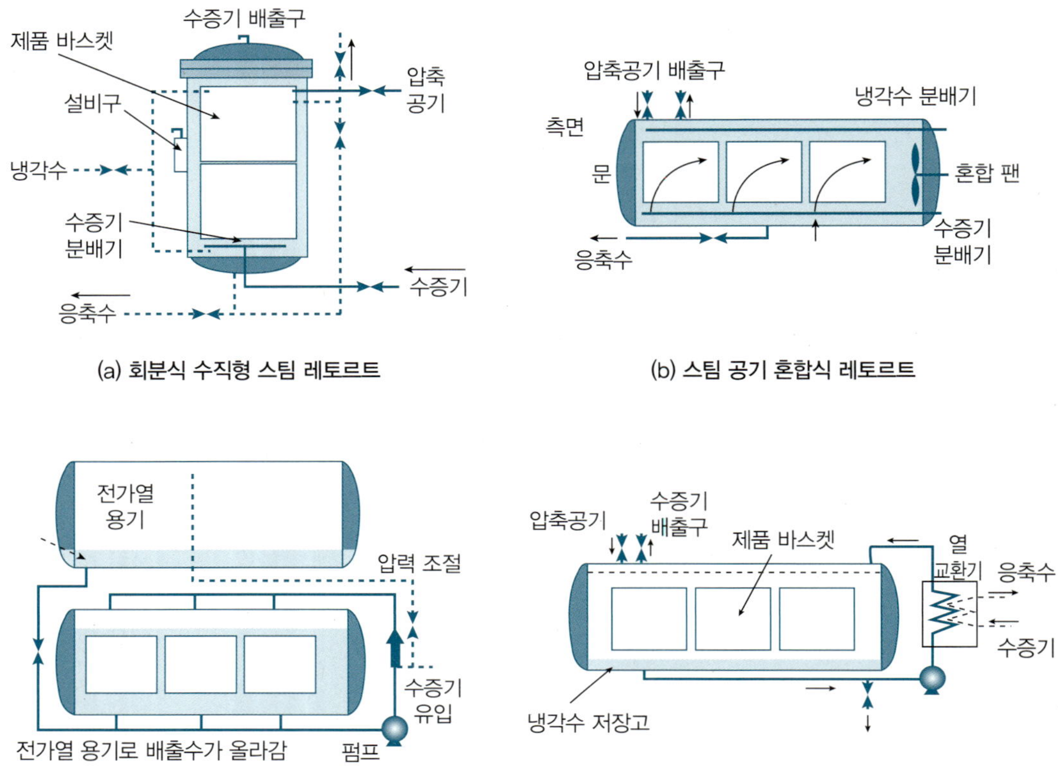

(a) 회분식 수직형 스팀 레토르트

(b) 스팀 공기 혼합식 레토르트

(c) 열수 침지식 레토르트

(d) 열수 샤워식 레토르트

그림 4-22 가열방법에 따른 레토르트의 종류

온도가 너무 서서히 냉각되어 레토르트의 효율성과 식품의 과열에 의한 품질저하의 문제 발생 가능성이 있다. 가열이 종료되어도 식품의 온도는 계속 증가하므로 냉각은 가능한 한 빠르게 실시하여 잔열로 인한 식품의 변질을 막는 것이 바람직하다. 냉각을 위하여 수증기 공급 종료 후 즉시 냉각수를 유입시키는 경우 수증기가 냉각수와 만나 응축되면 레토르트 내부에 진공이 발생하여 용기가 파손될 가능성이 크므로 우선 압축공기를 넣어 압력을 높인 후 냉각수를 유입시켜 식품을 냉각시킨다. 이때 사용하는 냉각수는 핀홀 등을 통하여 식품과 접촉될 수 있으므로 소독된 냉각수를 사용하는 것이 바람직하다. 냉각수를 이용하여 냉각하는 경우라도 38°C까지 냉각하여 용기 표면에 남은 냉각수를 증발시키는 것이 바람직하다. 멸균한 용기에 물이 묻어 있으면 용기에 녹 발생 가능성

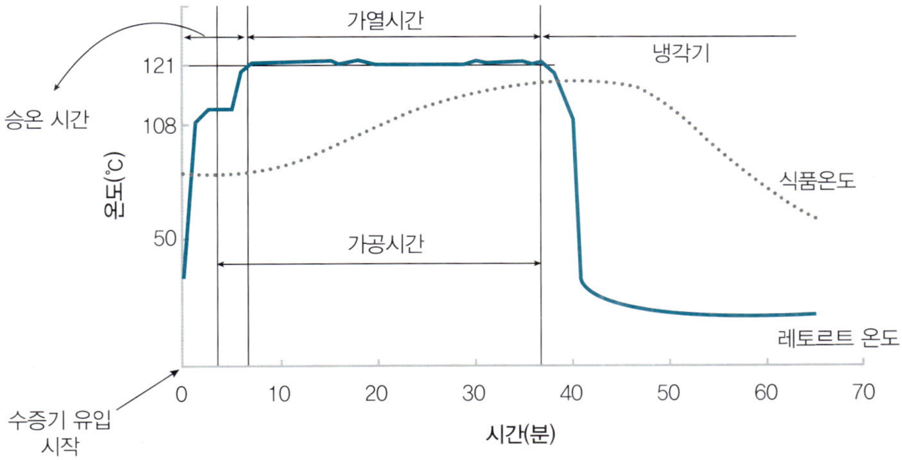

그림 4-23 증기 레토르트의 가열 냉각 곡선과 식품의 온도변화

이 높으므로 충분히 냉각된 용기는 건조시켜야 한다.

가열매체로 뜨거운 물을 사용하는 경우는 레토르트에 압축공기로 내부 압력을 높여 원하는 가열온도에서도 물이 끓지 않는 상태로 가열과 냉각을 하여야 한다. 즉 121℃로 가열하는 경우 2.02기압 이상으로 레토르트의 압력을 유지시켜야 한다. 또한 앞에서 언급한 바와 같이 흐르는 유체의 열전달이 정지된 유체의 열전달보다 우수하므로 뜨거운 물로 가열하는 경우라도 레토르트 내에서 물이 흐를 수 있도록 하여야 한다.

표 4-8 물의 증기압

온도(°C)	수증기압		온도(°C)	수증기압	
	kPa	기압(atm)		kPa	기압(atm)
90	70.117	0.69	121	204.85	2.02
95	84.529	0.83	125	232.01	2.29
100	101.32	1.00	130	270.02	2.67
105	120.79	1.19	135	312.93	3.09
110	143.24	1.41	40	361.19	3.56
115	169.02	1.67	145	415.29	4.10
120	198.48	1.96	150	475.72	4.70

⑤ 통조림의 표시

통조림제품의 제조 연월일을 표시할 때 과거에는 각인으로 연도의 끝 숫자와 월 단위 중 10월, 11월, 12월의 표시는 각각 O, N, D로, 일 단위 중 1일부터 9일까지의 표시는 바로 앞에 0을 넣어 표시하였다. 또 원료, 조리방법, 내용물의 크기, 제조공장 등을 약어로서 표시하였다. 그러나 최근 인쇄기술의 발달로 용기에 직접 제조연월일을 인쇄하여 위의 방법보다는 소비자가 알아보기 쉽게 표시하고 있다.

또한 「식품 등의 표시·광고에 관한 법률」에서 통조림에는 소비기한 또는 품질유지기한을 표시하도록 하고 있다. 품질유지기간은 '00년 00월 00일', '00. 00. 00', '0000년 00월 00일' 또는 '0000. 00. 00'로 표시하여야 한다. 제조일을 사용하여 품질유지기한을 표시하는 경우에는 '제조일로부터 ○○일', '제조일로부터 ○○월' 또는 '제조일로부터 ○○년'으로 표시할 수 있다. 품질유지기한을 주표시면 또는 일괄표시면에 표기하기가 곤란한 경우에는 해당 위치에 소비기한의 표시 위치를 명시하여야 한다. 수입되는 식품 등에 표시된 수출국의 소비기간의 '연월일'의 표시순서가 국내와 다를 경우에는 소비자가 알아보기 쉽도록 '연월일"의 표시 순서를 예시하여야 하며, '연월'만 표시되었을 경우에는 '연월일' 중 '일'은 제품에 표시된 해당 '월'의 1일로 표시하여야 한다.

통조림식품의 내용물은 고형량 및 내용량으로 구분하여 표시하여야 한다. 다만, 섭취 전에 액체를 버릴 수 없는 식품으로 고형분과 액체를 함께 섭취할 수밖에 없는 식품은 내용량만을 표시할 수 있다.

개봉 시 상해 우려가 있는 '원터치 캔' 통조림 제품에 대하여는 "통조림 절단 부분이 날카우므로 개봉, 보관 및 폐기 시 주의하십시오." 등의 표시를 하여야 한다.

⑥ 통조림의 검사

통조림의 검사에는 외관검사, 개관검사, 세균검사를 비롯한 화학적, 물리적 검사 등이 있다.

외관검사 통조림의 외관은 통조림의 상태를 대변할 수 있으므로 가장 간단히 수행될 수 있으나 정확한 판단을 위하여는 훈련이 필요하다. 외관을 확인할 때에는 이중 밀봉의 상태, 스리피스 캔의 경우 옆면의 용접상태, 녹슬거나 찌그러졌는지 여부, 부풀었는지 여부, 뚜껑과 바닥의 결함, 내용물이 흐른 흔적 등을 검사하여야 한다. 그림 4-24는 여

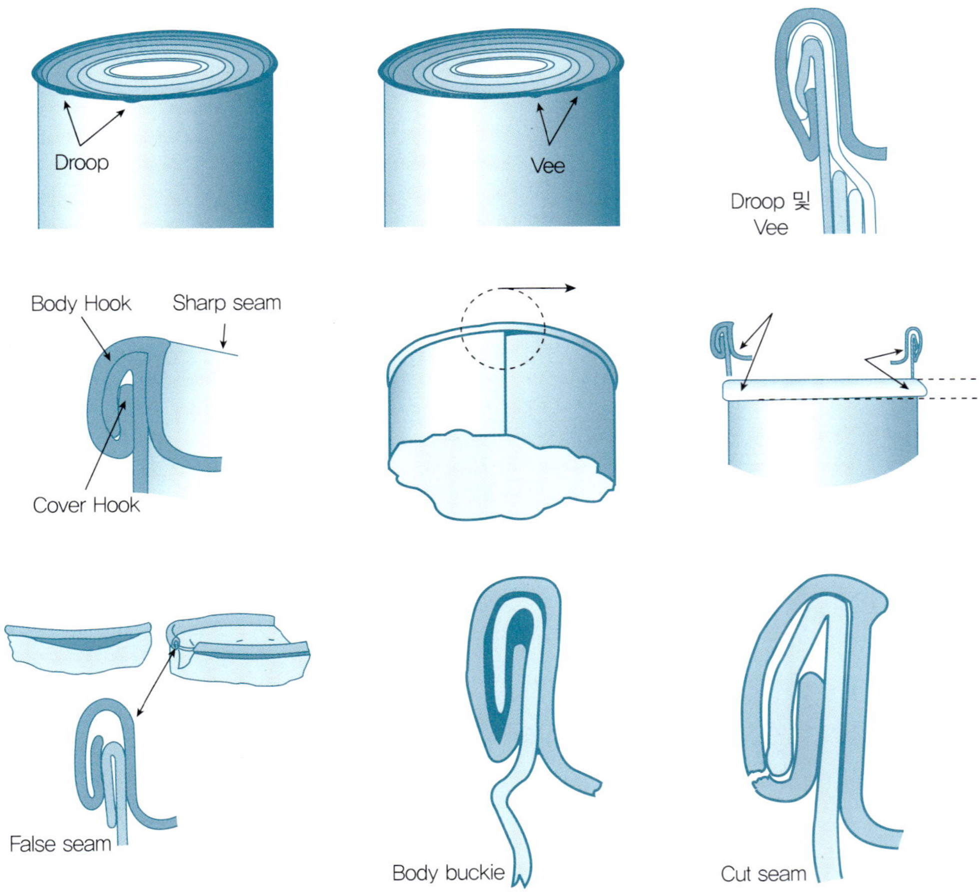

그림 4-24 증기 레토르트의 가열 냉각 곡선과 식품의 온도 변화

러 가지 밀봉의 결함을 나타내는 것으로 일반적으로 통조림 가공 공장에서 밀봉기를 잘못 조작하여 나타나는 현상들이다. 이러한 결함은 주의 깊게 관찰한다면 소비자도 알아볼 수 있는 경우가 많이 있으므로 통조림의 구매·검수에 활용할 수 있을 것이다.

이외에도 외관검사는 타검봉으로 두들겨서 맑은 소리가 나는 것을 이상이 없는 것으로 간주하며, 둔탁한 소리가 나는 것은 탈기 불충분, 충진 과다, 미생물 생육, 외기의 유입 등에 의한 진공도 변화 등으로 간주된다.

개관검사 개관검사는 통조림의 검사법에 따라 우선 진공도를 검사한 후 이중 밀봉의 상태 헤드 스페이스의 높이, 내용량 등을 확인한다. 내용물은 관능검사를 실시한다.

표 4-9 통조림의 외관의 결함

결함 발생 가능 단계		위치	결함의 종류
공관 제조사		통조림의 몸체 또는 뚜껑	잘라짐, 구멍, 갈라진 틈
		몸체	옆면 밀봉의 결함
		원터치 캔의 개봉부	개봉부의 갈라진 틈, 과도한 자국
통조림 가공 공장	밀봉기	통조림의 끝부분	깊은 각인, 밀봉보조재의 누출
		이중 밀봉	• 1단계 밀봉 : 미끄러진 자국, 불연속적인 밀봉 등 • 2단계 밀봉 : 잘라짐, 밀봉부의 처짐, 밀봉부의 변형, 주름 등
		몸체	구멍, 잘라짐 또는 구겨짐
	충진		볼록해짐, flipper, springer
	냉각		볼록해짐, 납작해짐
	이송		줄에 의한 흠집, 밀봉부와 가까운 곳이 찌그러짐, 마멸
저장			외부 녹, 물리적 손상
이송 및 판매			잘라짐, 찌그러짐

세균검사 통조림의 세균검사를 위하여 가온보존시험을 한다. 가온보존시험은 통조림을 인큐베이터에서 35±1°C에서 10일간 보존한 후, 상온에서 1일간 추가로 방치하면서 관찰하여 용기 포장이 팽창 또는 새는 것을 세균발육 양성으로 한다.

가온보존시험에서 세균발육 양성인 것은 개봉부를 알코올로 소독하여 개봉한 후 인산완충희석액으로 희석하여 티오글리콜린산염 배지에 접종하여 35°C에서 48±3시간 배양하고 세균의 증식이 확인된 것은 양성으로 한다.

통조림의 변패 통조림식품에서 일어나는 변패로는 외관으로 본 변패, 내용물의 성상으로 본 변패를 비롯하여 용기의 부식 등이 있을 수 있다.

외관으로 확인이 가능한 변패로는 flipper, springer, swell, buckled can, leaker 등이 있다. Flipper는 거의 정상관과 같으나 한쪽면이 약간 부풀어 있다.

Springer는 한쪽면 이 튀어나온 상태로 미생물, 충진 과다, 수소 발생 등의 원인으로 일어난다. Swell은 양쪽이 모두 팽창된 관을 말하며 미생물로 인한 기체 발생에 기인한다. Buckled can은 살균공정 중 냉각 시 레토르트의 압력이 관의 내압보다 작아져서 나타나는 현상이다. Leaker는 미세한 구멍이나 이중 밀봉이 부적절하게 되어 샌 흔적이 있는 것을 말한다.

내용물의 성상에서 나타나는 변패로는 flat sour, 흑변, 주석의 이상용출 등이 있다. flat sour는 멸균처리가 부족하고 용기 중 산소가 존재하여 *Bacillus stearothermophilus* 등 내열성 포자가 멸균 후 발육하여 식품에 유기산을 생산하여 발생한다. 이 변패는 외관으로는 구분이 불가능하여 개관 후 pH를 측정하거나 세균검사를 통하여 알 수 있다. 흑변은 내용물 중의 단백질의 -SH기가 환원하여 황화수소가 발생하며 용기에서 용출된 금속 또는 내용물의 금속성분과 결합하여 황화금속이 생성되어 검은색 침전이 생성된다. 주석의 이상 용출은 주석판 통조림에서 일어나고 식품 중 질산이온에 의하여 일어나기도 하며, 통조림을 개관하면 식품의 산성과 산소에 의하여 촉진된다.

(3) 저온살균

살균은 일반적으로 파스퇴리제이션pasteurization이라고 하며, 용어의 정의에서 본 바와 같이 미생물의 포자는 사멸의 대상이 아니므로 멸균에 비하여 가열조건이 가볍다. 또한 살균공정의 목표미생물은 통조림의 목표미생물과는 달리 많은 경우 포자를 형성하지 않는 병원성 또는 부패미생물을 목표로 한다 **표 4-10**.

살균은 가열온도 62~65°C에서 30분 이상하는 저온장시간살균법low temperature long time, LTLT, 72~75°C에서 15초 이내로 하는 고온단시간살균법high temperature short time, HTST과 130~150°C에서 0.5~5초로 하는 초고온가열처리법ultra high temperature, UHT이 있다. 이는 주로 유제품에 적용하는 기준이며 액란과 같은 다른 제품은 다른 온도와 시간 조합을 사용한다.

살균의 경우도 멸균과 같이 미생물의 D와 z값을 이용하여 생존한 미생물의 수를 계산할 수 있으며, 식품의 안전을 확보할 수 있는 살균값을 정하고 이를 달성하기 위하여 식품의 특성과 목표 미생물에 따라 온도와 시간 조건을 조절할 수 있다.

살균의 대상이 되는 식품은 일반적으로 pH가 낮아 포자가 있어도 발아가 어려운 식품이나 냉장유통을 할 식품으로 과일주스, 맥주, 우유를 비롯한 유제품 및 난제품 등이 있다. 과일주스의 경우 효소의 불활성화가 가장 큰 목적이며, 맥주의 경우는 잔존하는 맥

표 4-10 살균식품의 미생물 내열성

미생물명	내열성	
	D(분)	z(°C)
병원성 독소생성 미생물	$D_{65.6°C}$	
Mycobacterium tuberculosis	0.20~0.20	4.4~5.6
Brucella spp.	0.10~0.20	4.4~5.6
Coxiella burnetti	0.50~0.60	4.4~5.6
Salmonella spp. (senftenberg 제외)	0.02~0.25	4.4~5.6
Salmonella senftenberg	0.80~1.00	4.4~6.7
Staphylococcus aureus	0.2~2.00	4.4~6.7
Streptococcus pyogenes	0.2-2.00	4.4~6.7
	$D_{82.2°C}$	
Clostridium botulinum Type E (포자)	0.10~3.00	5.0~8.9
부패균	$D_{65.6°C}$	
포자를 생성하지 않는 세균, 효모, 곰팡이	0.50~3.00	4.4~6.7

주효모와 기타 오염된 미생물의 사멸을 목적으로 한다. 유제품의 경우 *Brucella abortis*, *Mycobacterium tuberculosis*, *Coxiella burnettii* 등 병원균이 주요 사멸대상이며 이외에도 부패미생물의 사멸과 효소의 불활성화를 목표로 한다. 미국에서는 살균유에 대하여 *Coxiella burnetti* 기준으로 $12D_{60°C}$ 만큼 감소를 요구하였다. 난제품의 경우는 *Salmonella* 속 미생물이 주요 관심 대상이다.

저온장시간살균법은 가열할 수 있는 탱크에서 회분식으로 수행하며, 고온단시간살균법 및 초고온가열처리법은 열교환기와 파이프를 이용하여 연속식으로 수행한다. **그림 4-25**는 우유와 같은 저점도 액상식품의 살균공정도이다. 원료탱크(1)로부터 식품이 펌프(2)되어 유량조절계(3)을 통하여 첫 번째 열교환기에 들어가 예열된다. 이때 가열매체는 열효율을 높이기 위하여 이미 가열살균이 완료되어 식혀야 하는 제품이다. 두 번째 열교환기(6)에서 스팀 또는 열수로 가열하여 원하는 살균온도로 원료의 온도를 높이고 보온된 홀딩튜브(7)를 필요한 시간 동안 통과하면서 살균이 완료된다. 이때 온도계는 홀딩튜브의 끝부분에 두어 살균에 충분한 온도를 유지하였는지를 확인한다. 살균이 완료된 제품은 다시 첫 번째 열교환기(4)로 보내져 새로 살균될 원료를 예열하는 데 사용하여 온도를 낮추고 두 차례 열교환기를 거쳐 냉각시킨다. 홀딩튜브의 끝과 제품이 나오는 부분의 밸브(8, 11)는 살균이 불충분한 경우 다시 공정을 거치게 하기 위하여 사용한다.

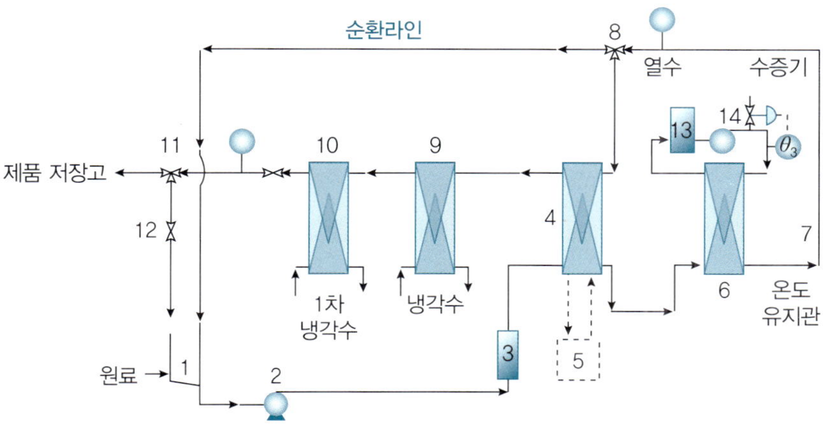

그림 4-25 판상식 열교환기를 이용한 가열살균

2. 비열처리

비열처리 효과nonthermal effect란 온도로부터의 효과가 아닌 다른 요소의 효과를 지칭하나 본절에서는 삼투압 등의 화합물을 이용한 방법과 과거부터 사용된 가열, 냉장·냉동 등의 방법이 아닌 새로운 가공법에 대하여 설명하고자 한다.

1) 삼투압과 화합물을 이용한 저장

(1) 삼투압을 이용한 저장

삼투작용이란 용매는 통과시키나 용질은 통과시키지 않는 반투막을 사이에 두고 그 양쪽에 용액과 순수한 용매를 따로 넣으면 용매가 용액 속으로 확산하여 이동하게 되는 현상을 말한다. 이때 반투막 양쪽 사이에 압력 차이가 발생하는데 이를 삼투압이라고 한다.

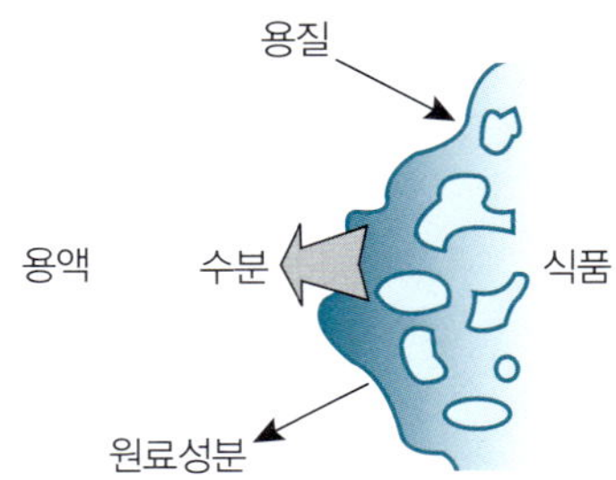

그림 4-26 삼투압공정에서의 수분과 식품성분의 이동

당장과 염장 등의 방법은 삼투작용에 의해 식품 내 존재할 수 있는 미생물의 원형질 분리를 유발시킬 뿐만 아니라 수분활성도를 낮추어 저장성이 증가한다. 또한 삼투작용을 이용하여 식품의 탈수를 할 수 있다.

① 당장

당장은 당류의 삼투작용에 의한 미생물의 원형질 분리와 식품의 수분활성도를 낮추어 저장기간을 연장시키는 방법이다. 당장을 하면 당용액의 삼투압에 의해 식품 내의 수분이 용출된다. 삼투압은 용액의 몰농도에 비례하므로 분자량이 작을수록 같은 무게의 용질에 대한 농도는 크게 되어 삼투압도 크다. 과당과 포도당 등의 단당류의 분자량은 180이고, 설탕, 맥아당 등의 이당류의 분자량은 342로서 같은 무게의 당을 사용한 경우 단당류의 삼투압이 크기 때문에 더 효과적이다. 일반적으로 당의 농도 5% 이상에서 미생물 성장이 억제될 수 있는 것으로 알려져 있다.

당장을 이용한 대표식품으로는 잼, 젤리, 마멀레이드, 당침인삼, 가당연유 등이 있다.

② 염장

염장은 소금의 당장에서와 같은 삼투작용과 소금의 보존제 역할을 이용하여 보존하는 것이다. 염의 미생물에 대한 효과는 삼투작용과 수분활성도 감소 이외에도 효소의 불활성화, 식품 내 용존산소의 감소, 미생물에 대한 CO_2 민감도 증가 및 Cl^- 이온의 미생물 자체에 대한 영향 등이다. 소금은 2% 내외부터 미생물 생육에 저해가 시작되어 10%가 넘으면 대부분의 미생물의 생육이 저해된다. 염장법에는 소금물에 식품을 담그는 염수법, 소금을 직접 뿌리는 건염법을 비롯하여 개량염수법, 개량건염법, 염수주사법과 압착염장법 등이 있다.

염수법은 건염법에 비하여 소금이 많이 필요하지만, 소금의 침투가 일정하여 품질이 고르고, 염장 중 공기와 식품의 접촉이 차단되므로 유지 산화가 일어나지 않는다. 또한 과도한 탈수가 일어나지 않으므로 외관, 풍미, 수율이 좋고 짠맛 조절이 가능하다. 김치절임, 젓갈 등의 수산식품과 간장, 된장 등에 이용되고 있다.

건염법은 마른간법이라고도 하며, 식품 표면의 수분이나 내부에서 침출한 수분에 소금이 녹아 포화식염수를 만들어 덮는 상태가 된다. 장점으로는 식품 내외에 삼투압의 차가 커 소금의 침투와 탈수가 빨리 진행되며, 적은 양의 식염으로도 효과적인 탈수가 일어난다. 그러나 소금의 고른 침투가 어려워 품질이 고르지 못하고, 식품 표면이 공기와 접촉하여 산패의 가능성이 있다. 햄 등의 축산식품, 굴비와 같은 수산식품, 김치절임 및 된장 등에 이용되고 있다.

(2) 산장

산장은 염장, 당장과 달리 초산, 젖산, 구연산 등을 이용하여 식품의 pH를 낮추어서 미생물의 성장을 억제하는 방법이다. 산장은 주로 산의 살균작용에 의한 원리 이외에도 해리되지 않은 분자나 산화합물의 음이온이 관계하는 것으로 알려져 있다. 즉 pH가 낮을수록 저장효과는 크며, 이는 수소이온에 의한 단백질의 응고의 영향으로 보고 있다. pH가 낮을수록 가열에 의한 미생물의 사멸효과는 커진다. 산의 종류에 따른 세균에 대한 살균력은 초산 > 구연산 > 젖산의 순이며, 산의 양을 근거로 할 때에는 젖산 > 초산 > 구연산의 순이다. 초산은 곰팡이보다 효모와 세균에 더 효과적인 것으로 알려져 있으며, 세균 중 초산, 젖산 및 부틸산 발효균만이 초산에 내성이 있는 것으로 알려져 있다.

(3) 훈연 및 훈증

훈연은 육류나 어패류를 저장할 때 목재의 불완전 연소로 생긴 연기를 식품에 접촉시켜 연기 속의 여러 가지 성분을 이용하여 저장하는 방법을 말한다. 목재의 연기 중에는 200종 이상의 화합물이 존재하는 것으로 알려져 있으며, 이 중 포름알데히드, 아세트알데히드 등 알데히드류와 알코올, 개미산과 초산 등이 미생물 사멸과 관계있다. 이외에도 cresol, guaiacol 등과 같은 폴리페놀류는 항산화작용을 한다. 훈연방법으로는 20~30°C의 낮은 온도에서 3~4주간 훈연하는 냉훈법을 비롯하여 훈연온도에 따라 온훈법과 열훈법 등이 있으며, 연기 대신 목초액을 사용하는 액훈법, 훈연액법 등이 있다. 전훈법은 식품에 전압을 가하여 연기 중의 유효성분의 흡착을 촉진시키는 방법이다. 훈연에 의한 저장식품으로는 연어, 청어, 꽁치, 건조소시지, 햄, 베이컨 등이 있다.

훈증fumigation은 곡물이나 과일류를 해충이나 병원균으로부터 보호하기 위하여 휘발성이 있는 훈증제를 사용하여 저장하는 방법이다. 훈증제로는 에틸렌옥사이드, 클로로피크린, 메틸브로마이드 등이 있으나 식품에는 사용하지 못한다. 훈증제의 종류나 사용량에 따라 인체에 유해할 수 있으므로 적절한 관리가 필요하다.

(4) 식품첨가물

식품의 보존성을 높이기 위한 대표적인 식품첨가물에는 보존료preservatives와 항산화제antioxidants가 있다.

① 보존료

식품첨가물로서 미생물의 성장을 억제하거나 사멸시켜 식품의 부패를 억제하는 것을 보존료라 한다. 보존료의 효과는 주요 대상 미생물, 식품의 성질, 저장조건 등에 영향을 받는다. 특히 미생물 중에도 미생물의 내성, 초기균수, 성장단계, 다른 미생물 생육 저해 요인에의 노출 여부 등에 영향을 받는다. 영향을 미치는 중요한 식품의 성질로는 pH, 산화환원 전위 및 수분활성도가 있다.

대부분의 보존료는 약산의 형태인 산형 보존료로서 식품의 pH에 의하여 활성에 영향을 미친다. 산형 보존료는 해리되지 않은 형태가 효과적이다. 즉 pH가 상승하면 해리된 보존료가 증가하게 되어 보존료의 효과가 감소하게 된다. 또한 모든 보존료는 「식품위생법」에서 엄격하게 사용 관리를 받고 있어 적절한 보존료의 선택은 관련 법령도 고려하여야 한다.

안식향산benzoic acid과 그 염은 사과, 계피, 프룬, 딸기 등의 식품에 자연적으로도 존재한다. 안식향산의 pKa는 4.19로서 효과적인 식품의 pH는 2.5~4.0인 산성이다. 소르빈산sorbic acid, 2,4-hexadienoic acid은 난용성으로 염 형태가 더 잘 녹기 때문에 칼륨염의 형태로 사용이 많다. 소르빈산은 일부 미생물에 의하여 분해되어 이취를 내기도 한다. 소르빈산의 pKa는 4.75로서 안식향산과 같이 pH가 낮은 식품에 더 효과적이기는 하나, pH 6.5까지도 효과가 있는 것으로 알려져 있다. 프로피온산propionic acid은 pKa 4.87로서 스위스 치즈에 자연적으로 발생하며, 곰팡이에 가장 효과적이다.

파라벤paraben은 파라옥시안식향산*p*-hydroxybenzoic acid에 메틸, 에틸, 프로필, 부틸의 알킬기와 에스테르ester 결합을 하고 있다. 알킬그룹의 탄소수에 따라 수용성에 차이가 크며, 안식향산과 달리 pH의 영향이 적다. 파라벤은 세균보다 효모와 곰팡이에 더 효과적이다.

이산화황sulfur dioxide은 보존료로서뿐만 아니라 항산화제로 오랜 기간 사용되어 왔다. 이산화황의 살균력은 식품의 pH에 영향을 크게 받으며, 물과 접촉하면 아황산으로 변한다.

$$SO_2 + H_2O \rightleftarrows HSO_3^- + H^+$$

이산화황의 pKa는 온도에 영향을 받으나 1.76~1.90과 7.18~7.20인 것으로 알려져 있으며, $SO_2 \cdot H_2O$의 농도가 증가하면 SO_2^-의 농도가 감소한다. 이산화황의 효과적인 살균력

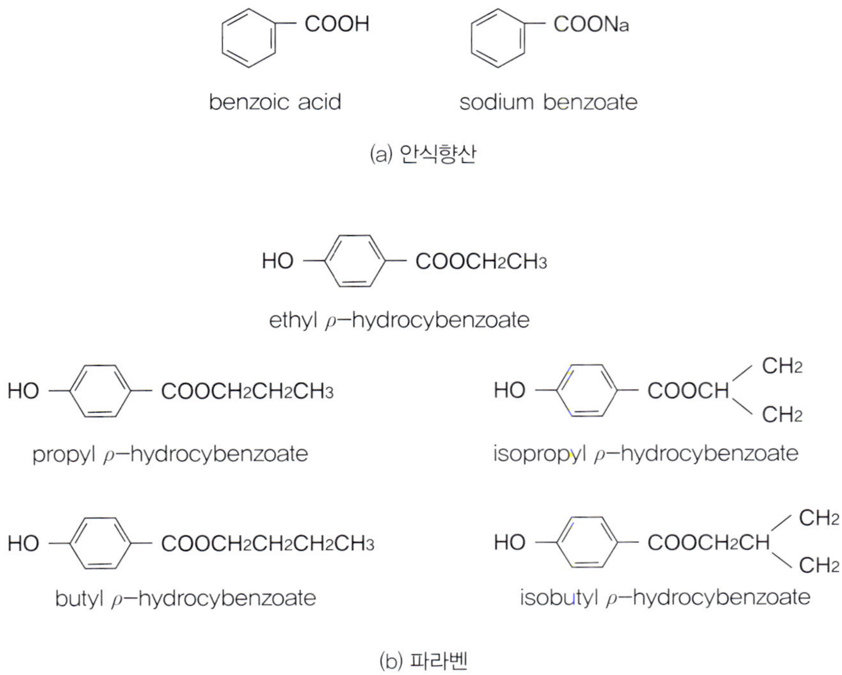

그림 4-27 안식향산과 파라벤

은 SO_2^-과 산의 형태인 것으로 알려져 있다. 이산화황은 SO_2로서뿐만 아니라 아황산칼륨potassium sulfite, K_2SO_3, 아황산나트륨sodium sulfite, Na_2SO_3, 중아황산칼륨potassium bisulfite, $KHSO_3$, 중아황산나트륨sodium bisulfite, $NaHSO_3$, 메타중아황산칼륨potassium metabisulfite, $K_2S_2O_5$ 및 메타중아황산나트륨sodium metabisulfite, NaS_2O_5의 형태로도 사용된다.

이외에도 dimethyl dicarbonate, lysozyme1,4-b-N-acetylmuramidase: EC 3.2.1.17, natamycin, nisin, nitrite 및 인산염 등이 보존료로 사용되고 있다.

우리나라에서 사용이 가능한 보존료로는 나타마이신, 니신, 데히드로초산나트륨, 메타중아황산나트륨, 메타중아황산칼륨, 무수아황산, 산성아황산나트륨, 소브산, 소브산칼륨, 소브산칼슘, 아질산나트륨, 아황산나트륨, 안식향산, 안식향산나트륨, 안식향산칼륨, 안식향산칼슘, 자몽종자추출물, 질산나트륨, 질산칼륨, 차아황산나트륨, 파라옥시안식향산메틸, 파라옥시안식향산에틸, ε-폴리리신, 프로피온산, 프로피온산나트륨, 프로피온산칼슘 등 26종이 있다. 이 중 데히드로초산나트륨, 소르빈산, 소르빈산칼륨, 소르빈산칼슘, 안식향산, 안식향산나트륨, 안식향산칼륨, 안식향산칼슘, 파라옥시안식향산메틸, 파라옥시안식향산에틸, 프로피온산, 프로피온산나트륨 및 프로피온산칼슘은 표시하여야 한다.

② 항산화제

항산화제는 식품의 지방 산화를 억제하기 위한 화합물로 다른 공정 및 처리는 미생물을 사멸시키거나 성장을 억제하여 식품의 저장성을 향상시키는 것과는 차이가 있다. 지방함량이 높은 식품은 공기 중의 산소에 의하여 지방 산화가 일어나면 산패취가 난다.

산패에 영향을 미치는 인자는 지방산의 불포화도와 유리지방산의 함량을 비롯하여 금속이온이나 헴heme 화합물 존재 여부 및 수분함량 등 식품 내부적 요인과 산소, 온도 및 광선 등의 외부적 요인이 있다. 항산화제는 산화반응에서 생성되는 자유라디칼을 제거하거나, 광선에 의하여 발생한 일중항 산소를 제거, 금속과 배위결합을 하여 금속이 산화 촉매 역할을 못하게 하거나 삼중항 산소를 제거하는 항산화제가 있다. 항산화제의 종류에는 천연에 존재하는 항산화제로는 tocopherol, sesamol, gossypol, gallic acid 등이 있으며, 화학적 합성품으로는 butylated hydroxy anisoleBHA, butylated hydroxy tolueneBHT, 몰식자산프로필propyl gallate, tertiarybutyl hydroquinoneTBHQ 등이 있고, 상승제로 ascorbic acid, 구연산, 주석산, 인산, phytic acid, lecithin, cephalin 등이 있다. 금속이온을 결합하는 화합물로는 구연산과 ethylene diaminetetraacetic acidEDTA 등이 있

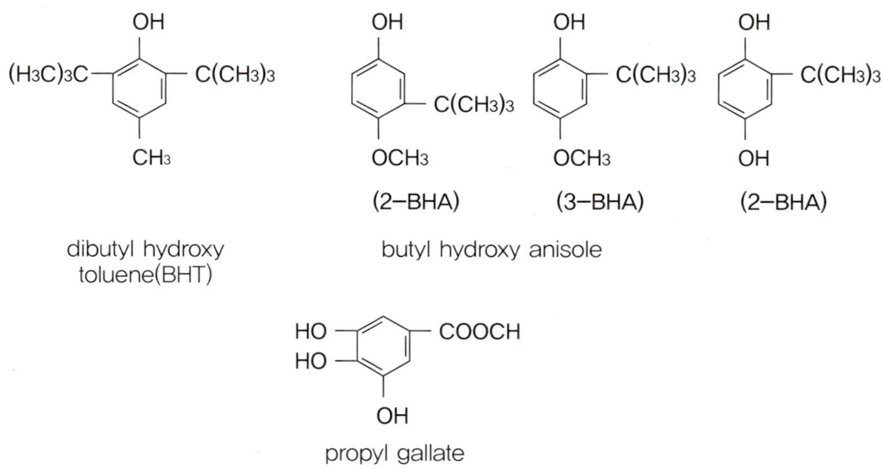

그림 4-28 여러 가지 항산화제

다. 화학적 합성 항산화제는 저농도에서 유효하여야 하며, 독성이 없거나 매우 약해야 한다. 첨가될 유지나 식품에 이미, 이취 등을 주지 않아야 하고, 유지에 녹기 쉬어야 하며, 가격이 저렴하여야 한다. 항산화제는 지방산의 유리라디칼 연쇄반응을 중지시키고, 항산화제는 항산화능력이 없어지거나 상승제로부터 수소를 받아 능력을 회복한다. 그 결과 유도기간 연장, 산소 흡수속도 억제, 과산화물hydroperoxide의 생성속도 억제가 일어난다.

③ 피막제

과일이나 채소는 수확 후에도 지속적으로 호흡과 증산작용을 하여 수분을 잃는다. 이러한 과일이나 채소에 식용 왁스 등의 피막제를 입혀 수분의 손실을 억제하는 방법이다. 이러한 피막제는 식물에 독성이 없어야 하며, 맛과 향이 없어야 하고, 과일의 저장에 효과적이어야 한다.

2) 전자파와 전기의 이용

현대의 소비자는 가열과 냉각을 적게 하고, 보다 신선하며 산, 염, 당과 지방이 적은 식품을 요구하고 있다. 또한 식품의 보존기간이 길고, 향미와 외관 등의 품질이 우수하여 신선하며, 보다 영양적이고 안전한 식품을 요구하고 있다. 이러한 소비자의 요구를 만족시키기 위하여 식품산업체는 기존의 가공방법이 아닌 진공, 전자파, 전기저항, 마이크로파, 유도가열, 방사선조사, 초고압, 초음파, 강한 빛 등을 이용한 여러 가지 새로운 가공방법을 개발하였다.

전자파는 전력파, 라디오파, 마이크로파, 원적외선, 적외선, 근적외선, 가시광선, 자외선, X선 및 γ선 등으로 파장에 따라 다른 명칭을 가지고 있다.

(1) 마이크로파를 이용한 가공

식품공정에는 주파수 915±25MHz와 2,450±50MHz의 마이크로파 사용이 허용되어 있다. 세계적으로 우리나라를 비롯한 대부분의 가정용 전자레인지에는 2,450MHz의 마이크로파가 이용되고 있다.

마이크로파 자체는 열이 아니며, 식품 중 물분자와 같은 쌍극자와 일부 극성분자는 마이크로파의 자장에 의하여 정렬한다. 그러나 마이크로파는 초당 24억 번(2,450MHz) 방향이 변화하므로 진동이 된다. 이와 같이 진동을 하는 과정에서 주위의 분자와 마찰을 하여 열이 발생한다. 마이크로파에 대하여 금속은 반사하고, 전기적으로 중성인 종이, 유리, 플라스틱 및 도자기 등은 마이크로파를 통과시킨다. 따라서 마이크로파에 의하여 식품 자체에서 발열을 하게 되며, 그 결과 열전달이 늦은 식품에서 빠른 가열이 가능하다.

마이크로파는 침투력이 좋아 식품의 깊은 곳까지 직접 에너지를 전달할 수 있으나, 식품의 모양, 식품의 표면과 부피의 비율, 비열, 밀도, 열전도도 및 증발에 의한 냉각 등의 영향을 받는다.

마이크로파에 의한 가열은 비교적 균일하고 포장된 상태에서도 가열이 가능하며, 조작이 간단하고 공정 개선이 쉽다. 또한 필요한 식품만 가열할 수 있는 선택적이어서 에너지 절약에도 도움이 된다. 마이크로파에 의한 가열의 장점이 있어 식품의 가열, 살균, 건조 및 해동 등에 활용될 수 있다.

- 마이크로파는 식품 내에 침투하여 발열하므로 식품 내부 전체를 고르고 빠르게 가열하여 가공시간과 에너지를 절약할 수 있다.
- 가열이 빠르게 일어나므로 비타민과 같은 영양소와 향미와 색과 같은 관능적 성질이 잘 보존되며, 액상식품의 경우 살균이나 멸균을 영양성분 손실이 거의 없이 빠르게 수행할 수 있다.
- 액상식품을 가열하는 경우 가열된 표면이 없으므로 관석의 생성을 최소화할 수 있다.
- 에너지 효율이 높다(80% 이상도 가능함).

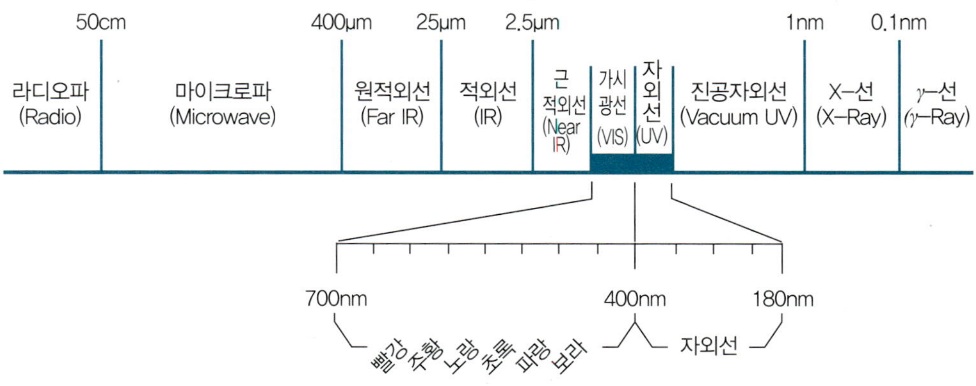

그림 4-29 전자파의 스펙트럼과 그 명칭

- CIP Clean in place 시스템을 적용하기 용이하다.
- 열에 민감하고 점도가 높은 식품에도 적용이 가능하다.
- 시스템의 유지비용이 저렴하며, 조용하고 청결한 환경이 될 수 있다.
- 다른 냉각이나 가열법과 함께 사용이 가능하다.

다만 순수한 마이크로파를 이용하는 경우 갈변반응이 잘 나타나지 않아 제과·제빵에는 적절하지 않다.

마이크로파에 의한 살균은 온도의 효과 이외에도 비열처리 효과가 있는 것으로 알려져 있다. 100°C의 증류수에서 *B. stearothermophilus*의 포자의 경우 순수한 가열효과의 D값은 171분인 데 비하여 마이크로파에 의하여 가열하는 경우 157분으로 짧아지는 것이

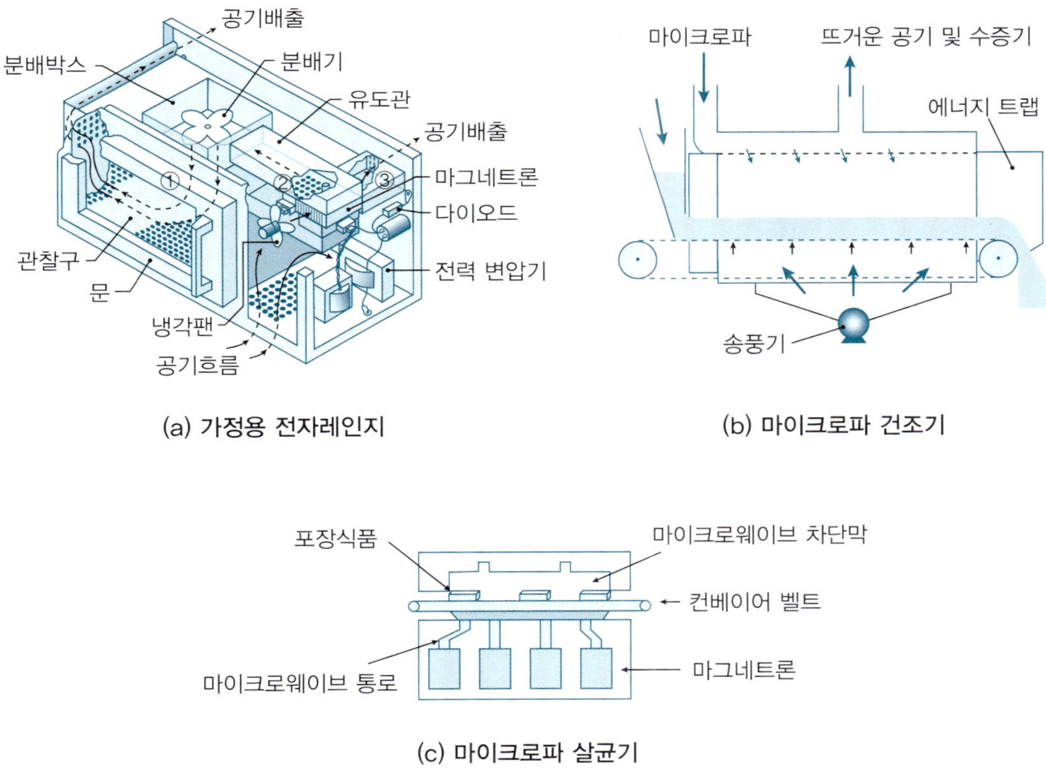

(a) 가정용 전자레인지

(b) 마이크로파 건조기

(c) 마이크로파 살균기

그림 4-30 마이크로파 사용기기

보고된 바 있다. 또한 *B. subtilis*의 경우는 D_{100}이 마이크로 파에서 0.65분인 데 비하여 순수한 온도효과는 5.5분으로 조사된 바 있다.

이러한 가열은 마이크로파보다 파장이 더 긴 라디오파(10~60MHz)에 의해서 유사한 효과가 있는 것으로 알려져 있다. 가열에 사용하는 라디오파는 13.56MHz과 27.12MHz이다.

(2) 방사선 조사

'식품조사food irradiation 처리'란 식품 등의 발아 억제, 살균, 살충 또는 숙도 조절을 목적으로 감마선 또는 전자선가속기에서 방출되는 에너지를 복사radiation의 방식으로 식품에 조사하는 것으로, 선종과 사용목적 또는 처리방식(조사)에 따라 감마선 살균, 전자선 살균, 감마선 살충, 전자선 살충, 감마선 조사, 전자선 조사 등으로 구분하거나, 통칭하여 방사선 살균, 방사선 살충, 방사선 조사 등으로 구분한다. 이러한 식품조사의 결과는 후쿠시마 원자력발전소 사고로 인한 방사성물질의 오염과 달리 식품에 방사선이 남지 않는다.

방사선의 종류로 천연에는 α선(He^{+2}), β선(e^-) 및 γ선(전자파)이 있으며, 인공 방사선에는 X선(전자파)와 n선(중성자)이 있다. 이 중 β선은 투과력이 γ선보다 약하여 식품의 표면 살균에 활용될 수 있으나 우리나라에서는 사용이 허용되어 있지 않다. 또한 외국에서는 X선의 이용도 관심을 갖고 있다. 우리나라에서는 ^{60}Co의 선을 사용할 수 있도록 허용하고 있다.

^{60}Co은 1.17MeV 및 1.33MeV의 방사선을 방출하여 ^{60}Ni으로 분해되며, 반감기는 5.2년이다. ^{60}Co은 물에 불용성으로 환경오염을 최소화할 수 있다. ^{60}Co은 반감기가 짧기 때

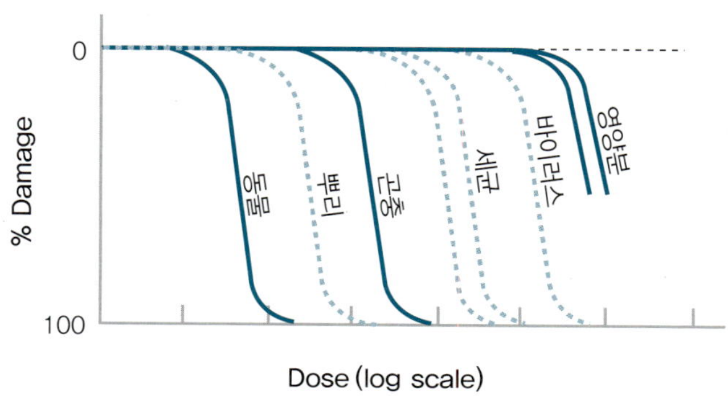

그림 4-31 방사선 조사에 대한 생물체의 영향

문에 약 1개월에 1%씩 그 조사량이 감소되며 식품조사에서 이를 감안하여 조사하여야 한다. 그 외에도 ^{137}Cs이 이용되기도 하며, ^{137}Cs은 0.662MeV의 c선을 방출하여 ^{137}Ba로 분해되며, 반감기는 30년이다. 이외에도 선형유도전자가속기를 이용한 γ선 조사도 가능하다.

고에너지의 전자파가 식품에 조사되면 전자파는 식품 분자의 전자를 가격하며 그 결과 식품 분자로부터 전자의 에너지 수위가 올라 들뜬 상태excited state가 되거나 전자가 탈락하여 자유전자가 된다. 분자는 이온이 되고 탈락된 전자는 다시 다른 식품 분자를 공격하게 된어 연쇄반응이 일어나며, 콤프턴 효과Compton effect에 의하여 효과는 확대된다. 발생한 이온과 들뜬 분자는 주위의 분자와 추가적인 반응을 일으키게 되고 그 결과 연쇄반응이 나타난다. 이러한 반응은 식품이 성분뿐만 아니라 식품 중의 물분자에도 나타나 반응성이 매우 높은 수소와 수산기의 라디칼이 생성되기도 한다. 미생물과 같은 생물체에 방사선이 조사되면 DNA가 직접 방사선에 반응을 하거나 또는 주위의 들뜬 분자로부터 공격을 받아 DNA가 파괴되기도 한다. 식품이 건조한 상태일수록 직접 DNA에 작용하는 효과가 크다. 방사선을 조사하면 식품의 온도 상승 없이 살균할 수 있다.

방사선 조사 시 식품이 흡수한 에너지를 Gygray(그레이)라는 단위로 표시하며, 1Gy는 식품 1kg이 1J의 에너지를 흡수한 선량으로 정의하고 있다. WHO와 FAO, IAEA의 합동 연구에서 10kGy 이하의 조사는 모든 식품에 대하여 안전하다고 보고된 바 있다.

방사선을 이용한 완전살균radappertization(고선량 조사)은 일반적으로 포자생성세균 *Cl. botulinum*을 사멸시키기에 충분한 선량을 조사하는 것을 말한다. 살균radicidation(중선량 조사)은 무포자 세균(예, *Salmonella* spp.)을 살균하기에 충분한 선량을 조사하는 것을 말한다. 불완전살균radurisation(저선량 조사)은 특별한 부패 미생물의 수를 감소시키기 위한 것으로 저장기간을 연장시킬 수 있다.

방사선 조사는 에너지의 크기보다는 흡수되는 에너지의 총량이 중요하며, 식품의 온도, pH, 산소 존재 여부에 따라 최종제품이 달라질 수 있다. 다당류는 분해가 일어나 식품의 점도가 작아지고 미생물에 대한 저항력이 감소된다. 지방은 산소가 있으면 과산화물이 생성되어 알데히드, 케톤, 산 등이 생성된다. 단백질은 분해되어 펩타이드가 생성되기도 하며, 암모니아, 함황화합물, CO_2 등이 생성된다.

방사선 조사의 장점은 강력한 투과력으로 포장한 채로도 살충, 살균할 수 있어 2차 오염이 방지되며 잔류분이 남지 않는다. 식품의 온도가 상승하지 않으며, 다량 연속처리가 가능하다.

국내에서는 ^{60}Co의 γ선을 발아 억제, 살충, 살균 및 숙도 조절 목적에 한하여 사용할 수 있으며, 대상 식품과 조사량이 정해져 있다. 방사선의 효과는 전체 노출된 방사선량에 따르므로 조사한 식품은 다시 조사하여서는 안 되며, 조사식품을 원료로 사용하여 제조·가공한 식품도 다시 조사하면 안 된다. 조사식품은 용기에 넣거나

그림 4-32 방사선 조사 표시

표 4-11 우리나라의 방사선 조사 기준

품목	조사목적	선량(kGy)
감자 양파 마늘	발아 억제	0.15 이하
밤	살충·발아 억제	0.25 이하
버섯(건조 포함)	살충·숙도 조절	1 이하
난분 곡류(분말 포함), 콩류(분말 포함) 전분	살균 살균·살충 살균	5 이하
건조식육 어류분말, 패류분말, 갑각류분말 된장분말, 고추장분말, 간장분말 건조채소류(분말 포함) 효모식품, 효소식품 조류식품 알로에분말 인삼(홍삼 포함) 제품류 조미건어포류	살균 살균 살균 살균 살균 살균 살균 살균 살균	7 이하
건조향신료 및 이들 조제품 복합조미식품 소스 침출차 분말차 특수의료용도 등 식품	살균 살균 살균 살균 살균 살균	10 이하

또는 포장한 후 판매하여야 하며, 조사처리된 식품에는 특정 도안을 5cm 이상으로 표시하여야 한다. 국제적으로도 정부에서 강력히 관리하나 조사 범위를 확대하고 있다. 우리나라에서 허용된 방사선 조사식품은 **표 4-11**과 같다.

(3) 적외선 가열

적외선infrared wave은 전자파 중 마이크로파보다는 파장이 짧고, 가시광선의 빨간색 밖의 긴 파장을 갖는 범위로서 파장은 760nm에서 1,000μm까지의 영역을 말한다. 적외선은 다시 붉은색으로부터 가까운 근적외선(0.76~1.5μm), 중적외선(1.5~5.6μm) 및 원적외선(5.6~1,000μm) 등으로 나누기도 한다. 적외선은 열선이라고도 하며 물체의 온도에 따라 방출된다. 적외선은 가시광선과 같이 반사되거나, 투과하거나 또는 흡수되며, 흡수되는 적외선이 열에너지로 전환되어 식품의 온도가 상승한다. 열에너지의 전달은 복사의 형태로 전달되며, 적외선 중 주파수가 맞는 파장의 에너지는 식품의 원자 또는 원자단에 공명의 형태로 흡수되고, 원자는 진동 또는 회전을 하는 여기상태가 된다. 흡수되는 파장은 식품성분의 분자결합에 따라 다르다.

적외선은 식품의 가열, 건조, 살균, 해동, 포장 재료의 성형, 인쇄 등에 사용되며, 표면 온도를 급격히 상승시키고자 할 때에도 사용될 수 있다. 또한 식품을 보온할 때에도 사용한다. 식품의 가열에 주로 사용하는 파장은 2.5~20μm의 원적외선을 사용하며, 이 범위의 파장은 유기물질에서의 흡수가 크며 가열효과가 크다. 원적외선 가열은 공기에 거의 흡수되지 않기 때문에 방출된 에너지가 거의 그대로 식품 표면에 도달하여 에너지 효율은 높은 편이나 투과력이 작기 때문에 표면을 대상으로 하여야 한다. 적외선을 사용한 제빵시험에서 일반적인 오븐에 비교하면, 제품의 두께에 따라 25~50% 가열시간이 단축되었으며, 에너지 소비량이 감소하고, 무게 감소가 10~15% 적게 일어났으면서도 품질은 경쟁력이 있었다. 원적외선의 에너지는 화학변화를 유도하기에는 에너지 수준이 낮기 때문에 식품성분의 화학적 변화는 무시할 수 있는 수준으로 일어난다. 원적외선은 직진성이 있기 때문에 불규칙한 모양이나 쌓아 둔 상태에서는 가열이 일어나지 않는다.

(4) 가시광선

가시광선visible light은 눈에 보이는 파장으로 적색부터 자색까지 파장은 약 400~700nm까지를 말한다. 빨간색의 파장은 700~610nm로 가장 길며, 보라색으로 갈수록 짧아져 보라색의 파장은 450~400nm이다.

백색의 형광불빛(14.5W/m2/72h)은 2°C에서 사과의 저장성에 영향을 미치지 않으면서 붉은색을 나타나게 하였다. 이러한 현상은 딸기 등에서도 확인된 바 있다.

최근에는 고강도의 단속적으로 발광하는 백색광을 이용한 세균, 곰팡이, 포자, 바이러스, 원생동물 등의 사멸에 대한 연구를 진행하고 있다. 전기적으로 이온화된 크세논xenon 가스를 이용한 펄스 발광을 하는 경우 가해지는 전력의 약 50%가 빛으로 전환이 되어 태양광의 20,000배 강한 빛이 발생한다. 발생하는 빛의 파장은 자외선 25%, 가시광선 45% 및 적외선이 30%이다. 빛은 초당 1~20회 발광하며, 살균 또는 멸균효과를 얻는 데에는 수 번의 발광이면 충분하다. 이는 매우 짧은 시간에 표면을 멸균할 수 있다는 것을 의미하며, 건조식품의 표면 또는 포장재 등의 표면을 살균(멸균)하는 데 사용할 수 있다. 수회의 발광만으로 세균의 영양세포는 초기균수의 10^{-9}로 감소되며, 세균 및 곰팡이 포자는 영양세포보다 내성이 크나 10^{-7}~10^{-8}로 감소된다. 예를 들어 포장재에 1,000CFU/cm^2로 접종한 *Bacillus cereus*의 포자와 달걀 표면의 *Salmonella*는 빛의 조도 2J/cm^2로 완전히 사멸시킬 수 있다. 미국식품의약품청U.S. Food and Drug Administration, FDA에서 허용한 최대 조도는 12J/cm^2이다. 그러나 표면이 복잡한 식육, 가금육 또는 어류와 같은 경우는 미국식품의약품청에서 허용한 수준으로 처리하면 초기균수에 비하여 10^{-2}~10^{-3}의 감소를 보이나 이로서도 저장기간을 수일에서 2주로 연장시킬 수 있다.

미생물 사멸기작은 자외선에 의한 DNA와 단백질의 화학반응photochemical과 극히 짧은 기간이지만 빛에 의한 발열photothermal로 식품 전반의 온도 상승 없이 표면의 온도가 순간적으로 50~100°C까지도 올라가면서 발생하는 것으로 알려져 있다.

(5) 자외선 살균

자외선ultraviolet light은 가시광선을 사이에 두고 적외선의 반대편 위치에 있다. 즉 파장의 범위는 파장이 짧은 자색(약 380nm)으로부터 X선(약 1nm)까지를 말한다. 그러나 200nm

이하의 짧은 파장은 공기에 의하여 흡수되므로 진공자외선이라고도 한다. 자외선은 파장의 길이에 A(320~400nm), B(290~320nm) 및 C(200~290nm)로 나누기도 한다.

자외선은 미생물 사멸에 큰 효과가 있다. 그러나 자외선은 낮은 투과율 때문에 공기 또는 얇은 투명액체의 살균에 사용한다. 자외선은 육류나 치즈의 포장 시 사용함으로써 표면의 살균효과를 얻을 수 있다. 미생물 사멸에 가장 효과적인 파장은 260nm이다. 저압수은등은 253.7nm의 파장이 강력하게 방출되어 효과적이다. 노출시간과 조도는 미생물 사멸에 직접적인 영향을 주며, 온도, pH 및 노출되는 미생물수 등은 간접적인 영향을 준

표 4-12 각종 미생물의 90%를 사멸시키기 위해 필요한 자외선 조사량(μWs/cm^2)

미생물병	90%
(세균 및 바이러스)	
Salmonella Typhimurium(살모넬라)	8,000
Eacherichia coli(대장균)	3,000
Proteus vulgaris	3,000
Staphylococeus aurous(포도상구균)	2,600
Shigella dysentriae	2,200
Shigella flexneri	1,700
Salmonella typhosa(장티푸스균)	2,150
Salmonlla paratyphi(파라티프스균)	3,200
Vibrio comma cholera(콜레라)	3,375
Poliovirus-*Poliomyelitus*(소아마비바이러스)	3,150
infectious-*Hepaititus*(감염바이러스)	5,800
Bacillus anthracis(탄저병)	4,520
Mycobactorium tubereulosis(결핵균)	6,200
Corynebact erium diphtheria(티프테리아균)	3,370
Baeillus subtilis(고초균)	5,800
Baeillus subtilis(고초균의 포자)	11,600
곰팡이	
Aspergillus flavus(아플라톡신균, 황록색)	60,000
Aspergillus niger(흑곰팡이)	132,000
Penicillium expansum(patulin 생성균, olive)	13,000
Penicillium roquetorti(푸른곰팡이)	13,000
Rhizopus nigerisans	111,000
효모	
Sacharomyces ellipsoideus(포도주효모)	6,000
Sacharomyces sp.	8,000
Bakers yeast(빵효모)	3,900

다. 한편 같은 균종이라도 미생물의 균종, 균주 등에 따라 다르다. *B. subtilis*의 포자는 *E. coli*보다 5~10배의 내성을 갖는 등 포자는 영양세포보다 자외선 내성이 크다 **표 4-12**. 자외선은 생물체의 DNA에 직접 작용하므로 돌연변이를 유발시킬 수 있다. 또한 자외선은 지방의 광산화를 촉진하여 이취를 발생시킬 수 있으며 향기성분이 변화하기도 한다.

자외선 살균은 식당이나 주방기구의 살균기, 칫솔 소독기 등으로 많이 활용되고 있다. 그러나 자외선은 투과성이 매우 낮아 표면 살균의 목적으로 사용이 가능하여 식당의 컵 살균기의 경우 컵을 겹쳐 놓으면 그림자에 드는 컵에 대하여는 살균효과가 없다.

(6) 전기저항 가열

식품은 전기적 저항을 가지고 있기 때문에 전기를 흐르게 하면 옴의 법칙Ohms law에 따라 발생하는 열을 이용한 가열방법을 전기저항 가열Ohmic heating이라고 한다. 전기저항 가열을 위하여 일반적으로 양극간의 전압은 5,000V 정도를 가한다. 전기저항 가열에서 식품은 전기회로의 저항과 같은 역할을 하게 하며, 식품의 온도가 상승함에 따라 식품의 전기저항도 증가하므로 전압을 높이거나 시간을 늘려야 한다.

전기저항 가열의 장점은 대류에 의한 열전달이 아닌 내부 발열이므로 식품의 온도를 고르게 상승시킬 수 있으며, 마이크로파에 의한 가열과 같이 크기의 영향이 적다. 또한 전통적인 가열방법으로는 불가능한 액체온도보다 액체 내에 부유하고 있는 고체 식품원료의 온도를 더 상승시킬 수 있다. 액체에 고체 식품원료가 혼합되어 있는 경우 이들 둘 간의 전기저항이 비슷하다면 온도 상승도 비슷하게 일어난다. 이러한 성질을 이용하여 입자가 있는 액상식품의 고온순간살균 공정에 적용할 수 있다. 전기저항 가열은 열교환기에 의한 가열방법에 비하여 지름 약 2cm 크기의 식품 입자를 포함하는 액상식품의 살균 또는 멸균이 가능하다.

또한 열교환기의 표면에 식품이 눌러 붙는 현상이 없으며, 기계적 손상이 적고, 영양분의 손실이 적다. 가해지는 전기의 약 90%가 열에너지로 전환되기 때문에 에너지 절약이 가능하다. 입자가 포함된 식품을 가열할 수 있는 기계를 설치할 수 있어 식품의 안전성 확보에 최적이다. 간단한 조작으로 운전을 할 수 있으며, 기계적으로 움직이는 부분이 없기 때문에 유지비용이 저렴하다. 살균된 식품을 무균포장aseptic packaging과 연계하면 상온

유통이 가능하다. 운전할 때 조용하고 친환경적이다.

단점으로는 가열이 식품 입자의 전기적 특성, 모양과 위치 및 온도에 따라 다르게 일어날 수 있다. 입자 표면과 액상부분 간의 온도에 따른 전기전도도 변화에 대한 완전한 모델이 없기 때문에 온도의 변화 예측이 어려우며, 냉점 등 살균을 평가하는 데 필요한 위치를 알기 어려운 점이 있다. 또한 전기분해가 일어날 수 있으며, 전극이 분해되면서 식품에 오염될 수 있는 단점이 전기저항 가열의 산업화에 어려움이 된다.

(7) 고전장 펄스

고전장 펄스high intensity pulsed electric field, PEF 살균은 액체식품을 펄스 형태로 20~80kV/cm의 고전압 전기장에 노출시킴으로써 전기장에 의한 세포막 등의 파괴를 유도하여 미생물을 사멸시킨다. 세포가 전기장에 노출되면 세포막 내부와 외부의 전위차가 발생하고 이에 따라 세포막에서 전하 분리가 일어나며, 이때 반대 전하의 인력에 의하여 세포막이 압축되고 전기장이 충분히 큰 경우 세포 막에 틈이 생기고 이러한 현상이 비가역적으로 일어나

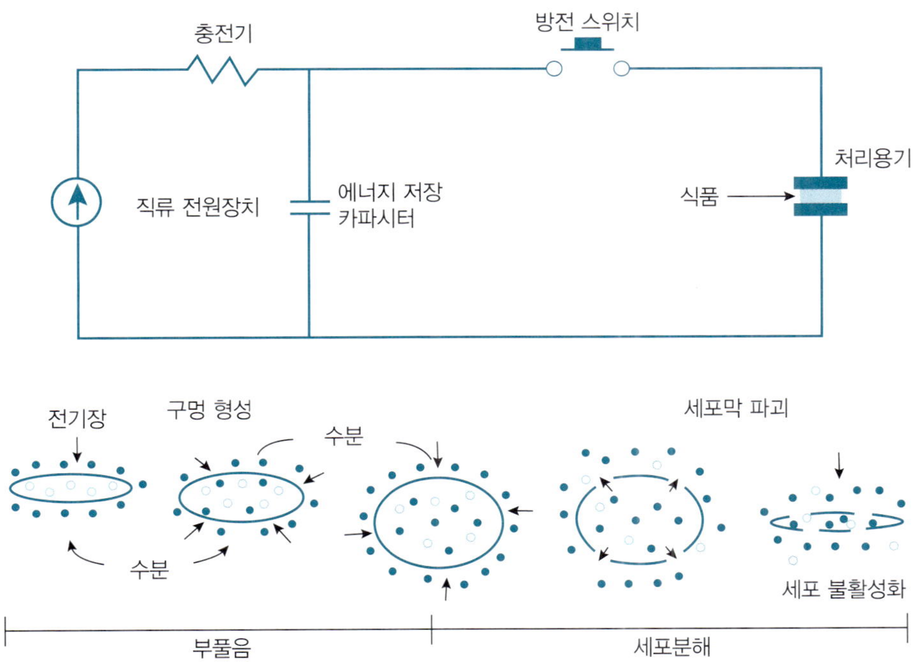

그림 4-33 고전장 펄스에 의한 미생물 사멸 기작

면 세포는 사멸된다. 일반적으로 임계전기장의 세기는 15kV/cm로 알려져 있다. 또한 전기장에 의하여 세포막의 지질과 단백질이 불안정화되면서 세포막에서의 지방 이동이 나타나 세포막의 구조적 변화가 일어나 수분이 세포 안으로 들어가 세포가 파괴된다. 포자를 사멸시키기 위해서는 영양세포에 비하여 높은 전기장의 세기를 필요로 한다.

(8) 유도가열

유도가열induction heating, IH은 교류전류를 가열하고자 하는 도체 부근에 흘리면 변화하는 자속선을 만들어 내고, 이 자속선이 도체를 통과함으로써 도체에 기전력을 발생시켜 전류를 유도한다. 전류가 흐를 때 그 안에서 소비되는 전력은 열에너지로 변한다. 이러한 원리를 이용한 순간가열이 필요한 의료장비를 비롯하여 공업용도로도 사용되고 있으며, 일반 가정용으로는 전자조리기, 유도가열 밥솥, 전기주전자 등에 응용되고 있다. 이러한 장치는 수백 W~1kW 정도의 전력을 소비한다.

식품산업에서 밥솥, 전자조리기, 제과제빵기 등에 사용한다.

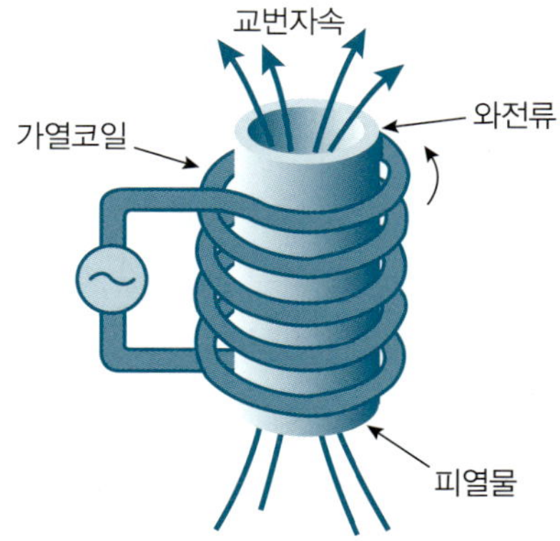

그림 4-34 유도 가열의 원리

3) 가스저장(CA 저장 포함)

가스저장은 물리적 수단에 의하여 저장공간 공기의 가스 조성을 인위적으로 변경하여 식품의 저장성을 연장시키는 방법으로 CA 저장, MAP 저장을 비롯하여 감압 또는 진공 포장, 탈산 소제 또는 탈이산화탄소제 첨가 포장 등이 있다. 가스저장의 대상은 살아서 호흡하는 식품과 호흡하지 않는 식품으로 나눌 수 있다. 본 절에서는 농산물과 수산물의 활어류, 축산물 중 난류는 살아 있는 생물에 대한 저장을 언급하고 호흡하지 않는 식품에 대한 가스저장은 포장에서 다시 언급하기로 한다.

(1) 수확 후 농산물의 생리활성

공기 조성은 질소 78%, 산소 21%, 이산화탄소 0.03%이며 기타 수분 및 아르곤 등으로 이루어져 있다. 수확 후 신선 농산물은 저장조건에 따라 시간이 경과하면 시들어서 품질이 저하되거나, 싹이 트거나 또는 부패하는 등 여러 가지 현상이 나타난다. 이러한 현상은 수확 후의 신선 농산물은 살아 있기 때문에 호흡을 하여 저장조건에 따라 여러 가지 현상이 나타나는 것이다.

채소류, 과일류, 곡류, 콩류 등은 수확 후에도 살아 있어 호흡작용을 한다. 농산물이 호흡하면 산소 흡수, CO_2 방출, 탈수, ethyleneC_2H_4 발생을 포함한 화학적인 변화 이외에도 호흡열을 방출한다. 수분은 증산작용에 따라 손실이 일어나며 일부 과채류는 미숙상태에서 저장시간이 경과함에 따라 완숙하게 되는 현상이 있다. 이를 후숙작용이라고 한다. 일부 농산물은 적당한 온도와 습도조건이 되면 생육하여 뿌리가 나거나 싹이 나는 경우도 있다. 이러한 농산물 자체의 변화뿐만 아니라 농산물에 부착된 미생물의 병해 또는 부패가 일어날 수도 있다.

후숙작용은 바나나와 같이 푸른 미숙과가 시간이 경과하면 노란색의 완숙기를 지나 시간이 더 경과하면 흑갈색의 과숙이 되는 것과 같은 현상을 말하는 것이다. 후숙작용이 일어난 과일은 과육이 연해지고 산미가 감소하며, 단맛과 향이 증가하고 색도 바람직한 과일 특유의 색이 되어 품질이 향상된다. 과일은 미숙기에서 완숙기에 가까워지면 호흡량이 증가였다가 감소하는 전환기적 상승climateric rise을 갖는 과일이 있다. 수확 후 호흡 형태로 과일을 3가지로 분류하면 다음과 같다.

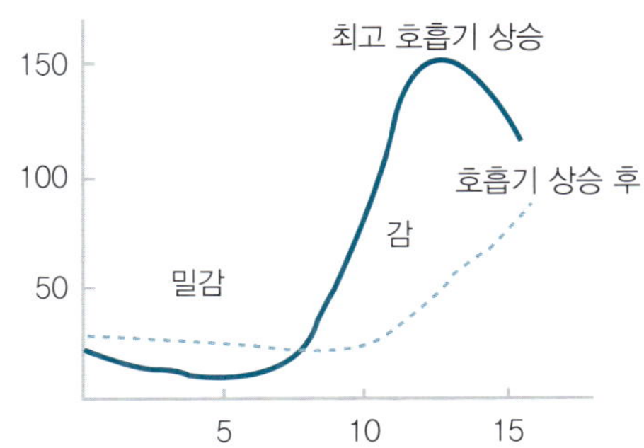

그림 4-35 수확 후 과일의 호흡형태

- 완숙이 일어나면서 지속적으로 호흡량이 감소하는 점감형 : 밀감류 등
- 호흡량이 일시 상승 후 완숙하는 일시 상승형 : 바나나, 토마토, 서양배, 사과, 자두, 아보카도, 망고 등
- 완숙 시보다 과숙기에 호흡량이 최대로 되는 말기 상승형 : 복숭아, 딸기, 배, 감 등

후숙작용에서 호흡이 최대로 증가하였다가 감소하는 과숙기의 과일은 맛은 좋으나 저

장성이 급격히 나빠진다. 농산물의 저장을 위하여 호흡을 할 수 있으면서도 가능한 완숙기가 늦게 나타나거나 호흡의 감소가 천천히 일어나도록 하는 것이 바람직하다. 이를 위하여 공기의 조성을 조절하고 호흡열을 제거하면서 저장하는 CAcontrolled atmosphere 저장과 가스충전포장modified atmosphere packaging, MAP 저장이 있다.

살아 있는 수산물의 경우 수송기간의 산소 공급이 중요하며, 신선란은 CO_2 양의 조절이 필요하다.

(2) CA 저장 및 MAP 저장

가스저장은 O_2의 농도를 낮추고(1~5%) CO_2의 농도(2~10%)와 상대습도(85~ 95%)가 높은 상태에서 냉장온도로 저장하는 것으로 주로 호흡작용이 큰 농산물에 적용된다. CA 저장과 MAP 저장은 기본적으로 공기조성을 인위적으로 조절한다는 점에서는 동일하나 CA 저장은 공기의 조성을 인위적으로 변화시키는 공기조성조절장치가 있는 반면, MAP 저장은 저장공간에 별도의 기계적 장치 없이 농산물의 호흡에 의하여 발생하는 기체를 용기 또는 포장재의 가스투과성을 이용하여 내부 공기 조성을 조절하는 차이점이 있다. CA 저장은 MAP 저장보다 더 적극적인 방법으로 공기 조성을 조절한다. CA 저장은 일반적으로 창고 또는 실의 규모로 조절된 가스가 있는 반면, MAP 저장은 포장단위 또는 용기 단위로 조절된 가스가 존재하게 된다. 체내의 생화학반응속도는 일반적으로 10°C 증가에 따라 2~3배(Q_{10} = 2~3)씩 빨라지므로 CA 및 MAP 저장할 때에는 호흡열을 제거하여 반응속도를 늦출 필요가 있다. CA 저장 시 산소의 농도가 너무 낮으면 세포조직이 무산소호흡을 하며 그 결과 알코올이 생성되고 품질저하가 일어난다.

CA와 MAP에 의한 저장기간의 연장은 미생물과 곰팡이의 성장을 억제하며 해충을 방지할 수 있고, 탈수를 억제하며 산화반응의 억제 및 생화학적 반응속도를 늦추어 숙성기간을 연장하여 이루어진다. 과일의 숙성에서 발생하는 에틸렌ethylene 가스는 식물체를 휴면에서 깨어나게 하며, 성장, 엽록소 분해, 호흡작용, 과일의 성숙, 노화 등을 촉진시키는 식물에 대한 호르몬 작용을 한다. CA 저장 중 저O_2, 고CO_2의 농도로 인하여 에틸렌의 생성이 억제된다.

CA 저장의 종류로는 단기 고농도 CO_2 처리, 급속 CA, 저산소 CA, 저ethylene CA 및 저압 CA 등이 있다. 단기 고농도 CO_2 처리는 사과와 배의 저장에 유효하며, 약 7일간

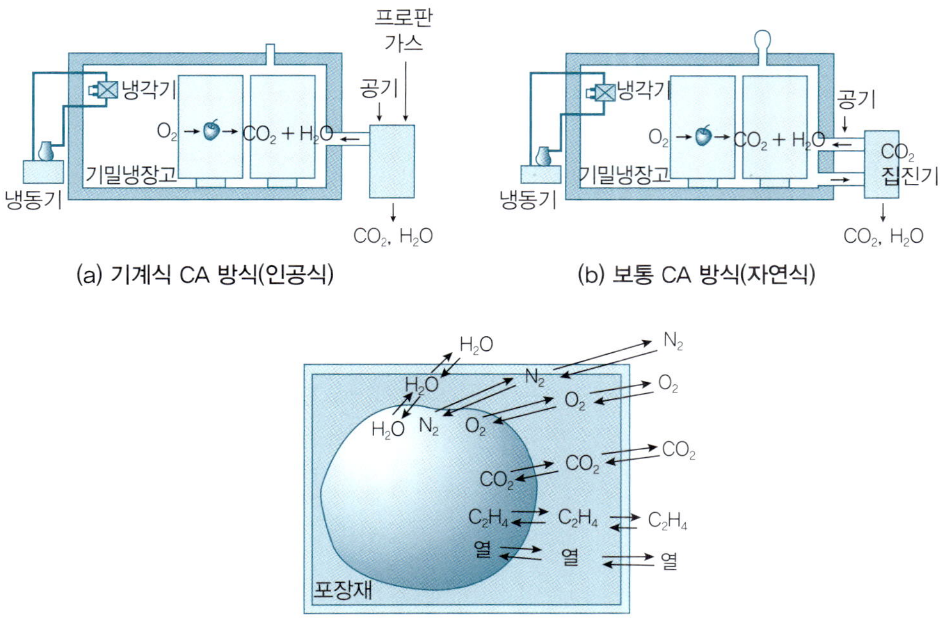

(a) 기계식 CA 방식(인공식)

(b) 보통 CA 방식(자연식)

(c) 식품의 MAP 모델

그림 4-36 CA와 MAP 저장방법

10~20%의 고농도 CO_2에 노출시켰다가 정상적인 CA 조건으로 저장하는 것이다. 급속 CA는 수확후 CA 저장까지의 기간을 단축시키는 것으로 보다 나은 과일의 품질을 유지할 수 있다. 저산소 CA는 O_2 함량을 1~1.5%까지 낮춤으로써 과육의 조직 붕괴를 효과적으로 억제할 수 있으나 무산소호흡을 막기 위하여 O_2의 농도관리를 철저히 하여야 한다. 저에틸렌 CA는 에틸렌 함량을 1ppm 이하로 관리하여 저장기간을 더 연장할 수 있다. 저압 CA는 CO_2와 에틸렌 함량을 낮추는 데 유효하여 일반적인 CA보다 더 장기간 저장이 가능하다.

가스치환포장한 식품의 저장 중 가스의 조성은 계속 변한다. 가스치환포장에는 포장재 또는 용기의 가스 및 수분투과도, 사용되는 가스의 조성 및 저장온도가 중요하다. 포장재는 사용되는 가스와 수분의 투과성이 낮은 것으로 사용하여야 한다. 저장 중 발생하는 CO_2는 미생물의 성장을 저해하며, 저온저장은 이러한 CO_2의 작용에 상승효과가 있다. 그러나 CO_2의 농도가 너무 높으면 포장 내에서 식품이 CO_2를 흡수하여 이취, 이미, 변색 및 조직감의 변화 등이 일어날 수 있다. 질소는 미생물에 대한 영향이 매우 적기 때문에 일반적으로 포장의 부피를 채우는 데 사용한다.

4) 고압살균

소비자의 신선하고 안전한 식품에 대한 욕구에 부흥하기 위하여 가열을 최소화하는 기술 중 하나가 고압처리high hydrostatic pressure, HHP 기술이다. 이 기술에 대한 식품의 적용은 19세기 말에 처음 시도되었으나 첫 시판제품은 1990년 일본에서 처음 발매한 고산성 잼이다. 이어 1991년에 요구르트, 과일젤리 등이 시판되었다. 고압처리기술의 원리는 고압에서 부피와 관계있는 조성과 상의 변화는 부피가 감소하는 방향으로 일어난다는 르 샤틀리에Le Chatelier의 원리에 기초하나, 식품은 매우 복잡하여 고압의 효과 예측이 어렵다. 그러나 많은 연구결과 식품안전과 품질에 직결될 수 있는 미생물 불활성화, 화학 및 효소작용, 폴리머의 구조와 기능 등에 대하여 많은 진전이 있었다.

고압처리기술은 식품의 품질과 직결되는 낮은 온도에서 가공한다는 점에서 열처리와 큰 차이가 있다. 고압처리의 효과는 식품의 크기나 모양에 관계없이 동일하고 즉각적으로 일어난다. 식품은 모든 방향에서 동일한 압력을 받으며 압력이 낮아지면 다시 원상태로 복원된다.

가압방식에는 직접가압식과 간접가압식이 있다. 직접가압식은 파스칼의 원리를 이용하여 저압의 펌프로 넓은 면적으로 가압하고 식품이 있는 쪽은 좁게 만들어 압력을 증폭하여 가압한다 **그림 4-37**. 이 방법은 빠르게 가압할 수 있으나 고압의 밀봉의 문제 때문에 산업용 기계는 제작이 어렵다. 간접가압방식은 고압액체를 이용하여 가압하는 방식으로 가압매체의 온도조절을 할 수 있다.

가압하기 위한 식품은 유연성이 있는 멸균 포장재에 포장한 후 상온에서 4,000~6,000기압(400~600MPa)으로 10~30분간 가압한다. 식품은 고압에 의하여 미생물의 사멸과 효소의 불활성화가 일어나서 저장기간이 증가하며, 단백질과 다당류의 변화가 일어난다. 그러나 가열살균과 달리 영양소의 파괴는 거의 나타나지 않는다. 물을 가압하는 경우 부피의 변화는 거의 없으나 100MPa당 약 3°C가 상승하며, 물분자의 이온이 생성된다. 또한 207.5 MPa에서는 빙점이 -22°C로 내려가나 1,000MPa에서는 상온에서 얼음이 언다.

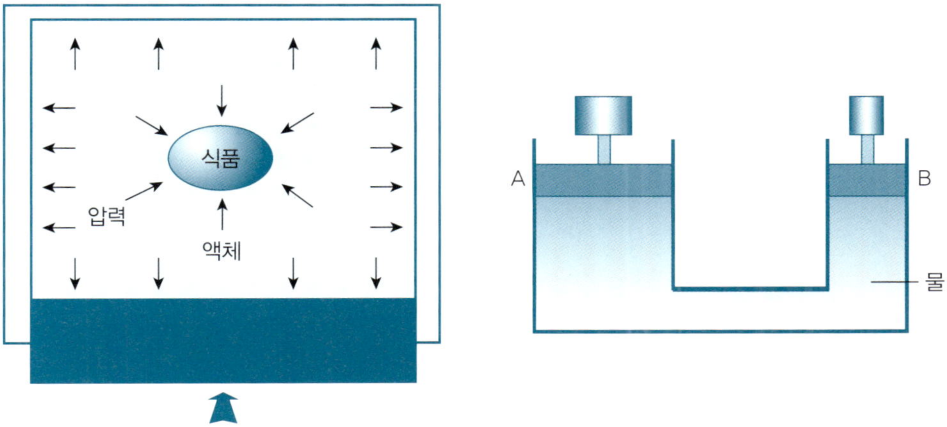

(a) 식품 가압 원리　　　(b) 파스칼의 원리

그림 4-37 고압처리기술 원리와 기기

이러한 물의 변화 때문에 이온의 분포가 변화하며 단백질의 변성이 유발된다. 대장균의 경우 약 200MPa까지는 거의 영향이 없다가 300MPa 이상이 되면 급격한 사멸이 시작되며, 400MPa가 되면 10분 만에 초기균수(10^6~10^7cfu/mL)의 10^{-6}으로 감소된다. 그러나 *Bacillus cereus*의 포자는 600MPa까지도 거의 사멸되지 않는다. 그람음성인 *Vibrio parahaemolyticus*는 200MPa에서 20분 만에 초기균수의 10^{-6}으로 감소되나, *E. coli* O157:H7은 700MPa에서 13분간 가압하여야 초기균수의 10^{-6}으로 감소된다. 일반적으로 그람음성 세균의 세포벽 구조가 복잡하기 때문에 가압에 약하다. 그러나 그람양성인 *Listeria monocytogenes*는 340MPa에서, 그리고 *Staphylococcus aureus*는 400MPa에서 20분간 가압하여야 초기균수의 10^{-6}으로 감소된다.

또한 초기균수가 적을수록 성장기exponential phase의 미생물이 압력의 영향을 많이 받으며, 같은 균종 간에도 많은 차이가 있다. 또한 상온에서 가압보다 40°C로 온도를 올리거나 0°C 이하로 낮추어 가압하는 경우 미생물 사멸효과가 증대된다. 미생물 사멸은 일반세균법 등의 생균수를 계수하므로 가압 후 즉시 계수하는 경우와 재생기간을 둔 계수에는 차이가 있다. 그러나 이러한 재생기간은 가하는 압력에 따라 다르다.

가압에 의한 식품의 화학적 변화는 100~200MPa에서 단백질의 4차 구조(subunit 간의 결합)의 변화가 있으며, 300MPa에서는 단백질의 unfolding 변성이 일어난다. 그 결과 단백질은 응고하며, 단백질의 농도와 압력이 충분하다면 단백질 젤이 형성된다. 그 결과 가열하지 않은 달걀을 가압만으로 젤로 만들 수 있다. 다당류, 박테리오파아지 및 인지질에서도 유사한 변화가 일어난다. 유지의 경우는 가압에 의하여 산화가 촉진된다. 또한 마이야르Maillard 반응에 의한 갈변은 저해된다.

5) 포장

(1) 포장의 중요성

오늘날 대부분의 식품은 포장된 형태로 소비자에게 공급된다. 심지어 소비자에게 포장되지 않은 상태로 판매되는 과일류 및 채소류도 포장된 상태로의 유통을 필요로 한다. 포장packaging의 주된 기능은 취급, 유통, 저장 중에 식품의 품질저하에 영향을 줄 수 있는 여러 가지 위해요소로부터 제품을 보호하는 것이다. 또한 포장은 제품의 판매 및 마케팅에 있어서 중요한 역할을 담당한다. 즉 포장을 식품가공 및 저장에 있어 없어서는 안 되는 절대 필요한 요소로 보는 시각이 필요하다. 포장의 목적을 충족시키기 위해 사용하고 있는 포장재료로는 종이류, 셀룰로오스 필름, 합성고분자 필름, 플라스틱 용기, 유리, 금속, 도자기류, 직물, 목재 등이 있다. 그러나 포장의 목적을 달성하기 위해서는 한 가지 종류의 포장재료로는 충족시킬 수 없기 때문에 두 가지 이상의 포장재료를 혼합하여 사용하는 것이 일반적이다. 식품가공 및 저장방법의 성공은 적당한 포장에 의존한다. 예를 들면 열처리 공정을 거친 식품의 미생물로부터의 오염 방지나 건조된 식품의 수분 흡습으로부터의 보호 등은 포장을 통해 가능하다. 포장재료의 선택은 기술적인 측면과 경제적인 측면을 고려하여 제품개발 초기단계에서 고려해야 하는 것이 필수적이다. 식품의 보호와 판매를 위해 사용되는 포장재료는 소비자의 건강을 해치는 일, 즉 포장재료로부터 해로운 물질이 식품으로 이행되어서는 안 된다. 또한 포장은 소비자가 사용하기에 편리해야 하며, 포장으로부터 내용물을 쉽게 이용할 수 있어야 한다.

한편, 포장은 환경적인 문제와 밀접한 관련이 있다. 식품의 가공 및 저장을 위해 사용되는 포장재료를 제조하기 위해서는 에너지가 필요하며, 공기 중으로 바람직하지 않은 화합물이 배출될 수 있기 때문이다. 포장재료의 폐기문제, 특히 생분해되지 않는 것은 거대한 문제이기 때문에 이를 해결하기 위한 다양한 측면에서의 노력이 필요하다. 포장재료의

표 4-13 식품 포장재료의 구비조건 및 기능

구비조건	특성
위생성	•무해, 무미, 무취, 무독 등 •물리적 강도 : 인장강도, 파열강도, 신장률, 압축강도, 완충성 등
보호성	•차단성 : 방습 및 방수성, 산소 차단성, 보향성, 단열성 등 •안정성 : 내유성, 내산성, 내알칼리성, 내열성, 내한성, 완충성 등
편리성	취급 용이성(개봉 및 휴대 용이), 내용물 유출 용이성 등
작업성	열접착성, 미끄럼성(적절한 마찰계수), 열수축성, 비대전성, 기계적응성 등
상품성	인쇄적성, 광택성, 투명성 등
경제성	생산성, 수송 및 보관 용이성, 가격, 적정 포장
환경성	재사용 및 재활용성, 낮은 유해물질 방출성

재사용이나 재활용은 환경적인 측면에서 생각해 볼 수 있는 긍정적인 방법일 것이다. 식품 포장재료가 갖추어야 할 항목 및 기능을 **표 4-13**에 요약하여 나타내었다.

(2) 식품 포장재료의 선택에 미치는 영향인자

① 기계적 손상

신선식품과 가공식품은 기계적인 손상의 영향을 받기 쉽다. 식품의 기계적인 손상은 유통 과정 중의 취급 부주의, 수송 중의 진동에 의한 충격, 적재된 포장의 하중에 의한 압착 등에 의해 발생할 수 있다. 제품에 맞는 적합한 포장은 이러한 손상의 발생빈도나 손상 크기 등을 감소시킬 수 있다. 물론 포장 자체가 해답의 전부는 아니다. 적절한 취급과 유통과정, 장치 등이 또한 필요하다. 충분한 강도와 견고성을 갖춘 포장재질의 선택은 하중에 의한 손상을 줄일 수 있다. 금속, 유리, 단단한 플라스틱이 1차 또는 소비자 포장에, 섬유판과 목재 등이 2차 또는 외부포장에 사용될 수 있다. 포장에 완충재의 병행 사용은 충돌, 충격, 진동으로부터 제품을 보호할 수 있으며, 골판지, 판자, 발포플라스틱 등이 사용된다. 또한 수축포장재 사용에 의한 제품의 움직임 방지는 기계적인 손상 정도를 감소시킬 수 있다.

② 투과성

포장의 내부 또는 외부로 수증기, 기체(산소, 이산화탄소, 질소, 에틸렌) 및 휘발성 성분의 투과속도는 필름, 라미네이트, 코팅 종이 등의 선택에 있어 매우 중요한 인자이다. 상대적으로 높은 수분함량을 가진 식품(육류, 치즈 등)은 대기 중으로 수분을 잃어버리기 쉽다. 이로 인하여 무게 감소, 외관 및 조직감의 변화가 발생한다. 또한 낮은 수분함량을 가진 식품(비스킷, 스낵, 김, 분말 조미료, 케이크믹스 등)은 습도가 높은 환경에서 수분을 흡습하여 덩어리를 형성하거나 바삭함을 상실하게 되며, 특정 수분활성도 이상에서는 미생물의 증식이 일어날 수 있다. 따라서 포장재질은 낮은 수분투과성과 우수한 접착성을 갖춘 재질이 사용되어야 한다. 반대로 신선한 과일과 채소류는 수확 후에도 호흡이 계속해서 일어나는 특성을 갖고 있다. 호흡은 산소를 소비하고 수증기, 이산화탄소 및 에틸렌을 생성하기 때문에 포장재 내부의 상대습도 증가를 일으킨다. 즉 포장재 외부로 수증기의 투과가 일어나야 하며, 이런 경우 수증기에 대한 반투과성semipermeable의 포장재질이 사용되어야 한다.

많은 식품의 유통기한은 포장재 내의 산소농도를 낮춤으로써 연장될 수 있다. 진공포장, 이산화탄소 또는 질소를 이용한 가스치환포장을 통해 포장재 내부의 산소를 제거할 수 있다. 치즈, 건조육, 달걀과 커피분말, 분유 등이 여기에 해당한다. 물론 포장재질은 낮은 기체투과성과 우수한 접착성을 갖추어야 한다.

호흡이 가능한 식품을 밀봉 가능한 용기에 포장한다면, 호흡이 진행됨에 따라 산소 농도는 감소하고 이산화탄소 농도는 증가할 것이다. 일정기간이 경과한 후 포장재 내부의 산소 농도가 2% 이하가 되면 혐기적 호흡이 일어나 빠른 부패가 발생하게 될 것이다. 포장재 내부의 이산화탄소 농도의 영향은 제품에 따라 다양하게 나타날 수 있기 때문에 산소 농도와 이산화탄소 농도의 투과속도를 고려한 제품에 적합한 포장재질의 선택이 필요하다. 호흡하는 과일은 에틸렌을 생성하여 숙성을 촉진시키는 역할을 수행하기 때문에 에틸렌에 대한 적당한 투과성을 지닌 포장재질을 사용해야 한다. 특히 호흡속도가 매우 큰 경우에는 미세천공microperforated 필름이 이용되기도 한다. 커피 같은 향의 보유가 중요한 품질요소인 식품의 경우 휘발성 성분의 차단성이 우수한 포장재질을 선택해야 한다. 수증기에 대한 우수한 차단성을 갖고 있는 필름이라 하더라도 휘발성 성분에 대해서는 투과시킬 수 있음을 인식하는 것은 중요하다. 기체와 증기의 이동을 최소화하기 위하여 금속이나 유리 용기, 라미네이트 필름 등이 사용가능하다.

고분자 필름의 기체와 증기에 대한 투과도permeability, P는 식 (4)와 같이 정의된다.

$$P = \frac{q \cdot l}{A \cdot (p_1 - p_2)} \quad \cdots\cdots\cdots\cdots (4)$$

여기서 q는 단위시간당 필름의 면적(A)을 투과하는 증기나 기체의 양을, l은 필름의 두께를, p_1과 p_2는 포장재 내·외부의 부분압력을 의미한다. 수증기에 대한 필름의 투과도는 $gm^{-2}\ day^{-1}$로 표현되며, WVTRwater vapor transfer rate로 알려져 있다. 높은 투과도를 갖는 필름은 $200gm^{-2}\ day^{-1}$부터 $800gm^{-2}\ day^{-1}$ 이상을, 낮은 투과도를 갖는 필름은 $10\ gm^{-2}\ day^{-1}$ 이하의 WVTR을 나타낸다. 한편, 기체투과도는 $xcm^3m^{-2}\ day^{-1}$로 표현된다. 투과도가 큰 필름은 $1{,}000cm^3m^{-2}\ day^{-1}$에서 $25{,}000cm^3m^{-2}\ day^{-1}$ 이상의 값을, 낮은 투과도의 필름은 $10cm^3m^{-2}\ day^{-1}$ 이하의 값을 나타낸다.

③ 내유성

지방질 식품의 경우, 포장재 밖으로 기름이 빠져나가 외관을 상하게 하고 인쇄나 장식에 영향을 주는 것을 막을 필요가 있다. 초콜릿과 우유분말 같은 지방질 식품은 내유성 종이(양피지)에 의해 건조상태를 유지할 수 있다.

④ 온도

식품이 포장된 상태로 냉각이나 열처리될 때 포장재는 온도변화를 견뎌야 한다. 지난 수십 년 동안 금속과 유리용기가 레토르트 식품에 사용되어 왔으나, 최근에는 내열성 라미네이트 필름이 개발되어 사용되고 있다. 몇몇 포장필름은 낮은 온도에 노출될 때 부서지기 쉬운 특성을 갖고 있어 냉동식품에 부적합하다. 또한 포장재에 미치는 온도는 온도 그 자체도 중요하지만 온도변화 속도 또한 중요한 인자이다. 예를 들면 유리용기의 파열을 피하기 위해 느린 냉각과 가열이 필요하다. 가열방법 또한 포장재질의 선택에 중요한 요소이며, 최근에는 마이크로파에 의해 가공되거나 가열될 수 있는 많은 새로운 포장재가 개발되었다.

⑤ 빛 차단성

식품의 구성성분 특히 지방질, 비타민, 색소는 빛에 노출될 때 산화, 파괴, 변색 등을 일으켜 품질저하를 일으킨다. 빛을 통과시키지 않는 포장재의 상용이 필요하나, 내용물이 보여야 하는 경우에는 단파장을 차단하는 색을 입힌 포장재가 사용되기도 한다. 호박색의 유리병이 이런 기능을 하며 색소를 첨가한 플라스틱 병 등이 사용되기도 한다.

⑥ 포장재질과 내용물의 화학적 양립성(compatibility)

식품포장 재질은 내부에 함유하고 있는 유해물질이 내용물로 전이되어 소비자에게 건강상의 해를 일으켜서는 안 된다. 유연포장필름의 경우 고분자 형성을 위해 사용되는 단위체monomer뿐만 아니라 제조과정 중에 여러 가지 목적을 위해 첨가되는 안정제, 가소제, 색소 등을 함유할 수 있다. 이러한 포장재질로부터 식품으로 화학물질이 이행될 수 있으나, 시간경과에 따른 자연적인 이행은 전이되는 정도가 작을 경우 그 물질에 대한 탐색은 매우 어려운 일이다. 많은 국가에서 촉진제를 사용한 분석기술 확립으로 측정시간을 단축하고 있다. 여러 유연포장재 중 PVCpolyvinylchloride의 단위체인 VCMvinyl chloride monomer의 전이에 대한 관심은 대단히 높다. 소비자에게 건강상의 해를 주는 경우와는 별도로 포장재질과 식품의 상호작용은 식품의 유통기한과 품질 및 포장의 온전성에 영향을 줄 수 있다. 예를 들면 산성을 나타내는 과일과 주석 캔의 반응으로 인한 수소기체의 발생으로 팽창 및 과일의 표백을 야기할 수 있다. 이러한 문제의 발생은 주석 캔 내부를 산에 내성을 지닌 도료로 코팅처리할 경우 막을 수 있다.

⑦ 미생물, 곤충, 설치류에 대한 보호성

포장재 외부로부터 미생물에 대한 오염을 막는 것은 포장재의 중요한 기능 중 하나이다. 특히 살균된 식품의 경우 공정 후에 미생물에 오염되어서는 안 된다. 여러 가지 포장재료가 사용될 수 있으나 효과적인 밀봉이 가능해야 가공 및 저장 유통 중에 미생물의 오염을 방지할 수 있다. 온화한 기후조건에서 식품을 오염시키는 곤충은 주로 나방, 진드기 등이다. 이들 곤충에 의한 오염방지는 청결한 위생상태 유지이다. 금속과 유리용기를 제외한 포장재는 곤충의 오염을 완전히 막을 수 없다. 몇몇 곤충은 포장재를 뚫고 들어가 오염시킬 수 있기 때문이다. 일반적으로 두꺼운 필름은 곤충에 대한 저항성이 크며,

연신한 필름의 경우에는 무연신 필름류보다 저항성이 훨씬 증가하는 특성을 갖고 있다. 또한 금속박을 함유한 라미네이트는 곤충에 대한 우수한 저항성을 갖는다. 그러나 이들 포장재도 설치류에 의한 오염을 방지하는 데 기여하지는 못한다. 단지 강건한 금속용기만이 이들에 대해 저항성을 제공한다.

(3) 식품포장용 포장재질과 용기

① 종이 및 판지 제품류

종이류 종이는 다양한 원료물질로부터 만들 수 있으나 거의 모든 식품포장용 종이는 나무로부터 제조된다. 몇몇 종이류와 판지류는 고지repulped waste paper로 만들어져 위생성에 문제가 있기 때문에 식품과 직접적으로 접촉해서는 안 된다. 종이류와 판지류 제조의 첫 번째 단계는 나무원료를 펄프화하는 것이다. 기계펄프는 나무의 구성성분인 셀룰로오스, 리그닌, 탄수화물, 수지, 검류 등을 함유한 상태의 펄프로 화학펄프에 비하여 약하고 매끄럽지 못한 종이류가 제조되는 것이 특징이다. 화학펄프는 알칼리성용액이나 산성용액에서 나뭇조각을 처리한 후 세척하여 얻는다. 이 화학펄프는 셀룰로오스 이외의 다른 구성성분들이 용해되고 세척되는 과정 중에 제거되어 보다 순수한 형태의 셀룰로오스를 함유한다. 어떤 경우에는 화학펄프에 기계펄프를 첨가하여 종이를 제조하지만 이런 경우 보통 식품과 직접 접촉하는 경우 사용하지 않는다. 종이의 강도와 밀도는 주로 기계적 처리 정도에 따라 결정되며, 종이펄프는 종이로 전화되기 전 여러 단계의 정제조작을 거쳐야 한다. 식품포장에 사용하는 종이의 형태는 아래와 같다.

- 크라프트지Kraft paper : 황산sulfate 펄프로 만들며, 낱포장이나 소화물 포장 또는 다층(2~6겹)으로 단일포대를 만들어 과일, 채소, 곡물, 설탕, 소금 등을 25kg까지 포장할 수 있는 다목적 종이이다.
- 아황산지Sulfite paper : 산성용액에 침지된 펄프로부터 만들어지며, 크라프트지보다 강도가 약하다. 작은 봉지로 만들어 설탕, 가루, 커스터드 분말 포장에 사용된다.
- 내유지Greaseproof paper : 아황산sulfite 펄프로부터 만들어지며, 강한 기계적 처리가 수반된다. 건조과정 중에 내유성의 특성을 갖게 되는 종이이다.
- 글라신지Glassine paper : 내유지 표면의 광택처리에 의해 제조되며, 내수성이 우수하다.

- 황산지Vegetable parchment : 화학펄프로 만든 종이를 황산용액에 침지 후 세척, 중화, 건조과정을 통해 만들어지며, 산에 의해 종이 표면층이 용해되어 다공성이 감소한다. 내유성이 있으며, 습한 환경에서 내유지보다 강도를 유지하는 성질이 좋아 버터, 마가린, 채소, 과일, 약재 등의 포장에 사용된다.
- 박엽지Tissue paper : 가볍고 열린 구조를 가지며, 과일의 표면 보호와 완충용으로 사용된다.
- 강화지Wet-strength paper : 종이제조 과정 중 가교제가 첨가되어 습한 조건에서 강한 강도를 유지한다. 식품과 직접 접촉에 의한 사용이 안 되며, 주로 외포장에 사용된다.
- 코팅지Coated paper : 열접착성, 수분 및 기체 차단성, 긁힘에 의한 손상 방지를 위해 왁스, 합성고분자(특히 폴리에틸렌) 등에 의해 코팅되어 제조된다.

판지류 판지paperboards는 종이와 같은 원료로 만들어지나, 보통 다른 특성을 지닌 펄프를 사용하여 2가지 이상의 층으로 구성되며 300~1100μm 두께의 종이이다.

- 칩보드Chipboard : 화학펄프, 기계펄프, 재생펄프의 혼합물로부터 제조되어 강도가 약하며, 라이너liner로 사용된다. 일반적으로 포장된 식품의 외포장용으로 사용된다.
- 양면지Duplex board : 화학펄프와 기계펄프의 혼합물로부터 제조되며, 화학펄프의 양면에 기계펄프를 덧붙여 만든다. 냉동식품, 비스킷 포장 등에 사용된다.
- 코팅지 : 왁스 또는 합성고분자(polyethylene, polyvinylidene chloride, polyamide)로 코팅하여 제조되며, 보통 액체식품이나 지방질 식품의 포장에 사용된다.

골판지 골판지corrugated fiberboard는 라이너지에 골심지가 접착된 형태의 구조에 따라 편면골판지(라이너/골심지), 양면골판지(라이너/골심지/라이너), 이중양면골판지(라이너/골심지/라이너/골심지/라이너), 삼중양면골판지(라이너/골심지/라이너/골심지/라이너/골심지/라이너)로 나뉜다 **그림 4-38**. 일반적으로 골심지가 늘어날수록 강도가 증가하며, 골심지는 A(104~125골/m), B(150~184골/m), C(120~145골/m) 및 E(275~310골/m)로 분류된다. 골심지는 상자 제조 시에 완충작용을 하며, E는 작은 상자 제조에 사용된다. 골판지로 제조된 상자는 상자 적재 시에 그 하중에 견딜 수 있도록 알맞은 압축강도를 갖게 설계되어야 붕괴에 따른 내용물의 파손으로부터 벗어날 수 있다. 또한 상자 내면을 왁스나 합성고분자로 코팅하여 농수축산물의 원료 포장에도 사용할 수 있다.

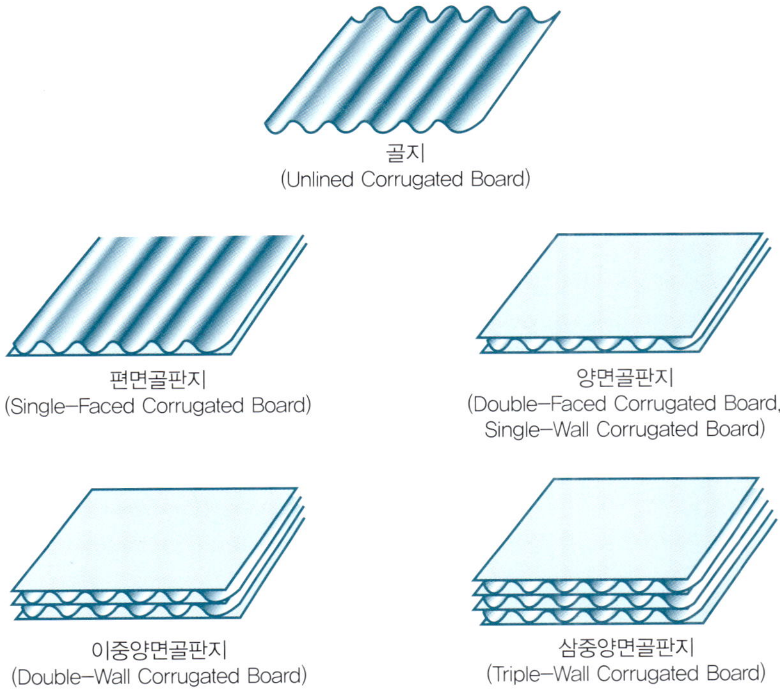

그림 4-38 골판지의 구조 및 종류

지관 일반적으로 지관composite container은 판지로 이루어진 원형의 몸통에 금속이나 플라스틱이 밑면과 윗면에 결합된 구조를 이루며, 우수한 차단성이 요구되어 코팅되거나 알루미늄 포일이 라미네이트된 판지가 사용된다. 직경 200mm 이하의 작은 지관은 소금, 후추, 커스터드 분말, 초콜릿 음료, 냉동과일주스의 포장에 사용되며, 큰 지관인 일명 파이버 드럼fiberboard drum은 우유분말, 유화제, 조리용 지방 등의 포장에 사용된다.

② 나무용기(wooden container)

저장이나 수송 중 큰 기계적 강도가 요구될 때 외포장용으로 사용된다. 나무드럼과 배럴barrel은 액체의 포장, 특히 고급 와인이나 주정 제조를 위해 사용된다. 나무상자는 어류, 과일, 채소류 등에 제한적으로 사용된다.

③ 필름류

포장필름은 비섬유상의 재질로 이루어진 0.25mm 이하의 두께를 지닌 연속상의 시트로, 유연하고 투명하며 어느 정도까지 열가소성의 성질을 가진다. 재생 셀룰로오스를 제외한 대부분의 필름은 두 가지 이상의 고분자의 혼합물로 이루어져 있으며, 이들 고분자들은 특별한 기능을 갖도록 다른 물질(가소제, 안정제, 색소, 항산화제, 미끄럼제 등)들이 첨가되어 제조된다. 일반적인 필름제조방법은 아래와 같다.

- 압출성형extrusion : 가장 일반적인 고분자필름 제조방법으로 고분자와 첨가제의 혼합물을 압출기 내에서 가열하여 녹여 틀die 사이로 강제로 밀어내고 냉각과 더불어 잡아당겨 필름의 두께 조절이 가능한 방법이다. 이 방법은 두 가지 서로 다른 재질을 함께 압출coextrusion하여 라미네이트를 만들 수 있다.
- 캘린더링calendering : 고분자와 첨가제의 가열된 혼합물을 여러 개의 가열된 롤러 사이로 통과시켜 점진적으로 투명성을 감소시킨 후 냉각된 롤러 사이로 통과시켜 필름을 형성하는 방법으로, 일부 polyvinylchloride, ethylenevinyl acetate와 ethylene-propylene의 copolymer 제조에 사용된다.
- 캐스팅solution casting : 플라스틱 재질과 첨가제를 용매에 녹이고 여과한 후 스테인리스 스틸 벨트 위로 가늘고 긴 구멍을 통해 용액을 부어 필름을 제조하는 방법으로 투명성과 광택성이 우수하다. 셀룰로오스 아세테이트와 에틸셀룰로오스가 제조된다.
- 연신orientation : 필름을 가열된 롤러 사이로 통과시켜 한쪽 방향 또는 직각의 두 방향으로 잡아당긴 후 다시 냉각롤러 사이를 통과시켜 연신하는 방법으로 강도와 내구력을 증가시킨 일부 필름류 제조에 적용하는 공정이다. 이 방법으로 제조된 필름은 강도의 증가뿐만 아니라 유연성 및 투명성도 증가하고, 일부의 경우에 동일한 무연신 필름보다 기체차단성이 우수한 특성을 나타낸다. 연신필름은 쉽게 찢어지나 열접착하기 어렵다. 폴리에스테르polyester, 폴리프로필렌polypropylene, 저밀도폴리에틸렌low density polyethylene과 폴리아미드polyamide가 주로 연신된다.
- 조사irradiation : 몇몇 열가소성필름의 조사는 C-C 결합의 가교를 일으켜 인장강도 및 열접착온도 범위의 증가, 수축성 향상에 도움을 준다. 폴리에틸렌 필름이 가장 일반적으로 사용된다.

재생 셀룰로오스 재생 셀룰로오스regenerated cellulose(셀로판)는 고분자필름과 달리 나무펄프로부터 만들어진다. 양질의 아황산펄프를 알칼리로 중화한 후 연속상의 시트를 만들고 탈황, 표백, 유연제 처리로 연화시킨 후 건조시켜 보통셀로판plain regenerated cellulose을 만든다. 이것은 투명종이transparent paper로도 알려져 있으며, 내유성이 있다. 투명하나 열접착성이 없고 건조상태에서는 기체차단성이 우수하나 습한 상태에서는 차단성이 감소하는 특성을 보인다. 보통셀로판은 기능적 특성을 개선하기 위하여 다양한 물질로 코팅되는데, 가장 일반적인 코팅물질은 니트로셀룰로오스nitrocellulose이다. 그러나 이것은 실제로 니트로셀룰로오스, 왁스, 수지, 가소제 및 다른 여러 물질의 혼합물로 구성되어 있다. 식품포장에 사용되는 종류는 다음과 같다.

- MSAT : 양면 니트로셀룰로오스로 코팅 → 수분 및 기체차단성 우수, 열접착성
- QSAT : 양면 니트로셀룰로오스로 코팅 → MSAT보다 수분차단성 약함, 열접착성
- DMS : 니트로셀룰로오스로 단면 코팅
- MXXT : 양면 코팅 공중합체 → 수분·기체차단성, 보향성 매우 우수, 강한 열접착성
- MXDT : 단면 코팅된 공중합체

* X와 XX : PVC와 PVdC의 혼합물

셀룰로오스 아세테이트 셀룰로오스 아세테이트cellulose acetate는 목화섬유 폐기물의 아세틸화 및 부분적으로 가수분해한 후 용매 캐스팅casting이나 압출성형에 의해 만들어지는 필름이다. 수분, 기체, 휘발성 성분의 투과성이 크기 때문에 주로 종이 용기의 창으로 사용된다.

폴리에틸렌 폴리에틸렌polyethylene, PE은 에틸렌이 산소가 거의 없는 고온, 고압에서 고분자화된 후 압출성형에 의해 필름으로 전환된다. 이 필름은 저밀도 폴리에틸렌LDPE(고압법 PE), 중밀도 폴리에틸렌MDPE(중압법 PE), 고밀도 폴리에틸렌HDPE(저압법 PE) 및 선상저밀도 폴리에틸렌LLDPE으로 분류된다. LDPE는 식품포장에 폭넓게 사용되며, 주 특성은 강도, 낮은 수분투과도, 강한 열접착성이다. 그러나 기체, 기름 및 휘발성 성분 등에 대한 차단성은 좋지 못하다. 자체로 파우치 형성이 가능하며, 또한 종이, 판지, 보통셀로판의 코팅에 사용되거나 다른 필름류와 라미네이트되어 사용된다. HDPE는 LDPE보다 강한 인장강도와 단단함을 가지며, 기체 투과성이 낮고 높은 온도에 잘 견딘다. 포장된 상태로 열처리되는 식품에 사용할 수 있다.

폴리비닐 클로라이드 폴리비닐 클로라이드polyvinyl chloride, PVC는 일정한 압력과 촉매

존재하에 아세틸렌 또는 에틸렌의 염소화chlorination에 의해 만들어지는 고분자로서 압출성형이나 캘린더링에 의해 제조되는 투명하며 부서지기 쉬운 필름이다. 가소제나 안정제의 첨가에 의해 유연성을 줄 수 있으나, 식품포장용 PVC는 소비자에게 해를 주지 않기 위하여 허가된 첨가제만 사용하여야 한다. 기계적 특성과 내유성이 우수하며, 식품에 사용되는 대부분의 PVC는 LDPE에 비하여 수분에 대한 차단성이 떨어지나 기체 및 휘발성 성분에 대한 차단성은 우수하다. 그러나 첨가된 가소제의 종류 및 양에 의해 기체, 수분 및 휘발성 성분의 투과성을 조절할 수 있다. 용접에 의한 열접착이 가능하며, 연신할 경우 열수축성이 있어 랩으로 사용되고 있다.

폴리비닐리덴 클로라이드 폴리비닐리덴 클로라이드polyvinylidene chloride, PVDC는 촉매 존재하에 비닐클로라이드vinyl chloride, VC의 과다한 염소화에 이은 고분자화에 의해 제조된다. 폴리머 자체는 견고하고 부서지기 쉬워 유연필름으로 사용하기에 부적합하여 식품포장재로 사용되기 위해서는 PVC와의 공중 합체 형성이 필요하다. 압출성형에 의해 형성된 공중합체 필름은 기계적 특성이 우수하며 수분, 기체 및 휘발성 성분에 대한 차단성이 매우 뛰어나다. 또한 내유성과 열접착성을 갖는다. 상대적으로 높은 온도에 대한 저항성이 커 레토르팅이나 핫충전hot filling이 가능하며, 연신할 경우 강도와 차단성이 향상되고 뛰어난 열수축성을 보인다. PVDC/PVC 공중합체 필름은 육류와 가금류 같은 제품의 열수축포장에 사용되거나 라미네이트의 한 구성성분으로 사용될 수 있다.

폴리프로필렌 폴리프로필렌polypropylene, PP은 프로필렌의 저압고분자화에 의해 만들어지며 냉각된 롤러 사이로 압출되어 CPPcast polypropylene 필름이 된다. CPP는 저온에서 부서지기 쉬운 특성을 제외하고는 기계적 특성이 좋고, 수분과 기체차단성이 HDPE에 비하여 우수한 편이다. 열접착성이 있으나 매우 높은 온도(170°C)이기 때문에 열접착을 쉽게 하기 위하여 일반적으로 PE 또는 PVDC/PVC 공중합체로 코팅된다. CPP는 PE와 유사하게 봉지의 형태로 사용된다. 연신폴리프로필렌oriented polypropylene, OPP은 CPP보다 특히 낮은 온도에서 기계적 특성이 좋고 얇은 두께의 필름으로 사용이 가능하며, 수분차단성이 우수하나 기체차단성이 좋지 못하다. OPP의 열접착성과 차단성을 향상시키기 위하여 PP 또는 PVDC/PVC 공중합체로 코팅처리를 하고 있다. 또한 열수축성이 있으며, 높은 온도에서 열에 안정하여 포장된 상태로 열처리가 가능하다. 다른 필름류와 라미네이트되어 식품포장에 다양하게 이용되고 있다.

폴리에스테르 식품포장에 사용되는 폴리에스테르polyester 필름은 폴리에틸렌 테레프탈레이트polyethylene terephthalate, PET로서 테레프탈산terephthalic acid과 에틸렌글리콜ethylene glycol의 축합반응으로 제조된다. 이 필름은 보통 이축연신 형태로 폭넓게 사용되는데, 연신한 PET는 좋은 인장강도와 얇은 두께가 특징이다. 또한 차단성과 열접착성을 개선하기 위하여 PE 또는 PVDC/PVC 공중합체로 코팅되어 사용한다. 넓은 온도범위에 안정하여 포장된 상태로 열처리가 가능하며, 금속을 입힌 PETmetallized PET는 기체 및 휘발성 성분의 차단성이 매우 우수하여 스낵 식품에 주로 사용된다.

폴리스티렌 스티렌stylene은 에틸렌과 벤젠의 반응에 의해 형성된 에틸벤젠의 탈수소 반응에 의해 형성되며, 저온의 촉매 존재하에서 고분자화된다. 폴리스티렌polystyrene, PS 필름은 압출성형에 의해 만들어지며 광택성이 우수하나 부서지기 쉬운 성질이 있다. 이 자체로는 식품포장에 유용하게 사용할 수 없어 이축연신 PSbiaxially oriented plolystyrene, BOPS로 전환시켜 사용한다. BOPS는 부서짐성이 작으며, 인장강도가 좋고 내유성이 있지만 상대적으로 증기 및 기체투과도 크다. 80~85°C에서 부드러워지는 성질이 있으나 0°C 이하의 낮은 온도에서도 안정하며, 열수축성이 있고 고주파 순간접착기로 접착이 가능하다. 필름의 형태로는 신선식품의 랩 포장 이외에 식품포장에 응용성이 적으나 성형용기(달걀케이스, 과일트레이, 휴대용 용기 등)의 재질로 폭넓게 사용되고 있다. 다양한 용도를 위해 에틸렌비닐 알코올EVOH 또는 PVDC/PVC 공중합체와 공압출된다.

폴리아미드 일반적으로 폴리아미드polyamides, PAs는 나일론으로 알려져 있으며, Nylon-6과 Nylon-12 두 종류가 있다. 필름은 압출성형 또는 캐스팅에 의해 만들어지며 기계적 특성이 우수하고 투명성이 뛰어나다. Nylon-6 필름은 수분투과도가 크지만 Nylon-12 필름은 투과도가 작다. 건조한 조건에서 기체, 휘발성분 및 기름에 대한 차단성이 우수하다. 매우 넓은 온도범위에서 안정하여 240°C에서 열접착이 가능하며, 수분을 흡습하여 1~2%의 변화를 일으킬 수 있다. 나일론 필름은 열접착성, 기계적 특성 및 차단성을 개선하기 위하여 다른 물질(PE, ionomer, EVA, EAA 등)들과 코팅, 공압출, 라미네이트하여 사용할 수 있다. 또한 이축연신하거나 금속코팅처리하여 이용할 수 있다. 육류제품, 치즈 및 조미료 포장 등에 사용된다.

폴리카보네이트 폴리카보네이트polycarbonate, PC은 포스겐phosgene과 다이페닐카보네이트diphenyl carbonate의 반응에 의해 형성되며, 필름은 압출 또는 캐스팅되어 만들어진다. 기계적 특성이 강하며 내유성이 있으나 기체 및 증기투과도가 상대적으로 높은 편이다. 넓은 온도범위(-70~130°C)에서 안정하여 포장상태의 열처리식품 및 냉동식품에 상용될 수 있으나 폭넓게 이용되고 있지 않다.

폴리테트라플루오로에틸렌 폴리테트라플루오로에틸렌polytetrafluoroethylene, PTFE은 플루오르화 수소산hydrofluoric acid과 클로로포름의 반응 후 열분해 및 고분자화에 의해 형성된다. PTEE 필름은 압출에 의해 만들어지며, 기체 및 증기에 대한 투과도가 낮고 내유성이 있다. 넓은 온도범위(-190~190°C)에서 안정하여 마찰계수가 매우 작다. 식품포장에 폭넓게 사용되고 있지 않으나 레토르트 식품이 기체차단성이 요구되는 동결건조식품 등에 사용이 가능하다. 조리용기의 코팅제와 열접착제로 사용되고 있다.

아이오노머 아이오노머ionomers는 PE 같은 고분자에 존재하는 공유결합뿐만 아니라 이온결합으로 형성되며, 반응에 금속이온이 참여한다. LDPE에 비하여 견고성, 내유성 및 puncturing에 대한 저항성이 우수하나 수분투과도가 큰 편이다. 다른 필름류(PC, PET) 등과 라미네이트되어 치즈와 육류제품 포장에 폭넓게 사용되고 있다.

에틸렌비닐 아세테이트 공중합체 에틸렌비닐 아세테이트 공중합체ethylene-vinyl acetate copolymers, EVAs는 폴리에틸렌과 비닐아세테이트의 고분자화에 의해 형성된다. LDPE에 비하여 충격강도가 크고, 넓은 온도범위에서 열접착이 가능하나 수분 및 기체 투과도가 높다. EVA는 에틸렌에틸아세테이트ethylene-ethyl acrylate, EEA, 에틸렌아크릴산ethylene-acrylic acid, EAA과 같은 계열의 물질로서 PE, PP 등과 라미네이트되어 식품포장에 주로 사용된다. EVA는 밀착성이 우수하여 PVC를 대체해 밀착 랩포장에 사용될 수 있다.

④ 금속코팅 필름(metallized films)

많은 유연포장필름에 1μm 이하의 두께로 금속이 코팅되어 사용되고 있다. 처음에는 장식의 목적으로 사용되었으나, 지금은 수분 및 기체에 대한 차단성(거의 100%)을 위하여 필름류에 금속을 코팅처리하였으며, 스낵식품의 포장에 폭넓게 사용되고 있다. 코팅처리는 보통 금속을 매우 낮은 압력(약 10^{-4}Torr, 0.13 Pa)이 유지되는 공간에서 1500~1800°C로 열처리하여 기화시켜 필름에 증착시킨 후 냉각된 롤러 사이를 통과시키는 작업이다.

PET, PP, PA, PS, PVC, PVDC, 셀로판 등에 금속이 코팅되어 이용되고 있다.

⑤ **라미네이트(flexible laminates)**

단일필름이나 종이가 제품의 보호에 부적합할 때 이를 충족시키기 위하여 서로 다른 기능을 가진 두 종류 이상의 필름이 접착되어 사용된다. 라미네이트에는 종이류, 필름류, 알루미늄 포일 사용이 가능하다. 라미네이트에서 종이류의 견고성은 기계적 충격에서 기체 및 수분 차단성이 뛰어난 포일을 보호하고 표면의 인쇄를 가능하게 한다. 또한 필름은 차단성에 기여할 뿐만 아니라 열접착성과 라미네이트의 강도를 증가시키는 역할을 수행한다. 라미네이트는 종이/종이, 종이/필름, 필름/필름, 종이/포일, 필름/포일, 종이/필름/포일 등 다양하게 형성될 수 있다. 라미네이트층 사이를 접착할 때나 라미네이트층들의 수분투과도가 클 때는 친수성 접착제를, 반대의 경우에는 친유성 접착제를 사용해야 한다. 또한 하나의 층 이상이 열가소성이 있을 경우에는 가열된 롤 사이로 통과시켜 접착dry lamination시킬 수도 있다. 라미네이트로는 버터와 마가린의 랩 포장을 위한 황산지/포일, 진공포장된 치즈, 조리된 육류를 위한 MXXT셀로판/PE, 우유와 과즙상자를 위한 판지/포일/PE, 커피포장을 위한 PET/PE, 레토르트 식품을 위한 PET/포일/PP 또는 PET/포일/HDPE 등이 이용되고 있다.

⑥ **열접착 장치**

열가소성 필름이나 열가소성은 없으나 코팅처리나 라미네이트하여 열접착성을 부여한 포장재는 전기가열접착기hot bar, resistance sealer에 의해 접착이 가능하며, 포장재의 두께에 따라 온도, 시간, 압력을 조절하여 사용한다. 열가소성 포장재는 주로 고주파순간접착기impulse sealer와 연속포장을 위한 밴드접착기band sealer가 이용되고 있다.

⑦ **필름을 이용한 포장방식**

식품포장에서 필름류와 라미네이트 필름류는 보통 롤에 감긴 후 포장기계에 연결되어 이용된다. 포장재는 일명 형성-충진-접착form-fill-seal, FFS 시스템으로 알려진 포장기계에서 파우치 형태로 전환된 후 내용물이 충진되고 접착된 후 절단되어 컨베이어에 의해 다음 작업으로 이동된다. 연속적인 포장재의 접착은 주로 포장기계에서 보조장치를 통해 일정한 형태로 전환되어 4면 접착 그림 4-39, 그림 4-40과 삼면 접착 그림 4-41, 그림 4-42에 연속적으

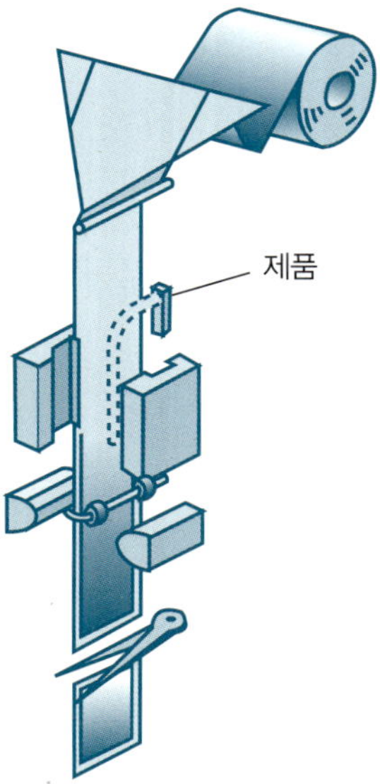

그림 4-39 접착용 수직형 FFS(form-fill-seal)
자료 : Paine, 1992

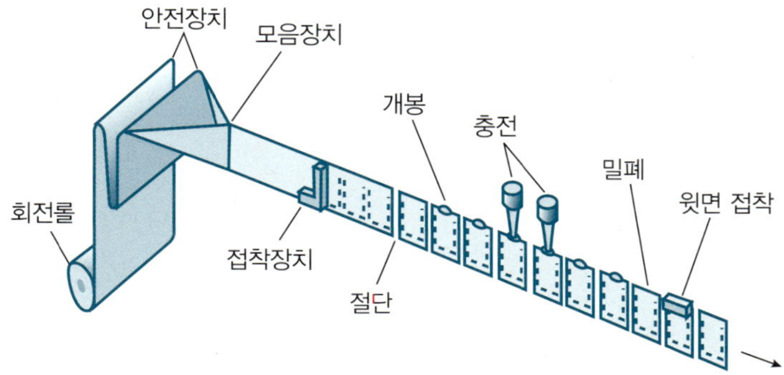

그림 4-40 접착용 수평형 FFS 기계
자료 : Paine, 1992

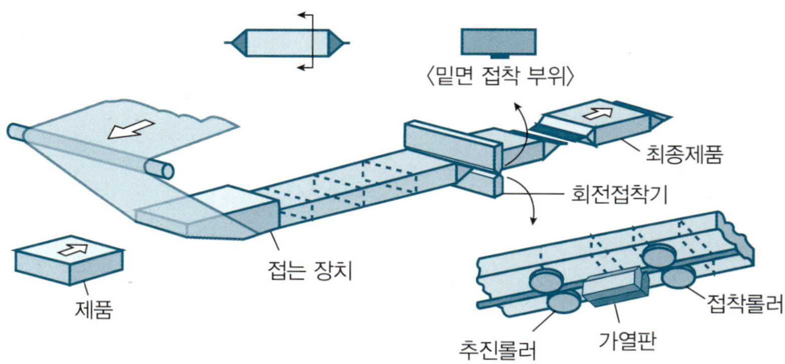

그림 4-42 필로우팩(pillow pack)용 수평형 FFS 기계
자료 : Paine, 1992

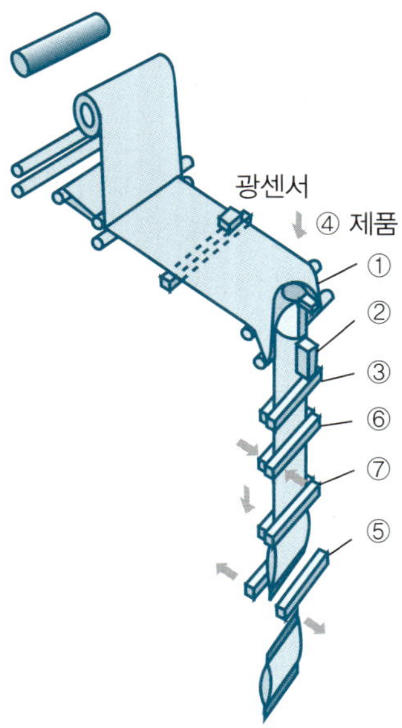

그림 4-41 필로우팩(pillow pack)용 수직형 FFS 기계
자료 : Paine, 1992

로 이루어진다. 포장재질은 유연하고 얇으며 미끄럼성이 우수하고 강한 열접착성이 있어야 한다. 필로우 포장pillow pack이 포장재질의 사용 측면에서 봉지sachet 방식보다 경제적이다.

⑧ 플라스틱 용기

열가소성 포장재질은 견고한 플라스틱 용기의 제조에 사용될 수 있다. 주로 LDPE, HDPE, PVC, PP, PET, PS 및 아크릴 플라스틱(polyacrylonitrile, acrylonitrile-butadiene-styrene·ABS)이 사용되며, 열경화성 재질인 urea formaldehyde가 유리병이나 플라스틱용기의 스크루캡 마개 제조에 사용된다. 플라스틱 용기는 제 방법에 따라 압축공기를 불어넣는 방식의 블로성형blow molding, 용해시킨 플라스틱을 금형으로 주입시키는 주입식 성형injection molding, 열경화성 플라스틱을 사용하는 압착성형compression molding 등으로 분류된다.

⑨ 금속재료 및 용기

식품포장에 사용되는 금속재료는 알루미늄, 양철판 및 크롬코팅스틸electrolytic chromium-coated steel, ECCS이다.

알루미늄 포일 알루미늄 포일은 알루미늄 덩어리를 여러 번 롤 사이를 통과시켜 두께를 0.15~0.007mm까지 감소시켜 얻으며, 1% 이하의 실리콘, 철, 구리, 크롬, 아연 등을 함유한다. 포일은 대부분의 식품과 반응성이 없으며, 무미, 무취 재질이지만 산 또는 염분 함유 식품과 접촉할 때는 니트로셀룰로오스나 다른 고분자들로 코팅되어 사용된다. 두께가 얇아 기계적 강도가 약하지만 기체 및 수분차단성이 우수하여 다른 재료와 코팅 또는 라미네이트되어 차단성이 필요한 거의 모든 식품류에 사용되고 있다.

양철판 양철판tinplate은 식품포장캔에 사용되는 가장 공통적인 금속물질로서 0.50~0.15mm의 두께를 가지며 스틸판 양면에 주석으로 코팅된 구조를 갖고 있다 그림 4-43. 양철판에서 산성식품은 주석을 용해하여 시럽 속으로 유리시켜 변색을 야기하며, 안토시아닌과 반응하여 색을 잃어버리게 한다. 황 함유식품의 경우 황과 주석이 반응하여 캔 내면에 흑변을 일으킬 수 있다. 이러한 이유로 여러 종류의 에나멜이 식품과 양철판 성분들 사이에 반응이 없도록 판 내면을 코팅할 필요가 있다.

크롬코팅스틸 크롬코팅스틸ECCS은 종종 tinfree steel로 일컬어지는 식품용 캔 재료로서 코팅무게는 0.15g/m^{2}으로 양철판보다 훨씬 가볍다 그림 4-44. ECCS는 양철판보다 부

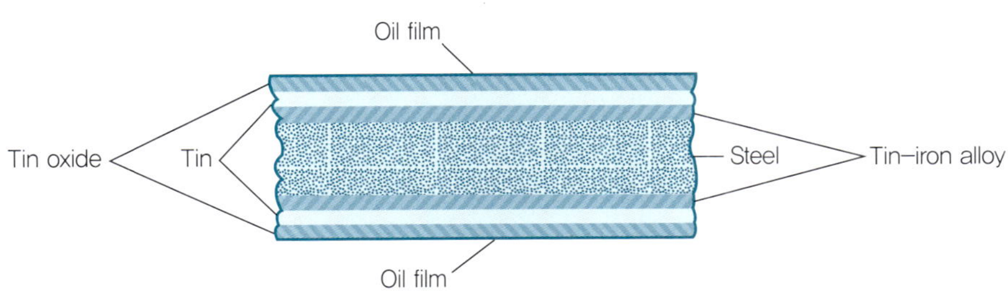

그림 4-43 양철판의 구조

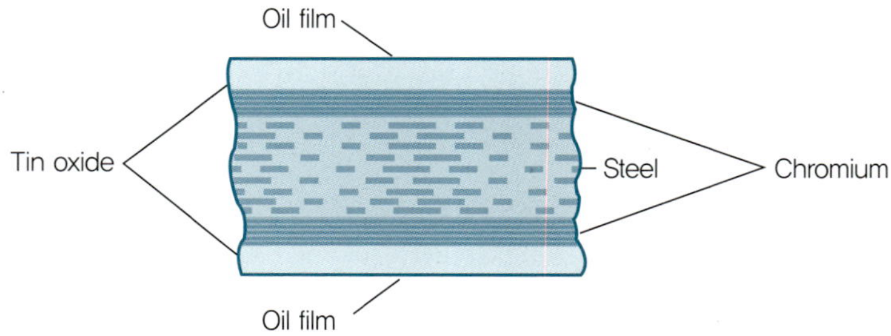

그림 4-44 크롬코팅스틸의 구조

식에 약하여 양면을 에나멜 코팅을 한 후 사용해야 한다. ECCS는 양철판보다 황과의 반응 및 약산에 더 안정적인 특성을 갖고 있다.

알루미늄합금 1.5~5.0%의 마그네슘을 함유한 견고한 알루미늄합금은 식품포장용 캔 제조에 사용되며, 양철판보다 기계적으로 약하지만 가벼운 장점을 갖고 있다. 그러나 양철판보다 부식에 약하여 식품에 적용되기 위해서는 다양한 에나멜로 코팅되어야 한다.

금속용기 금속캔은 전통적으로 원통형의 몸체body와 양 끝면으로 구성된 three-piece can으로 지금도 열처리가공 식품에 폭넓게 사용되고 있다. 몸체의 측면 밀봉은 용접welding이나 폴리아미드polyamide 접착제로 이루어지며, 양쪽 끝면은 이중권체기double seamer에 의해 이루어진다. 드론캔drawn can, DR can은 two-piece can으로 밑면과 몸체가 일체형이며, 권체기에 의한 윗면의 밀봉이 이루어진다.

유리병 용기 플라스틱 용기가 개발되었음에도 불구하고 유리병은 여전히 폭넓게 식품포장에 사용되고 있다. 유리는 식품과 반응성이 없으며, 기본적으로 투명하고 기체, 증기 및 기름투과성이 없다. 그러나 플라스틱용기에 비하여 상대적으로 무겁고 기계적 손상을 입기 쉬우며 온도변화에 민감하다. 자외선 차단용 유리병은 Fe^{3+}, Cr^{6+}, Ce^{3-} 등을 첨가하여 제조할 수 있어 빛의 차단을 필요로 하는 유지식품, 착색식품, 비타민 C 함유 식품 등에 효과적으로 사용할 수 있다.

(4) 공기성분조절 포장

공기성분조절 포장Modified Atmosphere Packaging, MAP은 포장재 내면의 공기를 접착 전에 사전에 결정된 공기조성으로 대체하여 포장하는 과정이다. 일단 포장되면 내부의 공기조성은 인위적으로 조절할 수 없으며, 저장하는 동안 호흡에 의해 공기조성이 변할 수 있다. 진공포장도 내부의 공기를 제거하는 포장방법이나 MAP의 분류에 포함되지 않는다. 트레이 함유 제품의 경우 공기를 제거한 후 밀봉 전에 혼합공기로 채워 포장하며, 파우치의 경우 혼합된 공기를 불어넣어 공기를 대체하고 포장작업이 이루어진다. 원예작물의 경우 호흡속도와 포장재질의 투과도에 따라 내부의 공기조성이 달라지지만, 일반적으로 산소 농도가 감소하고 이산화탄소 농도가 증가하게 된다. 상업적으로 공기성분 조절에 사용하는 기체는 산소, 질소, 이산화탄소이다.

이산화탄소는 물과 반응하여 탄산을 형성함으로써 식품의 pH를 낮추며, 또한 미생물, 주로 곰팡이와 몇몇 호기성 세균의 증식을 억제하는 효과가 있다. 포장육에서 젖산균은 이산화탄소에 저항성이 있어 호기성 부패균을 대체할 수 있으며, 대부분의 효모는 이산화탄소에 저항성을 갖고 있다. 그러나 식중독균을 포함한 혐기성균은 이산화탄소에 의한 영향이 거의 없다. 결과적으로 MAP제품도 잠재적으로 건강위해요소를 갖고 있는 것이며, MAP 제품의 안전성은 엄격한 온도조절에 있다고 할 수 있다. 곰팡이와 몇몇 그람음성의 호기성균*Pseudomonas* spp.은 5~50%의 이산화탄소 농도에서 억제되며, 일반적으로 높은 이산화탄소 농도는 높은 억제력을 갖는다. 이산화탄소에 의한 세균의 억제는 온도 감소에 따라 증가하는 경향을 보인다.

질소는 미생물 및 식품에 직접적인 영향은 없으나 산소를 대체하기 위해 사용되며, 지방의 산화를 억제할 수 있다. 또한 질소는 물에 대한 용해도가 낮기 때문에 이산화탄소가 식품에 용해되어 발생할 수 있는 MAP 포장의 수축을 막기 위해 사용된다.

산소는 미오글로빈의 산소화에 의해 적색 유지가 필요한 적색육에 사용되며, 흰살생선에서는 보툴리즘의 위험을 감소시키기 위해 MAP 포장에 사용된다. 이외에 일산화탄소의 경우 1% 정도의 낮은 농도에서 많은 세균, 효모, 곰팡이의 증식에 대한 항미생물 효과를 갖는 것으로 보고되고 있으나, 독성과 폭발성의 위험으로 인하여 상업적으로 사용되지 않는다. 이산화황은 몇몇 과일과 과즙의 곰팡이와 세균의 증식을 억제하기 위해 사용되고 있다. 아르곤, 헬륨, 크세논, 네온이 상대적으로 불활성 기체이기 때문에 일부 식품에 사용되고 있으나 기술적으로 사용해야 하는 장점은 명확하지 않다. MAP 포장에 사용되는 재질은 낮은 기체투과도를 가져야 하므로 보통 라미네이트되어 사용되며 보통

표 4-14 MAP 식품에 적용 가능한 권장 공기조성의 예

제품	공기조성(%)			제품	공기조성(%)		
	O_2	CO_2	N_2		O_2	CO_2	N_2
적색육 (쇠고기, 돼지고기)	70~80	20~30	-	조리 완제품 (ready meal)	-	30	70
생가금류 및 사냥새	0~20	30~40	60~70	파스타	-	50	50
절단 가금류	70~80	20~30	-	빵류	-	60~100	0~40
생어류 (저지방 백색)	30	40	30	경질치즈	-	100	-
생어류(지방질)	-	40	60	연질치즈	-	40	60
갑각류 및 연체동물	30	40	30	건조식품	-	-	100
조리 및 염지 육류	-	30~40	60~70	조리 채소류	-	30~40	60~70
조리 및 염지 어육	-	30~40	60~70	신선 과일, 채소류	5	5	90
조리및 염지 가금육		30~40	60~70	액체 식품 및 음료	-	-	100
탄산음료	-	100	-				

1기압하에서 산소투과도가 $15cm^3m^{-2}day^{-1}$ 이하여야 한다. MAP 식품의 권장 공기조성의 예는 **표 4-14**와 같다.

- 육류제품 : 신선한 적색육은 80% O_2, 20% CO_2 또는 70% O_2, 20% CO_2 10% N_2의 공기조성으로 2±1°C에서 7~12일의 유통기한을 유지할 수 있으나, 조리 또는 염지육은 경제적인 문제로 질소와 이산화탄소의 혼합기체로 포장된다.
- 어류 : 신선한 백색어류는 30% O_2, 40% CO_2, 30% N_2 또는 70% O_2, 20% CO_2 10% N_2의 공기조성으로 0°C에서 10~14일의 유통기한을 유지할 수 있으나, 5°C 이상에서는 보툴리즘의 위험 때문에 사용할 수 없다. 지방질 어류는 질소와 이산화탄소의 혼합기체로 포장된다.
- 과일류와 채소류 : 저장 중에 호흡으로 인하여 산소의 감소 및 이산화탄소의 증가가 일어나며, 2% 이하의 산소 농도에서는 혐기적 호흡으로 인한 부패가 발생한다. 각각의 과일류 또는 채소류에 맞게 수분 및 기체에 대한 적당한 투과도를 갖는 포장재를 선택해야 하는 어려움이 있다. 호흡속도가 매우 큰 과일류의 경우 포장재의 미세천공이 필요하다.

(5) 무균포장

금속용기의 무균포장Aseptic Packaging은 공정 전체에 과열증기superheated steam의 사용이 필수적이며, 빈 금속용기의 살균은 UHT 처리 내용물의 충진 및 포장작업 전에 약 260°C의 과열증기에 의해 이루어지며, 전체적인 공정은 무균유지 시스템하에서 진행되어야 한다. 유리용기와 몇몇 플라스틱용기의 경우도 이 과정에 의해 무균적으로 내용물의 충진이 이루어진다. 일명 테트라팩으로 알려진 종이상자(PE/종이/PE알루미늄포일/PE)는 우유, 과일주스 같은 UHT 제품에 폭넓게 사용되지만, 열 자체만으로 포장재를 멸균할 수 없어 열과 화학적 살균제가 병행처리되는 특징이 있다. 화학적 살균제는 35% 과산화수소가 90°C에서 내열성의 포장형성 미생물에 매우 효과적인 것으로 알려져 있다. 이외에 자외선살균법, 방사선조사법 등이 이용될 수 있다.

(6) 활성 포장

활성 포장active packaging은 제품의 유통기한을 연장할 목적으로 포장용기 안에 또는 포장필름으로 특정 첨가제를 혼입하는 것으로 정의된다. 이러한 첨가제는 외부환경에 대한 차단 역할보다는 저장 중에 내부에서 일어나는 변화에 대한 조절역할을 하기 때문에 '활성 포장'이라 한다. 활성 포장은 산소, 이산화탄소, 수분, 에틸렌 및 냄새 흡착제와 에탄올, 항산화제 및 방부제 방출기능 등을 수행한다. 이 포장방법의 목적은 유통기한 연장과 관능적 특성을 유지하기 위한 것인 동시에 영양적 품질유지 및 미생물에 대한 안전성 확보에 있다. 활성 포장의 적용 예는 **표 4-15**에 나타내었다.

포장식품의 유통기한은 여러 가지 내적인자(pH, 수분활성도, 영양성분, 항생물질, 산화환원전위, 호흡률, 생물학적 구조 등)와 외적인자(저장온도, 상대습도, 주변 기체조성 등)에 의해 영향을 받는다. 이러한 인자들의 능동적인 조절 역할을 수행하도록 설계된 포장이 바로 활성 포장이며, 식품의 품질변화 인자들에 대한 작용 원리에 따라 다음과 같이 구분된다.

① 산소흡착제

산소흡착제는 산패감소, 불안정한 색소 및 비타민 산화억제, 효소 반응에 의한 변색조절, 호기성 미생물의 증식 억제를 통해 식품품질을 유지하는 데 도움을 주는 역할을 한다. 산소흡착제의 세계시장 규모는 약 10억 달러(2002년)로 추정되며, 최근의 산소를 흡착

표 4-15 Active 포장의 적용 예

Active 포장방법	작용기작	적용식품
산소 흡착제	• 철분제 • 금속/산 • 금속촉매(백금 등) • 아스코르브산/금속염 • 효소제	빵, 케이크, 취반미, 비스킷, 피자, 파스타, 치즈, 염지육, 염지어류, 커피, 스낵, 건조식품, 음료
이산화탄소 흡착제/방출제	• 철분제/수산화칼슘(소석회) • 탄산제일철/금속할로겐화물 • 산화칼슘(생석회)/활성탄 • 아스코르브산/탄산수소나트륨	커피, 신선육, 신선 어류, 너트류, 스펀지케이크
에틸렌 흡착제	• 과망간산칼륨 • 활성탄소 • 활성점토/비석(제올라이트)	과일, 채소, 기타 원예작물
보존제 방출제	• 유기산 • 허브추출물 • BHA/BHT • 비타민 E • 휘발성 과산화염소/이산화유황	곡물, 육류, 빵, 치즈, 스낵, 과일, 채소
에탄올 발생제	• 알코올 분무 • 캡슐화 알코올	피자크러스트, 케이크, 빵, 비스킷, 어류
수분흡습제	• PVA • 활성점토와 미네랄 • 실리카겔	어류, 육류, 가금류, 스낵, 곡물, 건조식품, 샌드위치, 과일, 채소
향미/냄새 흡착제	• 삼초산 섬유소(cellulose triacetate) • 아세틸화 종이 • 구연산 • 제1철염/아스코르브산 • 활성탄소/점토/제올라이트	과일주스, 튀긴 스낵, 어류, 곡물, 가금류, 유제품, 과일
온도조절포장	• hydrofluorocarbon gas • 석회/물 • 질산암모늄/물	육류, 어류, 가금류, 음료 조리완제품(ready meal)

하는 PET병의 개발로 시장규모는 더욱 커질 것으로 예상되고 있다. 가장 일반적인 산소흡착제는 촉매를 함유한 철분을 기본으로 한 분말 제품으로, 식품에 의해 제공되는 수분과 반응하여 수화된 금속환원제를 생성한 후 식품 내의 산소와 반응하여 안정한 산화물을 형성한다. 한편, 비금속 산소흡착제로는 아스코르브산, 아스코르브산염, 카테콜 같은

유기환원제와 효소에 의한 산소흡착 시스템glucose oxidase or ethanol oxidase이 있다. 맥주, 와인 및 음료에서의 산소흡착제 사용은 잠재적으로 거대한 시장이 될 것이다. 하지만 보편적으로 사용되는 철분을 기본으로 한 산소흡착제는 습한 환경에서 산소흡착 능력을 빠르게 상실하기 때문에 사용할 수 없다. 대신에 다양한 비금속 산소흡착제 및 유기금속화합물들이 병마개, 뚜껑 내면에 부착되거나 포장재질로 블렌딩함으로써 상층부 빈 공간의 산소를 흡착하여 제거하는 시스템을 사용할 수 있다.

② 이산화탄소의 흡착제 및 배출시스템

포장하지 않은 구운 커피는 수분 및 산소를 흡착하고 휘발성 방향성분을 상실하여 포장되지 않은 상태로 저장할 수 없다. 또한 갓 구운 커피를 바로 밀봉 포장할 경우 이산화탄소가 밀봉한 포장재 내에 생성되어 포장재가 파열될 수 있기 때문에 이산화탄소 농도 조절에 의한 구운 커피포장의 형태 유지가 필요하다. 이산화탄소 농도 조절의 첫 번째 해결책은 한쪽 방향oneway 밸브 장치를 포장재에 부착하여 내부로부터 형성된 이산화탄소가 배출될 수 있는 방법이 적용되고 있다. 두 번째 해결책은 산화칼슘(생석회)과 활성탄의 혼합물을 소포장하여 이산화탄소 흡착제로 포장 내에 봉입하여 사용하는 것이다.

산소흡착제로 포장된 식품의 경우 부분적인 진공으로 포장형태의 변형이 있을 수 있다. 이러한 문제를 해결하기 위하여 산소를 흡착하는 기능과 동일한 부피의 이산화탄소를 배출하는 이중 기능을 하는 흡착제가 개발되어 있다. 이것은 보통 탄산제일철/금속할로겐화물 촉매로 구성되어 스낵식품(너트, 스펀지케이크 등)에 이용된다.

③ 에틸렌 흡착제

에틸렌C_2H_4은 호흡률을 가속화시키는 식물호르몬으로 파인애플의 개화, 감귤류, 바나나, 토마토의 색 발달에 필요하지만, 대부분의 원예작물에서 에틸렌을 제거하거나 억제하는 것이 필요하다. 상업적으로 판매되는 효과적인 에틸렌 흡착제는 실리카겔이나 알루미늄 같은 불활성 무기질에 과망간산칼륨$KMnO_4$을 고정화하는 시스템이다. 과망간산칼륨은 에틸렌을 아세테이트와 에탄올로 산화시킨다. 이 과정 중에 흡착제는 자주색에서 갈색으로 변하는데 이것은 남아 있는 에틸렌 흡착제의 양을 알 수 있는 지표로 활용된다. 또한 다양한 금속촉매를 함유한 활성탄소를 기본으로 한 흡착 시스템이 에틸렌을 효과적으로 제거하는 데 이용되고 있다.

④ 에탄올 방출제

에탄올은 항미생물 물질로서 특히 곰팡이에 효과적이다. 에탄올은 포장 전에 식품에 직접적으로 분무할 수 있다. 실제로 95% 에탄올을 0.5~1.5% w/w 수준으로 분무한 빵, 과자류에서 곰팡이가 없는 상태로 유통기한을 연장할 수 있음이 보고되었다. 그러나 에탄올을 생성하는 보다 실용적이고 안전한 방법은 에탄올 배출필름과 소포장을 사용하는 것이다. 이들 시스템은 운반체에 에탄올을 흡착하거나 캡슐화한 후 포장하여 에탄올 배출을 조절하는 체계로 구성되어 있다. 한 예로 식품등급 알코올 55%와 물 10%를 이산화규소 분말 35%에 흡착시킨 후 종이/에틸비닐아세테이트EVA의 재질로 소포장하여 이용하는 방식이며, 알코올 냄새를 없애기 위해 몇몇 시스템은 바닐라 같은 향을 미량으로 첨가하기도 한다.

⑤ 보존제 방출

최근에 항미생물, 항산화 기능을 갖춘 포장필름이 식품의 유통기한 연장을 위해 폭넓게 이용되고 있다. 상업적으로 사용되고 있는 시스템은 항미생물 물질인 합성 실버제올라이트silver zeolite를 포장필름과 섞어 식품포장에 사용하는 것으로서 여기서 제올라이트는 항미생물 물질인 은이온의 방출을 느리게 하는 역할을 수행한다. 또한 합성항산화제인 BHAbutylated hydroxyanisole와 BHTbutylated hydroxytoluene가 왁스 종이라이너로부터 스낵식품 및 시리얼로 방출되는 방법이 이용되고 있다. 이외에 항미생물 활성을 보이는 유기산(프로피온산, 벤조산, 안식향산 등), 항생물질(니신nisin), 허브추출물(로즈마리, 클로버, 겨자, 계피, 백리향 등), 효소(리소자임, 글루코오스 옥시다아제 등), 비타민 E를 함유한 포장필름 개발에 대한 많은 연구가 진행되고 있다.

⑥ 수분 흡착제

과량의 수분은 식품 부패의 주된 원인으로 다양한 흡착제의 사용에 의한 품질 유지가 필요하다. 일반적으로 포장재 내의 수분 제거를 위해 실리카겔, 산화칼슘, 활성점토 및 미네랄들이 찢기 어려운 투과성 플라스틱 포장재로 소포장되어 이용되고 있다. 이외에 흡착패드, 시트의 형태로 수분활성도가 높은 식품의 수분을 조절하기 위해 사용되고 있으며, 기본적으로 PE 또는 PP 같은 미세구멍이 있는 필름 두 개의 층으로 구성되어 있다. 이 두 층의 필름 사이에 수분을 다량 흡수(자신의 500배까지)할 수 있는 폴리아크릴산염 polyacrylate salt, 카르복시메틸 셀룰로오스CMC와 전분의 공중합체가 수분흡착제로 포함된다. 최근에는 수분을 흡착하는 무기염NaCl을 미세구멍을 갖는 포장재에 포장하여 토마토의 유통에 이용하고 있다.

⑦ 방향성분 흡착제

오렌지주스를 제조하는 과정 중에 오렌지 압착 후 쓴 향기인 리모닌limonine이 주스 속으로 유리되는 것을 막기 위하여 삼초산 섬유소cellulose triacetate 또는 나일론 비즈beads로 채워진 칼럼에 통과시키는 것이 있다. 이것을 활용하여 삼초산 섬유소나 아세틸화종이를 리모닌 흡착제로 이용할 수 있다. 또 다른 방향 성분 흡착시스템으로 어류 근육단백질의 분해에 의해 생성되는 아민류를 제거하기 위한 것으로 제일철염이나 다양한 산성화합물(구연산, 아스코르브산)을 함유한 필름을 이용하여 중화하는 체계이다. 그리고 지방질의 자동산화에 형성되는 알데히드들은 고도의 다공성 구조의 알루미노규산염 비석 aluminosilicate zeolits을 함유한 포장재, 특히 종이를 기본으로 한 포장재질에 혼입하여 제거할 수 있다. 그러나 앞에서 언급한 다른 활성 포장기술에 비하여 선택적으로 바람직하지 않은 방향성분을 제거하는 기술은 아직 부족하여 방향성분들에 대한 많은 포괄적 인 연구가 필요하다.

⑧ 온도조절 포장

온도조절 활성 포장은 단열재, 자체가열self-heating 및 자체냉각self-cooling 캔의 사용을 포함한다. 냉장식품의 경우 저장 및 유통 중에 온도변화를 최소화하기 위한 단열시스템을 갖춘 포장재가 개발되어 이용되고 있다. 하나는 많은 공기를 함유한 플라스틱 재질을 이용한 포장이며, 다른 하나는 이중벽으로 구성된 PET 용기로서 벽 사이에 단열성 젤이 들어 있는 시스템이다. 또한 커피와 차를 함유한 알루미늄이나 스틸 캔의 자체가열은 밑면에 부착한 석회와 물의 발열반응을 이용한 시스템이며, 자체냉각 캔은 질산암모늄과 염화암모늄의 흡열반응을 이용하거나 용기 밑면에 장착된 버튼을 이용하여 hydrofluorocarbonHRC 기체가 방출되도록 하여 냉각하는 방식이 있다.

05

곡류, 서류 및 콩류

1. 곡류 가공　2. 서류 및 콩류 가공

1. 곡류 가공

곡류cereals란 식물학상으로 화본(벼)과禾本科에 속하는 재배식물로서 인류가 정착생활을 시작하면서부터 지금까지 주요 식량으로 이용하여 왔다. 곡류는 식물의 1차 산물인 전분질이기 때문에 가장 값이 싼 영양소로서 세계인구가 섭취하는 칼로리의 대부분을 차지한다. 곡류와 콩류를 합쳐 흔히 곡물grain이라 하는데 이 중 사람이 직접 섭취하는 것을 식량food grain, 가축용으로 이용하는 것을 사료곡물feed grain이라 부르기도 한다. 산업적 측면에서 곡류 중 식품가공 원료로 중요한 것은 밀, 쌀, 옥수수가 주종을 이루고 있고 그 외에 보리, 수수, 조 등이 있다. 이러한 곡류는 수분이 15% 전후로 수송성, 저장성이 우수하다. 곡류는 수확을 한 후 수송 보관이 편리하도록 가공 조작을 거친다. 현미나 보리들은 도정을 거쳐 정미와 정맥을 만들고, 밀 등은 곡립을 부수어 배유를 분상으로 하는 제분과정을 거쳐 밀가루를 만들어 식품가공에 이용하고 있다.

곡류의 이용형태를 보면 다음과 같이 크게 3가지로 나눌 수 있다.

- 낟알을 그대로 가열, 조리하여 섭취하는 이른바 입식粒食으로서 우리나라를 비롯한 아시아에서는 주로 이와 같이 이용한다.
- 곡류를 분쇄하여 가루를 얻은 다음 어떤 형태를 가지는 가공식품(빵, 국수, 과자 등)으로 만들어 섭취하는 분식粉食으로서 밀을 주로 이와 같이 하여 이용한다. 서구의 식사가 주로 밀을 이용한 빵이나 파스타의 형태를 띠는 반면, 우리나라나 일본에서는 쌀로 떡을 만들었는데 이것도 분식의 한 가지라 할 수 있다.
- 곡류를 가공, 처리하여 특정성분을 분리하고 그들의 특성에 따라 이용하는 방법이다. 예를 들면 곡류에서 전분을 분리, 정제하여 식품가공 원료로 이용하거나 전분을 가수분해하여 물엿과 같은 감미원으로 이용하기도 하고, 부산물로 나오는 기름이나 겨층bran(쌀겨, 밀기울)을 이용하기도 한다. 또한 곡류의 전분질을 발효원료로 사용하여 여러 가지 알코올음료를 양조하는 방법이 널리 보급되고 있다.

그러나 이들 방법은 한 곡류에만 적용되는 것은 아니며 이용방법에 따라 모두 쓰일 수도 있다. 쌀을 경우 쌀알, 쌀가루 및 쌀전분의 형태로, 옥수수의 경우 호미니, 그릿츠, 전분을 모두 가공하여 이용하고 있다.

쌀은 주로 식용으로 이용되고 있으며 소비의 90%가 취반용이고, 떡, 과자, 무균포장밥, 무세미의 가공기술이 발전되어 외식산업에 중요한 역할을 하고 있다. 보리는 1970년대까지 증산되었으나 쌀이 충분한 상태에서 취반용으로 이용이 감소되어 그 생산이 급격히 감소하고 있다.

국내에서의 밀 생산량은 보리보다 훨씬 적고, 쌀이 부족하던 1950년대부터 우리나라에서는 분식 장려정책을 추진하여 최근에는 밀가루의 소비량이 상당한 수준에 도달하고 있으나, 그 대부분은 수입에 의존하고 있다. 옥수수는 1970년대에 들어와 전분공업용으로 수입되기 시작하였으나, 1980년대에 들어와서는 가축사료용으로 막대한 양이 수입되고 있다.

곡류의 가공은 흔히 1차 가공과 2차 가공으로 나누는데, 1차 가공은 주로 곡류의 도정을, 2차 가공은 1차 가공제품을 이용하여 다시 가공하는 것을 말한다. 이 장에서는 쌀, 보리, 밀을 중심으로 한 도정과 제분을 살펴보기로 한다. 옥수수는 전분 가공에서, 콩류는 콩류 가공에서 다루기로 한다.

표 5-1 곡류의 1, 2차 가공의 예

곡류	1차 가공	2차 가공
쌀	도정(현미, 백미)	쌀가루, 밥, 떡, 주류 등
밀	제분(밀가루)	빵, 파스타, 국수, 과자 등
옥수수	건식도정(호미니, 그릿, 전분)	전분당, 변성전분, 스낵 등
보리	제맥(보리쌀)	플레이크, 맥아, 맥주 등

1) 도정

곡류 도정 공정은 정선과 도정으로 이루어지며, 필요한 경우 도정을 1차 도정과 2차 도정으로 나누어 실시하기도 한다.

(1) 정선

곡류는 수확하면서부터 건조 등 여러 과정을 거치는 동안 이물질의 혼입이 일어날 수 있으므로 도정 전에 모든 가공공정의 기본 공정인 정선을 하게 된다.

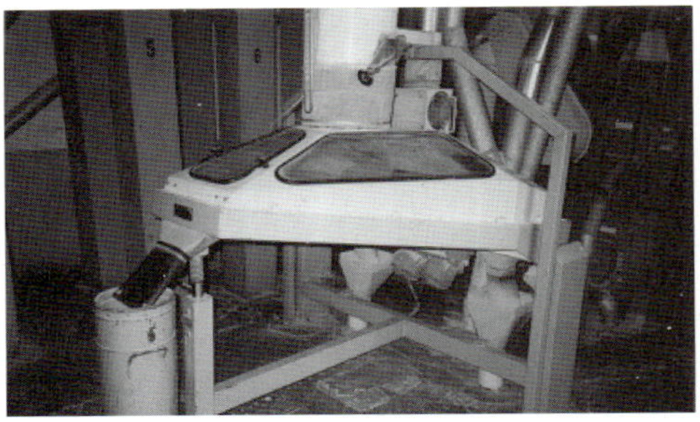

그림 5-1 Aspirator + Stoner 복합기

그림 5-2 Receiving seperator

그림 5-3 조선기

정선의 기본원리는 바람직한 최종제품과 제품의 균일성을 얻기 위하여 기계적으로 분리하는 데 있다. 정선과정에서 고려되는 물리적 특성은 길이, 비중, 형태, 크기, 금속성 등이다. 금속물질은 자석의 성질을 이용하여 자기 분리기 magnetic separator로 분리할 수 있으며, 돌, 먼지 등은 비중 차이를 이용하여 아스피레이터aspirator 또는 비중테이블 그림 5-1로 분리한다. 비중이 비슷한 경우에는 디스크 세퍼레이터disk separator 그림 5-2를 이용하며, 벼의 경우 조선기그림 5-3를 이용하여 이물질을 분리한다.

정선공정은 품종과 이물질의 혼입 정도에 따라 달라지며, 정선장치의 배열도 달라지고, 완벽한 정선은 실제로는 기대하기 어렵다.

(2) 도정

도정은 건식 도정dry milling과 습식 도정wet milling으로 나눌 수 있다. 건식 도정은 곡류 자체의 보유 수분함량 상태에서 외부로부터의 수분의 가감이 없이 도정하는 것이고, 습식 도정은 곡류를 물 또는 용액에 침지시킨 다음 도정하는 것이다. 건식 도정에서는 필요에 따라 소량의 물을 가할 수도 있다.

건식 도정에서는 곡류의 구조적 부분을 가능한 한 깨끗이 분리하는 데 주안점을 두게 되며, 습식 도정은 건식 도정과 마찬가지로 배유로부터 겨와 배아를 완전히 제거하지만 이와 더불어 배유를 다시 전분과 단백질로 분리하는 데 그 목적이 있다. 즉 습식 도정은 곡류의 각 부분을 화학적 구성성분으로 분리하며, 주된 제품은 전분, 단백질, 배아와 섬유소이다.

따라서 곡류는 그 목적에 따라 건식 또는 습식 방법으로 도정할 수 있다. 가장 좋은 예는 옥수수로서 건식 도정에서의 주 제품은 그릿이며, 습식 도정에서의 주제품은 전분이다. 밀은 건식 도정에 의하여 가루가 된다. 이를 제분flour milling이라고 하며 뒤에 다루기로 한다.

① 도정의 목적 및 원리

도정milling의 일반적인 목적은 크기의 감소, 성분의 분리 또는 앞의 두 가지를 모두 달성하기 위한 것이나 곡류 도정의 주 목적은 배유를 얻는 데 있다.

도정기를 사용하여 도정할 때는 다음의 네 가지 도정 원리 중 두 가지 이상이 공동으로 작용하게 된다.

- 마찰friction : 도정되는 곡물과 곡물, 곡물과 도정기의 안면 사이가 서로 맞비벼짐으로써 일어나는 도정효과로서, 이때 곡물 입자의 마찰에 의하여 입자의 표면은 매끈하고 윤이 나게 된다.
- 찰리resultant tearing : 마찰이 강하게 일어날 때 생기는 도정효과로서, 곡물입자의 표면을 벗기는 효과가 비교적 크며, 현미의 경우 특히 그 효과가 크다.
- 절삭shaving, cutting : 금강사 롤러와 같이 단단한 물체의 모난 부분으로 곡립의 조직을 깎아내는 작용인데, 깎아내는 작용이 클 때를 연삭grinding, 효과가 작을 때를 연마polishing라 한다.
- 충격 : 기계와 곡물의 부딪힘에 의해 얻어지는 도정효과로서, 부실한 열매를 골라내는 데 효과적이다.

2) 쌀(rice)의 가공 및 이용

연간 3,500만~4,000만 석을 생산하는 우리나라는 인구의 증가에도 불구하고 그 소비량이 감소하고 있다. 우리나라의 농업에서 쌀이 차지하는 비중은 매우 높다. 식량작물의 85%가 쌀이며, 한국 농업구조를 감안하면 소비가 감소한다고 쌀 생산을 감산하기보다는 양질미와 특수미 등 그 생산을 다양화하여 소비자의 관심을 얻는 것이 중요하다고 본다.

표 5-2 쌀의 종류와 특징

구분	인디카형(Indica type)	자포니카형(Japonica type)
벼의 키	키가 큼	키가 작음
형태	쌀알이 길고 부스러지기 쉬움 (long grain)	쌀알이 둥글고 굵으며 단단함 (short grain)
점성	세포막이 두꺼워 파괴되지 않아 전분립이 세포막 내에서 호화(점성이 약함)	세포막이 얇아 쉽게 파괴되어 전분립이 세포 외부로 호화(점성이 강함)
Amylose 함량(%)	27~31	17~27
호화온도(°C)	70~75	65~67

인디카형 자포니카형

그림 5-4 벼의 종류

출처 : http://www.ncs.go.kr. 곡류서류견과류 모듈 중 벼도정

일반적으로 쌀은 그 길이와 형태에 따라 단립종과 장립종으로, 그 성분이나 지역에 따라 Japonica type과 Indica type 그리고 그 중간형태인 Japonica/Indica type으로 분류할 수 있다. 그 외 우리나라에서는 흔히 멥쌀과 찹쌀로 분류하기도 한다.

(1) 벼의 구조 및 분류

벼*Oryza sativa* L.는 동양에서 주로 재배되어 가장 중요한 식량자원으로 이용되어 왔다. 벼의 구조는 그림 5-5와 같이 현미brown rice와 겉껍질인 왕겨hull(부피husk라 하기도 함)로 이루어져 있다. 현미의 중량은 벼의 약 80%이지만 용적은 약 1/2이어서 저장에 편리하므로 일본이나 외국에서는 일반적으로 현미의 형태로 저장하지만, 우리나라는 벼로 저장하였다가 도정하거나 도정하여 백미로 저장하는 경향이 있다. 현미는 과피, 종피, 호분층, 배유, 배아로 구성되어 있으며 현미 100에 대한 쌀겨층(과피, 종피, 호분층), 배유, 배아의 비율은

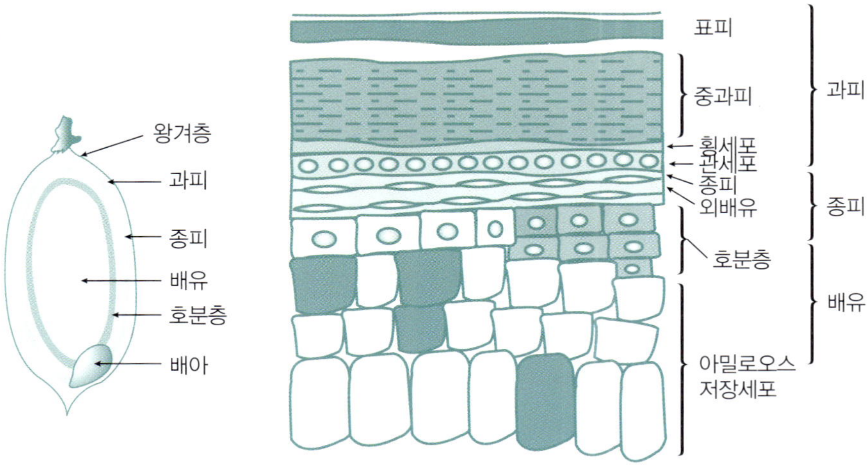

그림 5-5 벼의 구조
자료 : 남궁석 외, 2000

약 5:92:3이다. 배유의 외층에 있는 호분층aleuron layer에는 단백질, 지방, 비타민 등의 함량이 높다.

현미 표면의 겨층bran layer(과피, 종피, 외배유 및 호분층으로 되어 있음)은 무기질과 비타민 B군이 많이 함유되어 있으나 착색되어 있고, 배아embryo는 지방질이 많고 효소활성이 높아 산패가 일어나기 쉬우므로 겨층과 배아 부분을 제거하여 백색의 쌀, 즉 백미polished rice, milled rice로 만들어 식용한다.

(2) 도정

쌀의 도정은 흔히 정미라고 하며 그 공정은 그림 5-6과 같다.

수확 후 건조된 벼는 도정하기 전 정선공정을 거치고 왕겨를 제거하는 공정인 제현dehulling과정을 거치며 이때 고무롤로 된 제현기dehuller가 사용된다. 제현기의 고무롤 사이

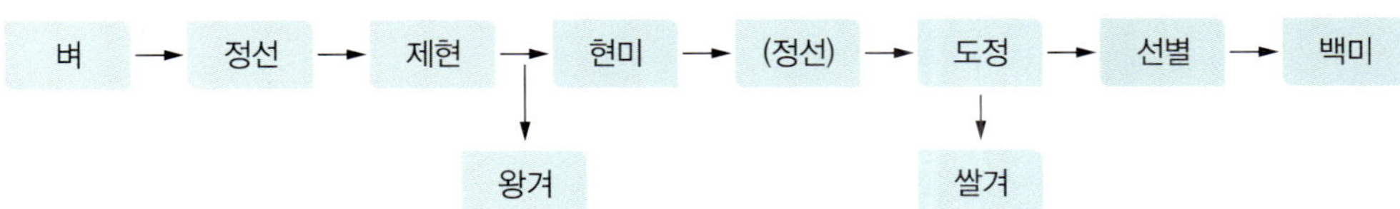

그림 5-6 정미공정

의 압력에 의하여 왕겨가 제거된다. 고무롤로 된 제현기는 왕겨의 제거 효율이 높고(90% 이상), 다른 제현기보다 쌀에 주는 충격이 적어 쇄미발생률을 줄이는 장점이 있다.

왕겨는 아스피레이터aspirater에 의하여 제거된다. 제현과정에서의 생성물은 왕겨, 현미 그리고 일부 부서진 현미이다. 이때 중량으로 왕겨는 벼의 약 20%이고 현미는 약 80%가 된다. 현미의 쌀겨층(등겨층)에는 단백질, 지방, 비타민 등이 많으나 맛이 좋지 않아 이를 제거하여 소화와 색깔을 좋게 하고 기호에 알맞게 하여 식품 가치를 높인다. 이 조작을 도정milling이라 한다. 특히 쌀을 도정하는 경우를 정백이라 하며, 도정 공정 중에 배아도 함께 제거된다. 이때 제거된 배아와 겨의 양의 비를 도감률, 제거물을 쌀겨rice bran, 얻어진 쌀을 정미milled rice, polished rice라고 한다.

도정 정도는 도정도degree of milling, 도정률milling ratio(정백률) 또는 도감률로 나타낸다. 도정도는 쌀겨층의 벗겨진 정도에 따라 나타내는 방법이며, 도정률은 현미량에 대한 백미량의 비율로 나타낸다. 쌀의 겨(배아 포함)는 무게비로 8% 정도이다. 따라서 무게비로 8%의 겨층 모두를 도정한 것을 백미, 겨층 8%의 70%를 제거한 것을 7분도미, 겨층 8%의 50%를 제거한 것을 5분도미라 한다.

전체 현미량에서 겨층을 제거한 비율을 도감률이라 하고, 백미의 도감률을 8%로 보면 백미의 도정률은 92%가 된다.

현미, 7분도미, 10분도미의 영양성분을 비교해 보면 **표 5-4**와 같다. 현미로부터 쌀겨가 많이 제거됨에 따라 당질(전분질)을 제외한 모든 영양분이 감소되는 것을 볼 수 있다. 그러나 쌀겨가 많이 제거될수록 밥맛食味이 더 좋고 취반 후의 부피가 더 증가하므로 소비자들은 백미를 선호하는 경향이 있다.

일반적으로 도정기는 압력계와 속도계로 나눌 수 있는데 전자는 횡형 원통마찰식 도

표 5-3 도정도에 따른 도감률과 도정률 계산법

도정도	도감률	도정률(현백률)
10분도(백미)	0.08 × 100 = 8.0%	100.0 - 8.0 = 92.0%
8분도	0.08 × 80 = 6.4%	100.0 - 6.4 = 93.6%
7분도	0.08 × 70 = 5.6%	100.0 - 5.6 = 94.4%
5분도	0.08 × 50 = 4.0%	100.0 - 4.0 = 96.0%

표 5-4 도정도별 영양성분 비교

종류	도정률	도감률(%)	수분	단백질	지방	당질	회분
현미	100	0	13.25	7.63	2.33	75.73	1.60
5분도미	96	4	15.05	7.50	1.50	76.16	0.79
7분도미	94	6	14.06	7.27	1.32	76.64	0.71
백미	92	8	14.39	7.11	0.97	77.09	0.54

자료 : 남궁석 외, 2000

정기와 같이 주로 마찰에 의하여, 후자는 수형연삭식 도정기와 같이 연삭에 의하여 겨층을 제거하게 된다. 연삭식은 강철 롤에 연삭물질emery grit을 입힌 것으로서 도정력이 강하고 쇄미가 적게 생기며 겨층을 미세한 분말형태로 박리시키게 되어 보리, 주조미 등의 도정에 사용되므로 만능 도정기라고도 한다.

마찰식에서는 추의 저항으로 쌀이 서로 마찰과 찰리 작용에 의하여 겨층이 분리, 도정된다.

정미는 1회 도정, 2회 도정 또는 여러 번 반복에 의하여 이루어지는데 2회 이상 반복하는 경우, 처음에는 항상 연삭식을 쓰며 그 다음에는 마찰식을 사용한다. 쌀의 도정 정도는 롤의 회전수, 저항 정도(추의 위치), 원료 투입량, 쌀 배출구의 길이 등에 따라 좌우된다.

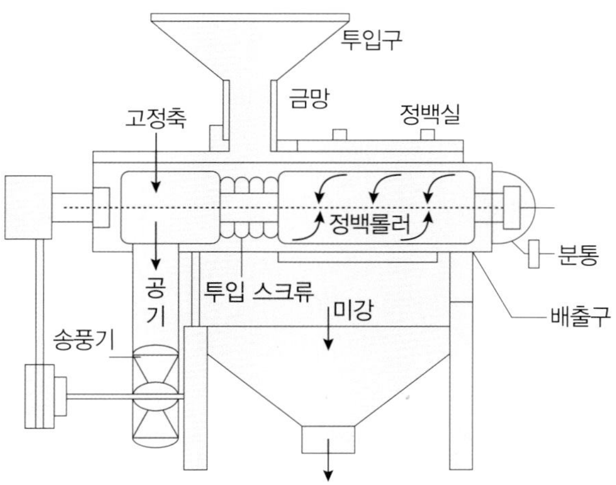

그림 5-7 분풍 마찰식 정미기의 구조

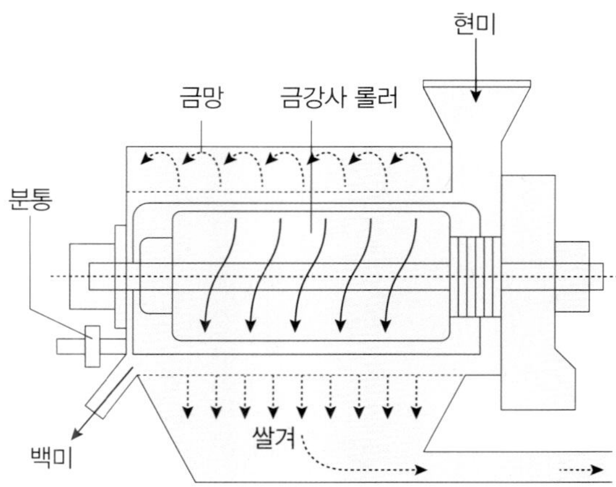

그림 5-8 연삭식 정미기의 구조

출처 : http://www.ncs.go.kr, 곡류, 서류, 견과류 모듈 중 벼 도정

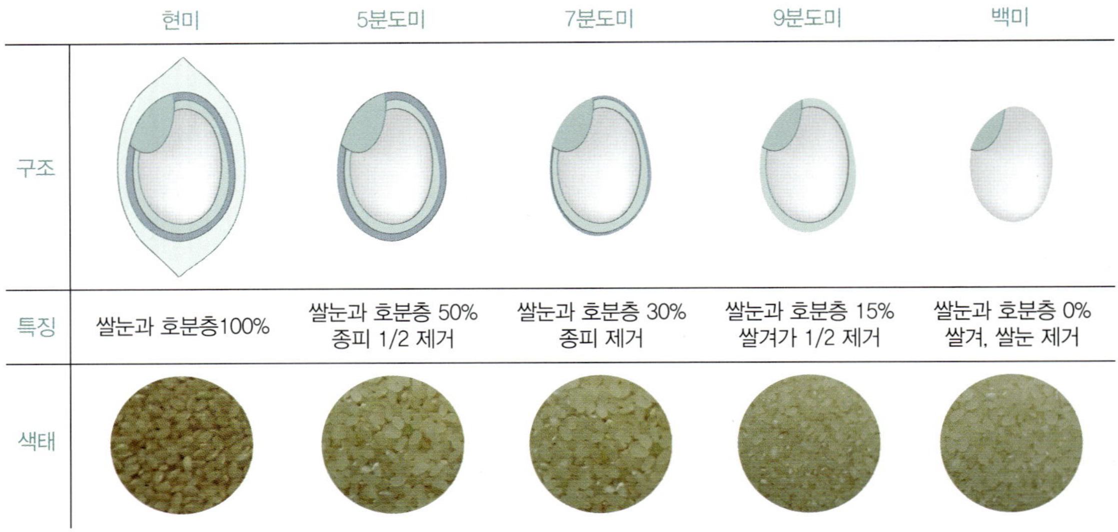

그림 5-9 도정률에 따른 미곡의 색태 및 특징

출처 : http://www.ncs.go.kr. 곡류, 서류, 견과류 모듈 중 벼 도정

(3) 쌀의 이용

쌀의 이용방법에는 여러 가지가 있으며 다음과 같이 나눌 수 있다.

- 쌀알 그대로에 1.2~1.4배의 물을 가한 다음 취반하여 주식으로 이용하는 이른바 입식粒食 방법이다. 이때 밥의 텍스처는 쌀의 품질뿐만 아니라 첨가하는 물의 양과 가열조건에 따라 달라지므로 취반에 고도의 숙련이 요구된다.
- 밥의 α화 상태를 그대로 유지하도록 한 건조미반instant rice은 비상용이나 등산용으로 이용할 수 있다.
- 또한 최근 싱글족이 늘어나며 이들을 위한 제품들이 다양하게 출시되고 있는데 그 이용도가 급증한 즉석밥, 가공제품으로 새롭게 출시된 각종 볶음밥 및 비빔밥의 형태도 있다. 이들은 신제품으로 인기가 있기도 하지만 쌀 소비 촉진이라는 면에서도 좋은 예이기도 하다.
- 쌀을 가루로 만들거나 취반 후에 다져서 여러 가지 형태의 떡으로 이용하는 이른바 분식粉食방법이다. 쌀가루로 국수나 빵을 만들 때는 점착력이 약하고 부풀지 않으나, 여기에 첨가물을 첨가하여 복합분을 만들면 밀가루에 알레르기 현상이 있는 사람들

에게 유용하게 이용될 수 있다. 또한 최근에 불고 있는 전통식품 이용과 함께 손쉽게 가정에서 떡을 만들 수 있도록 떡쌀가루 및 미분으로 가공하여 판매하고 있다.

- 알코올 음료인 청주, 약주, 탁주의 발효 원료로 쌀을 이용한다.
- 쌀을 가공식품으로 만들어 소비하는 방법이 있다. 팽화puffing방법을 이용한 쌀튀각은 간식용이나 서양식 아침식사에서 breakfast cereal로 이용되고 있으며 새로운 형태의 쌀과자를 만들 수도 있다.
- 최근 다이어트 하는 사람들을 위한 제품으로 성형미인 곤약쌀 등 다양한 종류의 쌀이 제품화되어 출시되고 있으며, 영양을 강화한 영양강화미 및 유색미 등의 특수미도 시중에 많이 유통되며 야생흑미(와일드라이스) 등 수입쌀도 많이 나와 있다.

(4) 쌀의 식미 인자

쌀은 여러 가지 영양성분을 포함한 식물조직으로 되어 있으며, 밥의 찰기나 경도 등의 조직감은 쌀의 수분함량, 물리적 특성 및 아밀로오스, 단백질 및 무기질의 성분함량과 비율 등에 관계가 있다. 또한 향미나 맛의 정도는 직접적으로 화학성분의 영향을 받는다.

밥맛을 좌우하는 것은 무엇보다도 쌀의 품질과 취반방법이며, 이 중 어느 하나 소홀히 하면 맛있는 밥을 얻을 수 없다.

현미 백미 유색미(흑미) 야생흑미 성형미(곤약쌀)

그림 5-10 다양한 쌀

3) 보리의 가공 및 이용

(1) 보리의 구조

보리는 구조상 종crease(고랑, 골)을 갖고 있고 이 부분에 껍질이 밀착되어 있어 겨층을 완전히 제거하기가 어렵다. 보리 껍질의 분리 여부에 따라 보리는 겉보리와 쌀보리로 분

그림 5-11 **도정 가공용 쌀보리와 겉보리 외형: 등(왼쪽), 배면(오른쪽), 종구(화살표)**
출처 : http://www.ncs.go.kr. 곡류, 서류, 견과류 모듈 중 보리 제조가공

류된다.

정맥한 보리는 환맥丸麥이라고도 하며, 단단하여 소화가 잘 되지 않으므로 도정 후 다시 골을 따라 절단하여 할맥으로 가공하거나, 눌러서 압맥으로 가공하기도 한다.

(2) 정맥

보리의 도정은 정맥이라고 하며, 그 기본공정은 정미와 비슷하다.

보리 도정은 기본적으로 원료보리에 물을 흡수시키는 혼수 도정이나 무수 도정을 한다. 혼수 도정을 하는 것은 껍질을 부드럽게 하여 잘 벗겨지도록 하기 위한 것이며, 무수

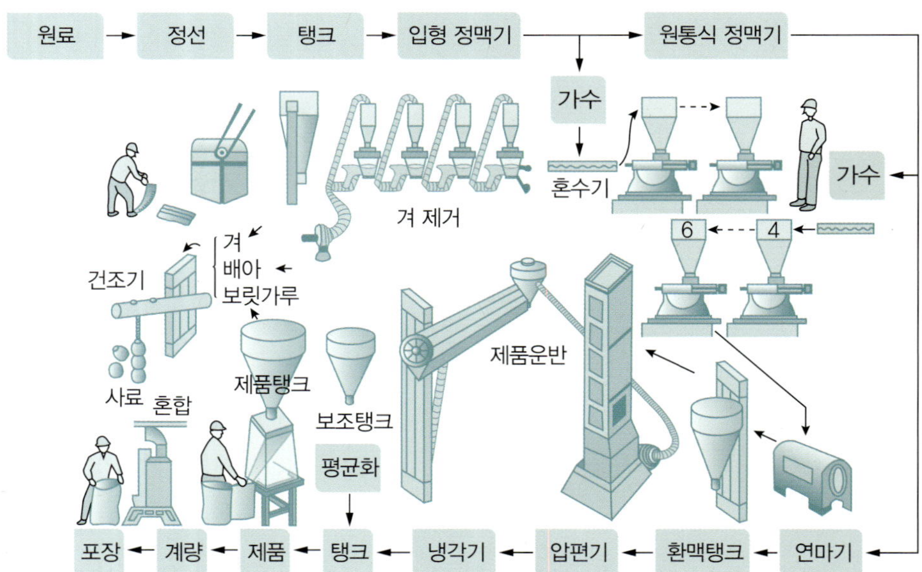

그림 5-12 **정맥공정도**
자료 : 정강현 외, 2007

그림 5-13 **보리 가공제품의 종류 및 특성**
출처 : http://www.ncs.go.kr, 곡류, 서류, 견과류 모듈 중 보리 제조가공

도정은 혼수 도정에 비해 색이 밝은 보리를 얻을 수 있으나 도감률이 높은 편이다.

정맥기는 정미기인 수형 연삭식이 주로 쓰이며, 원통마찰식을 사용하는 경우에는 도정 때 물을 첨가하기도 한다.

(3) 보리의 이용

보리는 쌀만큼 이용도가 크지 않으므로 그 가공품이 많지 않으나 앞서 설명했듯이 압맥(눌린 보리)이나 할맥 등으로 가공하여 판매하거나 팽화보리로 만들어 식사대용이나 과자로 이용한다. 또한 보리 자체를 볶아 보리차로 가공하거나 식혜 및 물엿의 원료로 싹을 틔워 말린 엿기름이 사용되며, 맥주제조에도 이용된다.

4) 밀의 가공 및 이용

밀은 주로 온대지방에서 재배되며, 많은 나라에서 밀가루wheat flour로 제분된 다음 제빵, 제과, 제면의 원료로 널리 이용되어 왔다. 밀 입자의 구조는 그림 5-14와 같이 겨층, 배아, 배유 부분으로 되어 있는데, 이 중 밀의 85%를 차지하는 배유 부분이 밀가루가 되어 식품원료로 이용된다. 겨층은 단단하고 비소화성인 과피, 종피와 단백질 함량이 높은 호분

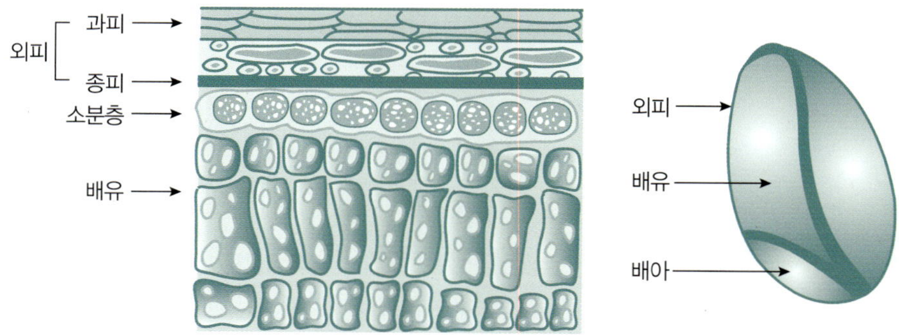

그림 5-14 밀의 구조와 명칭
자료 : 이경애 외, 2004

층으로 되어 있고, 배아는 지방질과 비타민 함량이 높다.

제분과정에서 생산되는 밀기울wheat bran은 제분 시 제거되는 겨층과 배아 부분으로 이루어져 있고 가축의 사료로 이용된다.

밀을 쌀, 보리처럼 도정하지 않고 밀가루로 제분flour milling하는 것은 다음과 같은 유리한 점이 있기 때문이다.

- 밀알의 겉껍질bran을 제거하면 배유부는 유연하여 부서지기 쉽다.
- 밀에는 다른 곡류에 없는 글루텐gluten이 있어 점성gliadin과 탄성glutenin을 띠게 되어 빵, 면류, 과자 등을 제조할 수 있다.
- 밀의 소화율은 90%이나 밀가루는 98%이다.

(1) 밀의 품종과 용도

밀은 생육 특성에 따라 가을에 파종하여 이듬해 초여름에 수확하는 겨울 밀winter wheat과 봄에 파종하여 여름 또는 초가을에 수확하는 봄 밀spring wheat이 있다. 밀에 함유되어 있는 카로티노이드계 색소에 의해 적맥red wheat과 백맥white wheat으로 구분하고, 단백질 함량 및 텍스처texture에 따라 경질밀과 연질밀로 나뉜다.

밀은 거의 전부가 외국에서 수입하고 있으며 그 대부분이 미국 밀이다. 주로 수입되고 있는 밀은 경질의 붉은밀hard red winter, HRW, 흰밀western white, WW 그리고 봄밀인 경질 붉은 밀dark northern spring, DNS이다. 듀럼밀은 배유의 색깔이 호박색으로 스파게티용으로 이용된

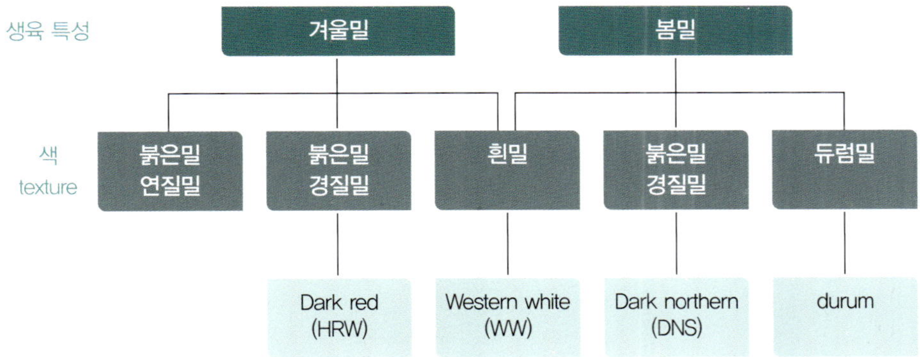

그림 5-15 밀의 분류

다. 그 이용 실태를 보면 DNS는 제빵용, WW는 과자와 케이크용, HRW는 WW와 혼합하여 다목적용, 제면용 등으로 사용하고 있다, 우리나라 밀은 가을에 파종하여 다음해 여름에 수확한다.

원료 밀의 품질시험 항목으로는 협잡물의 양, 용적중과 천립중, 수분함량, 회분함량, 초자율, 단백질함량, 산가, 제분시험, 아밀라아제의 효소력 등이다. 이 중 초자율은 밀알 단면의 반투명한 정도를 말한다.

(2) 제분

제분flour milling이란 어떤 물질을 가루로 만드는 공정을 말한다. 그러나 곡류가공에서 제분이라 함은 주로 밀의 제분을 가리킨다.

제분 공정의 개략도는 그림 5-16과 같다. 제분 공정은 그림에서와 같이 원료의 저장, 정선, 가수, 조쇄, 체분리 및 순화, 분쇄, 처리(영양강화, 표백 등) 등으로 요약된다.

① 정선

정선은 정미공정에서 설명하였으므로 제분공정의 정선에서는 정선장치에 대해서만 간단히 알아보기로 한다.

그림 5-17의 다양한 정선기에서 볼 수 있듯이 밀링 세파레이터milling separator는 밀을 경사진 진동하는 체 위로 흘러 밀과 크기와 무게가 다른 이물질을 분리하고 제거하는 장치이다. 아스피레이터aspirator는 공기와 입자의 중력 차를 이용하여 돌, 이물질, 먼지 등을 분

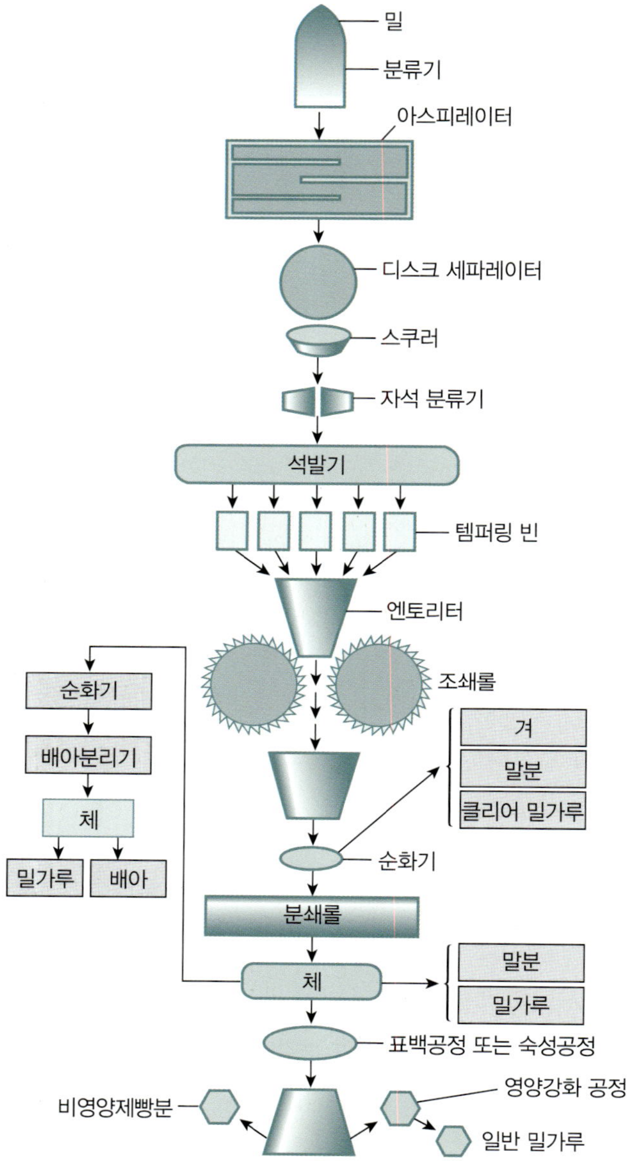

그림 5-16 제분 공정도

자료 : Rick Parker, 2003

류하며, 스쿠러scourer는 곡류 자체끼리의 또는 스쿠러의 금속망과의 연마에 의하여 밀 표면에 묻어 있는 흙, 먼지 등을 제거하는 장치이다.

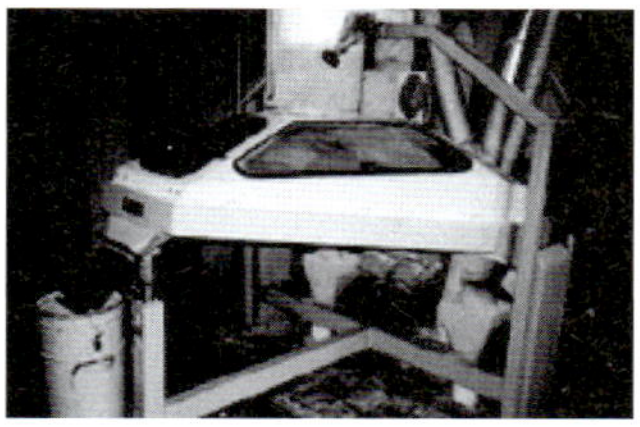

아스피레이터(aspirator)

리시빙 세파레이터
(receiving Separator)

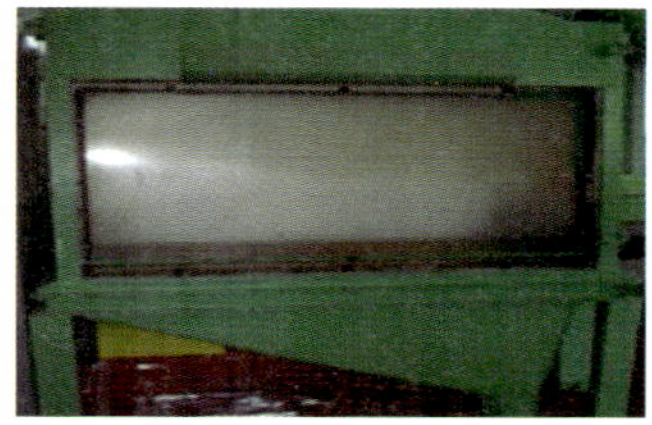

밀링 세파레이터
(milling separator)

마그네틱 세파레이터
(magnetic Separator)

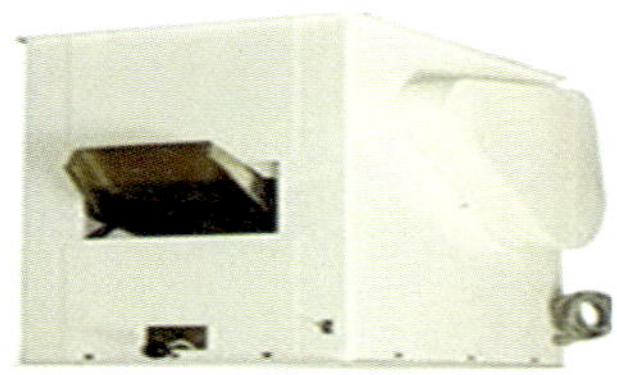

석발기(dry-stoner)

스카라 머신(scourer machine)

그림 5-17 여러 가지 정선기
출처 : http://www.ncs.go.kr. 곡류, 서류, 견과류 모듈 중 밀가루 제조가공

디스크 세파레이터disk separator는 회전하는 디스크 위로 밀을 흘려 디스크 표면의 홈에 밀알을 걸리게 하여 밀알과 크기나 모양이 다른 종자의 곡립을 분리, 제거하는 장치이다.

마그네틱 세파레이터magnetic separator(자석 분류기)는 자석에 의해 금속을 골라내며, 석발기stoner는 앞에서 설명한 비중테이블gravity table과 같이 비중 차이에 의해 돌 및 이물질을 골라낸다. 벌레 먹은 밀은 인톨리터entoleter를 이용하여 제거된다. 이 장치는 밀을 고속으로 회전시켜 내부의 벽에 부딪치게 함으로써 충격에 의하여 벌레 먹은 밀을 깨지게 한다.

② 가수공정

가수Tempering공정은 정선된 밀에 물을 뿌려 가면서 일반적으로 연질소맥은 수분함량이 15.0~15.5%, 경질소맥은 16.5%, 듀럼밀은 17.5%가 되도록 조절한다. 가수공정의 목적은 수분 첨가로 섬유질이 많은 외피는 습기를 간직하여 강인해져 잘 분쇄되지 않도록 하는 것과 내부의 배유는 부드럽게 하여 분쇄가 쉽도록 하는 것이다. 이 조작으로 밀가루에 밀기울이 섞이는 것을 방지할 수 있다.

$$\text{첨가해야 할 물의 양} = \text{밀의 중량} \times \left(\frac{100 - \text{원료 밀의 수분}}{100 - \text{목적하는 수분함량}} - 1\right)$$

가수는 흔히 템퍼링tempering이라고 하며, 가수 중 온도처리를 하는 경우에는 조질conditioning이라고 한다. 가수 중 밀알로의 수분 침투는 기본적으로 수분의 확산에 의하여 이루어지므로 가온에 의하여 확산 속도는 빨라지게 된다. 그러나 가온에 의하여 단백질의 변성이 일어날 수도 있으므로 대개는 45°C를 넘지 않도록 주의하여야 한다.

③ 조쇄공정

가수된 밀이 조쇄롤break roll로 파쇄되어 배유와 밀기울이 분리되는 공정이 조쇄공정Break system이다. 이 공정에서 겨층과 배아가 제거되며, 밀가루의 생산량을 좌우하는 가장 중요한 과정이다. 조쇄롤은 표면에 나선상의 날이 있는 2개의 롤로 되어 있으며 이 2개의 롤 중 하나는 고속(250~500회/분)으로 다른 하나는 저속(120~250회/분)으로 회전하여 압착과 절단작용을 한다. 이들의 회전속도 비diffential는 보통 1:2.5이다. 가능한 한 겨층이 손상되지 않도록 해야 하므로 이들의 주된 작용은 압착이다.

④ 체분리 및 순화공정

각 조쇄롤에 의해 부서진 것 중에는 파쇄분break flour, 피부가 부착되어 있는 중간 크기의 입자middling, 껍질이 많은 세립편 등이 있다. 이것은 각 롤에 연결된 진동체sifter로 분리하게 된다. 체는 많은 경우 30개까지 가능하며 밑으로 갈수록 고운 체를 사용하며, 이 체 분리는 매단계에서 실시할 수도 있다.

조쇄롤과 체를 통과한 것은 조립정선기purifier를 거쳐 겨층 조각이 분리되고 순수한 배유의 조립분coarse middling을 얻게 되는데 이 공정을 순화공정purification이라 한다.

이 공정의 목적은 배유부로부터 순수 배유를 얻는 것이다.

정선기purifier는 체가 고속으로 좌우 진동하고 밑으로부터 바람이 올라와 기류가 위쪽으로 흐르게 되어 입자 크기별로 정선한다.

체는 그 재질이 금속, 견사, 합성섬유 등 여러 가지 재료를 사용하여 제조되며, 체 눈의 크기 표시도 재질에 따라 조금씩 다르다.

금속망체는 금속의 굵기에 따라 숫자의 금속망의 영어인 wire의 약자인 W 또는 WG를 쓰게 되며, 견사나 합성섬유의 경우 실의 번수 숫자를 앞에 두고 뒤에 품질을 나타내는 X를 쓴다. X의 개수가 많아질수록 고운 밀가루를 만들게 된다.

체는 메쉬mesh로 그 크기를 나타내며 사방 2.5×2.5cm²의 면적 안에 들어 있는 체눈의 수를 의미한다. 즉 100mesh 체는 1inch² 면적 안에 100개의 체눈이 있음을 나타내며, 숫자가 클수록 가는 체로 고운 가루를 만들 수 있음을 의미한다.

그림 5-18 Tempering bin

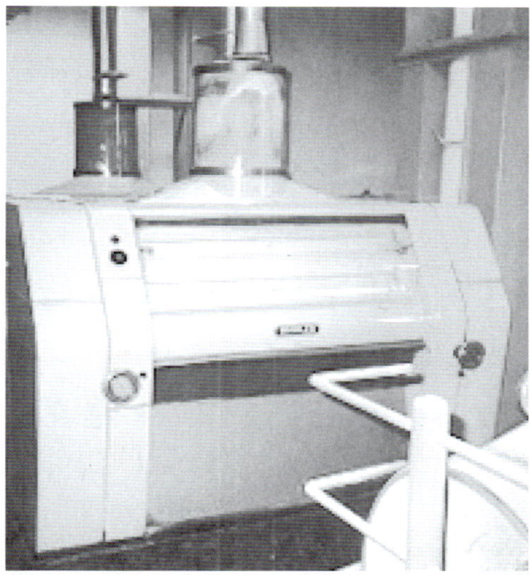

그림 5-19 조쇄롤

그림 5-20 다양한 크기의 체와 사별공정

우측 사진 출처 : http://www.ncs.go.kr. 곡류, 서류, 견과류 모듈 중 밀가루 제조가공

⑤ 분쇄공정

정선된 배유 조립분은 분쇄공정에서 표면이 매끄러운 활면롤에 의해 미세분말의 밀가루가 된다. 분쇄롤의 회전비는 1:1.5이며 분쇄와 체치기를 되풀이하여 밀가루를 얻게 된다.

밀가루의 종류는 조쇄공정에서 얻은 조쇄분을 break flour로 1B, 2B 등으로 표시하며, 분쇄공정에서 나온 것은 middling이라 하여 1M, 2M 등으로 표시한다.

겨와 배아 등을 모두 포함하여 제분한 제분율 100%인 밀가루를 전립분 혹은 통밀가루라 하며, 섬유소함량과 회분함량이 높아 통밀빵에 주로 사용되나 배아가 섞여 들어가 지방함량이 높아져 산패가 쉽게 일어나므로 보관에 주의하여야 한다.

또한 정선기를 통과시켜 밀기울이 섞이지 않게 한 것으로 배유 부분의 중심부분만을 제분한 밀가루를 파텐트 밀가루patent flour라 하며 상급품으로 취급한다. 이와 같은 가루를 전 채취구에서 모은 후 섞어서 제품으로 한 것을 스트레이트 밀가루straight flour라 하며 외피나 등외분을 제외하고 섞게 된다. 한편 정선기에서 걸리지 않아 외피와 배아가 많은 채취구에서 모은 밀가루를 클리어 밀가루clear flour라 하며, 공정에서 마지막 남는 밀기울에 가까운 가루를 말분tailflour, red dog이라 한다. 미국에서는 생산된 밀가루 전체량 중에서 75~80% 정도가 상급분으로 취급된다.

⑥ 완성공정

생산된 밀가루는 필요에 따라 여러 가지 처리를 할 수 있는데 목적은 밀가루의 표백,

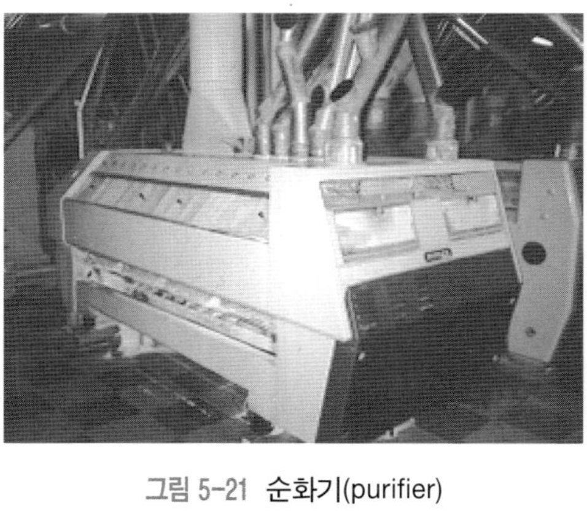

그림 5-21 순화기(purifier)

그림 5-22 분쇄기

출처 : http://www.ncs.go.kr, 곡류, 서류, 견과류 모듈 중 밀가루 제조가공

밀가루의 제빵적성 향상, 효소(특히 아밀라아제)의 첨가, 영양강화(비타민과 무기질) 등이다.

제분이 끝난 밀가루에는 카로티노이드carotenoid계의 잔토필xanthophyll 등의 색소나 환원성 물질이 있는데 이를 산화시키기 위하여 1~2개월 정도 숙성시킨다. 밀가루를 숙성aging, maturation시키면 단백질의 -SH기는 -S-S- 결합을 이루게 되어 제빵할 때 글루텐의 그물구조를 발달시키므로 제빵 적성이 좋게 되고 탈색되어 색이 희게 된다.

공기 중의 노출에 의한 산화작용은 시일이 많이 걸릴 뿐 아니라 경비도 많이 들게 되므로 대량으로 제분하는 공장에서는 밀가루의 외관을 좋게 하고 상품가치를 높이기 위하여 표백을 한다. 이때 사용되는 표백제로는 과산화벤조일이 가장 널리 쓰이나, 최근에는 소비자들이 화학물질을 이용한 처리를 꺼려하여 시간과 비용이 들더라도 빛을 이용한 자연표백을 하는 방식을 이용하는 제조업체도 있다.

이와 같이 밀가루의 품질을 향상시키기 위하여 첨가하는 화학물질을 밀가루 개량제라고 하며 산화제 이외에도 시스테인, 비타민 C 등이 있다. 또한 밀가루에는 비타민, 무기질 등의 미량영양소가 부족하므로 이를 강화하기 위하여 영양강화enrichment를 하기도 한다.

표 5-5 체분리에 따른 밀가루 종류

밀가루 종류	밀가루 입자 크기
semolina	조쇄된 배유의 가장 큰 것, 40mesh
middlings	semolina 다음의 배유 입자, 40~84mesh
dust	가장 작은 배유 입자, 84~106mesh
flour	semolina, middlings, dust를 분쇄한 것, 94~156mesh

(3) 밀가루의 품질과 용도

밀가루는 밀의 종류와 제분 정도에 따라 품질과 성상에 많은 차이가 생긴다.

밀가루 가공품은 원료인 밀가루 품질에 크게 영향을 받으므로, 용도에 알맞은 밀가루를 선택하여야 한다. 밀가루의 품질은 가공 적성을 고려할 때 가장 중요하며, 품질을 결정하는 인자로는 글루텐의 성질, 단백질함량 및 회분함량이다.

① 제분율과 회분함량

밀의 배유는 회분함량이 0.4% 정도인데 밀기울의 회분함량은 5.8%나 된다.

그러므로 밀가루의 회분함량이 많으면 밀기울이 많이 섞여 있는 결과가 된다. 보통 밀가루의 회분함량은 0.5% 이하이면 밀기울이 들어가지 않은 밀가루이고, 그 이상이면 밀기울이 혼입된 밀가루라고 볼 수 있다. 「식품공전」에서는 1등급품의 함량을 0.6% 이하로 하고 있다.

밀에 대한 밀가루의 생산량을 제분율flour extraction이라 하며 일반적으로 제분율은 72% 정도이다. 나머지 28%는 겨, 배아와 말분shorts이며 이것들은 주로 사료로 이용된다. 그러나 제분율은 밀의 품종, 제분 기술, 식량정책 등에 따라 달라지게 된다. 일반적으로 제분율이 80%를 넘으면 밀기울이나 배아가 혼입된 것으로 간주되고 있다.

밀가루는 용도별로 제빵용, 제면용, 제과용으로 나누기도 하지만 기본적으로는 단백질함량에 따라 강력분strong flour, 중력분all-purpose flou, medium flour 및 박력분weak flour으로 나눈다. 또한 밀가루의 회분함량, 섬유질함량, 색상 등에 따라 1등급, 2등급, 3등급으로 나눈다.

② 밀가루의 용도와 단백질함량

밀의 용도는 밀의 단백질함량에 기준하여 구별하는데 수분 14%를 기준으로 할 때 각 제품을 생산하기 위한 최소한의 단백질함량은 hearth bread와 하드롤은 13~14%, 식빵은 12~13%, 크래커와 국수류는 10~11% 정도이다.

밀가루의 특이한 성질을 나타내는 단백질인 글루텐은 점성을 갖는 글리아딘gliadin과 탄력성을 가지는 글루테닌glutenin으로 구성되는데 함량에 따라 사용되는 용도가 달라진다. 물을 흡수한 글루텐은 점탄성 이외에 고무 모양으로 늘어나는 신전성을 가진다. 이러한 성질은 빵이 팽창되어 그 부피가 늘어나거나 면류를 만들었을 때 부스러지지 않는 내성을 갖는다. 밀가루에 함유된 단백질에는 불용성인 85% 내외의 글루텐(40~50%의 글리아딘과 40% 정도의 글루테닌)과 나머지 15% 내외를 차지하는 수용성의 알부민albumin 그리고 묽은 염용액에 녹는 글로불린globulin 등으로 구성되어 있다.

단백질함량이 13% 이상인 강력분은 제빵용으로, 10% 이하인 박력분은 제과용 그리고 10~13%는 제면용으로 이용되고 있다.

표 5-6 밀가루의 규격

구분 항목	밀가루			영양강화 밀가루	기타 밀가루
	1등급	2등급	3등급		
(1) 성상	고유의 색택을 가진 분말로 이미·이취가 없어야 한다.			고유의 색택을 가진 분말로 이미·이취가 없어야 한다.	고유의 색택을 가진 분말 및 굵은 입자로 이미·이취가 없어야 한다.
(2) 수분(%)	15.5 이하				
(3) 회분(%)	0.6 이하	0.9 이하	1.6 이하	2.0 이하	2.0 이하
(4) 사분(%)	0.03 이하				
(5) 납(mg/kg)	0.2 이하				
(6) 카드뮴(mg/kg)	0.2 이하				

출처 : 식품공전(밀가루류 기준 및 규격)

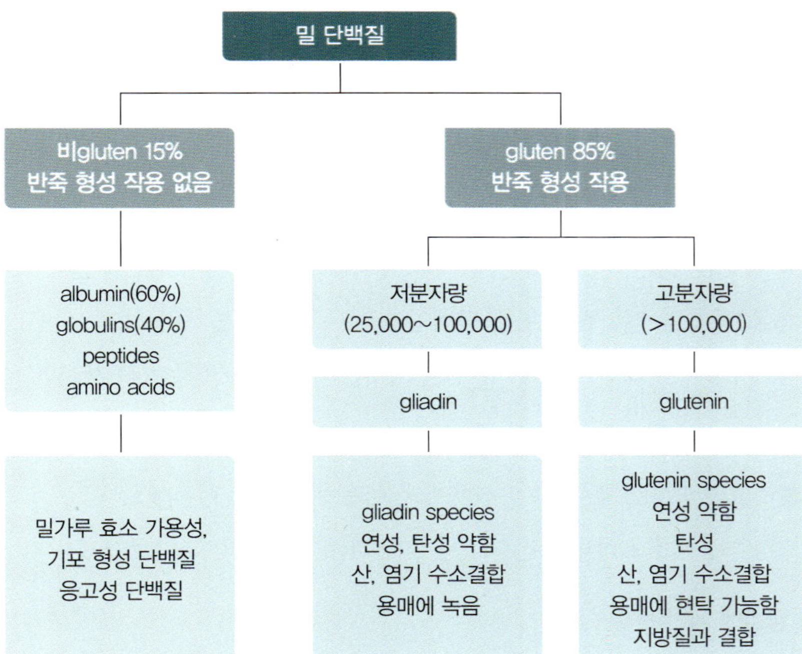

그림 5-23 밀단백질의 구조와 성질

출처 : http://www.ncs.go.kr, 곡류, 서류, 견과류 모듈 중 밀가루 제조가공

5) 제빵

빵은 주로 밀가루를 사용하지만 넓은 의미로는 곡물의 가루에 여러 가지 부원료를 배합하여 만든 반죽dough을 이산화탄소로 부풀려서 구워 만든 것을 말한다. 빵의 주원료는 밀가루(주로 강력분)이고, 부원료는 효모 또는 팽창제, 소금, 설탕, 유지, 반죽 개선제 등이다. 빵의 종류는 대단히 많으나 주로 빵류와 케이크cake로 나눌 수 있는데, 케이크는 박력분을 주체로 달걀 단백질의 기포성, 함기성 등을 이용하여 스펀지sponge 조직을 얻어 부드러운 제품이라고 할 수 있다. 최근에 와서는 스펀지 조직의 형성을 보완하기 위하여 베이킹 파우더baking powder를 사용하는 경우가 많다. 제빵의 공정은 반죽 형성dough development, 발효, 굽기의 세 단계로 이루어져 있다.

(1) 빵의 분류

빵의 분류는 원료, 제조방식, 굽는 방법, 발효의 유무에 따라 분류할 수 있다.

① 원료에 의한 분류

- 밀가루를 원료로 한 것 : 밀가루 빵
- 밀가루에 보릿가루, 옥수수가루, 밤 등을 첨가한 것 : 보리빵, 옥수수빵, 밤빵

② 제조방식에 의한 밀가루 빵의 분류

- 미국식 빵 : 단백질이 많은 밀가루를 원료로 하고 여러 가지 조미료를 넣어 제조한 빵
- 프랑스식 빵 : 미국식 빵에 비해 단백질이 적은 밀가루를 사용하고 조미료는 될 수 있는 한 사용하지 않고 밀가루가 가진 담백하고 특수한 맛을 살려 제조한 빵

③ 발효에 의한 분류

- 발효빵 : 효모의 발효로 생긴 탄산가스를 이용하여 만든 빵(식빵)
- 무발효빵 : 팽창제에 의해 생긴 가스를 이용하여 만든 빵(비스킷, 카스텔라, 각종 케이크)

④ 굽는 방법에 의한 분류

- Pan bread : 빵틀pan에 반죽을 일정하게 넣고 굽는 빵(식빵)
- Hearth bread : 반죽을 빵틀에 넣지 않고 굽는 빵(크림빵, 팥빵)

(2) 제빵의 원료

제빵의 주원료는 밀가루, 물, 효모(또는 팽창제)와 소금이다. 그러나 실제로는 여러 가지 부원료가 사용되는데, 이들 부원료의 목적은 부피 증가, 텍스처 향상, 빵의 색깔, 향기의 향상, 저장성 향상, 영양가 향상 등이다. 따라서 제빵 원료는 빵의 종류, 제빵방법 등에 따라 차이가 있다. 부원료 중 가장 보편적으로 사용하고 있는 것은 쇼트닝, 설탕, 효모먹이yeast food, 반죽 개선제 등이다.

① 밀가루

밀가루의 제빵 적성baking quality은 글루텐의 질과 양으로 결정된다. 주로 강력분을 사용하며, 빵의 조직은 밀가루 단백질인 글루텐의 망상조직의 형성으로 이루어진다. 제분 후 30~40일의 숙성기간을 경과한 밀가루를 사용하는데, 이는 제분 직후에 글루텐의 탄성이 약하지만 숙성이 되면 점탄성이 강해지기 때문이다.

② 효모

효모는 주로 *Saccharomyces cerevisiae*로서 건조효모dry yeast와 생효모compressed yeast가 있는데, 주로 생효모를 많이 이용한다. 생효모는 건조효모의 약 1/2 정도로 사용되며 저온에서 보관하지 않으면 변질되기 쉽고, 보관기간이 지남에 따라 활성도 감소한다. 효모는 당으로부터 알코올과 탄산가스를 발생시켜 팽창(부풀림)leavening을 일으켜 다공질의 망상구조dough maturation를 만들게 하고, 이때 생성되는 알코올, 알데히드, 케톤, 휘발성 유기산 등은 빵에 독특한 향미를 부여한다.

③ 설탕

설탕은 빵에 단맛을 줄 뿐 아니라 효모의 영양원이 되어 발효를 돕고, 향기를 좋게 하는 작용을 한다. 또한 당과 밀가루 단백질의 마이야르 반응maillard reaction과 캐러멜화caramelization에 의하여 겉껍질crust의 색깔 생성을 촉진하며, 전분의 호화와 단백질의 변성을 지연시키므로 빵의 텍스처texture를 부드럽고 연하게 한다. 그러나 첨가되는 당이 무엇이냐에 따라 구운 후 빵의 부피와 껍질색은 다른 경향이 있다.

④ 지방

예전에는 쇼트닝shortening, 버터, 마가린, 야자기름 등을 사용하였으나 최근에는 트랜스

Control : 설탕　　　　A : 자일리톨 a%　　　　B: 자일리톨 b%

그림 5-24 첨가되는 당에 의한 빵의 부피 차이

지방산 사용을 자제하기 때문에 주로 버터를 사용한다. 버터는 빵 반죽 시 글루텐의 신장을 용이하게 해주어 탄력성을 좋게 하고, 가스 보유력을 높여 부피를 증대시킨다. 또한 빵의 노화를 지연시키고 전분과 글루텐 사이에서 윤활작용을 하므로 반죽에 부드러움을 주며, 씹을 때 촉감을 부드럽게 한다.

또한 반죽의 구조를 안정화시키며, 식미와 영양가 향상, 저장성 향상의 목적으로 식빵의 경우 밀가루에 대해 2~8%를 사용한다.

식빵의 제조에 주로 사용되는 쇼트닝은 반죽 중에서 엷은 막을 이루어 넓게 분산하는 성질, 즉 가소성可塑性이 있어 부드러움과 파삭파삭한 느낌shorteness을 준다. 또한 쇼트닝은 반죽 중 공기를 흡수하는데 그 능력을 크림성creaming quality이라고 하며, 이 성질은 특히 케이크에서 아주 중요하다. 그러나 액체유는 자체 내의 표면장력에 의해서 유적상을 형성하므로 막을 이루지 못하고, 반대로 고체 지방은 미세한 조각이 되어 글루텐막을 파괴하고 그 결과 제품의 부피가 작아지고 기계적 내성이 좋지 못하다.

⑤ 소금

제빵에 있어서 소금의 역할은 세 가지이다. 첫째는 빵의 향미flavor를 촉진하고, 둘째는 효모의 활성을 억제하며, 부패 미생물의 생육억제 효과가 있어 반죽의 미생물을 조절하는 역할을 한다. 셋째는 글루텐 단백질을 강화시키는 역할을 한다. 즉 소금은 단백질 가수분해효소를 억제시킴으로써 단백질을 강화시킨다. 또한 소금은 단백질과 직접 작용하여 강화시키는 역할을 한다. 따라서 소금은 반죽시간을 연장시킨다.

⑥ 효모먹이(yeast food)

효모의 영양원을 제공하여 발효 촉진과 반죽을 개량시키는 목적으로 밀가루의 0.1~0.5%를 사용한다. 효모의 영양원으로 작용하는 성분은 황산칼슘$CaSO_4$, 염화암모늄NH_4Cl 등이며, 글루텐 개량제(반죽개선제)로 사용되는 산화제로는 아스코르브산L-ascorbic acid 등이 있으며, 이 성분의 목적은 단백질의 -SH기에 작용하여 -S-S- 결합을 이루어 반죽의 망상조직을 강화하고 글루텐의 신장성과 가스 수용능력을 조정하여 빵의 최대 부피를 얻고자 하는 데 있다. 그 이외 성분으로는 증량제인 전분이 대부분을 차지한다.

유기 yeast라 알고 있는 알파 아밀라아제α-amylase와 같은 효소제도 사용되고 있는데 이것은 반죽의 상태를 좋게 하고 부피, 내부조직, 촉감 등을 개량하는 점에서 반죽개량제dough conditioner라고 부르고 있다.

⑦ 물

제빵에서 물은 필수원료로 글루텐 형성을 돕고, 반죽의 농도와 온도를 조절한다. 또한 소금 등의 부재료를 분산시키며, 전분의 수화 및 팽윤을 가져오고, 효소에 활성을 제공한다.

(3) 반죽의 형성

제빵은 반죽, 발효와 굽기 세 단계로 나눌 수 있다.

반죽의 온도는 그 이후의 공정 및 빵의 품질에 영향을 미치므로 배합하는 데 쓰는 물의 온도를 잘 조절하여야 한다. 원료의 처리로는 밀가루에 섞여 있는 협잡물을 제거하는 동시에 공기를 충분히 함유시키고 잘 분산되게 하기 위하여 체로 친다.

① 반죽 형성 중에 일어나는 물리·화학적인 변화

제빵 원료에 물을 가하여 혼합하면 먼저 물리적인 힘으로 원료를 분산시켜 균일한 혼합물을 만듦과 동시에 밀가루의 수화hydration와 함께 밀가루의 성분 사이에 결합이 일어나며, 글루텐 단백질을 물리적으로 발달시켜 가소성, 탄성 및 점성을 갖는 3차원적 구조를 갖게 된다. 특히 지방질-단백질의 비가역적 결합은 단백질 매트릭스matrix의 구조의 변화를 가져오게 된다. 이 단백질의 구조변화는 반죽의 발효과정에서 효모에 의해 생산되는 탄산가스를 수용하는 능력과 밀접한 관계가 있다. 따라서 반죽형성 과정에서 가스를 수용할 수 있는 최적상태의 반죽구조를 형성하는 것이 매우 중요하다.

반죽이 가스를 수용할 수 있는 능력은 일반적으로 글루텐 망상구조의 독특한 점탄성에 기인하므로 반죽 형성은 결국 글루텐 망상구조의 형성과정이라고 할 수 있다.

② 반죽법(제빵법)

제빵방법은 반죽의 형성에 따라 다음의 세 가지로 나뉜다.

효모의 발효에 의한 방법 직접반죽법straight dough process과 스펀지법sponge dough process이 있는데 전자는 주로 소규모 제빵업소에서 쓰이며, 후자는 대규모 공장에서 이용된다.

- 직접반죽법(스트레이트법) : 직접반죽법은 모든 원료를 한꺼번에 섞은 다음 반죽이 최적의 탄성을 가질 때까지 혼합하는 방법으로 1단계 공정이다. 반죽의 온도는 26~28°C가 적당하며 발효시간은 1시간 30분에서 3시간 사이에 완료하는 것이 일반적이다.

  발효과정 중에 가스빼기punching를 하게 되는데 이 과정의 목적은 반죽 안팎의 온도를 고르게 하고, 발효에 의해 생긴 탄산가스를 내보내 기포를 고루 퍼지게 하여 효모에 신선한 공기를 공급하고, 효모 주위에 새로운 당분을 주어 효모의 활동을 왕성하게 하기 위함이다. 가스빼기는 보통 두 번 하는데 그 시기는 대개 전체 발효시간의 60%가 지났을 때 1차 가스빼기를, 1차 가스빼기 시간의 50%가 지났을 때 2차 가스빼기를 하고 나머지 10% 시간에 반죽 나누기를 끝마치게 된다. 발효 소요시간이 3시간인 경우 1차 가스빼기는 105분 후, 2차 가스빼기는 1차 가스빼기 후 50분 후에 행하며, 25분 동안에 나누기와 팬닝을 하게 된다. 그러나 발효시간은 여러 인자에 의하여 영향을 받으므로 적절히 조절하여야 한다. 발효 후의 공정은 스펀지법과 동일하나, 중간발효는 생략할 수도 있다.

  직접반죽법의 장점은 공정시간, 노동력 및 전력, 장비가 적게 들고 발효에 의한 손실이 적다는 점으로, 실제 반죽 시에 사용하는 쇼트닝은 3분 정도 반죽이 진행된 후에 가하여 밀가루의 수화를 돕는다. 또한 반죽 전에 밀가루에 분유 등의 분말 재료를 넣고 체로 치는 것이 분산성을 돕거나 물과 닿았을 때 덩어리지는 것을 막을 수 있다. 그러나 이 방법의 단점은 발효시간이나 전체 공정 진행에 여유가 없다는 것이다.

- 스펀지법 : 스펀지법은 직접반죽법(스트레이트법)처럼 모든 재료를 한꺼번에 넣고 반

죽하는 것이 아니라 두 번에 나누어 반죽하는 방법으로 첫 번째 반죽을 스펀지sponge라 하고, 두 번째 반죽을 도우dough라 한다. 즉 밀가루의 일부와 물, 이스트, 이스트푸드 등을 이용하여 스펀지를 만들고 효모로 발효시킨 다음 나머지 원료를 섞어 반죽을 만든다. 스펀지의 반죽은 스트레이트처럼 오래 하지 않고 약 5분 정도 반죽하며 반죽의 온도도 22~26℃로 직접반죽법에 비해 약간 낮게 된다. 반죽상태는 직접반죽법에 비해 약간 되게 한다. 스펀지는 발효실(26.6℃, 상대습도 75~80% 정도)에서 약 4.5시간 발효시키는데, 이때 스펀지의 온도는 약 5.6℃ 정도 상승된다. 발효시간은 스펀지 농도에 따라 달라지는데 75% 스펀지의 경우에는 3.5시간 정도, 50% 스펀지의 경우에는 5시간 정도이다. 발효 중 스펀지의 부피는 4~5배 증가되며 결국에는 가라앉게 된다. 이 현상을 break라고 하며 발효의 2/3 이상이 진행되었음을 가리킨다. 발효 후 스펀지와 나머지 원료를 섞어 반죽을 형성하는데 그 목적은 직접반죽법과 같다.

스펀지법은 직접반죽법보다 효모 사용량이 낮고(평균 2.75%로서 직접반죽법의 3%보다 낮음), 빵의 부피, 텍스처가 좋으며, 공정에 여유가 있는 장점이 있다. 그러나 장비가 많이 들고 시간이 길며(약 7시간), 발효손실이 크고 노동력과 장소가 많이 드는 단점이 있다. 스펀지법은 또한 반죽 단계에서 다소 약한 밀가루를 사용할 수도 있는 이점이 있다.

기계적인 방법

- 연속제빵법 : 이 방법은 보통 연속제빵방법continuous baking method이라고 하는데 고속의 반죽기를 사용하여 짧은 시간에 반죽을 형성하므로 오랜 시간의 발효과정을 생략할 수 있는 장점이 있으나, 빵의 텍스처가 보통 빵과는 크게 달라 소비자 기호도가 나쁜 단점이 있다.
- 비상 스트레이트법 : 직접반죽법에서 변형된 방법으로 비상 스트레이트법이 있다. 이 방법은 믹싱시간을 단축시키므로 반죽의 생화학적 발전을 기계적으로 대치하고 반죽온도를 높이며 이스트푸드 사용량을 늘려 발효속도를 증가시켜 짧은 시간에 작업을 마무리하기 위해 작업의 마지막 단계에서 사용되거나, 반죽의 실패로 빠른 기간 내에 새로운 작업이 이루어져야 하거나, 주문이 늦거나 신속한 작업을 요할 때 사용

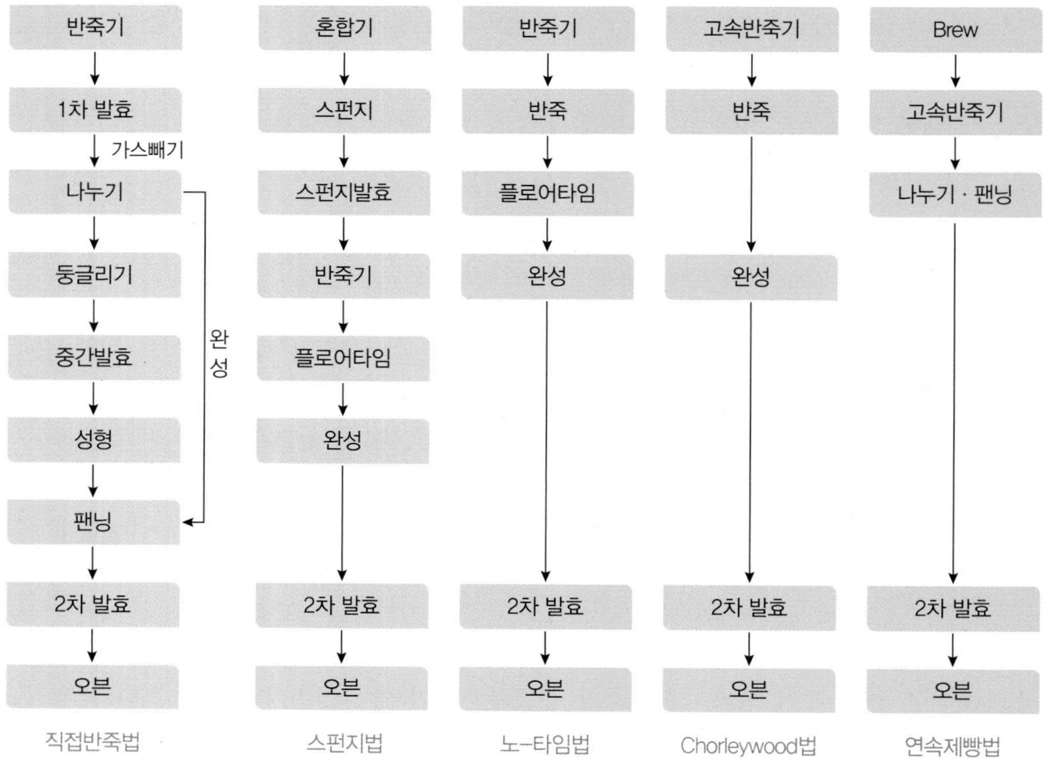

그림 5-25 여러 가지 제빵방법별 공정도
자료 : 김동연 외, 1990

되고 있다. 비상반죽의 장점으로는 짧은 공정시간에 따른 노동력과 임금의 절약을 들 수 있으나 제품이 불규칙하게 되거나 이스트 냄새가 나기 쉽고 텍스처가 좋지 않은 것이 단점이다.

- 재반죽법 : 직접반죽법에서 변형된 방법의 하나로 사용할 물량에서 약 8~10%를 제외하고 전 재료를 스펀지와 비슷하게 섞어 반죽온도를 25~28°C로 맞추고, 이스트는 2.0~2.5%, 이스트푸드는 0.5%가 사용되고 2.5시간 정도 발효시킨다. 발효가 끝난 다음 반죽기에 넣어 물을 가하고 반죽 후의 플로어 타임은 15~30분 정도이다.

  장점으로는 반죽이 스펀지처럼 기계에 대한 적성이 좋고 공정시간이 짧다. 빵이 균일하고 향기가 좋다.

화학적인 방법

- 노타임 반죽법 : 이 방법은 속성제빵방법no-time dough process이라고 하며 환원제인 L-시스테인과 아스코르브산을 이용하여 단백질 사이의 S-S 결합을 절단하고 즉시 반응하며, 반죽시간이 25% 정도 단축되는 것을 이용하여 단시간에 만들어 내는 방법으로 발효공정을 생략할 수 있는 장점이 있다. 기본적으로 직접반죽법에 속한다.
- 찰리우드Chorleywood법 : 1961년 영국 찰리우드 지방에 소개한 영국빵공업연구협회에서 개발한 방법으로 속성빵을 만드는 방법이다.

③ 혼합공정(mixing process)

제빵에 있어서 혼합공정의 목적은 반죽의 형성dough development, 즉 글루텐의 망목구조를 갖도록 하는 데 있으며 혼합 중 반죽의 형성은 3단계로 일어난다.

원료가 균일하게 혼합되고 글루텐의 구조가 형성되기 시작하는 pick up 단계, 반죽이 건조한 상태로서 탄성을 갖기 시작하고 혼합기에 달라붙지 않는 상태인 clean up 단계, 반죽의 발달단계로서 최고의 탄력성을 가지며, 반죽은 찢어짐이 없이 얇은 막으로 늘어나 필름을 형성할 수 있는 성질을 보이는 반죽의 최적상태인 development 단계이다. 이 단계를 넘으면 반죽은 탄성을 잃고 신장성이 증가하여 질어지기 시작한다.

반죽이 적당한 점조도optimum consistency에 도달하는 데 걸리는 시간을 반죽시간mixing time이라 한다. 또한 반죽의 형성에는 화학적 인자도 관여하는데, 가장 중요한 것은 단백질의 -SH기와 -S-S- 결합과의 상호 교환반응이다. 밀가루 반죽의 독특한 성질은 이러한 SS-SH의 상호 교환반응으로 설명될 수 있는데, 이러한 반응은 밀가루 반죽에서 가장 빨리 일어나며, 호밀 또는 기타 곡류의 반죽에서는 서서히 일어난다. 이러한 현상이 밀가루 반죽의 가스 수용력이 높은 이유 중의 하나로 주로 밀가루로 빵을 만드는 이유가 된다.

④ 발효공정

반죽에 존재하는 당은 원래 밀가루에 존재하는 효모 또는 밀가루의 효소에 의하여 손상전분이 분해되어 생성되는 당 및 첨가된 당으로서 효모의 발효에 중요한 당은 단당류(glucose, fructose), 이당류(sucrose, maltose) 및 저분자량의 glucofructan이다. 젖당lactose은 효모에 의하여 가수분해되지 않으므로 발효되지 않는다.

발효에서의 여러 변화, 즉 당의 발효와 효소작용(단백질, 전분, 지방질 등의 가수분해효소, lipoxidase 등)에 의하여 반죽은 더욱 부드러워지고 신장성이 증가하는데 이러한 변화를 반죽의 숙성ripening이라고 한다. 따라서 발효에서 중요한 것은 가스 생성과 가스 수용과의 균형을 유지하여야 한다는 것이다. 가스 생성은 효모에 의한 당의 발효에 의한 생물학적 기능이며, 가스 수용은 혼합에서부터 발효 중 반죽의 콜로이드 구조의 기계적·물리 화학적 변형의 척도가 된다.

⑤ 완성공정

완성공정은 그림 5-25에서와 같이 나누기dividing, 둥글리기rounding, 중간발효intermediate proof, 성형moulding과 팬닝panning으로 이루어진다.

나누기 반죽의 나누기는 무게보다는 부피를 기준으로 하는데, 반죽은 계속적인 발효에 의하여 부피가 증가되므로 이 공정은 15~20분 이내에 완료하여야 한다.

경우에 따라서는 가스빼기를 병행하기도 한다.

둥글리기 둥글리기의 목적은 나누기 공정에서 제거된 가스와 손상된 글루텐 구조를 다시 회복시키기 위하여 반죽의 표면을 부드럽고 연속적으로 하기 위함이다.

중간발효 나누기와 둥글리기 공정에서 반죽은 상당량의 가스와 반죽의 리올로지 성질이 크게 나빠진 상태이므로 짧은 시간 휴식을 줌으로써 발효에 의하여 구조적인 회복을 하는데 이 공정을 중간발효라고 한다. 중간발효는 보통 4~12분 정도로서 온도와 습도는 주위 환경에 영향을 받게 된다.

성형 중간발효가 끝난 반죽은 빵틀에 넣기 전에 일정한 형태로 성형된다. 성형공정은 반죽을 균일한 얇은 층으로 늘린 다음sheeting, 실린더 모양으로 말고rolling, 압력하에 잘 이어서sealing 바람직한 형태로 만들게 된다. 성형의 주 목적은 반죽으로부터 가능한 한 가스를 최대로 제거하는 것이다.

팬닝 성형된 반죽은 팬에 담는데 이때 팬의 온도는 32°C가 적당하다.

⑥ 2차 발효

성형된 반죽은 가스가 거의 완전히 제거되고 부피가 작으며, 글루텐의 구조도 신장성이 낮은 상태이므로 최대한의 부피와 글루텐의 신장성을 주기 위하여 다시 발효시킨다.

이것을 2차 발효라고 하며 온도, 습도와 시간에 의하여 좌우된다. 2차 발효의 온도는 보통 41~43℃, 상대습도는 75~80%, 시간은 55~65분이다. 일반적으로 2차 발효는 시간보다는 반죽의 높이 또는 부피로 판단된다.

⑦ 굽기

제빵의 마지막 공정은 굽기baking로서 반죽은 가볍고 다공질이며 가식성의 제품으로 전환된다. 굽기공정에서는 복잡한 여러 반응이 일어나게 되는데 대표적으로 부피의 증가와 껍질의 생성crust, 단백질의 변성, 전분의 호화, 갈변반응 등이다.

(4) 빵의 노화

빵에 적합한 노화의 정의는 쉽게 설명될 수는 없으나, 빵의 경우 가장 좋은 정의는 "부패 미생물에 의한 변화 이외에 빵의 속살에서 일어나는 물리화학적인 변화"라 할 수 있다.

빵의 노화과정 중 가장 특징적인 현상은 조직의 변화로서 특히 경도의 증가현상이다. 흔히 이 현상은 빵의 수분 손실과 밀접한 관계가 있는 것으로 생각하나, 빵의 노화는 수분 손실 없이도 일어나게 된다.

빵의 노화에 영향을 미치는 요인을 살펴 보면 다음과 같다.

① 전분

전분의 변화가 빵의 노화에 중요한 역할을 한다는 것은 이미 잘 알려져 있다.

특히 전분 중의 아밀로펙틴에 기인하므로 빵의 노화를 억제하기 위하여 흔히 유화제가 사용되는데 이들은 아밀로펙틴의 결정화를 방해하는 것으로 알려져 있다. 그러나 아밀로오스에 기인한다는 보고도 있다.

② 밀가루 성분

빵은 단백질, 전분 및 물이 대략 1:6:5의 비율로 구성되어 있다. 또한 밀가루에는 단백질, 탄수화물 및 지질 이외에 일련의 중간 화합물이 존재하며, 이들은 각 성분 사이에 물리적, 화학적 결합을 가능하게 한다. 따라서 빵의 주성분을 이루는 이들 밀가루의 각 성분이 빵의 노화에 중요한 역할을 한다.

③ **저장온도의 영향**

빵의 저장에는 유통 및 저장온도가 중요한 요인이 된다.

(5) 무발효빵

효모에 의한 발효가 아닌 화학약품에 의해 생성된 탄산가스 등의 가스팽창력을 이용한 제빵방법으로 베이킹 파우더baking powder를 팽창제로 사용한다.

발효에 의한 가스형성은 많은 시간이 소요되지만, 팽창제는 화학반응에 의한 가스형성으로 반죽을 팽창시킨다.

베이킹파우더는 두 가지 약재가 혼합되어 있어 물을 흡수하면 사용 전에 CO_2를 발생하므로 건조상태로 보관해야 한다. 또한 뜨거운 물에 넣어 반죽하면 빵을 굽기 전에 가스가 발생하여 냉수로 반죽하여야 한다. 주로 비스킷, 도넛, 카스텔라 및 케이크 등으로 제과에서 자세히 설명하기로 한다.

6) 제과

과자는 설탕 또는 기타 조미료를 사용하여 일정한 모양으로 만든 것을 가리킨다. 과자는 주로 기호식품으로 인식되는 것이 설탕을 이용하는 다른 제품과 구별되나 뚜렷하게 구별하기 어려운 것도 있다.

우리나라에서 제조되고 있는 과자는 크게 서양 과자(건과자, 비스킷, 초콜릿, 캔디, 껌 등), 한식 과자(유과, 다식, 유밀과 등)와 일본식 과자(미과, 양갱 등)가 있다.

한식 과자는 소규모로 생산되고 있으므로 그 개요만 설명하기로 한다. 유과는 찹쌀가루에 콩물이나 막걸리를 넣어 반죽하고 발린 다음 기름에 튀겨 팽화시킨 후 여러 가지 고물을 묻힌 제품이다. 다식은 곡물가루 또는 송홧가루, 전분 등을 꿀과 반죽하여 다식판에 박아낸 것이며, 유밀과는 곡물가루를 꿀과 기름으로 반죽하고 기름에 튀긴 다음 꿀에 담갔다가 잣가루 원료를 물과 배합하고 가열, 농축, 냉각시켜 제조한다. 초콜릿은 카카오버터에 설탕, 유화제(주로 레시틴), 향료, 분유 등을 혼합하고 성형시킨 것이다. 캔디는 설탕을 틀에 넣어 굳힌 제품으로 캐러멜 등이 있다. 껌은 gum base에 가소제, 당, 향료, 유화제 등을 혼합하여 사출 성형한 다음 일정한 두께로 조절, 절단한 것이다.

쌀과자(미과)는 센베이, 아라래, 오꼬시 등이 있으며 우리나라에서도 최근에는 다양한 쌀과자가 유행하고 있다. 오꼬시는 찹쌀을 당액(설탕과 물엿을 녹여 155°C에서 졸인 용액)으로 찐 다음 틀에 넣어 굳힌 제품이다. 아라래는 찹쌀을 수침한 다음 증기(120°C)로 15분 정도 찌고 떡을 만들어 저온(2~3°C)에서 숙성시킨다. 이것을 일정한 모양으로 자르고 건조시켜 수분을 고르게 한 다음 약 285°C에서 볶거나 300°C 정도의 콩기름에 튀긴다. 여기에 조미액(간장, 설탕, 기름 등)을 가하고 건조시켜 완성한다.

밀가루를 이용한 서양 과자의 대부분은 연질밀을 이용한 것으로 크게 쿠키, 크래커, 비스킷, 케이크로 나눌 수 있다.

(1) 쿠키

쿠키cookie 반죽의 특징은 당과 지방(쇼트닝)의 함량이 높고 수분함량이 상대적으로 낮으며, 글루텐의 발달은 최소여야 한다. 영국에서는 이 제품을 단 비스킷sweet biscuit이라고 한다.

(2) 크래커

크래커cracker는 지방함량이 10~20% 정도이며 설탕은 거의 쓰지 않고 반죽의 수분은 20~30% 정도이다. 크래커 중 대표적인 것은 소다soda 크래커와 스낵snack 크래커이다. 전자는 짠 크래커saltine cracker라 하며 발효 시간과 텍스처가 가볍고 부서지기 쉬운 것이 특징이다. 주로 스펀지법으로 만들며 크래커의 최종 수분함량은 1~2%이다.

(3) 케이크

케이크cake는 쿠키와 마찬가지로 설탕의 배합 비율이 높은 제품이나, 쿠키와 달리 수분함량이 높다. 따라서 굽기공정에서 케이크는 전분의 호화에 의하여 일정한 형태로 고정되나 쿠키는 전분의 호화가 일어나지 않으므로 구조가 무너지게 된다.

케이크는 그 구조가 가벼운 것이 특징이며, 이러한 성질은 혼합 중 공기의 혼입에 기인한다.

케이크의 원료 배합 시 밀가루보다 설탕의 함량이 높은 것을 high-ratio 케이크라고 한다. 제빵에서 반죽을 도우dough라 하며, 케이크의 경우 원료를 혼합한 것을 배터batter라고 한다. 엔젤 푸드 케이크angel food cake와 파운드 케이크는 팽창제를 쓰지 않으며 공기에 의하여 부풀게 된다.

(4) 비스킷

미국에서 비스킷biscuit은 화학적으로 부풀린 빵을 가리키며, 미국 고유의 제품으로 모 프라이드치킨 전문점에서 사이드 메뉴로 판매하고 있다. 소화가 잘 되고 영양이 풍부하여 간식으로 좋다. 비스킷의 종류는 글루텐의 작용을 방해하는 지방과 설탕을 적게 넣고 이기는 시간을 길게 하여 만드는 하드 비스킷hard biscuit, 유지와 설탕을 많이 넣고 구운 소프트 비스킷soft biscuit, 달걀과 우유 등을 더 많이 넣고 구워 낸 팬시 비스킷fancy biscuit 세 가지가 있다.

7) 제면

「식품공전」에서 면류라 함은 "곡분 또는 전분을 주원료로 하고 필요에 따라 식품첨가물 등을 혼합한 후 면발을 성형한 것이나 이를 열처리, 유탕처리, 건조 등의 방법으로 가공한 것 또는 이에 수프를 첨가한 것"으로 정의하고 있으나, 일반적으로 국수류는 원료에 물과 기타 원료를 넣어 반죽하고 면대sheet를 형성한 다음 잘라서 만들거나 반죽을 압출하여 만든 제품이다. 국수류의 원료는 주로 밀가루가 쓰이나, 전분, 메밀가루, 녹두가루(또는 전분), 쌀가루 등이 쓰이기도 한다.

면류의 가장 기본적 형태인 생면의 기본재료로는 밀가루가 쓰이며 이외 전분, 물, 소금 등의 부재료를 사용한다.

면류는 원료의 종류, 제조방법, 제품의 성상 등에 따라 그 종류가 매우 다양하다.

① 면류의 종류

면류는 그 원료나 제조방법에 따라 분류하며 그 종류는 **그림 5-26**과 같다.

원료에 따른 분류

- 밀가루를 이용한 것 : 국수, 라면, 마카로니
- 메밀가루를 이용한 것 : 메밀국수, 냉면
- 옥수수, 고구마 등의 전분을 이용한 것 : 당면

표 5-7 국수류의 분류

	압출면			중국식 국수	한국식 국수 일본식 국수
	스파게티	냉면	당면		
원료	세몰리나 물	밀가루 메밀가루 알칼리제	전분(옥수수 또는 옥수수-고구마 명반	밀가루 알칼리용액	밀가루 소금 물
색상	호박색	-	-	노란색	흰색
공정	압출·익힘	압출·익힘 (또는 끓는 물에 익힘)	압출·익힘	면대 형성 자름	면대 형성 자름

출처 : http://www.ncs.go.kr. 면류 제조가공 중 생면류 모듈

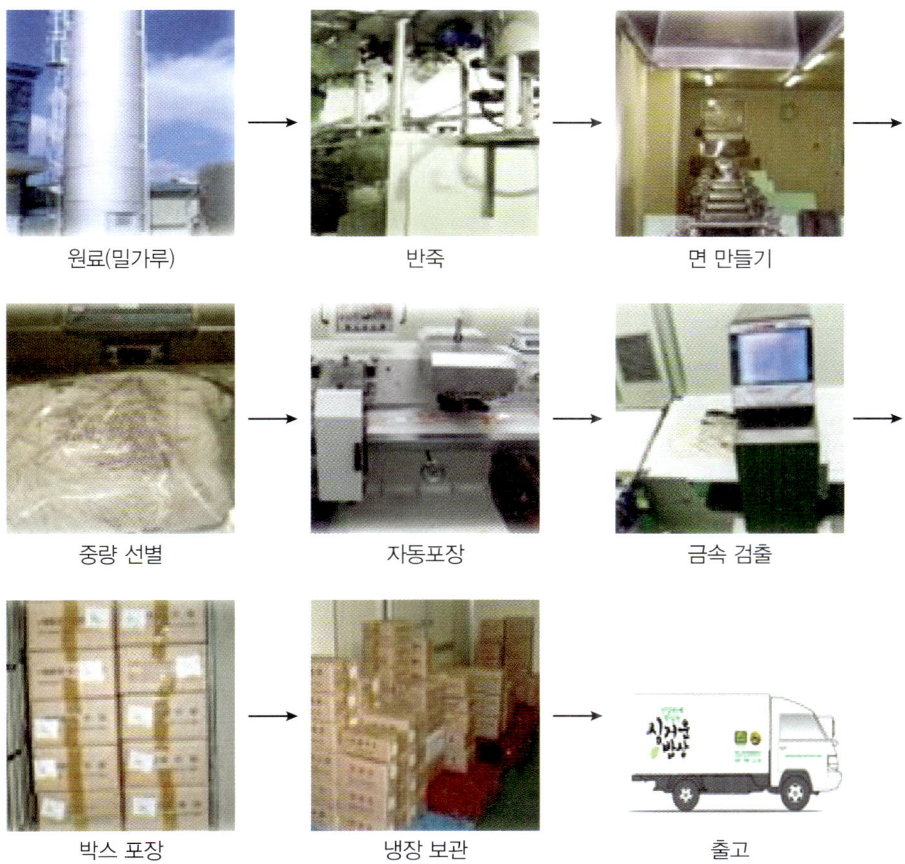

그림 5-26 면류 제조 개략도

제조방법에 따른 분류

- 면대를 만들고 선절하여 만든 선절면 : 국수乾麵, 生麵
- 압착기를 사용한 압출면壓出麵 : 마카로니macaroni, 스파게티spaghetti, 당면, 냉면
- 길게 잡아 당겨 빼는 신연면伸延麵 : 소면素麵, 수연 중화면手延中華麵
- 면을 만들고 기름에 튀긴 즉석면 : 라면

우리나라 국수류의 대부분은 선절면에 속한다.

② 제면법과 그 특징

아시아 각 지역의 국수 제조법은 크게 수인법, 삭면법, 절단법, 착면법, 하분법으로 나눌 수 있다.

수인법 밀가루를 반죽하여 막대 모양으로 만든 것에 기름을 바르고 손으로 잡아 당기면서 길게 늘이는 방법으로 중국에서 주로 쓰이는 방법이고 우리나라, 일본, 동남아시아에서는 잘 쓰이지 않는다.

삭면법 건조를 방지하기 위하여 기름을 바른 반죽을 가는 끈 모양으로 늘이고 두 개의 막대 사이에 말아 붙인 다음, 한쪽의 막대는 고정시키고 다른 한쪽의 막대를 잡아 당김으로써 가늘게 늘이는 방법이다. 일본의 소면이 이에 속한다.

절단법 아시아 지역에서 가장 일반적인 제면법으로서 면봉麵奉과 칼로 제면하는 우리나라의 칼국수에 해당하는 것이다.

이 방법은 중국에서는 당나라 때에 보급된 것으로서 일본에서는 15세기에 보급되어 밀가루뿐만 아니라 메밀가루를 이용하는 데도 쓰였다.

착면법 작은 구멍을 뚫은 국수틀(실린더, 바가지)에 반죽을 넣고 눌러 뽑는 방법으로서 우리나라의 냉면과 강원도 토속국수인 올챙이국수의 제조법과 같은 방법이다.

이 방법은 글루텐이 부족한 끈기가 없는 가루(밀가루 이외의 곡분)를 원료로 한 제면에 적용되는 방법이다.

하분법 원래 국수로서가 아니라 쌀가루를 피막의 형태로 가공한 것이다. 쌀은 물에 침지한 다음 분쇄하여 페이스트paste 상태로 된 쌀가루를 편편한 그릇에 얇게 편 다음 찌거나, 스팀처리하면 반투명한 얇은 쌀의 피막이 형성된다. 이것을 국수처럼 잘라 이용한

다. 월남쌈과 쌀국수가 좋은 예이다.

(1) 밀가루 국수

밀가루 국수는 수분함량과 익힘 공정에 따라 건면, 생면, 숙면과 같이 분류할 수 있다. 냉면은 밀가루에 메밀가루가 5% 이상 첨가된 것이므로 편의상 밀가루 국수에 포함시키기로 한다.

국수용 밀가루의 품질에 대하여는 뚜렷한 기준이 없으나, 우리나라의 경우 대략적인 기준은 단백질함량 9.5% 정도, 회분함량 0.5% 정도이다.

밀가루 국수의 기본제조공정은 혼합, 면대 형성 및 자름이며, 이후 처리 방법에 따라 생면, 건국수 등 여러 가지 제품으로 분류된다. 원료 밀가루에 소금(2% 정도) 또는 알칼리제 1~2%를 첨가하여 물(30~35%)로 반죽하고, 롤러를 이용하여 점차 반죽의 두께를 줄여 면대를 형성한 다음 자르게 된다. 튀김국수의 지방질함량은 20% 정도로 조절한다.

라면은 면대 형성 후 두께 1.25mm, 폭 1.36mm 정도로 자른 다음 스팀(1.0kg/cm^2)으로 2분 정도 증자하여 전분을 호화시키고 성형한 다음 140~160°C의 기름탕에서 튀겨 수분을 제거한다.

- 라면 : 라면ramen, instant noodle은 면발에 웨이브를 주어 제면 후에 고압수증기로 전분을 호화시킨 후 기름에 튀김으로써 전분이 팽화가 되는 동시에 탈수되어 고정된 즉석면류의 대표적인 제품이다. 조리가 간편하고 가격이 저렴하여 간식 대용 및 서민

그림 5-27 압연롤러

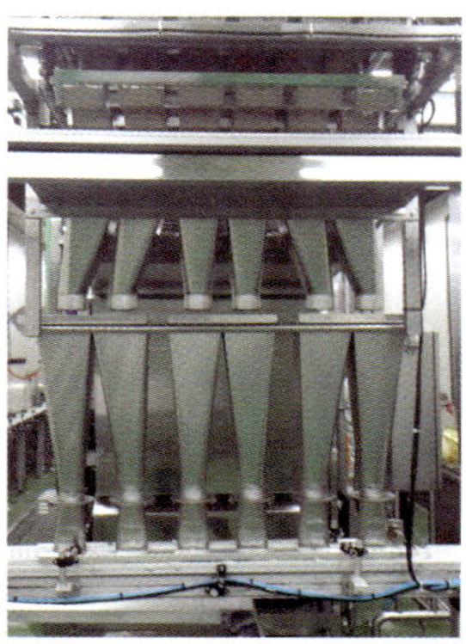

그림 5-28 면 분할기

그림 5-29 절출면 웨이브 만들기(곡면 슈트)

출처: http://www.ncs.go.kr, 면류 제조가공 중 냉동면 제조가공 모듈과 유탕면 제조가공 모듈

층의 주식 대체용으로 많이 소비되고 있다.

- 컵라면 : 호화온도가 낮은 변성전분modified starch의 사용과 면의 굵기를 가늘게 하여 호화온도를 낮춤으로써 조리시간을 단축한 인스턴트 식품instant food이다.

(2) 당면

당면은 전분국수로, 우리나라에서는 고구마전분과 옥수수전분이 주로 이용되고 있다. Extruder를 이용한 기계 당면과 반죽을 자연 낙하 또는 extruder로 단순히 압출시키는 손 당면으로 나눈다. 기계 당면은 옥수수전분(또는 고구마전분을 혼합)을 이용하며, 손 당면은 고구마전분을 이용한다.

(3) 파스타

일반적으로 파스타pasta는 스파게티나 마카로니와 같은 제품들을 총칭하여 일컫는 말로 세계적으로 파스타를 가장 많이 소비하는 이탈리아, 독일, 프랑스 등지에서는 파스타를 모양이나 크기에 따라 비슷하게 정의하고 있다. 미국의 경우에는 세몰리나semolina, 파리나farina, 일반 밀가루 또는 이것들의 두 가지 이상을 사용하여 물과 첨가물을 넣어 반죽하고 성형하여 건조한 제품을 파스타로 정의한다.

그림 5-30 압출기
출처 : http://www.ncs.go.kr. 면류 제조가공 중 압출면 모듈

듀럼밀은 배유의 색깔이 호박색이며 세몰리나로 제분된다. 세몰리나는 듀럼밀을 이용하여 생산되는 가루로 입자가 너무 작지도 크지도 않은 250~350μm의 크기를 갖는 것을 통칭한다. 우리나라의 경우 세몰리나를 이용하여 만든 제품을 파스타라고 하며 모양에 따라 긴 모양의 제품(스파게티, 마카로니, 버미셀 등)과 짧은 모양의 제품(엘보우, 쉘, 알파벳, 링, 별 등)으로 나눈다. 파스타는 압출면의 일종이다.

8) 옥수수의 가공 및 이용

옥수수의 도정은 주로 가수-탈배아공정tempering-degerming system이 주로 쓰이며, 그 공정

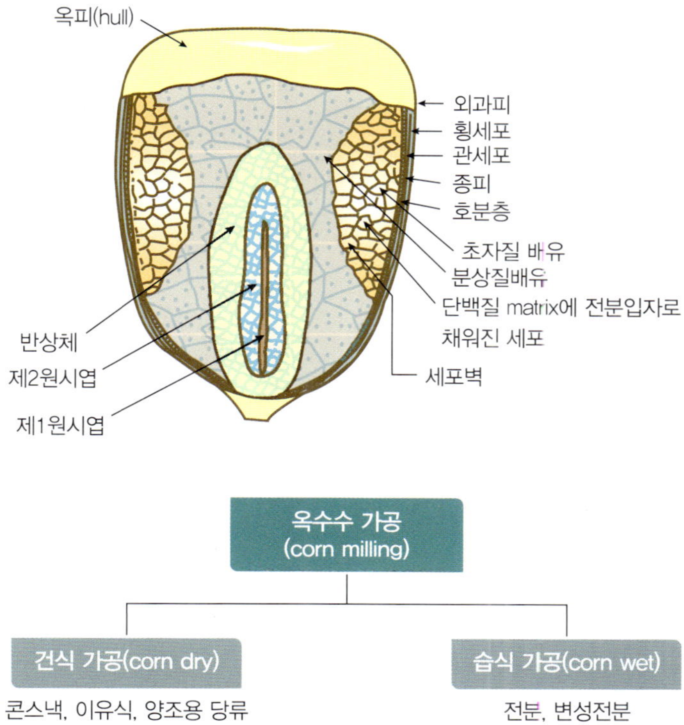

그림 5-31 옥수수의 구조 및 가공방법에 따른 제품군

자료 : R. Carl Hoseney, Principles of Cereal Science and Technology, AACC, 1990

도는 그림 5-31과 같다. 이 공정의 주된 생성물은 그릿grits과 호미니hominy로서 가루의 생산은 최소로 하여야 한다.

옥수수의 도정 목적은 배아와 옥피를 완전히 제거하여 지방질 및 섬유소 함량이 낮은 배유의 분리, 배아의 완전 회수, 깨끗한 입자로서 배유의 완전 회수이다.

옥수수는 배아를 분리하기 전에 가수tempering하여 껍질이 잘 분리되도록 하여야 한다. 가수는 보통 3단계로 이루어지며 최종 수분함량이 21~25%가 되도록 한다. 가수된 옥수수는 배아 분리공정을 거치는데 가장 널리 쓰이는 것은 Beall 탈배아기이다. 가장 이상적으로 옥피, tip cap 및 배아를 완전히 제거하고 배유는 2개의 그릿의 형태로 분리시키는 것이지만 실제로는 여러 성분의 혼합물을 얻게 된다. 배아가 제거된 옥수수는 분쇄롤corrugated roller mill로 입도를 감소시켜 그릿을 얻게 된다.

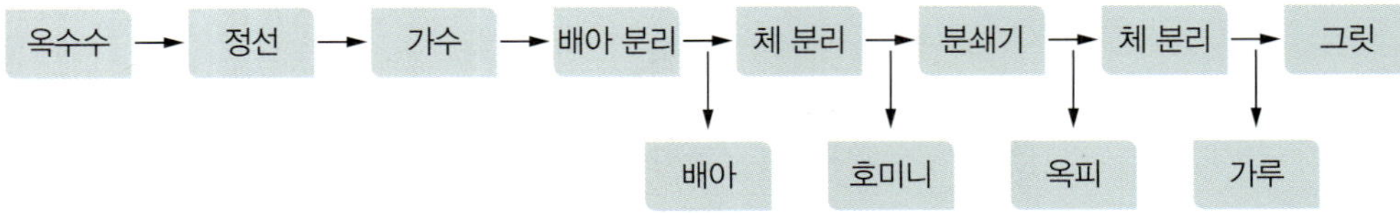

그림 5-32 옥수수 건식 도정 공정

그림 5-33 옥수수 건식 도정 산물

2. 서류 및 콩류 가공

1) 서류 가공

현재 우리나라에서 서류는 직접 식용으로 하거나 소량이 감자칩 등의 스낵, 전분 가공에 이용되고 있다. 따라서 서류 가공은 주로 전분 및 전분당에서 다루기로 한다.

2) 전분 및 전분당

우리나라에서 현재 이용되고 있는 전분은 옥수수, 감자, 고구마로부터 생산하고 있으며, 생산원료의 90% 이상이 옥수수로 대부분 수입에 의존하고 있다. 감자전분의 생산은 원료가격이 비싸기 때문에 감자스낵 등의 특수목적으로 일부 생산되고 있으며, 고구마전분도 경제성이나 가공성이 우수한 수입 옥수수 때문에 생산을 기피하고 있는 실정이다.

전분starch은 물에 가라앉는 가루라는 뜻에서 붙여진 이름이다. 전분입자는 식물의 종류에 따라 그 모양과 크기가 다르나 모두 거대분자이며, 물에 녹지 않고 침전하기 때문에 전분 이외의 성분과 쉽게 분리할 수 있다.

전분의 용도는 전분 자체의 고분자 특성을 이용하는 분야, 전분의 구성단위(glucose, maltose, dextrin)로 가수분해하여 이용하는 분야 및 발효원료로 이용하는 분야로 나눌

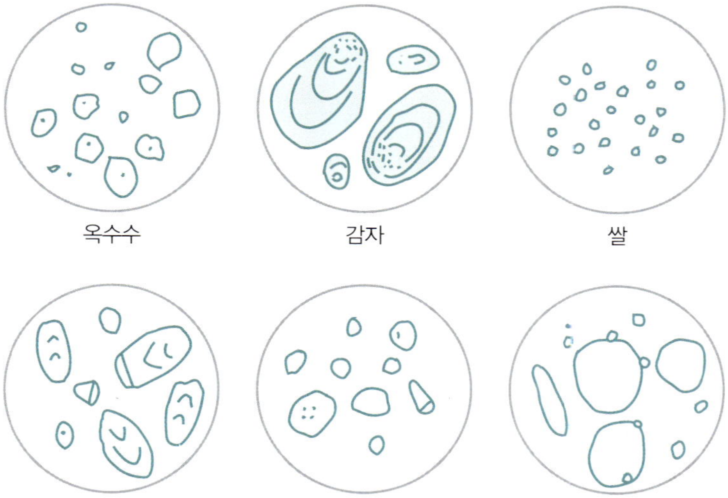

그림 5-34 전분입자의 모양 비교
자료 : 송재철 외, 1997

수 있다.

(1) 전분의 특성

전분에 물을 가하여 가열하면 전분입자는 팽윤swelling되어 파괴되면서 가용성 성분이 현저히 증가하고 점성이 강해지는데 이것을 풀starch paste이라 하고, 이 현상을 호화gelatinization라 한다.

호화된 전분(α-전분)은 분자 배열이 무질서하게 되고 결합은 점차 약해져 수분과 효소의 침투가 용이한 상태가 된다. 이것은 전분분자의 집합의 원인이 되는 수소결합이 열에 의하여 끊어지기 때문에 미셀micelle이 풀려서 미셀 내에 공간이 생기고 그 사이에 물분자가 들어가 활발히 움직이기 때문이다. 즉 α-전분으로 된 식품은 β-전분(생전분)으로 된 식품보다 전분분해효소들의 작용을 받기 쉬우므로 소화율digestibility이 좋다.

호화온도는 전분의 종류에 따라 다르며 **표 5-8**, 전분의 점도도 전분의 종류와 성분에 따라 차이가 있다.

점도viscosity는 아밀로펙틴의 입자 크기에 좌우되고, 가열시간에 따라서도 변한다. 일반적으로 전분입자가 큰 것은 점도가 크고, 곡류의 전분같이 입자가 작은 것은 점도가 작다. 또 전분 paste를 강하게 교반하면 점도가 저하된다. 생전분(β-전분)에서 가수 가열된 호화전분(α-전분)으로 전이되는 데 걸리는 시간은 온도에 따라 차이가 있는데, 65°C에서는 10시간, 90°C에서는 3시간 그리고 100°C에서는 20분으로 완성되며 호화온도가 높을수록 호화시간은 단축된다.

호화된 전분 paste를 실온에 방치하면 점차 투명해지고 경우에 따라서는 침전이 생긴다. 전분의 구조가 변하고 젤gel화가 일어나며 부분적으로나마 결정화가 일어나고 미감이 나빠지게 된다. 이러한 변화를 전분의 노화retrogradation 또는 α-전분이 β-전분으로 되돌아가는 현상이므로 β화라 한다. 노화되면 생전분과 비슷하여 효소의 작용을 받기 어려우므로 소화하기 어렵다. 전분의 노화에 영향을 주는 요소로는 온도, 수분함량, 전분분자의 크기와 형태, pH 등을 들 수 있다. 호화전분의 노화는 함수상태에서 쉽게 일어나므로 건조밥, 비스킷, 인스턴트면, 국수 등과 같이 급속히 탈수시켜 수분을 10~15% 이하로 유지하여야 β-전분으로 복원되는 것을 지연, 방지할 수 있으며, 수분함량이 30~40%일 때 가장 잘 일어난다.

호화전분의 노화는 50~60°C 이하에서 진행되고 0~4°C일 때 가장 빨리 일어나며, 60°C 이상에서는 노화가 잘 일어나지 않고 -20~-10°C에서는 노화속도가 늦어진다고 한다. 따라서 전분의 노화를 방지하기 위하여 전분질 식품은 온장고에 보관을 하거나 신속히 건조한다. 그 이외 전분의 노화를 억제하는 방법으로 설탕의 첨가, monoglycerides, diglycerides, 락트산나트륨 등을 첨가하는 방법이 있다.

(2) 전분의 이용 분야

전분 생산량의 대부분을 차지하는 옥수수전분은 일반 식료품 가공(당면), 호료, 의약품 등에 전분상태로 이용하거나 포도당, 이성화당, 물엿, 덱스트린 등으로 가수분해하여 소비되고 있다. 고구마전분은 거의 당면으로 이용되고 있다.

전분을 이용하기 위해서는 먼저 용도에 따라 적합한 전분을 선택하여 사용해야 한다. 특성에 따른 전분의 이용은 직접 이용, 분해물의 이용, 발효원료 등으로 구분된다.

(3) 전분의 제조

① 옥수수전분

원료 옥수수는 일반 옥수수(아밀로오스 함량 약 27%), 찰옥수수(아밀로펙틴으로 구성), 고아밀로오스 옥수수(아밀로오스 함량 60% 이상)가 있어 용도에 따라 다양한 전분을 얻을 수 있다. 옥수수는 마치종dent corn, 경질flint corn, 단옥수수sweet corn, 팝옥수수pop corn, 연질soft corn 등이 있으나, 일반적으로 전분제조용 옥수수는 다수확 품종인 마치종dent corn이 이용되고 있으며 거의 전량 수입에 의존하고 있다.

전분 제조 옥수수전분은 습식 도정법에 따라 제조한다. 습식 도정의 목적은 곡류의 각 화학적 구성성분을 분리하는 데 있다. 옥수수전분의 제조공정도는 그림 5-35와 같다.

- 원료의 정선 : 공정의 첫 단계로 원료 옥수수의 건조, 저장, 운반 중에 이물질(옥수수 속, 다른 종자, 금속, 고운 먼지 또는 가벼운 불순물 등)의 혼입과 부패가 일어날 수 있으

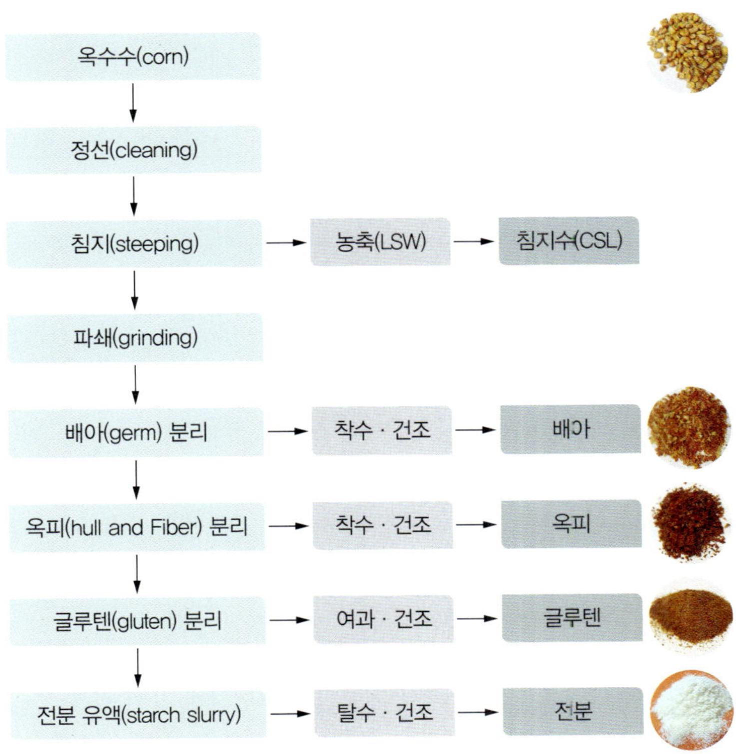

그림 5-35 옥수수전분 제조 공정

그림 5-36 옥수수 정형기

그림 5-37 정선 전 옥수수

출처 : http://www.ncs.go.kr. 곡류, 서류, 견과류 제조가공 중 옥수수전분 제조가공 모듈

표 5-8 전분의 종류와 특성, 전분입자의 크기

전분 종류	구성비율(%)		입자 크기(μ)		호화온도 (°C)	팽윤력 (90°C)	용해도
	아밀로오스	아밀로펙틴	범위	평균			
옥수수전분	24	76	5~26	15	62~72	24	25
찰옥수수전분	1	99	5~25	15	63~72	-	-
고아밀로오스전분	75	25	3~25	20	66~92	-	-
밀전분	25	75	2~35	20	52~63	21	41
쌀전분	18	82	3~8	5	61~78	-	-
찹쌀전분	1	99	-	-	55~65	-	-
수수전분	25	75	6~30	26	69~75	-	-
찰수수전분	1	99	6~30	26	68~74	-	-
감자전분	23	77	15~100	33	59~68	> 1,000	82
타피오카전분	18	82	10~35	-	58~79	71	48

자료 : 송재철 외, 1997

므로 먼저 정선cleaning하여야 한다.

- 침지공정 : 침지공정Steeping은 옥수수 전분 제조에서 가장 중요한 공정으로서 옥수수를 조절된 온도, 시간, 아황산SO_2 농도 조건하에서 물에 침지하는 공정이다. 물은 tip cap을 통하여 배아, 배유 등으로 확산되어 입자를 연하게 하여 성분 분리를 용이하게 한다. 아황산 용액은 물의 확산 속도를 촉진시킴과 동시에 단백질과 전분의 matrix를 파괴시켜 전분의 수율과 품질을 높이는 역할을 한다. 농도는 0.12~0.20%이다.

그림 5-38 옥수수 침지조

그림 5-39 SO_2 흡수탑

출처 : http://www.ncs.go.kr. 곡류, 서류, 견과류 제조가공 중 옥수수전분 제조가공 모듈

침지 중 젖산균의 생육에 의하여 젖산이 생성되는데 젖산과 젖산균이 분비하는 protease에 의하여 단백질의 분해가 더욱 촉진된다. 따라서 침지에서는 아황산 용액의 농도를 조절하여 젖산발효가 잘 일어나도록 하여야 한다.

- 파쇄 및 배아 분리 : 침지가 끝나 부드러워진 옥수수는 물로 옮겨 마찰형 파쇄기인 배아 분리기degerminator를 거치면서 부서지고 섬유질이 벗겨지며 배유에서 배아가 분리된다. 배아 분리기는 한쪽은 정지되어 있고 다른 한쪽이 회전하는 원반으로 되어

그림 5-40 배아 착수기(screw press)

그림 5-41 건조 후 배아 상태

출처 : http://www.ncs.go.kr. 곡류, 서류, 견과류 제조가공 중 옥수수전분 제조가공 모듈

있다. 옥수수는 중심부로 투입되며, 이때 주의할 점은 옥수수입자는 가능한 한 모두 파쇄되어야 하며, 배아는 완전한 상태로 분리되어야 한다는 것이다.

파쇄물은 물로 희석하고 hydroclone으로 옮겨 비중 차이에 의하여 배아를 분리한다. 분리된 배아는 세척하고 탈수, 건조한다. 건조된 배아는 대부분 식용유 제조에 이용된다.

- 마쇄 및 사별 : 배아를 분리한 파쇄물은 전분, 글루텐, 섬유(주로 옥피)의 혼합물이다. 파쇄물은 다시 잘 세척하여 옥피를 분리한다. 이때 전체 전분의 30~40% 정도가 같이 분리된다.
- 전분의 분리 및 정제 : 배아와 옥피를 제거한 액에는 글루텐, 수용성 물질과 전분이 들어 있다. 전분과 글루텐의 비중은 각각 1.6과 1.06이므로 이 차이를 이용하여 연속적으로 분리한다. 분리된 글루텐은 농축하고 고형물 88% 정도로 건조하여 gluten meal(단백질 함량 68% 이상)로 만든다.

원심분리된 전분은 3~5% 정도의 단백질을 함유하고 있으므로 물로 씻어 단백질을 제거한다. 수세된 전분의 단백질 함량은 0.3~0.35%이다.

- 여과 및 건조 : 정제된 전분유는 원심분리기로 탈수하여 수분 35~45% 정도의 전분 케이크starch cake로 만들고, 이것을 220°C 정도에서 수분함량 13%까지 건조시킨다.

전분의 용도 전분의 용도는 전분 자체의 고분자 특성을 이용하는 분야, 전분의 구성 단위(glucose 또는 maltose)로 분해하여 이용하는 분야로 나눌 수 있다. 전분의 용도는 **표 5-9**와 같다.

전분은 고분자물질로서 물과 가열하면 호화되는 독특한 성질이 있다. 이러한 성질을 이용하여 전분은 접착제, 식품, 제지, 방직공업 등에 이용된다. 그러나 전분은 찬물에 녹지 않으며 호화된 전분은 투명도가 낮고 노화되기 쉬운 결점이 있다. 이러한 전분의 성질을 개선시킨 것을 변성전분modified starch이라고 한다.

변성전분 변성전분은 크게 가수분해에 의한 변성전분과 입자형 변성전분으로 나눌 수 있다.

전분을 묽은 산(염산 또는 황산 1~3%)으로 처리하여 얻은 전분을 산처리 전분thin-boiling starch이라고 하는데, 이 전분은 분자 크기가 감소되어 유동도fluidity는 좋으나 노화가 쉽게

표 5-9 옥수수 전분의 용도

응용분야	제품
알코올음료	맥주, 포도주, 기타 주류
제빵/스낵제품	베이킹파우더, 비스킷, 빵, 케이크, 도넛, 효모
육제품	닭고기 요리, 건조육, 햄, 핫도그, 소시지
조제믹스	조제믹스
당류제품	물엿, 포도당, 과당, 솔비톨
건축재료	판지, 골판지, 요업제품, 코팅제품, 합판제품
화학, 약품, 제약	아스피린, 코팅제, 화장품, 약, 효소, 식초, 공업용 알코올, 실업약재, 제약, 외관용 재료
알코올	알코올
가정용품	배터리, 크레용, 백묵, 기저귀, 성냥
기타산업	폭약, 필터, 불꽃놀이, 윤활제, 절삭유, 플라스틱, 타이어
종이 관련제품	책제본, 컬러캐리어(프린팅), 포장지, 라벨, 제지, 사이징(sizing), 프린트 잉크, 벽지
풀(접착제)	접착제, 접합매개체, 그리스, 껌, 풀
섬유	컬러캐리어(프린팅), 염료, 섬유제품

자료 : 하종수, 2001

일어난다. 덱스트린은 전분을 효소, 산 가수분해 또는 가열(산과 함께)하여 얻을 수 있으며 점도는 낮으나 안정성은 산처리전분보다 높다. 덱스트린은 주로 접착제로 사용된다.

산화전분oxidized starch은 표백전분bleached starch이라고도 하며 전분의 OH기를 sodium hypochlorite로 카르복실기-COOH 또는 카보닐기-CHO로 산화시킨 것이다. 산화전분은 생전분보다 호화온도가 낮고 노화 정도가 늦으므로 전분 paste의 안정성이 증가된다.

가교전분cross-linked starch은 전분 입자 내 2개의 OH기와 반응할 수 있는 시약을 작용시켜 만든다. 가교전분은 호화가 크게 억제되며 노화성이 거의 없고, 냉동-해동에 대한 안정성이 높다.

아세테이트 전분은 용해도, 투명도, 냉동-해동에 대한 안정도가 높으며 파이, 샐러드 드레싱 등에 쓰인다. 인산전분은 점도가 높고 노화에 대한 안정성이 높으며 투명도가 좋은 장점이 있다. 주로 제지공업에 쓰인다.

에테르 전분도 아세테이트 전분과 비슷한 성질을 가지나 특히 pH에 대한 안정성이 강

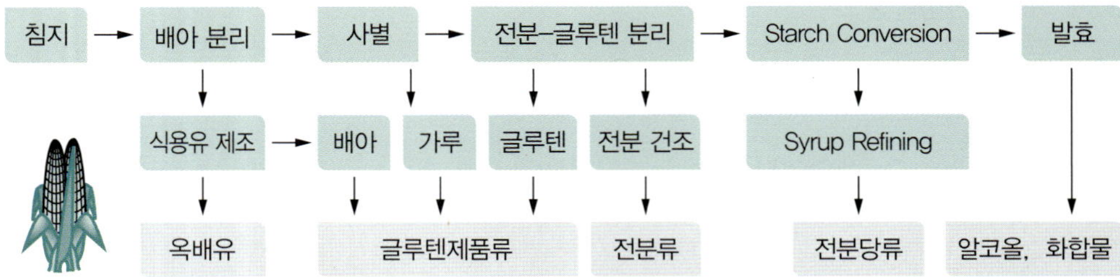

그림 5-42 원료 옥수수로부터 전분 및 전분당의 제조공정도

자료 : Rick Parker, 2003

하다. 양성전분cationic starch은 주로 제지 공업에 쓰인다.

전분당 전분을 산 또는 효소로 가수분해하면 그 구성성분으로 분해되는데, 이 분해물들은 물에 녹으며 단맛을 갖고 있으므로 전분당starch sweetener이라고 한다.

전분당은 크게 물엿starch syrup, 포도당dextrose과 이성화당high fructose corn syrup으로 나눈다.

물엿은 산으로 당화한 산당화엿, 맥아로 당화한 맥아엿으로 나누며, 이들을 분말화한 분말 물엿이 있다.

전분당의 당화율은 덱스트로오스 당량dextrose equivalent, DE으로 표시하며, 전분의 *DE*는 0이며, 덱스트로오스의 *DE*는 100이다.

$$DE = \frac{\text{환원당(덱스트로오스로 표시)}}{\text{고형분}} \times 100$$

전분당의 성질 및 용도 전분당은 향미의 향상, 텍스처의 개선, 식미 및 외관의 향상, 영양가 공급, 일부 식품의 몸체body의 향상, 저장성 향상 등의 기능을 가지고 있다. 전분당의 중요한 성질 중 하나는 단맛이며 경제성도 중요하다.

이성화당의 가장 중요한 성질은 단맛으로서 55% HFCS는 동일한 고형분에서 설탕과 같은 단맛을 가지고 있다. 또한 용해도가 높고 보습성이 좋으며, 분자량이 작으므로 점도가 낮고, 삼투압이 높은 성질이 있다. 따라서 이성화당은 설탕 대용으로 사용될 수 있으며, 삼투압이 높으므로 미생물에 대한 안전성, 잼, 젤리 등의 저장성 향상 등의 목적으로 쓰일 수 있다. 또한 점도가 낮으므로 비교적 고농도에서도 작업성이 좋은 장점이 있다.

물엿도 이성화당과 비슷한 성질을 갖는다.

우리나라에서의 이성화당의 용도는 설탕과의 가격 경쟁에 따라 달라질 수 있으나 대략적인 용도는 음료가 주이고 다음이 유제품이다.

② 고구마전분

원료 고구마sweet patato는 오래전부터 식용이나 당면 제조의 원료, 전분 또는 주정원료로 이용되어 왔으나 저장성이 약하고 원료의 값이 비싸 전분원료로의 소비량은 계속 감소 추세를 나타내고 있다.

고구마의 성분조성은 수분 60~76%, 전분 18~25%, 단백질 1~2%, 지방질 0.2~0.5%, 섬유질 0.2~2%, 회분 0.2~2%이다. 전분원료로서 고구마는 전분의 함량이 높고 모양이 고르고 파인 부분에 토사가 없는 것이 좋으며, 수확 후 전분의 당화가 적고 당분, 수용성 단백질, 폴리페놀 성분, 섬유질의 함량이 적어야 한다.

제조법 고구마의 전분 제조는 아직도 탱크침전법이 대부분이며 일부 테이블법과 원심분리법이 이용되고 있다.

- 수세 : 원료에 묻은 흙이나 이물질을 제거하기 위하여 실시한다.
- 마쇄 : 세척한 고구마는 유수流水 컨베이어에 의해 마쇄기로 운반되어 가수되면서 마쇄한다. 빠른 속도로 회전하는 마쇄롤로 미세하게 마쇄하여 세포 속의 전분입자를 노출시킨다. 이 조작은 전분수율에 직접 관계가 있는 중요한 공정이다. 마쇄율은 85~90%이다.
- 사별 : 마쇄롤에서 나온 마쇄물은 체를 사용하여 전분유와 전분박으로 분리한다.
- 분리 : 사별한 전분유에는 미세섬유, 단백질 및 그 밖의 협잡물이 들어 있으므로 비중 차이를 이용하여 분리 제거하는데 탱크침전법, 테이블법 및 원심분리법이 있다.

정제(토육분리) 1차 탱크에서 분리한 조전분은 아직 불순물이 들어 있을 뿐 아니라 색깔도 나쁘므로 이것에 다시 물을 넣어 교반, 침전, 정제(토육분리)하는 공정이다.

건조 정제전분유는 우선 탈수기에 투입시켜 수분함량을 36~40%로 하고, 건조기로 보내어 열풍건조 등으로 수분함량을 18% 정도로 신속히 건조한다.

③ 감자전분

감자white potato는 고구마보다 저장성이 좋으며 수용성 당의 함량이 적다. 감자의 성분은 수분 70~84%, 전분 14~25%, 단백질 1.4~2.5%, 지방질 0.1~0.2%, 섬유질 0.3~0.7%, 회분 0.7~1.1%이다. 전분원료로서 감자는 전분함량이 높고, 수용성 단백질의 함량이 적어 마쇄할 때 거품이 적어야 하며, 껍질이 얇고 표면이 매끄럽고 눈 부분의 홈이 얕은 것이 좋다.

전분의 제조 기본적으로 감자전분의 제조공정은 고구마의 경우와 같다. 다만 감자는 고구마보다 쉽게 마쇄되며 마쇄율은 90% 이상이고 분리도 비교적 쉽다. 감자전분의 제조는 침전법과 테이블법을 주로 하는 고구마전분의 제조보다 현대적이다.

3) 콩류 가공

콩류legumes에는 콩soybean, 팥small red bean, 완두green peas, 녹두mung bean, 강낭콩kidney bean, 잠두broad bean, 땅콩groundnut, 커피 생두 등이 있다.

콩은 단백질과 지방이 풍부하여 '밭에서 나는 고기'로 알려져 있다. 콩의 원산지는 동북부 아시아 지역, 즉 만주지방으로 알려져 있으며, 우리나라에는 기원전 4세기경에 도입되어 재배한 것으로 알려져 있다. 우리 식생활에서 콩은 부족한 단백질과 지방질을 제공하는 우수한 영양 공급원으로서 오랫동안 콩나물, 두부, 된장, 간장 등 여러 가지 제품들로 가공하여 섭취해 왔다. 우리 식생활에서 콩은 부족한 단백질과 지방질을 제공하는 우수한 영양 공급원으로 중요하지만, 조직이 견고하여 소화·흡수가 매우 어렵다. 또한 독특한 풋내, 불소화성 탄수화물, 트립신 저해제trypsin inhibitor 등의 생리적인 저해물질을 가지고 있어 가공처리가 합리적으로 이루어지지 못하면 소화와 흡수가 잘되지 않아 영양분의 이용률을 높일 수 없다.

우리나라 콩 수요는 빠른 속도로 증대하고 있으나 국내 생산은 계속 감소하고 있는 실정이다. 더욱이 최근 들어 건강기능식품이 소비자에게 인기를 끌며 다양한 외국산 콩류(예, 렌즈콩, 병아리콩 등)의 수입으로 수익성이 낮기 때문이다.

또한 커피가 현대인들의 필수음료처럼 받아들여지면서 커피 생두의 수입도 증가하였다.

여기에서는 콩의 일반성분 및 콩을 이용한 가공식품을 다루기로 하며, 콩을 이용한 유

그림 5-43 두부류 및 장류용 콩품종

출처 : http://www.ncs.go.kr, 두부류 제조·가공 모듈

그림 5-44 이외 다양한 콩 종류

지류는 유지류에서 다루기로 한다.

(1) 콩의 일반성분과 특수성분

콩 단백질 중 63~90%는 글로불린globulin에 속하는 글리시닌glycinin이고, 파세올린phaseolin, 17%, 레구멜린legumelin 등도 분리된다. 지방은 거의 대부분이 중성지방으로서 이것의 구성지방산 조성은 리놀레산linoleic acid(52~57%), 올레산oleic acid(32~36%), 기타 팔미트산palmitic acid 등의 포화지방산(7~14%)이다. 또한 인지질(1~3%)인 레시틴lecithin은 달걀보다 많이 들어 있다. 이 성분은 체내에 들어가면 지방질의 소화흡수를 도와주는 역할을 하며, 식품가공에서도 향기성분이나 지방질을 물과 잘 섞이도록 해주는 유화제emulsifier로 중요하게 사용된다.

탄수화물 중에 특이한 것은 3당류인 라피노오스raffinose가 1~2%, 4당류인 스타키오스stachyose가 3~8% 존재한다. 배당체는 용혈작용이 있는 사포닌saponin과 피토스테롤린phytosterolin 및 이소플라본 배당체isoflavone glycoside인 황색색소가 있다. 콩에는 비타민 C는 없다. 또 콩의 풋내는 리폭시게나아제lipoxyenase 활성에 의하여 나타나게 된다.

(2) 영양 저해인자

콩의 영양 저해물질로는 트립신 저해제, phytate, hemagglutenins, saponin 등이 있다.

① 트립신 저해제

콩에 함유된 일부 알부민albumin은 단백질 분해효소proteolytic enzyme인 트립신trypsin의 작용을 억제하는 물질, 즉 트립신 저해제trypsin inhibitor로서 작용하기 때문에 이를 제거하거나 불활성화시키지 않고 섭취하면 단백질의 소화가 억제될 뿐만 아니라 함황 아미노산의 결핍이 유발되어 성장이 저해된다. 트립신과 키모트립신의 작용을 저해하므로 단백질의 소화흡수를 방해하지만, 습열에 의하여 쉽게 불활성화되는 성질이 있다. 따라서 콩 단백질의 소화율은 간단한 열처리에 의하여 크게 향상된다.

트립신 저해제는 가열처리 외에 콩을 발아시킬 때도 그 함량이 감소된다.

② Phytate와 적혈구 응집소

콩에 1.0~1.5% 정도 함유된 phytate inositol hexaphosphate는 Ca, P, Mg, Fe, Zn 등과 불용성 복합체를 형성하여 무기물의 흡수를 저해시키는 작용을 한다고 알려져 있다. 이 성분은 열에 강한 특성이 있어 제거하는 데 어려움이 있다.

적혈구 응집소hemagglutinin는 agglutinin(또는 lectin)이라고도 하는데, 이것은 적혈구 세포막을 구성하는 탄수화물과 결합하여 응고시키는 작용을 한다. 또한 당류를 고정시키는 능력이 있어 섭취했을 때 성장 장해가 일어날 수 있다. 이 성분은 효소에 의하여 쉽게 분해될 뿐만 아니라 열에도 대단히 불안정하며, 산에 약해서 강산성인 위장 내의 산이나 효소, 간단한 열처리 및 발효를 통해 쉽게 제거할 수 있다.

③ 장내 가스 인자

콩 속에는 불소화성 탄수화물인 3당류인 라피노오스raffinose와 4당류인 스타키오스stachyose가 있어 장내 가스 발생의 주원인이 되고 있다. 콩 제품을 섭취할 때 그 속에 들어 있는 이들 올리고당oligosaccharide을 분해할 수 있는 효소인 α-galactosidase가 우리 몸속에는 없기 때문에 이들 성분은 소화가 되지 않은 상태로 대장에 도달하게 되고, 대장 내의 혐기성 세균에 의해 분해되어 N_2, CO_2, CH_4 등의 가스가 발생하기도 한다.

(3) 콩 가공식품

콩은 여러 가지 영양소를 함유하여 이상적인 식품원료이지만 조직이 단단하여 그대로 조리한 것을 식용하면 소화·흡수가 잘되지 않는다. 가열처리를 하지 않은 콩의 소화율은 82%인데 반하여 익힌 콩은 90%, 두부는 96%이며, 단백질 이용률은 생콩이 0.7, 익힌 콩이 1.3, 두부는 1.8이다. 이와 같이 콩을 적당히 가공하여 소화율을 높인 가공제품의 생산은 콩의 이용률을 증대시키는 것이다.

콩의 소비 용도는 유지수출용이 대부분을 차지하고 있고 식품가공용, 양조용, 사료용 등으로 이용되고 있으며, 크게 발효식품과 비발효식품으로 분류할 수 있다.

여기에서는 비발효식품에 대해서만 알아보기로 하고, 발효식품에 대해서는 장류에서 다루기로 한다. 또한 콩류를 이용한 묵류도 있으나, 묵은 현재 콩류뿐만이 아니라 전분 및 다양한 종실류도 원료도 쓰이고 있으므로 여기에서는 제외하기로 한다.

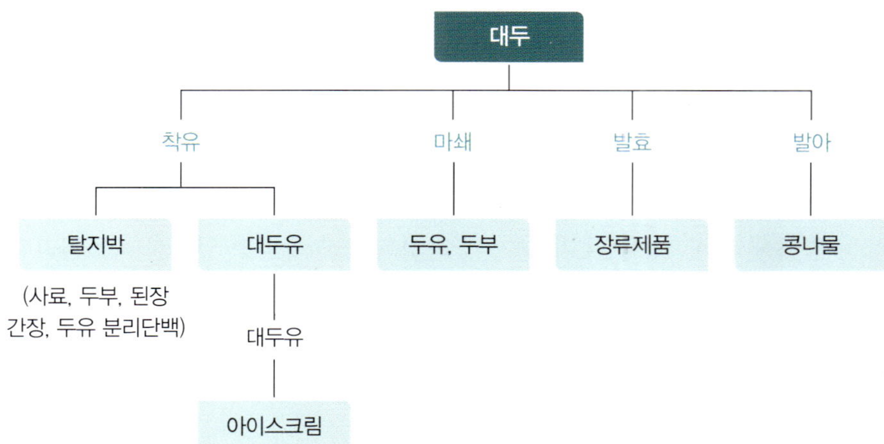

그림 5-45 콩을 이용한 가공품
자료 : 남궁석 외, 2000

① 두유

두유는 기본적으로 콩의 수용성분을 추출하거나 콩 단백질을 물에 분산시켜 우유와 외관이 비슷하게 만든 것이다. 두유는 단순히 콩을 물 속에 하룻밤 재워둔 다음 젖은 채로 갈아 여과하고 끓여서 만들거나 분리대두 단백을 물 속에서 다른 성분들과 같이 안정화시켜 만들기도 한다.

두유에는 단백질, 지질, 탄수화물, 무기질, 비타민과 같은 필수 영양소가 함유되어 있고 소화율도 높으며 우유에 비해 단백질함량이 높으면서 열량은 더 낮다.

그리고 두유는 영양적으로 균형 잡힌 필수지방산을 함유하고 있으며, 유당이 없어 유당불내증lactose intolerance이 없다는 장점이 있다. 콩 속에 존재하는 리폭시게나아제가 두유의 콩비린내를 유발하는 주요 원인이라고 알려져 있다. 이 리폭시게나아제는 두유의 pH를 3 이하 또는 온도 10°C 이상으로 조절하거나 80°C 이상으로 가열하면 불활성화된다.

국내에서는 모 기업이 두유 하나로 성장하며 다양한 제품을 출시하며 두유시장의 선두를 달리고 있으며 최근 다양한 종류의 두유제품이 많이 대중에게 알려졌다. 특히 우유에 유당불내증이 있는 아이나 어른들이 많이 음용하며, 최근 젊은이들 사이에서는 기능성 음료로서도 인기를 끌기도 했다.

② 발아식품(콩나물, 숙주나물)

콩나물은 재배법이 간단하고, 계절에 관계없이 짧은 기간 내에 생산할 수 있을 뿐 아니라 담백한 맛 때문에 우리들의 식생활과 밀접한 관계가 되었으며, 비타민이 부족되기 쉬운 겨울철에 국이나 무침 등으로 많이 이용해 왔다. 콩에는 비타민 C가 거의 없으나 콩나물에는 발아에 의해 비타민 C가 생기며, 숙취 해소에 좋다고 알려진 아스파라긴산을 다량 함유하고 있어 해장국의 재료로 많이 사용된다.

베트남 음식이 우리나라에서 인기를 끌며 생숙주의 사용도 많이 증가하였다.

③ 콩기름

콩에는 20% 정도의 기름이 함유되어 있으며, 그 기름 속에는 올레산, 리놀레산, 리놀렌산 같은 불포화지방산이 많다. 콩기름은 식용유로 사용되기도 하고 마가린 등의 경화유 제조나 유화용 그림물감의 원료로도 쓰인다. 콩기름은 그 자체에 천연 항산화제인 토코

페롤을 함유하고 있으며, 인지질, 유리지방산, 색소, 냄새 등의 불순물이 들어 있으므로 정제과정을 거쳐 최종제품을 얻게 된다.

④ 두부

콩단백질(주로 글리신)이 물에 녹는 성질을 이용하여 두유를 제조한 후 응고제를 넣어 여과시켜 걸러낸 것이 두부이며, 여과된 부산물이 비지이다.

콩 → 침지 → 마쇄 → 두미 → 가열 → 여과 → 두유 → 응고 → 압착 → 두부

(침지 ↑ 물, 여과 ↓ 비지, 응고 ↑ 응고제, 압착 ↓ 폐액)

두부제품의 종류와 특성 두부류에는 보통두부, 전두부 및 자루두부와 같은 생두부류와 두부의 가공품인 얼림두부凍結豆腐, 기름 튀김두부, 인스턴트 두부 등이 있다. 두부는 수분함량(80% 내외)과 지방산의 불포화도가 높아 지방질의 산패 및 미생물에 의한 변질이 쉽게 일어날 수 있어 저장에 문제가 있다. 포장제품의 두부도 생산되고 있으나 현재 유통되고 있는 대부분의 모판두부는 유통, 판매 단계에서 위생적이지 못한 상태로 처리되는데 이러한 것은 앞으로 개선되어야 한다.

그림 5-46 두부류

출처 : http://www.ncs.go.kr, 두부류 제조가공 모듈

표 5-10 두부류의 일반성분(두부 100g 중)

종류	수분(%)	단백질(g)	지방질(g)	탄수화물(g)		회분(g)
				당질	섬유소	
일반 두부	84.1±0.2	8.0±1.1	3.4±0.2	3.0	0.2	0.8±0.03
냉동 두부	8.0±0.5	50.6±2.2	33.5±1.8	5.3	0.2	2.8±0.1
충전 두부(순두부)	89.9±2.3	4.6±0.6	3.4±0.4	1.0	0.1	0.6±0.05
충전 두부(연두부)	91.0±2.1	5.1±0.14	2.5±0.5	0.7	0.1	0.6±0.04
튀긴 두부	42.8±1.7	20.3±2.5	1.2±1.9	3.9	0.1	1.8±0.15
비지	82.6±2.2	3.7±0.6	2.0±0.3	3.7	1.7	0.0

출처 : http://www.ncs.go.kr. 두부류 제조·가공 모듈 16쪽

우리 주변에서 흔히 볼 수 있는 즉석두부 가게에서도 직접 생산, 판매함과 동시에 포장하여 상품화한다. 대형 생산공장에서도 포장을 하고 냉장차량에 의해 운반되며 냉장판매가 이루어지고 있다.

일반 두부

- 원료 : 단백질의 응고로 두부가 형성되기 때문에 콩의 수용성 단백질 함량이 높을수록 높은 수율을 얻을 수 있다. 오래 저장된 콩은 수분의 흡수와 익는 속도가 느리므로 저장기간이 짧고 물의 흡수속도가 빠른 콩을 사용하면 유리하다.
- 침지 : 콩은 수침시간에 따라 두부의 수육, 조직 등 품질에 상당한 차이가 있다. 침지시간이 부족하면 팽윤상태가 불량하여 단백질 및 고형분의 추출이 어렵고 마쇄공정이 불충분하게 되며, 너무 길면 콩단백질이 변성되어 응고상태가 불량하게 되어 특히 여름철에는 변패를 일으키게 된다. 침지 시 흡수속도는 물의 온도가 높을수록 빨라지는 경향이 있다.
- 마쇄 : 콩의 마쇄 목적은 세포를 파괴시켜 세포 내에 있는 수용성 물질, 특히 단백질을 최대한으로 추출하고자 하는 것으로 콩을 미세하게 마쇄할수록 추출률이 높아진다. 그러나 너무 지나치게 마쇄하면 불용성의 고운 가루가 여포濾布를 빠져나가게 되므로 좋지 않다. 마쇄가 충분하지 못하면 비지(두부박)soybean curd residue가 많이 나오므로 두부의 수율은 감소하게 된다.

마쇄 시 물의 첨가량이 높을수록 수용성 물질의 추출률이 높아지나 끓일 때 연료

비가 많이 들고 작업하기 불편하므로 생콩의 8~10배가 적당하다.

- 가열 : 마쇄한 콩죽을 두미soybean slurry라 하는데, 두미를 여과하기 전에 끓이는 과정은 고형분과 단백질의 추출수율을 향상시키고, 트립신 저해제와 여러 가지 효소를 불활성화시키며, 살균효과도 있어 반드시 필요한 과정이다. 가열은 100°C에서 10~15분 정도가 양호하다. 온도가 너무 높거나 가열을 오래하면 단백질 변성에 의한 수율의 감소와 지방의 산패로 인하여 두부 맛이 변하고 조직이 단단해지는 단점이 있다. 반면 가열 온도가 너무 낮으면 트립신 저해제가 남게 되어 두부의 영양상 문제가 된다. 가열 시 거품이 많이 나면 종실유 등의 소포제를 소량 분무하면 좋다.
- 여과 : 콩죽(두미)에서 비지를 분리 제거하고 두유를 만드는 방법에는 압착여과법, 진공여과법, 원심분리법 등이 있다. 압착법은 두유를 대부분 회수할 수 있는 장점은 있으나, 여과포가 파열되는 경우가 있으며, 진공여과법은 미세한 입자가 통과되는 단점이 있다. 그래서 콩을 미세하게 마쇄하였을 경우에는 연속작업이 가능한 원심분리법이 효과적이다.

  두유의 양은 콩 10kg에 대하여 90~100kg 정도이다.
- 응고 : 응고과정은 두부의 종류나 맛, 텍스처, 수율을 결정하는 중요한 공정으로서 응고제의 종류, 두유 온도, 두유 농도, 응고제 첨가량 그리고 저어주는 방법 등에 따라 두부의 상태가 달라진다. 일반적으로 두유의 농도가 너무 높으면 저어줄 때 응고된 단백질이 부서지기 쉽고, 온도가 70°C 이하가 되면 응고가 잘 형성되지 않아 85~90°C 정도가 좋은 것으로 알려져 있다.

  현재 주로 사용하는 응고제는 염화칼슘, 황산칼슘, 글루코노델타락톤 그리고 글루콘산칼슘 등이 있다. 염화칼슘은 물에 잘 녹아 작업하기에 편리하고 응고가 신속히 일어나는 장점이 있으나, 두부를 만들었을 때 보수력이 낮아 수율이 떨어지며 두부의 텍스처가 거칠고 단단한 것이 단점이다. 황산칼슘은 보수력이 비교적 높아 두부 수율이 염화칼슘보다 높으며 탄력이 있고 부드러운 것이 장점이나 물에 잘 녹지 않아 첨가할 때 불편한 것이 단점이다. 염화칼슘을 사용할 때는 세 번으로 나눠서 조용히 가하여 교반하고, 황산칼슘을 사용할 때는 두유를 고반한 다음 한 번에 집어넣는다. 글루코노델타락톤glucono-δ-lactone은 응고된 단백질의 망상구조가 균일하여 조직이 부드러우며, 보수력이 좋아 수율이 가장 높으나 조직이 너무 연하고 신맛이 약간 있는 단점이 있다. 이 신맛은 글루코노델타락톤을 물에 녹이면 글루콘산으로 분해되기 때문이다. 이 단점을 보완한 응고제가 글루콘산칼슘calcium gluconate으로 사용 시 안정하여 분해 염려가 없고 수율과 텍스처가 우수하며 황산칼슘과의 혼합 사용도 가능하므로 앞으로 이 응고제의 이용이 기대된다. 천일염 제조 시 얻는 간수는 주성분이 $MgCl_2$로서 두부 제조에 오랫동안 사용되어 왔으나 최근에는 사용하지 않고 있다. 그러므로 응고제는 두부의 성질과 수율 그리고 소비자 기호성을 고려하여 선택하여야 한다.

• 제품과 부산물 : 응고된 두부는 압력을 가하여 탈수와 성형을 시키며 냉각하고 소비자 판매단위로 절단하게 된다. 성형할 때의 압력은 두부의 수율, 텍스처에 영양을 줄 뿐만 아니라 수분함량과 관계가 있으므로 압력의 정도와 시간은 적당히 조절해야 한다. 일반적으로 압착은 서서히 증가시키는 것이 탄력성 있는 두부가 형성되며 수율도 비교적 높은 것으로 알려져 있다.

비지는 가용성 단백질이 대부분 제거되었기 때문에 영양가는 그다지 높지 않으나 비교적 맛이 좋아 조리를 하여 식용하기도 하지만 대부분 사료로 이용된다.

전두부 보통 두부는 가수량이 10배 내외로 응고제를 넣고 엉기게 한 다음 탈수를 하지만, 전두부는 생콩의 5~5.5배 정도의 물을 사용하여 두유 전부가 응고되게 상당히 진한 두유를 만들어 탈수하지 않은 채 구멍이 없는 상자에 넣어 응고시킨 것이다. 외관이 매끈할 뿐만 아니라 두유의 영양소를 그대로 보유하고 있는 것이 특징이다. 고형물의 농도가 진하여 지나치게 응고되는 경우가 있으므로 가열시간을 너무 길게 하지 않아야 한다.

포장두부 두부가 위생적으로 제조되었다 할지라도 소비자의 손에 들어오기까지 비위생적인 유통과정을 거치기 쉬우므로 이러한 점을 감안하여 고안된 것이다. 보존성이 완전한 것은 못되므로 냉장 보관하여야 한다. 자루두부는 전두부와 같이 진한 두유를 만들고 냉각시킨 것을 plastic film bag(PE, PVDC 등)에 넣고 소규모인 경우 응고제를 소량의 물에 녹여 함께 넣어 봉한 다음 90°C에서 40분 정도 가열 응고시킨 다음 20~30°C로 냉각한다. 대규모인 경우는 응고제의 수용액과 두유를 각기 다른 탱크에 넣고 두유

충진기로 이 두 가지를 일정량씩 동시에 자루에 넣고 소시지용 결박기를 사용하여 묶거나 또는 스티로폴로 만든 용기에 넣는다. 그리고 용기뚜껑을 닫고 밀봉하여 95°C의 열탕 속을 약 30분간 통과시키면 두유가 응고되어 균일한 젤gel상의 자루두부(포장두부, 충전두부류)가 만들어진다.

얼림두부 얼림두부frozen soybean curd는 두부를 얇게 썰어 일단 동결시킨 뒤 탈수건조하여 풍미와 저장성을 좋게 한 해면상의 두부 가공품으로 동결두부라고도 한다.

두부를 얼리는 이유는 부피를 커지게 하여 단백질에 강한 압력을 미쳐 단백질을 오므라들게 하여 수분을 제거하면 조직이 긴밀해지고 탄성이 생기기 때문이다. 이것이 녹으면 얼었던 물이 빠지게 되므로 많은 작은 구멍이 생기나 단백질이 원상태로 돌아가지 않으므로 결국 해면상을 이루게 된다.

기름튀김 두부 기름튀김 두부는 흔히 먹는 식품으로 이것을 만들기 위해서는 두부의 위아래에 발을 대고 위에 돌을 얹어 물기를 뺀 다음 기름에 튀긴다.

물을 빼는 것이 가장 중요한 일이고, 물이 충분히 빠지지 않으면 기름에 튀길 때 두부 속의 물로 말미암아 기름이 튀어 위험할 뿐만 아니라 속이 거친 제품이 된다. 물을 뺀 두부는 땅콩기름 또는 유채기름을 사용하여 표면이 황갈색이 될 때까지 튀기고, 튀긴 후 기름을 제거하여 제품화한다. 이것은 지방을 많이 함유하고 있으므로 보통 두부보다 영양가가 높아 아이들 도시락용 유부초밥의 재료로 많이 이용된다.

인스턴트 두부 두부의 구입이 용이하지 않은 곳의 소비자들과 신선한 두부를 직접 만들어 섭취하고자 하는 소비자를 위하여 개발된 두부이다. 두유를 만든 뒤 분무건조시켜 분말두유를 만들고 여기에 응고제를 혼합한 것이다.

유바 유바는 절에서 차를 마실 때 차 음식으로 즐겨 먹던 것으로 콩우유를 계속 가열하여 표면에 얇은 막을 형성시키고 이를 건져내어 건조한 것으로 반건조 유바 및 건조 유바가 있다.

대두단백 단백질함량이 50% 내외인 탈지대두박deffated soy flour에서 비단백 수용성분을 제거시켜 제품의 단백질함량을 높인 것이다. 단백질을 70% 이상 함유한 농축대두단백soy protein concentrate, SPC과 90% 이상의 단백질을 함유한 분리대두단백soy protein isolate, SPI, 탈지대두박이나 농축대두박을 원료로 하여 고압사출extrusion시켜 육류와 유사한 씹는 텍스처를 부여한 조직대두단백textured soy protein, TSP 등이 있다. 육제품의 첨가제, 환자용 유동식이나 우유단백질의 대체품 등으로 사용된다.

4) 콩을 이용한 발효식품

일반적으로 발효식품이란 식품미생물의 발효작용을 이용하여 만든 식품을 말하는데, 엄밀히 따진다면 미생물이 생산하는 효소를 유기질의 식품재료에 작용시켜 가공한 식품이라고 정의해야 할 것이다. 발효식품은 세계의 각 지역별로 사람들의 생활관습과 이들이 이용할 수 있는 원재료의 종류 및 작용하는 미생물의 종류 등에 따라 수많은 종류가 있는데, 과거부터 많이 이용해 온 각종의 주류酒類와 장류醬類, 젖산음료를 비롯한 유제품류, 발효빵과 과자류, 식초, 김치 및 젓갈류 등은 우리의 생활 주변에서도 쉽게 찾아볼 수 있는 발효식품이다. 발효식품은 그 원재료에는 없었던 여러 가지 성분과 특성을 가지게 됨으로써 영양과 기호성 및 저장성의 향상과 더불어 부가가치가 커지게 된다.

여기에서는 콩류를 이용한 발효식품에 대해서만 소개하기로 한다.

(1) 장류

장류는 콩류 및 곡물을 비교적 높은 소금농도하에서 분해·발효시킨 전통적인 조미식품으로, 감칠맛을 내는 글루타민산glutamin acid의 함량이 많고, 또 Ca과 K 같은 알칼리성 염류와 Fe 성분을 많이 함유한 맛과 영양이 좋은 식품이다. 과거부터 우리나라 사람들의 전통적인 채식 위주의 식생활에서 중요한 조미료인 동시에 부식으로 애용되어 오면서 특히 부족하기 쉬운 단백질의 중요한 급원식품의 역할을 해왔다.

① 간장

간장은 콩을 주원료로 하여 밀, 쌀 등의 곡류를 삶아서 코지균을 배양하여 당화시키고 소금을 넣어 발효, 숙성시켜 얻는 액체조미료이다. 즉 아미노산에 의한 구수한 맛, 당분에 의한 단맛, 소금에 의한 짠맛 그리고 여러 가지 유기성분에 의한 향기와 색이 조화된 이상적인 조미료이다.

「식품위생법」에 따른 간장의 정의를 살펴보면, 간장이라 함은 단백질 및 탄수화물이 함유된 원료로 제국하거나 메주를 주원료로 하여 식염수 등을 섞어 발효한 것과 효소분해 또는 산분해법 등으로 가수분해하여 얻은 여액을 가공한 것을 말한다.

간장은 일반적으로 사용하는 원료의 종류와 제조방식에 따라 다음과 같이 분류된다.

- 한식간장 : 재래식 메주를 주원료로 하여 식염수 등을 섞어 발효, 숙성시킨 후 그 여액을 가공한 것
- 양조간장 : 대두, 탈지대두, 맥류 또는 쌀 등을 제국하여 식염수 등을 섞어 발효·숙성시킨 후 그 여액을 가공한 것
- 산분해간장 : 단백질 또는 탄수화물을 함유한 원료를 산으로 가수분해한 후 중화하여 얻은 여액을 가공한 것으로 화학간장 또는 아미노산 간장이라 한다.
- 효소분해간장 : 단백질 또는 탄수화물을 함유한 원토를 효소로 가수분해한 후 그 여액을 가공한 것
- 혼합간장 : 산분해 간장과 양조간장의 장단점을 서로 보완한 것으로 그 일반적인 혼

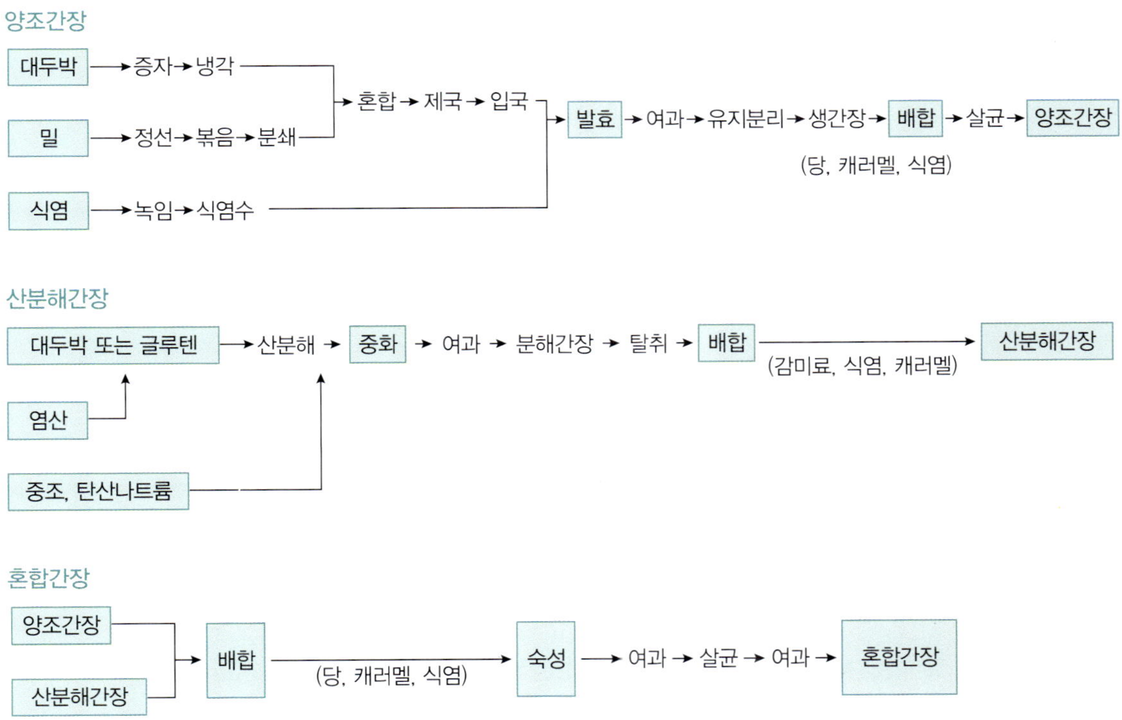

그림 5-47 여러 가지 간장의 제조

자료 : 남궁석 외, 2000

합비율은 5:5 또는 6:4로 하며, 두 간장을 혼합한 뒤 숙성시켜 맛을 안정시킨 다음 여과시켜 살균한다.

- 황국균*Aspergillus oryzae* : 청주·간장과 된장의 제조 시에 사용
- 황국균*Aspergillus sojae* : 간장·개량식 메주·발효사료 등의 제조에 사용
- 흑국균*Aspergillus niger* : 구연산이나 글루콘산 등의 발효 생산에 이용하거나 소주 제조 시에 이용되기도 함
- 흑국균*Asp. awamori, Asp. usamii* : 일본에서 소주 제조 시에 사용
- 백국균*Asp. shirousamii, Asp. kawachii* : 약주, 탁주 제조 시에 이용

② 된장

된장doenjang은 대두, 쌀, 보리, 밀 또는 탈지대두 등을 주원료로 하여 식염, 종국을 섞어 제국하고 발효·숙성시킨 것 또는 콩을 주원료로 하여 메주를 만들고, 식염수에 담가 발효하고 여액을 분리하여 가공한 것을 말한다.

재래식 된장과 개량식 된장으로 나뉘며, 재래식 된장은 풍미가 적고 영양분이 적어 최근에는 개량식 된장을 이용하고 있다.

숙성 중 된장에 있는 코지, 곰팡이, 효모 그리고 세균 등의 작용으로 된장은 독특한 맛과 냄새를 가진다.

③ 고추장

고추장gochujang은 녹말이 가수분해되어 생성된 단맛, 메주콩의 단백질 가수분해물인 아미노산의 구수한 맛, 고춧가루의 캡사이신capsaicine에 의한 매운맛, 소금의 짠맛이 조화된 것으로, 콩류 또는 곡류 등을 제국한 후 여기에 덧밥, 고춧가루, 식염 등을 혼합하여 발효 또는 당화하여 숙성시킨 것을 말한다.

④ 청국장

청국장淸麴醬(담북장)은 콩의 발효가공식품 중에서 가장 빠른 시간 내(보통 3일 이내)에 숙성되는 제품이며, 또한 저장성이 낮기 때문에 과거에는 주로 가을에서 초봄에 이르는 기간 동안에 소량씩 만들어 섭취해 왔다.

청국장의 제조방법에는 재래식과 개량식으로 구분하는 경우가 있는데, 재래식은 볏짚 등에 들어 있는 야생의 균을 이용하여 발효시키는 데 반하여 이 균을 순수 배양하여 이용하는 것을 개량식이라 하며 그 이외의 차이점은 없다.

청국장의 특징

일반적으로 청국장은 냄새가 자극적이기는 하나 고단백질 식품으로서, 독특한 점성과 부드러운 촉감 외에도 함유되어 있는 여러 가지 종류의 효소(trypsin, pepsin, amylase, invertase, catalase 등)에 의해 소화성이 좋고, 또 비타민 B_2와 B_{12} 등이 많이 함유되어 있으며, 발효균(*Bacillus subtilis*, 일본 사람들은 이 균을 *Bac. natto*(납두균)라 부른다)은 정장효과와 영양성분의 흡수 촉진작용 및 혈중 콜레스테롤을 감소시키는 작용 등을 하므로 청국장은 일종의 건강식품이라 할 수 있다.

5) 주류

주류(술)는 전 세계적으로 장류보다 더 광범위하게 이용되는 발효식품으로서 과실, 유류乳類 및 사탕수수의 즙액 등과 같이 당류를 함유하는 것이나 또는 전분질이 많은 곡류, 서류 등에 효모를 비롯한 여러 가지 미생물의 발효작용을 이용하여 에틸알코올을 생성시킨 가공식품이며, 이 중에는 발효 후에 증류하여 알코올의 함량을 높인 종류와 또는 다른 재료를 섞은 제품도 있다.

세계 각 지역별로 제조·이용되는 주류의 종류가 다양한 원인은 원료의 수급과 기후 조건, 생활습관의 차이 등의 영향이라 생각되는데 각 나라별로 애용되는 대표적인 주류는 wine(프랑스), whisky(영국), brandy(미국), sake(일본) gin(네덜란드), vodka(러시아), portwine(포르투갈), beer(독일), 고량주(중국), kumys(몽골) 등이 있으며, 우리나라에서도 지방별로 여러 가지 종류의 특산 주류가 있다.

에틸알코올은 주로 사카로미이세스*Saccharomyces* 속의 효모에 의한 당류의 발효로 만들어진다. 효모는 호기적인 조건에서는 다음 (1)과 같이 당류를 이산화탄소와 물로 분해하지만, 혐기적인 조건에서는 (2)와 같이 에틸알코올과 이산화탄소로 분해한다.

$$C_6H_{12}O_6 + 6O_2 \longrightarrow 6CO_2 + 6H_2O \quad \cdots\cdots\cdots\cdots\cdots(1)$$

$$C_6H_{12}O_6 \longrightarrow 2C_2H_5OH + 2CO_2 \quad \cdots\cdots\cdots\cdots\cdots(2)$$

이 경우에 효모가 발효할 수 있는 당류는 포도당, mannose, 과당, 맥아당, 설탕 등에 한정되며, 전분과 같은 다당류는 발효가 거의 불가능하다.

과즙과 같이 효모가 발효할 수 있는 당류를 많이 함유한 것에는 효모만을 증식시켜도 알코올 발효가 진행되어 술이 만들어지는데, 이러한 방법으로 만든 술이 단발효주單醱酵酒이다.

곡류, 감자류와 같이 전분질이 풍부한 원료로 술을 양조할 때에는 우선 전분을 맥아당이나 포도당으로 가수분해한 다음 알코올 발효를 시켜야 하며, 이처럼 알코올 발효를 시키기 위하여 당화과정이 필요한 발효주를 복발효주라 하는데, 일단 전분을 당화한 후에 알코올 발효를 진행시킨 단행복발효주와 전분을 당화하면서 동시에 알코올 발효도 병행하여 진행시킨 병행복발효주가 있다.

발효로 알코올이 축적되면 그 때문에 효모의 생활환경이 나빠지게 되는데 일반적으로 효모는 알코올 농도가 20%가 되기도 전에 증식이 정지되므로 효모의 발효만으로는 20% 이상의 알코올을 함유하는 술을 양조할 수 없으며, 따라서 20% 이상의 알코올을 함유하는 술을 제조하기 위해서는 술덧을 증류처리한다.

알코올 용액은 간단하게 한 번의 증류처리로 알코올을 완전히 분리할 수는 없으나, 알코올 용액을 가열할 때 발생하는 증기 중의 알코올의 농도는 액상 중의 알코올 농도보다 높으므로, 술덧을 가열하여 발생하는 증기를 모아 냉각시키면 알코올 농도를 높일 수 있고, 이러한 작업을 반복하면 알코올 농도가 매우 높은 술이 만들어지는데 이것이 증류주蒸溜酒이다.

증류를 하면 알코올의 농도가 높은 술이 만들어지기는 하나 저비점성분低沸點成分 이외의 성분은 제거되어 향과 엑기스분이 적어지므로 알코올 농도도 높고 엑기스분도 많은 술을 제조하기 위해서는 증류주나 알코올 수용액에 향미물질을 침지하거나 또는 첨가하여 보충해야 하는데, 이렇게 하여 제조한 술이 혼성주混成酒이다.

표 5-11 제조법에 의한 주류의 분류

분류			종류
양조주	단발효주		포도주를 비롯한 과실주·마유주 등
	복발효주	단행복발효주	맥주
		병행복발효주	탁주, 약주, 청주, 소홍주
증류주			소주, 위스키, 브랜디, 진, 보드카, 럼, 고량주 등
혼성주	합성주		합성청주, 감미포도주 등
	약주		인삼주, 매실주 등을 비롯한 각종 약용주
	혼합주		혼성위스키, 박주, 홍주 등
	리큐르		페퍼민트, 큐라카오, 아브산 등

(1) 포도주

포도과즙을 효모로 발효시켜 만든 단발효주를 포도주wine라 하는데, 그 종류가 대단히 많다. 술의 빛깔에 따라 적포도주red wine와 백포도주white wine로, 술에 남아 있는 당의 양에 따라 감미포도주sweet wine와 생포도주dry wine, 발효방법, 발포성 유무(sparkling/still wine), 알코올의 함량, 음용하는 방법(appetizer wine, table wine, dessert wine), 포도주의 생산지 등에 따라 각각 분류된다.

완숙된 포도를 파쇄하고 과경을 제거한 후 발효통에 넣어 두면 포도의 과피에 부착되어 있는 야생효모*Saccharomyces ellipsoideus*에 의하여 자연적으로 발효가 진행되어 포도주로 되나, 공업적으로는 발효와 품질관리를 위하여 원료 과실을 파쇄한 직후에 메타중아황산칼륨potassium meta bisulfite, $K_2S_2O_5$을 첨가하여 유해미생물을 사멸시키거나 또는 발육을 억제시킨 다음 미리 순수배양해 둔 포도주 발효 효모를 첨가하여 발효시키는 양조법이 사용되고 있다.

(2) 맥주

맥주의 기원은 곡주의 발생을 의미하므로 맥주는 인간이 한 곳에 정착하여 농사를 짓기 시작한 이후 비로소 제조된 것으로 추측된다.

고증에 의하면, 기원전 4000년경 중동지방의 티그리스강과 유프라테스강 유역에서 수메르 민족이 최초로 맥주를 만들었던 것으로 보이며, 그 당시의 것으로 추측되는 토판에는 발효를 이용하여 빵을 만들었고 그 빵을 가지고, 맥아를 당화시켜 물과 함께 섞어 맥주를 만들어 맥주가 액체 빵이라는 말도 여기서 비롯된 것으로 보인다.

맥주는 발효형태에 따라 상면발효맥주와 하면발효맥주로 구분한다. 각 지방의 독특한 제조방법에 따라 맥주의 형을 달리할 수 있으며, 색깔, 감미, 고미, 담백한 정도, 향미 등에 의해서도 세부적으로 구분되기도 한다.

(3) 청주

청주는 일본의 대표적인 술이며 쌀과 코지로 제조한다.

제조원리는 코지의 아밀라아제로 쌀의 전분을 당화하면서 동시에 효모가 당을 알코올로 분해하는 것이다. 에틸알코올 외에 포도당, 아라비노오스, 이소말토오스 등의 당류, 호박산, 젖산 등의 유기산, 미노산 등 많은 화합물이 향미에 관계한다.

(4) 탁주와 약주

탁주와 약주는 원래 쌀과 누룩을 사용하여 발효시킨 것으로 술덧을 탁하게 걸러서 알코올 농도가 6% 정도 되게 제품화한 것이 탁주이고, 술덧에서 맑은 액만을 취하여 알코올 농도가 11% 정도 되게 제품화한 것이 약주이다. 그러나 요즘은 일본의 청주 양조방법을 모방하여 누룩 대신에 입국과 주모를 사용하여 양조하고 있다.

(5) 증류주

증류주는 양조한 술을 증류기로 증류한 것으로 원료술이 갖고 있던 향기가 증류주에 옮겨져서 독특한 향기를 내며, 알코올함량이 높고 엑기스분은 거의 없다.

① 주정

주정은 고구마나 타피오카 등의 값싼 전분질 자원을 미생물로 알코올 발효시킨 것으로 에탄올 함량이 95%이다. 증류는 복증류하여 순도를 높여나간다. 그러나 증류방식으로는 95% 이상의 제품은 얻어지지 않는다. 공업적으로 에탄올을 합성할 수 있지만 식용으로 할 수 없기 때문에 식용에는 발효주정을 사용해야 한다. 주정은 소주 제조원료, 식초발효원료, 식품첨가물 등에 널리 사용된다.

② 소주

소주는 원래 누룩으로 만든 술을 고리로 증류하여 제조하는 증류식 소주였으나, 1960년대 식량 부족으로 정부에서 제조를 금지하였으나, 1990년대부터 다시 생산하기 시작하였다. 그런 이유로 요즘 생산되는 소주는 희석식 소주로 이는 주정을 물로 희석하고, 조미료, 향신료 등을 넣어서 만든다.

또한 최근 주류시장은 희석식 소주에 다양한 재료를 넣어 여성 및 술을 잘 마시지 못하는 사람들을 대상으로 한 제품이 인기를 끌며 생산·판매되고 있다.

③ 위스키

종류 위스키는 맥아malt를 효소로 원료 곡류의 전분질을 당화시키고 여기에 효모를 첨가하여 발효시킨 술덧을 증류한 후, 증류액을 떡갈나무oak통에 넣어 숙성시킨 알코올 농도가 40~43%인 증류주이다.

위스키는 지역에 따라 영국의 스코틀랜드산은 Scotch whisky, 아일랜드산은 Irish whisky, 미국에서 생산된 것은 American whisky, 캐나다산은 Canadian whisky라 하며, 또 증류방식에 따라 pot whisky와 patent whisky로 구분하기도 한다. 원료에 따라 맥아만을 원료로 한 것을 malt whisky, 보리, 호밀, 밀, 옥수수 등을 전분질 원료로 사용한 것을 grain whisky, malt whisky와 grain whisky를 혼합한 blended whisky가 있다.

제조 Malt whisky는 단맥아, grain whisky는 장맥아를 사용하며, 일단 당화액을 만들고, 효모를 접종하여 발효시키며, 발효가 끝난 술덧은 증류하여 알코올 농도를 60~63%로 조절한 후 떡갈나무 술통에 넣어 2~8년간 숙성시킨다.

숙성된 위스키는 향미와 품질의 향상을 위하여 여러 가지 다른 종류의 위스키와 조합blending하여 알코올 농도 40~43%의 제품을 완성한다.

④ 기타 증류주

- 브랜디brandy : 포도주를 증류한 것으로 코냑이 유명하다. 품질은 원료포도에 좌우된다.
- 아락arrack : 야자술을 증류한 것으로 동남아시아에서 성산된다.
- 보드카vodca : 라이맥과 보리의 엿기름을 사용한다. 러시아의 증류주로서 유명하다.
- 진gin : 라이맥과 옥수수, 엿기름을 사용한다. 증류한 술에 노간주나무의 열매를 넣

고 다시 증류한다. 네덜란드, 영국, 캐나다, 미국이 주산지이다.

- 고량주 : 중국의 증류주로 수수를 원료로 사용하지만 국내에서는 옥수수로 만든다. 그러나 값싼 중국산에 눌려서 국내산 고량주는 거의 사라졌다. 누룩으로 발효시킨다.

6) 커피

현대인들에게 커피coffee는 생수, 녹차 등과 함께 가장 대중적인 음료이다. 많은 사람이 카페에서 가장 많이 주문하는 것은 아메리카노로, 원두를 로스팅한 후 추출한 액에 뜨거운 물을 부어 희석하여 제공하는 제품이다. 때문에 최근 들어 커피 원두의 무역량은 세계적으로 그 양이 급속히 증가하고 있어 아프리카의 새로운 산업으로 자리잡아 가고 있으며 원주민 삶을 향상시키는 하나의 방책으로 커피 공정무역이 부각되고 있다.

커피는 나라별로 coffee(미국, 영국), *cafée*(프랑스), *caffè*(이태리) 및 kaffee(독일) 등으로 그 명칭이 달라지며, 생두 제조 주요 공정은 로스팅(원두볶기), 브랜딩 및 포장으로 되어 있다.

여기에서는 커피에 대하여 간단히 소개하는 정도로 하겠다.

커피 생두는 재배되는 지역이나 고도에 따라 그 맛과 향이 달라지며 제조과정 중 어떻게 로스팅하는가에 따라 사용 용도가 달라지게 된다.

커피 생두는 체리에서 과육을 제거하고 얻는 것으로 일반적으로 하나의 체리 안에 마주보는 두 개의 생두를 얻을 수 있다.

커피 생두는 그 색이 청녹색이 진하고 크기가 클수록 고급이며, 크기뿐만이 아니라 향에 의해서도 그 품질이 결정된다.

커피는 수분함량이 약 11% 정도이고 소량의 포도당과 과당, 각종 유기산, 무기질 등은 물론 알코올 등 800여 종의 휘발성 화합물에 의해 그 향이 나타나며, 특히 그중 몇 가지에 의해 품종별 특유의 향을 드러내게 된다. 커피는 맛과 함께 향을 느끼기 때문에 어떤 품종이며 로스팅 정도가 어느 정도인가가 아주 중요하다.

그림 5-48 다양한 원두의 형태

상업용 커피(에스프레소) 추출기 커피 추출기 반자동 그라인더 자동 그라인더

그림 5-49 커피 추출기 및 그라인더

커피 맛은 시고 떨떠름하고 달고 고소하고 쓴맛 등 오미가 나는 것이 커피의 매력이라 할 수 있으며, 생산국가별로 이 중 어느 한 가지 맛이 두드러지기도 한다.

보통 아라비카종이 고급이며, 로부스타는 저급커피로 알려져 있다.

최근 커피의 폴리페놀 성분의 효용성에 대해 이뇨작용, 신경안정 등의 좋은 효능이 보고되고 있어 커피 관련 식품산업은 아주 급격히 그 영역이 확대되고 있다. 일반적으로 커피를 카페나 커피숍에서 마시던 것에서 탈피하여 마트에 가면 아주 다양한 원두는 물론 원두 분쇄제품 및 추출액을 동결건조하여 제조한 다양한 인스턴트 커피가 판매되고 있다.

우리나라는 커피, 설탕과 커피크리머를 한 번에 혼합하여 제조한 커피믹스로 인하여 일반인들에게 커피가 친숙해졌다. 그러나 2010년 이후에는 커피믹스보다는 원두를 추출한 원액을 제품화한 블랙제품을 선호하는 경향이 강해졌으며, 2015년 이후의 커피시장은 원액전쟁이라 불릴 정도로 다양한 제품들이 출시되어 소비자의 입맛을 충족시키고 있다.

캡슐 커피 라떼아트

그림 5-50 커피 제품 및 라떼아트

06

과일 및 채소 가공

1. 과일과 채소의 특성 및 가공상의 주의
2. 과일 및 채소류의 생리적 특성 ı 3. 과채류의 가공
4. 젤리, 마멀레이드 및 잼 ı 5. 김치

1. 과일과 채소의 특성 및 가공상의 주의

다른 일반 농작물과는 달리 과일 및 채소는 80~90% 내외의 수분을 함유하고 있으므로 고형분이 적게 들어 있어 에너지원 또는 단백질원으로는 별로 의미가 없으나, 여러 가지 비타민류 및 무기질의 함량이 높아 이들의 공급원으로서의 의의가 크다. 따라서 과일과 채소는 비타민류의 손실이 적은 신선한 상태 그대로 식용하는 것이 바람직하나 다른 농산물과 달리 이들의 생산시기가 제한되어 있으므로 1년 중 언제나 이들을 이용하려면 과일 및 채소의 특성을 잘 살리는 동시에 풍미를 잘 보존한 식품으로 적절한 저장과 가공을 해야 한다.

1) 과일과 채소의 특성

(1) 과일의 분류 및 특성

과실류는 다음과 같이 분류한다.

① 인과kernel fruit : 밀감, 사과, 배, 감, 비파 등

② 핵과stone fruit : 매실, 복숭아, 살구, 앵두 등

③ 장과berry : 딸기, 무화과 등

과일은 다른 일반 농작물에 비하여 다음과 같은 점이 다르다.

- 과일은 그 종류에 따라 다르나 일반적으로 수분을 많이 함유하고 있어 저장하기가 어려우며, 고형물이 적어 단백질 및 지방의 함량이 적으므로 에너지원으로는 의미가 작다.
- 과일에는 포도당, 자당 등의 당분과 만니톨 등의 당 알코올과 말산, 타르타르산, 시트르산 등의 산이 비교적 많이 들어 있어 조화된 상쾌한 맛을 준다.
- 과일에는 저급지방산의 에틸, 아밀 또는 부틸에스테르 등의 방향성분인 에스테르류를 비교적 많이 가지고 있어 상쾌한 향기를 가지고 있다.
- 어떤 과일의 덜 익은 부분에는 엽록소가 들어 있으나, 잘 익은 과일에는 안토시아닌계 색소, 플라보노이드계 색소를 함유하여 빛깔이 아름다워 기호성이 높다.
- 비타민 C, 카로틴carotene, 비타민 B_1, B_2 등의 비타민류 및 무기염류 등의 영양적으로

중요한 성분을 비교적 많이 함유하고 있다.

- 어떤 과일에는 펙틴질이 많이 들어 있어 매끈한 촉감을 가질 뿐 아니라 잼 및 젤리 등으로 가공할 수 있다.
- 감과 같은 특수한 과일에는 탄닌성분이 들어 있어 이것으로 인하여 맛이 떫거나 식품의 색이 나빠지는 경우가 있다.

표 6-1 과일류의 분류

분류	인과류	핵과류	장과류	견과류
종류				
특징	• 씨방 발달 • 씨방 속에 씨앗 들어 있음	• 씨방이 발달하여 단단한 핵 형성 • 핵 안에 씨앗 들어 있음	• 식용 브위 자체가 씨방으로 주로 송이를 이루고 있음 • 과육이 일반적으로 부드럽고 즙이 많음	• 외피 단단 • 종자의 자엽부를 식용함

사진 출처 : 이수정 외, 식품학, 파워북

(2) 채소류의 분류 및 특성

채소류를 분류하면 식용부분과 모양에 따라 엽채류, 근채류, 과채류 및 경채류로 나눈다. 그 외 색상이나 온도 적응성에 따라 분류하기도 한다.

- 엽채류葉菜類 : 배추, 양배추, 상치, 쑥갓 등
- 근채류根菜類 : 무, 순무, 당근, 우엉, 감자, 고구마
- 과채류果菜類 : 오이, 호박, 가지, 고추, 토마토, 참외
- 경채류莖菜類 : 연근, 양파, 샐러리

채소류는 과일류와 같이 수분함량이 70~90%를 차지할 정도로 단백질과 지방이 적으며 섬유질, 펙틴질 등의 탄수화물이 다량 함유되어 있어서 식이섬유dietry fiber의 공급원이

표 6-2 다양한 채소의 분류

분류 요인	분류
식용 부위	•엽채류 : 시금치, 배추, 양배추, 상추, 쑥갓, 부추, 들깻잎 •경채류 : 파, 콩나물, 죽순, 셀러리, 아스파라거스, 두릅 •근채류 : 무, 당근, 양파, 마늘, 우엉, 연근 •과채류 : 호박, 오이, 가지, 고추, 토마토, 참외, 수박 •화채류 : 브로콜리, 콜리플라워, 아티초크
색상	•안토잔틴계 : 양파, 우엉, 연근, 마늘, 무 •안토시안계 : 가지, 비트, 적양배추, 적상추 •클로로필계 : 시금치, 풋고추, 배추, 오이, 부추, 브로콜리 •카로티노이드계 : 호박, 당근, 고추, 파프리카
온도 적응성	•호냉성 채소 : 무, 마늘, 케일, 근대, 배추, 시금치 •호온성 채소 : 오이, 가지, 토마토, 고추, 호박
식이섬유	•고식이섬유계 : 적양배추, 붉은고추, 쑥, 깻잎, 파슬리 •저식이섬유계 : 양파, 양상추, 수박, 토마토

출처 : 이수정 외, 식품학, 파워북

그림 6-1 채소류 분류
출처 : 이수정 외, 식품학, 파워북

되고 있다. 여러 가지 비타민류 및 무기질을 많이 함유하고 있어 비타민 A, B, C의 급원이 되며 특히 비타민 C가 많다. 무기질로는 특히 K, Ca이 많아 알칼리성 식품이며 체액의 중성을 유지하는 데 중요한 역할을 한다.

색소는 클로로필chlorophyll계 색소와 카로티노이드carotenoid계 색소가 많다.

클로로필은 항상 카로틴carotene과 같이 존재할 때가 많다. 클로로필은 채소를 절단하거나 분쇄할 때 색소가 용출되고 산화반응이 쉽게 일어나 변색된다.

과일 및 채소류의 색소는 피토케미칼이라 하여 혈액을 맑게 하는 데 도움이 되기도 하며, 항노화 및 항염증 효과 등을 갖는 기능성 물질로 각광받고 있다. 특히 여성들에게 안토시아닌 색소는 항노화 색소로 알려지며 갱년기 여성들에게 붉고 보랏빛을 띠는 과채류가 인기를 끌고 있다.

2) 가공상의 주의할 점

(1) 변색이 되지 않게 가공할 것

과일과 채소는 아름다운 색이 특성의 하나이므로 가공할 때는 색이 나쁘게 변하지 않도록 주의하여 원료 자체의 색에 대한 기호도를 살려야 한다. 청색, 자색, 적색을 띠게 하는 안토시아닌계 색소가 들어 있는 과일 및 채소류는 금속에 의하여 변색되거나 침전되므로 금속그릇을 피해야 한다. 잼, 젤리 및 과즙을 만들 때 철에 의하여 녹색 내지 암녹색으로 변하고 구리에 의하여 암색으로, 알루미늄 또는 주석에 의하여 자색으로 변하므로 가공하는 기구는 에나멜을 입힌 것을 쓰는 것이 안전하다. 또한 토마토의 적색색소인 리코펜lycopene은 공기가 있는 조건에서 오래 끓이면 갈색으로 변하고 철에 닿으면 색이 변하므로 토마토 퓌레나 토마토 케첩을 만들 때에는 가열조건과 가공기구에 주의하여야만 토마토의 빛깔을 그대로 유지할 수 있다. 카로틴, 잔토필xantophyll 등은 가열하거나 금속기구를 써도 색이 변하지 않는다.

채소에 많이 들어 있는 엽록소는 공기 중의 산소와 햇빛에 접촉하게 되면 산화가 일어나 색이 없어지므로 가공할 때에는 직사광선을 피하여 그늘에서 말리거나 화력으로 건조하는 것이 좋다. 또한 엽록소는 식물체 속에 있는 효소에 의하여 자기소화가 일어나 녹갈색으로 변한다. 따라서 식물의 잎은 말리기 전에 먼저 증기로 처리하여 산화효소를 불활성화시키는 것이 합리적이다.

배추로 김치를 담갔을 때와 같이 엽록소가 산의 작용으로 색이 녹갈색으로 변하는데, 이는 엽록소 중에 있는 마그네슘이 수소로 치환되기 때문이다. 이를 막기 위해서는 미량의 구리염이 들어 있는 용액에 담그면 그 분자 중의 마그네슘이 구리에 의하여 치환되어 색이 안정되므로 채소, 특히 푸른 완두콩을 가공할 때 이용할 수 있다. 그러나 이들 금속의 양이 많으면 사람에게 유해하므로 주의하여 사용하도록 한다.

(2) 향기성분의 손실을 적게 할 것

과실과 채소는 원래의 향기성분을 유지하는 것이 중요하다. 과일과 채소가 가진 향기성분은 여러 가지 에스테르 및 알코올 등의 휘발성 물질이므로 필요 이상 가열하거나 너무 오래 조작하는 것은 피하여 휘발이나 분해되는 것을 적게 하여야 한다. 과일 및 채소류의 통조림이나 병조림에서는 어느 정도 주의하면 향기성분이 그다지 손실되지 않으나, 과일주스 제조에서는 가열살균할 때 각별히 주의하지 않으면 향기성분이 더 많이 손실되므로 주의해야 한다.

(3) 비타민의 손실을 적게 할 것

과일 및 채소의 가공 중에는 비타민류, 특히 비타민 C의 손실이 적도록 하여야 한다. 일반적으로 비타민 E는 가장 안정하여 가열하든가 말리든가 또는 산, 알칼리로 처리해도 별로 손실이 되지 않으며, 비타민 A, D도 보통 정도의 가열에서는 비교적 손실이 적다. 그러나 비타민 B_1 및 B_2는 수용성이므로 물로 씻든가 물에 담그면 손실이 많아지는데, 가공할 때 20~50%가 손실되는 것이 보통이다.

비타민 C는 영양상 중요한 것이나 대단히 불안정하여 가장 손실되기가 쉽다. 손실되는 요인으로는 물에 녹아서 없어지는 것과 자가효소에 의한 변화 및 가공조작 또는 저장 중 효소에 의해서 자연히 산화되는 것을 들 수 있다. 자가효소는 80℃ 내외에서 파괴되므로 신선할 때 더운 물에 잠깐 담근다던지 증기에 데쳐서 효소를 불활성화시키면 자가소화를 효과적으로 막을 수 있다. 이 조작을 데치기blanching라 한다.

또한 비타민 C는 과일의 껍질을 벗기거나 절단 또는 마쇄한 다음, 공기 중에 오래 놓아두거나 물에 넣고 오래 끓이거나 고온에서 처리하든가 하면 산화가 잘 일어나므로 주의가 필요하며, 구리와 같은 금속이온에 의해서 산화작용이 잘 일어나므로 금속으로 된 그릇 및 처리기구와의 접촉을 피하는 것이 좋다.

비타민류는 pH 및 가열온도에 민감하므로 가공 중에는 pH 및 온도에 유의하면서 취급하여야 한다.

(4) 유기산에 주의할 것

사과와 같은 과일에는 유기산이 많이 들어 있는데, 이들이 구리와 같은 금속과 작용하면 금속화합물을 만들므로 가공기구에 쓰이는 금속재료에 주의하지 않으면 제품의 풍미와 빛깔이 나빠지는 동시에 가공기구를 손상시키기 쉽다. 가공기구는 스테인리스 스틸 또는 에나멜을 입힌 재료 등 과일의 종류에 따라 적당한 재료로 만든 가공기구를 써야 한다.

2. 과일 및 채소류의 생리적 특성

1) 호흡작용

과실 및 채소를 통칭하여 과채류라 한다. 이런 과채류는 수확 후에도 유기체로서의 물질대사와 생리작용이 계속되고, 이러한 수확 후의 대사작용은 수확 후 품질변화를 일으키는 주요인이 된다. 그중에서도 수확 후의 품질관리와 직접적으로 연관되는 것은 광합성작용에 의해 저장물질로 축적된 탄수화물 등을 탄산가스와 물로 완전히 산화시키는 과채류의 호흡작용respiration이다. 호흡은 생명유지에 필수적이지만 과채류의 상품가치를 저하시키는 주된 요인이 된다. 기질로서 유기질을 분해 소비할 뿐만 아니라 공기 중 O_2를 흡수하고, CO_2와 수분, 그 과정에서 생산되는 에너지(호흡열)를 열의 형태로 발산한다. 이러한 생리적 특성은 수송, 저장과정 중에 호흡열은 축적되어 품온을 상승시켜 변질을 촉진시키며, 수분을 체외로 발산시키는 증산작용으로 중량감소를 초래하여 품질변화를 일으키게 된다.

과채류는 호흡속도에 따라 사과, 귤류, 감자, 양파, 마늘 등과 같이 호흡속도가 낮은 것과 호흡속도가 아주 높은 아스파라거스, 브로콜리, 단옥수수 등으로 구분할 수 있다.

어떤 과채류는 환경의 변화 외에도 자체의 생리적 특성에 의하여 수확 후 호흡량이 상승하는 현상, 즉 전환기적 상승climacteric rise, C.R.에 따라 두 가지 호흡형태로 구분된다. 호흡속도는 성숙됨에 따라 감소하는 경향이 있지만, 미숙기에서 완숙기에 가까워질 때 호흡이 갑자기 증가하는 climacteric rise형과 호흡의 증가현상을 보이지 않는 non-climacteric rise형으로 분류된다.

2) 후숙작용

수확 후에도 조직이 연화되거나, 향기가 발생하고, 색깔이 변하는 등의 생리적 현상이 일어나는 것을 후숙after ripening이라 한다. 이 현상은 특히 에틸렌ethylene, C_2H_4, 식물호르몬 등의 작용으로 효소활성이 높아지고 호흡작용이 상승하게 된다. 에틸렌이나 식물호르몬 등은 미세한 양으로 식물의 성숙에 여러 가지 영향을 미치기 때문에 식물 후숙호르몬으로 인정받고 있다. 에틸렌이 식물에 미치는 수많은 영향 중에서 대표적인 것은 조직의 노화현상을 촉진하는 것이다. 에틸렌 농도는 C.R. 이전에는 낮고 C.R.이 시작되면 증가하여 호흡량을 증가시킨다. 에틸렌은 숙도가 증가할수록 많이 발생하고 물리적 장해나 병충해 등 스트레스 조건에서도 많이 증가한다.

3) 성장과 발육

채소류는 주위 환경조건이 적합하면 수확 후에도 조직의 성장과 발육을 지속한다. 이들의 대표적인 예가 양파, 마늘, 감자 등으로 싹이 나는 현상이다.

싹이나 뿌리가 나면 저장 유기물이 소비되고, 청과물의 품질이 급격히 떨어져 상품성을 잃게 된다.

4) 수분 손실

과채류는 수분을 80% 이상 함유하고 있기 때문에 표피를 통한 수분증발이 일어나며 이 증산작용transpiration은 항상 일어나고 있다. 수분증발은 상품화될 수 있는 무게의 직접적인 손실을 의미하며, 시들어 보여 외관이 좋지 않고 조직감도 좋지 않아 상품가치를 크게 저하시킨다. 수분증발은 여러 가지 요인에 의하여 일어난다. 일반적으로 증산작용을 억제하기 위한 저장에 알맞은 습도는 85~90%이다.

5) 펙틴질의 변화

과실의 경도는 세포막을 구성하는 펙틴질 등의 가용화와 밀접한 관계가 있다.

펙틴질은 프로토펙틴protopectin에서 성숙해짐에 따라 펙틴pectin으로, 다시 펙트산pectic

acid으로 분해되고 숙성이 지나치면 저분자의 polygalacturonic acid로 분해된다. 후숙과정에서는 펙틴질의 급격한 감소가 인정되고 그것에 따라 수용성 펙틴질이 증가되어 육질은 연화된다.

과실의 연화는 펙틴질의 분해에 의하여 일어나는데 이는 주로 과일 중에 존재하는 펙틴 분해효소의 작용에 의하여 일어난다.

6) 휴면작용

과채류는 환경이 부적당할 때는 생명을 보존하기 위하여 휴면rest작용에 들어가게 된다. 휴면에는 자발적인 휴면과 강제적인 휴면이 있는데, 자발적인 휴면은 마늘, 양파 등의 생활주기 중에 일정기간 휴면을 필요로 하는 것이며, 강제적 휴면은 생명작용을 영위하는 환경이 부적당할 때 일어나는 휴면이다.

3. 과채류의 가공

과실 소비량이 많은 선진국에서는 과일 총 생산량의 20~40%는 생과로 이용되고 나머지 60~80%는 가공하여 과일이 생산되지 않는 시기에 소비하고 있다. 가공제품의 종류에는 주스, 통조림, 건조제품, 발효제품 등이 있으며, 우리나라의 경우 가공 총량의 55.8%가 주스이고, 통조림이 12.5%, 술, 넥타, 잼 등이 각각 5% 이하이다.

1) 과일주스

과일주스는 과일을 짜서 만든 것으로, 생과일에 가까운 풍미와 영양가를 가지고 있다. 이와 같이 과일주스는 향기와 영양가가 높을 뿐만 아니라 상쾌한 맛이 있으므로 근래 그 소비량이 크게 증가하고 있다.

2015년 이후 과일주스 시장은 리얼주스 열풍이 불어 생과일을 그대로 갈아 과육이 그대로 들어 있는 주스가 인기를 끌고 있으며 각종 음료제품에도 실제 과일을 갈아 넣은 제품이 많이 눈에 띄고 있다.

이는 소비자들이 천연제품을 선호하는 경향을 산업계가 주목하여 제품화한 것으로 보이며 당분간 이 추세는 지속될 것으로 보인다.

대부분의 과일은 주스를 만들 수 있다. 과일주스의 종류를 원료별로 나누면 그 수가 굉장히 많으나 다음과 같이 크게 3가지로 나누면 편리하다.

① 천연 과일주스

과일 짠 것을 그대로 만들거나 또는 소량의 설탕을 넣어 만든다. 과일주스는 투명 과일주스와 불투명 과일주스 두 가지로 나눌 수 있는데, 투명 과일주스의 예로는 사과주스를, 불투명 과일주스로는 오렌지주스, 파인애플주스, 토마토주스 등을 들 수 있다. 천연주스는 일반적으로 산성이 강하다.

② 스쿼시

스쿼시squash는 과일을 파쇄하여 만들며, 과일주스 속에 과육조각이 떠 있는 것이 특징이다. 일반적으로 널리 알려진 스쿼시에는 레몬스쿼시, 오렌지스쿼시 등이 있다.

③ 시럽

시럽syrup은 과일주스나 과일주스의 농축액에 다량의 설탕과 에센스essence 등을 넣어 만든 것으로, 양딸기시럽을 들 수 있다.

이 밖에 천연 과일주스에 이산화탄소와 알코올을 넣은 것, 과일주스를 졸여 가루로 만든 제품 등도 있다.

2) 과일주스의 일반적 제조법

(1) 원료

주스용 과일의 수확시기는 보통 생식용의 시기와 거의 같으며, 과일의 크기와 겉모양에는 관계없이 신선하면 된다.

(2) 제조법

제조법을 살펴보면 선별·세척, 파쇄, 착즙, 여과 및 청징, 살균, 밀봉 및 냉각이 기본공정으로 각각의 공정을 자세히 살펴보기로 한다.

원료 → 선별 및 세척 → 파쇄 → 착즙 → 여과 및 청징 → 탈기 → 살균 → 담기 → 밀봉 → 냉각 → 제품

① **선별 및 세척**

과일주스의 원료로 쓰이는 과일은 나무에서 딴 직후의 것이 좋으며, 적당한 품종을 골라 써야 한다. 특히 부패된 것, 손상된 것, 덜 익은 것, 곰팡이가 번식한 것을 골라내고 알맞게 익고 신선하며 풍미가 좋아야 한다. 만일 좋지 않은 과일이 섞이면 전체 과일주스의 품질을 나쁘게 하고 살균이 힘들며 저장성이 낮아진다.

딸기와 같이 과육이 연한 것은 잠시 물에 담가 잘 저은 다음 분무기로 물을 뿌려 씻는다.

그림 6-2 사과의 파쇄 공정(Hammer 파쇄기)

② **파쇄**

딸기와 같이 과육이 연한 것은 그대로 짤 수도 있으나 보통 과일은 파쇄하여야 한다.

③ **착즙**

사과와 같이 비교적 단단한 과일은 파쇄한 다음 바로 짜지만, 과일에 따라서는 일단 가열하여 과일 중의 효소를 파괴함으로써 효소작용에 의한 과즙의 변화를 방지한 다음에 짜는 것도 있다. 딸기는 약간 가열하여 세포를 연하게 한 다음 짜는 것이 좋다.

그림 6-3 탈기공정

과일을 파쇄하고 착즙하는 데 사용되는 기계는 스테인리스 스틸stainless steel로 만든 것을 사용해야 하는데, 이는 과일의 탄닌이나 기타 착색성분이 기계의 철분과 작용하면 검은색 내지 암갈색을 나타내기 때문이다. 파쇄와 착즙공정에서는 효소의 작용에 의하여 비타민 C나 향미성분의 산화가 공기에

의하여 촉진되기 때문에 특히 공기의 혼입을 방지해야 한다. 또한 미량의 철분이나 구리가 이런 산화반응에 촉매로 작용한다.

④ 여과 및 청징

투명 과즙은 불투명 과즙과 달라 여과하여 맑게 하여도 향기와 영양가에 별로 영향이 없을 뿐만 아니라 도리어 색깔이 좋아진다. 따라서 투명 과즙은 여과와 청징조작을 하여야 한다.

과즙이 흐린 것은 과즙 속에 단백질, 펙틴질, 미세한 과육 등이 교질 상태로 떠있기 때문이다. 이것은 다만 여과만 해서는 효과가 적으므로 과즙을 70~80°C 정도로 가열하여 단백질을 응고시킨 다음 여과기로 여과해야 한다.

이와 같이 하여도 청징효과가 적을 때에는 egg albumin, 카제인, 젤라틴, 탄닌, 활성탄 및 규조토와 같은 침전 보조제나 펙틴 분해효소 등을 써야 한다. 펙틴 분해효소 사용시, 효소 처리 후 주스를 가열 처리하여 효소를 파괴하지 않으면 주스를 병에 포장하여 저장하는 중에 침전물이 형성되기도 한다.

⑤ 조합 및 탈기

천연 과일주스는 탈기한 다음 순간 살균하여 용기에 담아 제품화하나 그 밖의 과일을 음료로 제품화할 때는 필요에 따라 희석하거나 또는 다른 과즙을 섞어 향기와 맛을 조절하는 조합調合을 하기도 한다.

착즙한 과일주스 중에는 상당량의 공기가 들어 있다. 예를 들면 공장에서 착즙한 오렌지 주스 1L에는 33~35mL의 공기가 들어 있고 그 공기 속에는 상당량의 산소가 있어 주스의 품질에 나쁜 영향을 미친다. 주스 속에 잔존하는 산소는 다음과 같은 반응을 촉진시킨다.

- 비타민 C를 산화시켜 파괴하고 주스를 갈변시킨다.
- 향미성분 및 지질성분의 산화로 이미異味와 이취異臭가 발생한다.
- 호기성 세균의 번식이 촉진된다.
- 펄프 등의 현탁물질이 위쪽으로 떠올라 병 입구를 막거나 외관을 나쁘게 한다.

탈기방법으로는 과일주스를 엷은 막상으로 하여 진공관 속을 흘러 내리게 하여 탈기하는 박막식과 주스를 안개 모양으로 71~74cmHg 정도의 진공관 속으로 불어넣어 탈기하는 분무식이 있다.

⑥ 살균

신선한 과일의 내부 조직에는 미생물이 없으나 착즙한 과일주스에는 많은 미생물이 있다. 이들 미생물은 주스 제조공정에서 오염된 것이 대부분이다. 과일주스를 짠 그대로 놓아두면 미생물이 생육하여 부패 또는 발효가 일어나고 또한 효소작용이 진행되어 품질이 현저히 떨어진다. 이런 변화를 방지하기 위하여 가열처리하는 공정을 살균이라 하며, 이는 과일주스의 향미나 빛깔에 손상을 주지 않고 미생물만을 죽여야 하므로 그 활동을 정지시킬 정도의 온도로 가열 살균한다.

과일주스의 가열 살균에는 비교적 저온(70~75°C)에서 15~20분간 가열하는 저온살균법과 90~95°C의 고온에서 20~60초간 살균처리하는 순간가열살균법flash pasteurization이 있다. 저온살균법은 살균효과는 좋으나 주스의 향미나 색깔의 파손이 심하여 신선미를 손상시키는 결점이 있다. 순간가열살균법은 주스의 향미와 비타민의 손실이 적어 일반적으로 많이 쓰인다.

⑦ 포장

살균이 끝난 과일주스를 곧바로 병조림 또는 통조림으로 하는 경우도 있고, 일단 저장해 두었다가 산 및 당을 조절한 다음 포장하기도 한다. 과일주스를 순간 살균하여 품온이 60°C 정도로 되었을 때 무균 살균한 용기에 넣고 밀봉한다.

이런 작업을 위하여 자동 또는 반자동 병 충전기bottle filler나 캔 충전기can filler를 사용한다.

3) 여러 가지 과일주스

(1) 사과주스

액상과당, 향료essence 등으로 조합한 50% 과즙음료가 수입, 판매되고 있다.

국내에서도 사과주스 대단위 가공공장이 설립되어 1992년부터 100% 사과주스가 생산되고 있다.

① 원료

종전에는 국광과 홍옥을 이용하여 대부분 주스를 생산하였으나 현재는 부사fuji로 바꾸어 많은 양이 생산되고 있다.

품질이 좋은 사과 주스를 얻으려면 잘 익은 사과를 골라 써야 한다. 원료로 써야 할 사과의 적당한 숙기는 전분이 없어지고 당분의 함량이 많으며, 산이 적당히 적어졌을 때이다. 수확 후 통풍이 잘 되는 곳에 2~3주 정도 놓아두었다가 쓰는 것이 좋다. 또한 사과는 품종에 따라 산, 당, 탄닌, 향기 성분 등의 함량이 다르므로 여러 가지 품종의 것을 적당히 섞어 쓰면 유리하다.

② 주스 제조

원료 과일 중 썩은 것, 충해를 입은 것 등을 제거하고 세척한다. 사과 껍질에는 농약이나 협잡물이 묻어 있으므로 이를 제거하기 위하여 철저히 세척한다. 가장 효과적인 세척 방법은 침지 후 교반하면서 고압의 물을 살수하는 방법이다.

세척 후 파쇄, 압착하여 순간가열장치를 통과시켜 80°C로 가열하여 단백질과 껌gum질 등을 응고시키고 50°C로 냉각한 뒤 펙틴분해효소pectinase를 첨가하여 교반하고, 약 10시간 방치시킨 후 여과하여 당도 12°brix, 산도 0.35~0.45%로 조합한다. 살균은 87°C에서 30초간 실시한다.

(2) 포도주스

포도주스 생산에는 주로 적포도를 사용하는데 잘 익은 campbell early나 muscat baily A 등이 적당하며, 현재는 30% 과즙 음료가 생산되고 있다.

포도주스에는 주석tartar이 많이 들어 있는데, 이것은 저장 중에 석출 침전되어 상품가치를 저하시키는 동시에 산도를 저하시키고 색소를 침착시키므로 자연침전법과 동결법을 이용하여 제거시킨다.

4. 젤리, 마멀레이드 및 잼

과일주스에 설탕을 첨가한 다음 가열 농축하여 젤라틴화가 일어나도록 가공한 것이 젤리jelly이다. 이것과 유사한 제품으로 마멀레이드marmalade가 있는데 이것은 젤리에 과육이나 과피의 절편을 넣은 것이다. 잼jam은 과일과 설탕을 섞은 다음 가열농축한 것으로 젤리와 같은 조직을 갖게 한 것이다. 그중에서도 과일을 으깨지 않고 그 일부 조직이 원형 그대로 남아 있는 잼 모양의 것을 프리저브preserve, preserve style라고 한다.

1) 젤리 응고의 원리

젤리 응고가 이루어지려면 과일 중의 펙틴, 산 및 설탕의 세 가지 요소가 적당한 비율로 들어 있어야 한다.

(1) 산

젤리 형성에 효과적인 산은 말산, 구연산, 주석산, 젖산 등의 유기산이다. 따라서 과일 중의 산 함량이 부족할 경우에는 이와 같은 유기산을 넣어 주어 일정한 양이 되도록 해야 한다. 젤리화에 필요한 것은 총산이 아니라 pH인데, 젤리 형성이 가능한 pH 범위는 2.9~3.5이다. 산의 양이 다른 성분에 비하여 너무 많으면 생성된 젤리의 수분이 분리되고 조직이 너무 단단해진다.

(2) 당분

설탕, 포도당, 맥아당 등의 당분이 젤리 형성에 효과적이며, 그중 설탕이 가장 좋다. 젤리 응고에 필요한 당의 농도는 60~65%이다.

(3) 펙틴질

펙틴은 덜 익은 과일에 프로토펙틴protopectin의 형태로 들어 있어 물에 녹지 않으나, 과일이 성숙함에 따라 과일 중의 펙티나아제pectinase가 작용하여 수용성의 펙틴pectin이 되며, 더 과숙하면 펙트산pectic acid이 된다. 이와 같은 변화는 가열하여도 일어나며 특히 산이 있으면 더 잘 일어난다. 젤리 형성에 필요한 것은 과일을 가열하면 펙틴이 되는 프로토펙틴과 처음부터 들어 있는 펙틴이다.

펙트산은 응고성이 없어 젤리 형성에는 직접 작용하지 않는다. 따라서 너무 익은 과일은 젤리의 원료로 적당하지 않으며, 젤리를 만들 때 너무 과도하게 가열하는 것도 좋지 않다. 펙틴은 보통 1~1.5%가 적당하다.

(4) 펙틴, 산 및 당분의 비율

펙틴, 산 및 당분의 양이 일정한 비율이 되면 젤리화가 일어나는데, 이들 상호간에는 밀접한 관계가 있다. 즉 펙틴의 양이 일정할 때에는 산의 양이 많아질수록 당분의 양은 적어도 젤리화가 일어나며, 산의 양이 적을 때에는 당분이 많이 필요하다. 또 산의 양을 일정하게 하였을 때 펙틴의 양을 바꾸면 펙틴의 양이 증가할수록 당분은 적어도 젤리화가 일어난다.

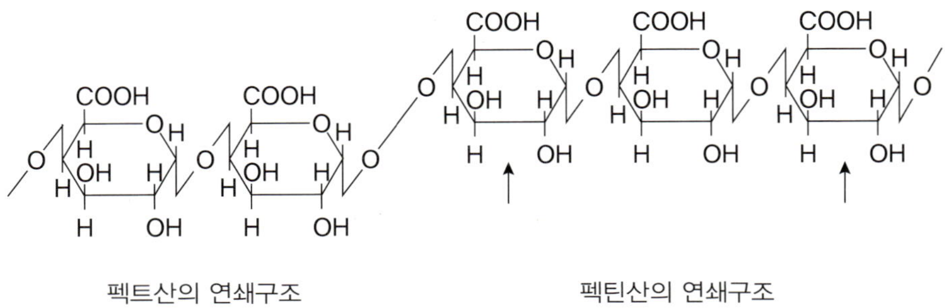

그림 6-4 펙트산과 펙틴산의 연쇄 구조

2) 젤리

젤리는 과즙에 설탕을 넣고 젤리화될 때까지 졸인 것이다. 투명하고 색깔이 있으며 원료 과일의 특유한 향기를 가지고 있다. 젤리는 그릇에서 흘러내리지 않고 원형을 유지하며, 이것을 잘랐을 때에는 단면이 윤이 나고 절단면의 끝이 날카로운 모를 이룬다.

(1) 원료

젤리는 과즙을 이용하는 것이므로 완전한 과일 외에 찌꺼기 과일도 쓸 수 있다. 즉 펙틴과 산의 함량이 많은 과일이면 되고, 날로 먹기에 적당한 시기의 것보다 조금 일찍 수확한 것이 펙틴의 함량이 많아 좋다.

익지 않은 과일은 펙틴의 함량은 많으나 향기가 부족하고, 너무 익은 과일은 펙틴의 함량이 적어 젤리의 원료로는 부적당하다.

(2) 제조법

원료 과일을 잘 다듬어 그대로 찌거나 물을 넣고 일정기간 찌게 되는데, 찌는 이유는 과즙의 수량을 많게 하고, 과일 가운데 들어 있는 불용성인 프로토펙틴을 물에 녹는 펙틴으로 되게 하기 위함이다. 찐 후에는 석면이나 펄프 여과기 등을 써서 과즙을 추출하고, 젤리는 투명하여야 하므로 규조토나 원심분리기를 이용하여 청징시킨다.

원료 → 다듬기 → 찌기 → 과즙 추출 → 청징 → 가당 → 조리기 → 담기 → 밀봉 → 살균 → 젤리

청징시킨 과즙은 산과 당분을 조절하기 전에 산과 펙틴의 양을 측정하여 첨가할 산과 당분량을 조절하여야 한다.

산이 적당한 과즙에는 당분을 넣기 전에 먼저 과즙의 펙틴 함량을 알아야만 가당량을 결정할 수 있다. 보통 과즙 중의 펙틴 함량을 알려면 펙틴이 알코올에 녹지 않고 응고되어 침전하는 성질을 이용한 알코올침전법을 사용한다.

알맞게 가당한 과즙을 가열하여 끓기 시작하면 휘저으면서 설탕을 넣고 강하게 가열하여 단시간에 졸여 젤리화가 일어나게 한다. 가열하는 동안에 과즙 속의 단백질 등이 응고하여 액면에 떠오르므로 이것을 건져낸다. 졸이기를 할 때는 졸이는 정도, 즉 젤리점jelly point을 결정하는 것이 가장 중요하다.

젤리점 판정방법에는 컵법, 스푼법 및 온도계법이 있다.

그림 6-5 젤리점 결정법

3) 잼

잼은 과일 펄프를 함유하는 젤리라 할 수 있다. 따라서 좋은 잼은 젤리처럼 투명하다. 젤리와 같은 방법으로 만드는 잼은 껍질, 씨 등을 제거한 펄프를 사용하므로 과즙을 짜서 청징하는 조작이 없는 점이 다르다. 최근에는 과육의 원형이 남은 프리저브 형태가 생산된다.

(1) 딸기잼

딸기는 작고 당분, 산, 펙틴 함량이 많은 선홍색의 것이 좋다. 원료 무게의 90% 되는 설탕을 3등분하여 그 1/3은 처음에 가하고, 또 1/3은 농축 도중에 가하며, 나머지 1/3은 잼이 완성되기 바로 직전에 가하여 농축시킨다. 농축할 때 생기는 거품은 제거하는 것이 품질이 양호하다.

4) 마멀레이드

마멀레이드는 젤리에 과육이나 과피의 절편을 넣어서 만든 것이므로 젤리 제조원리와 거의 같다고 할 수 있다. 오렌지 또는 여름 감귤의 정형외피를 과즙과 함께 젤리화한 것을 마멀레이드라 한다. 귤 외피에는 플라바논flavanone 배당체glycoside인 나린진naringin이 껍질에 많은데 이것은 쓴맛을 가진다. 이 쓴맛을 제거하기 위하여 공업적으로 1% 염산 또는 미생물로부터 분리한 나린진 가수분해효소naringinase로서 쓴맛 성분을 분해시킨다.

5. 김치

1) 종류 및 규격기준

김치는 한국 고유의 침채류로서 배추나 무에 여러 가지 재료를 첨가하여 소금 존재하에서 젖산발효시킨 일종의 산발효채소acid-fermented vegetable이다.

일반적으로 산발효채소가 가지는 장점은 다음과 같이 세 가지로 요약될 수 있다.

- 부패성 및 병원성 미생물의 발육을 억제시킨 저장성 식품이다.
- 야채가 생산되지 않는 계절에도 이용되어 부족되기 쉬운 영양소를 공급한다.

• 발효과정 중에 생성된 독특한 향미로 식욕을 돋운다.

김치는 오랫동안 한국인의 식탁에서 주요한 부식으로 사용되었고, 채소가 나오지 않던 겨울철에도 우리의 식탁에 올라와 일년 내내 섬유소 섭취를 도왔던 상용식품이다. 특히 김치는 그 독특한 향미 때문에 한국인의 식욕을 돋우었고, 외국에 나갔을 때 향수를 느끼게 하는 기호식품이 되었으며, 한국을 상징하는 발효식품이라 할 수 있다.

김치류에는 수많은 종류가 있으나 그 재료나 제조원리에 따라 김치, 깍두기, 동치미, 장아찌, 절임, 짠지, 식해의 7개군으로 나눌 수 있고 60여 가지의 이름이 붙어 있다. 한편 김치류에 사용되는 재료는 주재료(배추, 무, 오이 등), 부재료, 조기향신료로 나눌 수 있다.

현재 김치는 가정에서 담아먹는 것도 있으나 공장생산 제품을 이용하는 비율이 점점 상승하고 있다.

제품화되어 나오는 공장김치의 종류에는 포기배추김치, 맛김치, 열무김치, 총각김치, 깍두기 등이 있고, 김치양념에 따라 갓김치, 고들빼기 김치, 동치미, 백김치, 보쌈김치, 파김치 등 다양한 종류가 생산되고 있다.

전통적으로 김장을 담그는 것은 겨울철에 부족한 비타민이나 무기질을 섭취하기 위한 것이 가장 큰 목적이었으나, 현대 젊은 부부들에게는 굳이 김치를 담그지 않아도 언제든지 싱싱한 채소를 얻을 수 있기에 김치를 담는다는 것에 대한 특별한 필요성을 느끼지 못하여 점점 제품화되어 있는 김치나 반찬가게에서 파는 김치를 선호하는 경향이 강해지고 있다.

「식품공전」에서 김치류란 배추 등 채소류를 주원료로 하여 절임, 양념 혼합공정을 거쳐 그대로 또는 발효시켜 가공한 것으로 정의하고 있다.

김치류 중 대표적인 포기김치 제조가공 중의 몇몇 공정에 대해 그림으로 살펴보기로 한다 **그림 6-6**. 배추김치 제조 가공의 일반적인 순서는 배추의 정선 및 절단→배추 절이기 및 부재료 준비하기→이물선별하기→탈수→양념 혼합하기→숙성·검사·포장의 순서로 이루어진다. 모든 공정은 일반적으로 기계화되어 이루어지고 있으며, 그 포장단위에 따라 가격은 달라진다. 한편 김치의 시어짐과 물러짐을 방지하기 위한 다양한 포장방법이 개발되어 활용되고 있다.

싱싱한 배추속과 이절기를 이용한 절단 모습

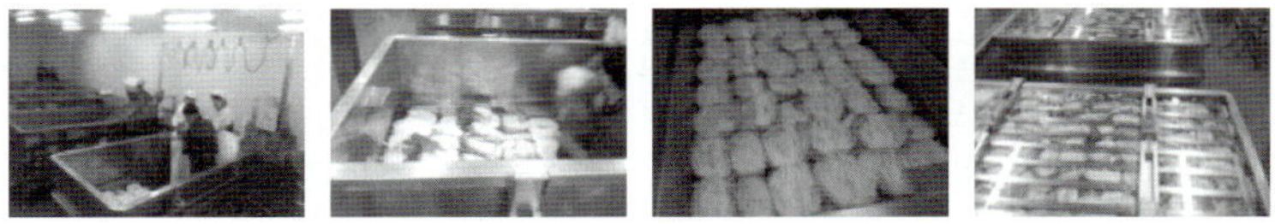

탱크 내 배추 투입 및 염수 채워 재우기

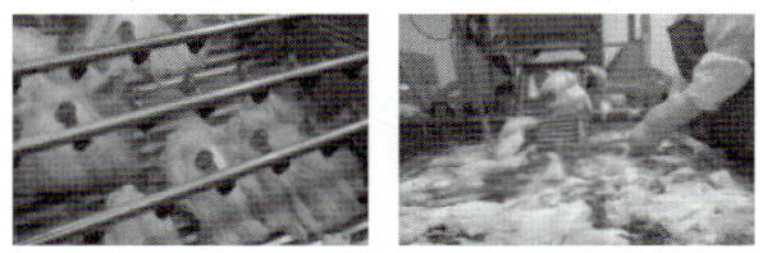

자동 세척

양념류 배합하기

김치 이물 선별기

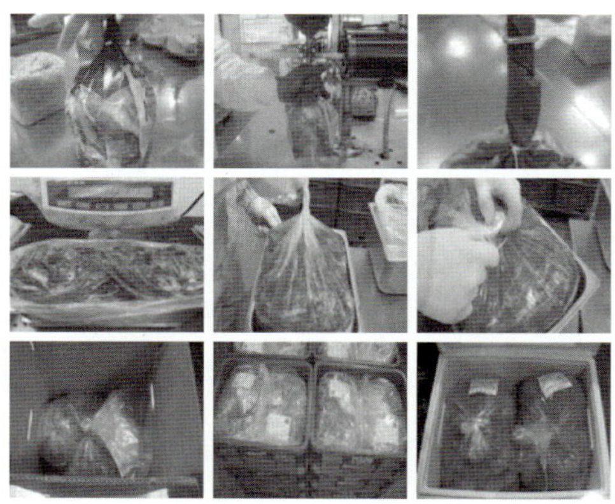

소포장과 박스포장 형태

그림 6-6 포기김치 제조가공과정

출처 : http://www.ncs.go.kr 배추김치 제조가공 모듈

07

축산물 가공

1. 식육 및 식육가공　2. 알(난)가공　3. 우유 및 유가공

1. 식육 및 식육가공

식육meat이란 일반적으로 식육 생산을 목적으로 사육된 동물의 가식부를 말하며, 근육조직을 중심으로 지방조직, 결합조직 외에 보통의 조리에서 제거되지 않는 지방, 신경, 혈관, 림프관, 인대, 막, 연골 등이 포함된다. 「식품위생법」에서 규정하고 있는 식육제품은 다음과 같다.

- 식육 : 식용을 목적으로 생산한 짐승의 지육, 정육, 내장 및 기타 부분
- 지육 : 머리, 꼬리, 다리 및 내장 등을 제거한 도체carcass
- 정육 : 지육으로부터 뼈를 분리한 고기
- 내장 : 식용을 목적으로 처리된 간, 폐, 심장, 위장, 췌장, 비장, 콩팥 및 창자 등
- 기타 부분 : 식용을 목적으로 도살된 짐승으로부터 채취·생산된 짐승의 머리, 꼬리, 다리, 뼈, 껍질, 혈액 등 식용이 가능한 부위
- 멸균 식육제품 : 가열처리 등의 방법으로 제조·가공 기준에 적합하게 살균하여 상업적으로 멸균처리된 제품

1) 식육의 성상

식육의 성상은 동물의 종류, 나이, 부위, 영양상태 등에 따라 다르다.

(1) 근육조직

동물의 근육은 생체 내에서의 기능과 형태에 따라 골격근(가로무늬근), 심근, 평활근(민무늬근) 등으로 나눈다. 이 중 식육은 생체의 30~40%를 차지하는 골격근을 주체로 하는 식품으로 식품가공에 이용한다.

골격근은 폭 0.01~0.1mm, 길이 수 cm~수십 cm의 가늘고 긴 실모양의 근섬유(근세포)로 되어 있다. 각 근섬유는 근막이라 부르는 결합조직에 둘러싸여 있고, 근막에는 모세혈관과 신경, 임파관 등이 분포한다. 50~150개의 근섬유가 모여서 하나의 근속(근섬유 다발)을 만들고, 근속이 수십 개 모여서 보다 큰 근속(근섬유 다발)을 이룬다. 이것이 여러 개 모여 근육을 형성한다 그림 7-1.

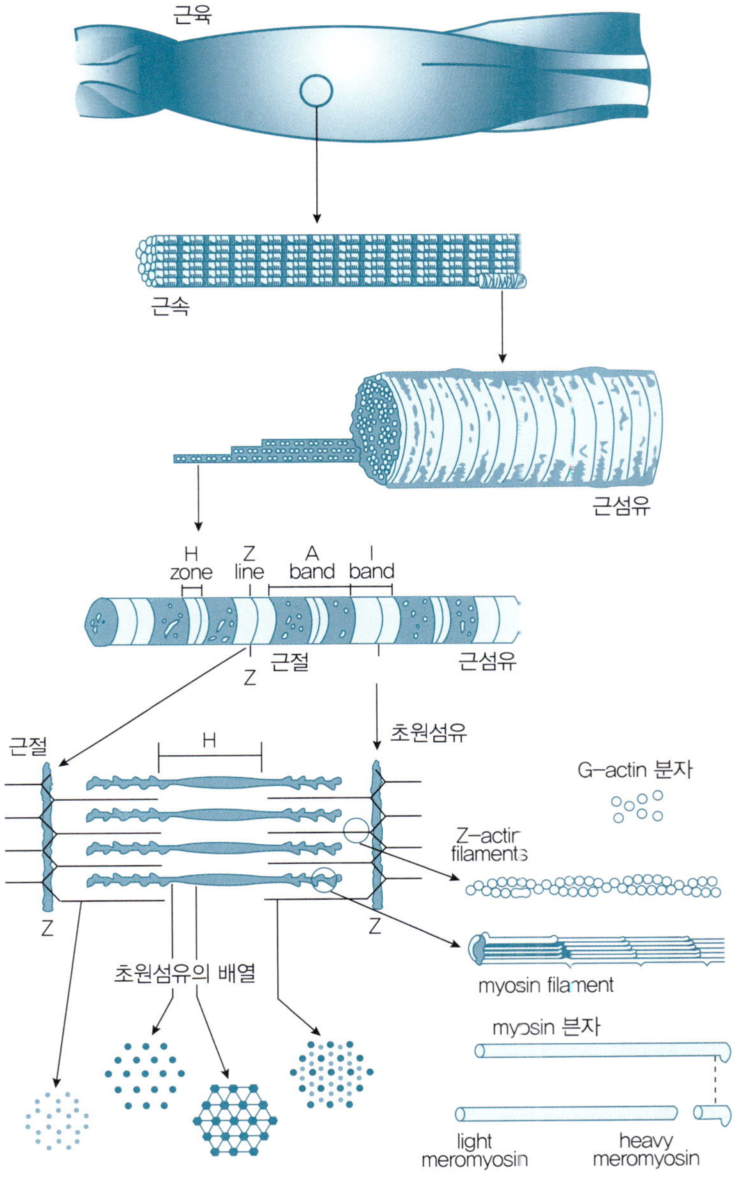

그림 7-1 골격근의 단위 구조

(2) 결합조직 및 지방조직

다수의 근섬유 사이에는 비교적 소량의 결합조직, 혈관, 신경 및 지방조직이 존재한다.

결합조직은 체내의 여러 조직을 연결하고 유지하는 조직으로 근섬유뿐 아니라 건, 기관, 혈관, 신경섬유 등의 주위구조로서 몸 전체에 광범위하게 분포되어 있다.

지방조직은 지방세포가 결합조직에 의해 연결되어 주로 피하, 기관의 주위, 복강 등에 다량으로 존재하면서 체온유지, 기관보호, 영양물질의 축적작용을 한다. 지방이 근육조직 내에 침착되면 육질이 향상된다.

2) 식육의 화학적 조성

식육의 화학적 조성은 동물의 종류, 품종, 성별, 나이, 채취 부위, 도살방법 및 영양상태 등에 따라 달라진다.

식육의 주성분은 단백질과 지질로 단백질함량은 식육의 종류, 부위에 관계없이 약 20% 정도이다. 지질은 식육의 성분 중 가장 변화가 많으며, 수분함량과 지방함량은 상호 반비례 관계의 경향이 있어 지방함량이 많은 고기는 상대적으로 수분량이 적어진다. 탄수화물은 생리학적으로 중요한 역할을 하지만 양은 극히 적다. 수분은 영양성분은 아니지만

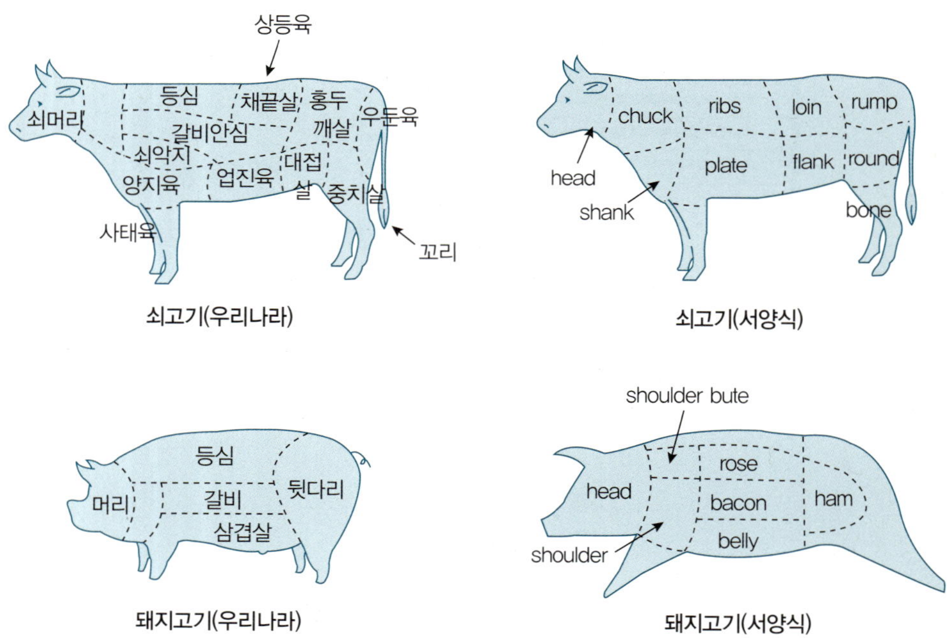

그림 7-2 식육의 부위별 명칭

보수성에 따라 육의 풍미와 육질에 밀접한 관계가 있어 중요한 성분이라 할 수 있다.

국내에서 유통 중인 쇠고기와 돼지고기의 부위별 명칭은 그림 7-2와 같다.

(1) 단백질

단백질은 수분을 제외한 모든 고형분의 약 80%를 차지한다. 근육단백질은 조직 내에서의 기능, 존재 위치 및 각종 염용액에 대한 용해도의 차이에 따라 근원섬유단백질, 근장단백질, 결합조직단백질로 구분한다.

① 근원섬유단백질

근육의 전체 단백질량에 대하여 약 60.5%를 차지하며 근육의 수축과 이완에 관계하는 단백질로 주성분은 미오신(55%)과 액틴(20%)이다. 미오신과 액틴은 서로 결합하여 액토미오신을 형성하는데 이때 양손가락을 서로 엇갈려 끼운 것과 같은 상태로 길이가 짧아지거나 길어지면서 근육의 수축과 이완에 직접 관여한다. 이외에도 트로포미오신 및 트로포닌과 같은 단백질들도 근수축운동의 조절에 관여한다. 이들 단백질들은 육가공 시 제품의 결착성과 밀접한 관계가 있어 이들의 생화학적 변화는 육질을 좌우하고 육제품의 품질에 영향을 준다.

② 근장단백질

근육의 전체 단백질량에 대하여 약 29%를 차지하며 이 중 대부분은 미오겐(약 70%)이 차지한다. 그 외에 글로불린, 미오알부민 및 미오글로빈(육색소) 등의 수용성 단백질과 핵, 미토콘드리아 등의 세포 소기관 단백질들이 함유되어 있다.

③ 결합조직단백질

근육의 전체 단백질량에 대하여 약 10.5%를 차지하며, 건, 인대, 힘줄 등을 구성하는 단백질로 콜라겐(47%), 엘라스틴(3%) 및 레티큘린 등으로 구성되어 있다. 콜라겐은 물에 넣어 끓이면 젤라틴으로 변하며, 분자간 가교결합의 정도에 따라 용해도가 달라진다. 일반적으로 동물이 성장함에 따라 불용성 콜라겐이 증가하여 딱딱하게 된다. 엘라스틴은 근육과 골격을 연결하는 인대에 함유된 탄성이 높은 섬유이지만, 함유량이 적어 식육의 성질에 크게 영향을 주지 않으며 물에 넣어 끓여도 연화되지 않고 효소에 의해서도 잘

표 7-1 각종 고기의 일반성분 조성(가식부 100g 중)

종류	수분 (g)	단백질 (g)	지질 (g)	Ca (mg)	P (mg)	Vit B_1 (mg)	Vit B_2 (mg)
쇠고기(한우)등심	63.8	21.0	14.1	11	165	0.07	0.19
쇠고기(한우)양지	68.0	21.6	9.2	8	187	0.08	0.18
돼지고기 등심	61.6	21.1	16.1	7	187	0.56	0.16
돼지고기 삼겹살	53.3	17.2	28.4	8	132	0.68	0.30
닭고기	70.1	18.5	10.4	11	169	0.10	0.15
오리고기	55.3	16.0	27.6	15	180	0.21	0.31

분해되지 않는다. 레티큘린은 아미노산 조성이 콜라겐과 유사하나 콜라겐과는 다른 당단백질이 결합되어 있는 것으로 알려져 있다.

(2) 지질

단백질 다음으로 많이 함유된 지질은 동물의 종류와 부위, 영양상태 등에 따라 그 함량 변동이 가장 심한 성분이다. 피하, 신장 주변 및 근육 사이에 존재하며 에너지원으로 이용할 수 있는 축적지방과 장기 등의 조직에 들어 있는 조직지방으로 구분된다. 육질을 향상시키는 것은 축적지방으로 90% 이상이 중성지질로 구성되어 있다.

(3) 탄수화물

식육에 들어 있는 탄수화물은 1% 이하로 대부분이 글리코겐이다. 글리코겐 함량은 사후근육에서 일어나는 생화학적 변화와 밀접한 연관이 있어 사후경직의 해제로 포도당과 젖산으로 변하여 보수력과 연화도를 증가시킨다.

(4) 무기질 및 비타민

무기질함량은 동물의 종류에 관계없이 약 1~1.5% 정도이다. 특히 칼륨, 인, 황이 많고 칼슘 등이 적게 들어 있는 대표적인 산성식품이다. 비타민으로 A, B_1, B_2, B_6, 니아신, 판토텐산 등이 골고루 함유되어 있다. 비타민 B_1의 함량은 고기의 부위에 따라서는 큰 차이가 없지만, 돼지고기에는 다른 육류에 비해 많이 함유되어 있다.

(5) 추출분(엑기스분 extract)

물로 가열조리 시 용출되는 성분을 넓은 의미의 추출분이라 하고 전고형물의 약 2%에 이른다. 여기에는 칼륨, 나트륨, 칼슘, 염소 등의 무기물이 약 1.4% 정도 들어 있고 비단백성 질소화합물(아미노산, 펩티드, 크레아티닌, 글루타민, 이노신산)과 무질소 유기물(젖산, 아세트산, 포도당, 과당, 갈락토오스) 등의 유기물이 약 0.6% 정도 들어 있다. 추출물 중 특히 유기물은 좁은 의미의 추출물이라 하며, 고기 맛의 주성분을 이루는데 숙성됨에 따라 함량이 증가한다.

3) 육류의 사후경직과 숙성

동물의 근육은 사후시간이 경과함에 따라 물리적 또는 화학적 성질이 크게 변하며, 이러한 근육의 사후변화는 육질에 큰 영향을 주게 된다.

(1) 가축의 도살

가축과 가금은 건강할 때 도살하며 질병이 있거나 임신한 가축은 도살할 수 없다. 도살 전 12~24시간의 휴식으로 안정을 취하게 하면서 절식시키되 물은 자유롭게 먹게 하여 내장을 비우게 한다. 도살은 타격법, 전살법, 총격법, 자격법 또는 CO_2 가스법을 이용하여야 한다(「축산물 위생관리법 시행규칙」 제2조). 방혈 후 도체를 절단하여 해체한 후 검사에 합격한 것에는 보라색 검인을 찍고 2°C 내외의 냉각실에 저장한다.

(2) 육류의 사후변화

① 사후경직

도살 직후의 고기는 부드럽고 탄성이 크며 보수력이 높다. 하지만 일정시간이 지나면 굳어지고 장력이 발생하여 보수력이 크게 저하되고 질겨서 가열하여도 먹기에 적합하지 않은 상태가 된다. 이러한 현상을 사후경직이라 하며, 근원섬유 단백질인 액틴과 미오신 사이에 불가역적이고 영구적인 결합이 형성되므로 일어난다.

동물의 사후 근육 속에 존재하는 글리코겐은 분해되어 젖산으로 변하면서 ATP를 생산해 낸다. 그러나 시간이 지나면서 글리코겐이 고갈되고 ATP의 농도가 어느 한계 이하로 저하되면 액틴과 미오신은 서서히 결합하여 액토미오신이 되면서 사후경직이 시작된

도살 (pH 7.0~7.4)	• 산소 공급의 제한으로 글리코겐을 분해하여 젖산 생성 시작 • pH 저하 시작
↓	
사후경직 (pH 6.5 이하)	• phosphatase 작용으로 ATP 분해 • 액틴 + 미오신 = 액토미오신(actomyosin) • 근육의 수축 시작(근육이 뻣뻣해짐) • 보수성 감소, 신장성 감소
↓	
최대사후경직 (pH 5.4)	• 해당효소 불활성화로 젖산 생성 정지 • 최대 사후경직 • 단백질 분해효소 활성 → 근육의 분해 시작, 맛성분 생성
↓	
자가숙성 (pH 상승)	• 쇠고기의 연화 • 육즙이 풍부, 보수성 증가, 향미 증가

그림 7-3 사후경직과 숙성

다. ATP의 농도가 더욱 낮아지고 젖산에 의해 pH가 계속 저하되어 최종 pH에 도달하게 되면 액틴과 미오신 간의 불가역적 상호결합이 더욱 많아져서 근육은 강력한 장력을 발생시키며 최대경직기에 이른다.

최대경직시간은 동물의 종류, 나이, 영양상태, 도살 시의 흥분상태, 온도 등에 따라 달라진다. 온도가 높으면 사후경직은 빠르고, 온도가 낮으면 사후경직도 늦어진다. 물고기는 1~4시간, 닭고기는 6~12시간, 쇠고기는 24~48시간, 돼지고기는 70시간 뒤에 최대경직기에 이른다. 경직 중에 있는 고기는 가열하여도 부드럽지 못하고, 가공 시에도 육단백질의 수화력이 감소하여 결착성이 나빠지므로 좋은 제품을 얻을 수 없다.

② 경직해제와 숙성

경직기가 지난 근육은 다시 연해지고 가용성 단백질, 아미노산, 이노신산 등이 증가하므로 풍미가 좋아진다. 그러므로 식육을 이용할 경우 먼저 근육의 경직상태를 해제시킬 필요가 있는데 이를 숙성이라 한다. 숙성은 근육 자체가 가지고 있는 효소가 단백질을 분해하여 근육을 부드럽게 하는 것이므로 자가소화라고도 한다.

숙성속도는 식육의 종류나 온도에 따라 다르나 쇠고기의 경우 0°C에서 10일간, 8~10°C

에서 4일간, 15°C에서 2일간이 적당하다. 그러나 식육은 각종 영양소가 풍부하고 경직이 해제될 무렵부터는 단백질로부터 저분자물질들이 많이 생성되므로 오히려 미생물의 증식이 활발해질 우려가 있다. 그러므로 고온에서는 숙성은 빠르지만 부패되기 쉬우므로 저온에서 서서히 진행시키는 것이 안전하며, 바람직한 숙성조건은 온도 0°C, 습도 80~85%에서 10일 정도이다.

4) 육류의 가공

육가공이란 엄선된 원료육을 이용하여 원료육의 물리적, 화학적 성질을 응용하여 용도에 맞게 절단하여 분쇄, 염지, 훈연 및 가열 등의 과정을 거쳐 육제품을 만드는 과정을 말한다.

(1) 육가공의 원리

① 염지

염지curing는 본래 고기를 장기 보존하기 위해 소금에 절이는 조작을 말하나, 최근에는 냉장·냉동 등의 장기 보존방법이 발달하여 염지 본래의 의미가 바뀌어 소금 이외의 기타 첨가물을 혼합하여 고기에 간을 하는 것으로서 햄이나 베이컨을 제조할 때 실시하는 중요한 가공작업이다.

염지의 목적은 고기 중의 육색소를 화학적 반응으로 고정시켜 신선한 색을 유지하고, 육단백질의 용해성을 높여 보수성과 결착성을 높이며, 저장성을 높이는 동시에 숙성시켜 독특한 풍미를 갖게 하는 것이다.

염지의 재료와 특징 및 염지방법은 **표 7-2**와 **표 7-3**과 같다.

② 세절

세절grinding은 세절기chopper를 사용하여 고기 중에 들어있는 연골이나 결체조직 등을 파쇄하고 고기를 갈아서 다음 공정을 용이하게 하는 작업을 말한다. 원료육의 결체조직이 많을 경우 칼날에 결체조직이 엉겨서 고기가 갈리지 않으므로 이를 충분히 제거하고 작업하는 것이 좋다. 세절작업 시 고기의 온도가 상승하면 보수력이 저하되고 제품의 품질이 나빠진다.

표 7-2 염지재료의 종류와 특징

염지재료	특징
소금	• 필수적인 기본 재료로 건염지시 육중량의 1.0~2.5% 첨가 • 맛과 방부성 부여 • 염용성 단백질을 용출시켜 보수성, 결착성 향상
발색제	• 아질산염 및 질산염을 사용 • 육색소(미오글로빈)의 안정화 및 풍미 향상 • *Clostridium botulinum*의 성장 억제 • nitrosoamine과 같은 발암성물질 생성 우려
당류	• 풍미 향상 • 수분건조 방지 • 연육효과
기타	• 산화방지제 : 지방이나 색소의 산화방지 • 보존제 : 세균의 발육 억제 • 유화제 : 보수성, 유화성 향상

표 7-3 염지방법의 종류와 특징

종류	방법	특징
건염법	원료육에 염지제를 뿌려 문지르거나 혼합	• 원료육 내·외부의 삼투압 차가 커서 염지제가 내부로 침투됨과 동시에 내부의 수분이 외부로 탈수된다.
액염법	원료육을 염지액에 담금	• 염지액의 삼투가 균일하여 육제품의 품질이 고르다. • 공기와의 접촉이 적어 산화가 적고, 과도한 탈수가 없어 외관·풍미·수율이 좋다.
염지액 주사법	원료육의 혈관이나 근육으로 염지액 주입	• 염지시간이 단축되나 생산성이 낮다.
마사지·텀블링법	염지액 주사법으로 염지한 후 massager나 tumbler에 넣어 일정 시간 동안 부벼대거나 흔들어 줌	• 염용성 육단백질이 추출되어 응고·결착성이 향상된다.
변압염지법	원료육을 밀폐용기에 넣고 감압하여 조직 내의 기체를 빼고 염지액을 주입	• 염지시간이 단축된다.
압착염지법	1차로 건염지, 2차로 액염지한 후 가압·압착하여 과잉의 염분·수분 제거	• 저염품 생산이 가능하다.
가온염지법	액 염지 시 염지액의 온도를 50°C로 유지	• 원료육의 자가소화가 촉진되어 풍미·연화가 향상되나 부패 우려가 있다.

③ 유화

유화emulsification는 세절된 고기를 사일런트커터silent cutter를 사용하여 더욱 곱게 세절하여 충분한 결착력을 갖게 한 후 얼음, 향신료, 조미료, 증량제, 결착제 등과 혼합하며, 한편으로는 염용성 단백질을 충분히 추출하여 단백질, 지방, 물 등을 유화시키는 데 그 목적이 있다.

사이런트커터 작업 시 얼음을 사용하는 이유는 온도 상승을 방지하여 양호한 유화상태를 얻기 위함이며, 이때 고기의 온도는 13℃ 이하로 유지하고 얼음은 원료육의 10~25%를 사용한다.

④ 케이싱

케이싱casing은 다진 고기를 넣는 포장재료이다. 케이싱은 내용물을 충전할 때 파손되지 않아야 하며, 충전 시 및 결찰 압력에 견딜 수 있어야 한다. 천연케이싱은 돼지와 양의 소화관이나 장관으로 만든 것으로 통기성이 있어 훈연이 가능하고, 신축성이 있으며, 소화가 가능하므로 그대로 먹을 수 있으나 저장성이 낮아 진공프장하여야 한다. 인조 케이싱은 셀룰로오스, 재생 콜라겐, 플라스틱 필름 등으로 만든다.

⑤ 훈연

훈연smoking은 제품에 연기성분을 침투시켜 육색의 고정발색, 육질의 안정, 색택·풍미부여, 최종제품의 부착효과, 제품 표면의 pH 저하로 보존성 향상, 살균·정균물질의 부착효과, 산화방지물질의 부착효과 등을 일으키는 것이 그 목적이다.

염지한 고기나 세절육을 케이싱에 넣고 훈연하며 이때 연기성분인 페놀류, 알코올류, 알데히드, 케톤, 포름산, 포름알데히드 등이 고기 중심으로 침입, 흡착되는 동시에 페놀과 포름알데히드의 축합에 의하여 수지상의 막이 고기 표면에 도포되어 독특한 향미, 다갈색의 훈연색, 방부효과 등을 나타낸다.

훈연목재로는 수지가 적고 구하기 쉬운 나무를 사용하는데, 활엽수가 좋으며 침엽수 재료는 풍미를 나쁘게 한다.

훈연 시 태우는 온도는 훈연에 의한 색택과 풍미에 영향을 주는데 훈연온도에 따라 훈연법을 구분한다.

- 열훈법 : 60~90°C, 단시간 훈연이 가능하나 저장성이 적음
- 온훈법 : 40~45°C, 가장 많이 사용하는 방법으로 장시간이 필요하나 저장성이 좋음
- 냉훈법 : 16~18°C, 장시간이 걸리나 저장성이 좋음
- 전기훈연법 : 방전으로 하전된 고기와 훈연성분의 결합을 촉진시키는 방법
- 액체훈연법 : 아미노산액에 침지 후 훈연하며 훈연성분을 가장 빨리 흡착시키는 방법

⑥ 가열

육가공에서 가열은 병원균을 사멸시켜 안전성을 높이고 변패균을 살균하여 보존성을 높이기 위함이다. 또한 육색이나 풍미 등에 독특한 기호성을 부여한다. 가열 시 중심부의 온도를 63°C에서 30분간 가열하는 방법 또는 이와 동등 이상의 효력을 갖는 방법으로 살균하여야 한다. 일반적으로 햄, 베이컨, 소시지는 제품을 물속에 넣고 가열하는 탕자법이나 증기로 찌는 증자법을 사용한다.

(2) 식육가공품의 종류

식육가공품이라 함은 식육(소, 돼지, 양, 염소, 토끼, 닭, 칠면조, 오리, 꿩, 메추리 등 식생활 관습상 통상적으로 사용되는 고기와 식용 가능한 장기류 및 부산물)을 주원료로 하여 제조 가공한 햄, 소시지, 베이컨 또는 기타 이와 유사한 것을 말한다.

① 햄류의 가공

햄ham은 원래 돼지의 뒷다리를 의미하나, 넓은 의미로 돼지고기를 부위에 따라 분류하여 정형, 염지한 후 훈연하거나 열처리한 것으로서 수분 72% 이하, 조지방 10% 이하의 것을 말하며, 원료육의 부위에 따라 여러 종류가 있다.

본인햄 본인햄bone in ham, regular ham은 우리가 대개 햄이라고 할 때 가리키는 뼈가 달린 채로 만든 제품이다. 원료육은 돼지 뒷다리를 사용하고 자르는 방법에는 롱컷long cut과 숏컷short cut이 있다.

피빼기(혈교)는 변패의 원인이 되는 잔존혈액을 제거하는 공정으로 소금, 질산염, 아질산염의 혼합염을 원료육 표면에 잘 비벼준 후 바닥에 구멍이 있는 염지통에 넣고 경사진 곳에 두어 혈액을 배출시킨다. 피빼기가 끝나면 고기에 피클액을 주입하여 쌓고 염지액을 침지하는데 5일 만에 한 번씩 뒤집으면서 2~4°C 실온에서 약 20일 또는 고기 1kg에

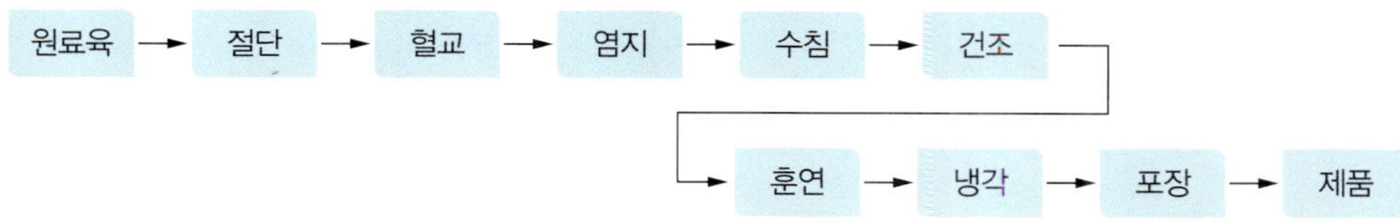

그림 7-4 본인햄의 제조공정

표 7-4 햄의 종류

종류	특징
본인햄(레귤러햄)	• 단순히 햄이라고도 함 • 뒷다리살을 뼈가 있는 채로 가공한 것 • 원료를 자르는 방법에는 롱컷과 숏컷이 있음 • 훈연 외에 가열처리를 하지 않기도 함
본레스햄	• 원료육에서 뼈를 제거하고 가공한 것
로인햄	• 등심 부위의 원료를 가공한 것
숄더햄	• 돈육의 어깨 부위를 가공한 것
프레스햄	• 소시지와 햄의 중간 형태 • 햄이나 베이컨의 잔육이나 다른 축육을 섞어 압력을 가하여 제조한 것 • 돈육이 전체 함유량의 70% 이상, 수분 75% 이하, 조지방 20% 이하인 것
혼합햄	• 프레스햄과 제법은 동일하나 육함량이 75% 이상, 전분 8% 이하인 것

대해 5~7일을 계산하여 담근다. 수침공정은 10°C 정도의 흐르는 물에 담갔다가 꺼내는 소금빼기 공정으로 원료육 내외의 염 농도를 균일하게 하는 효과가 있다. 수침이 끝나면 물기를 빼고 마른 천으로 잘 닦아 정형하고 다리 쪽 끝부분을 훈연실에 매달고 30°C, 24시간 건조시킨 후 50~60°C에서 1~2일간 훈연한다. 훈연이 끝나면 훈연실에서 꺼내어 냉각하고 진공 포장한다.

본레스햄 본레스햄boneless ham은 뼈를 빼고 원통형으로 말아서 만든 제품으로 보통 물에 익히므로 보일드 롤드 햄boiled rolled ham이라고도 한다.

원료육은 본인햄에 준하나 일반적으로 롱컷을 사용하며, 피빼기·염지·수침을 본인햄과 동일한 방법으로 한 다음 골반골, 슬개골, 대퇴골을 차례로 떼어내고 정형을 한다. 발골과 정형이 끝나면 햄의 모양을 만들기 위해 틀에 넣어 압축하거나 면포로 싸서 양끝을 묶은 후 원통형이 되도록 나선형으로 감는다. 이때 끈이 느슨하면 결착력이 나빠지므로

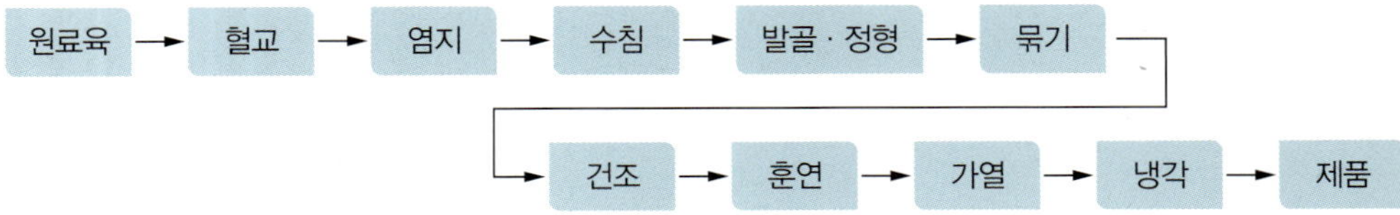

그림 7-5 본레스햄의 제조공정

유의해야 한다. 본레스햄은 본인햄과 달리 저장성이 없으므로 훈연시간을 짧게 한다. 즉 40~50°C에서 5~6시간 건조한 후, 50~60°C에서 5~10시간 훈연한다. 훈연이 끝나면 제품의 중심온도가 65°C로 30분 이상 지속되도록 70~75°C 물속에서 가열하고 가열처리가 끝나면 냉각 후 진공포장한다.

프레스햄 프레스햄은 햄과 소시지의 중간적인 특성을 갖는 육제품으로 외관이나 조직은 햄에 가깝지만 제법은 소시지와 비슷하다.

원료육은 햄과 베이컨 부위를 떼고 남은 부분이나 쇠고기, 토끼고기 등 다른 동물의 육류를 절단·혼합하여 사용하고, 염지는 건염법으로 2~3°C에서 3~4일간 저장하며 염지 중 표면의 공기접촉 방지를 위해 폴리에틸렌 필름으로 밀착하여 싸준다. 염지가 끝나면 원료육을 혼합기에 넣고 부재료를 넣어 조미·혼합하되 혼합시간이 너무 짧으면 결착력이 약해지고, 너무 길면 고기가 부서지므로 5~10분 정도가 적당하다. 충전 시에는 충전기를 이용하여 틀이나 케이싱에 충전하며, 공기 유입 시 제품 내 기포가 생기거나 가열 시 공기팽창으로 케이싱이 파괴되므로 유의해야 한다.

프레스햄의 훈연은 일반적으로 열훈법을 사용한다. 50°C에서 1~2시간 건조 후, 50~60°C에서 2~4시간 훈연을 실시한다. 처음부터 고온에서 훈연하면 표면이 응고되어 연기성분이 잘 침투하지 못하므로 초기에는 저온에서부터 훈연해야 한다. 훈연이 끝나면 70~75°C 물 속에서 제품 두께에 따라 2~3시간 가열하여 고기단백질을 응고시켜 제품의

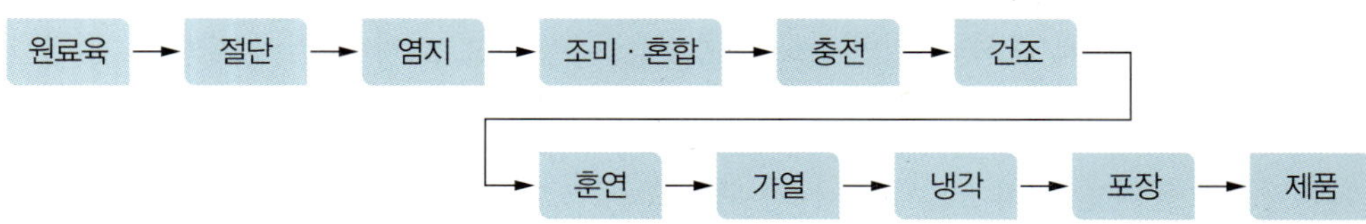

그림 7-6 프레스햄의 제조공정

결착성을 안정화시키고 살균효과를 얻는다. 가열이 끝나면 통기성 케이싱을 사용한 경우 흐르는 물에 급랭시켜 지방 및 젤라틴 응고로 액의 유출을 방지한다. 저장성이 없으므로 바로 진공 포장해야 하며, 비통기성 케이싱을 사용한 경우에는 냉각 후 포장해도 된다.

② 소시지

소시지는 원래 상등육을 얻을 수 없는 빈곤계층의 소비자를 위하여 값싼 고기에 부산물들을 이용하여 만든 가공품으로 암퇘지saw 고기에 향신료인 세이지sage를 넣어서 만들었다는 의미에서 유래된 것으로 알려져 있다. 「식품위생법」에서는 "수육에 조미료 및 향신료 등 첨가제를 섞어 케이싱에 충전하고 훈연하거나 열처리한 것"으로 규정하고 있다.

더메스틱 소시지domestic sausage는 훈연한 후 건조하지 않고 가열하여 바로 먹게 한 것으로 수분함량이 50% 이상이므로 부드럽고 저렴하고 맛이 좋으나 장기저장이 어렵다. 드라이 소시지dry sausage는 케이싱에 다져 넣고 날것 그대로 건조시키거나 저온건조·훈연시켜 수분을 30% 이하로 딱딱하게 만들어 장기간 저장할 수 있게 만든 것이다.

표 7-5 소시지의 종류

종류		품명	특징
domestic sausage	fresh sausage	pork sausage breakfast sausage	•천연케이싱 이용 •저장성이 적음 •조리 시 찌기, 굽기, 프라이
	smoked sausage	pork sausage wienner sausage frankfurt sausage	•통기성 케이싱 이용 •충전 후 훈연, 가열시켜 2~3주 보존 가능
	cooked sausage	blood sausage liver sausage tongue sausage	•간, 혀, 혈액 등 다양한 부위를 이용함 •통기성이나 비통기성 케이싱에 충전하여 중탕가열 살균
dry sausage	unsmoked dry sausage	salami sausage soft dry sausage hard dry sausage	•날것을 콜라겐 케이싱에 충전하여 장기간 건조, 숙성
	smoked dry sausage	summer sausage farmer sausage	•날것을 천연 케이싱에 충전 후 저온 훈연, 건조, 숙성
	cooked(semi) dry sausage	milanese salami sausage darls sausage	•세절육을 유산균 발효로 pH를 낮춘 후 가열, 건조, 숙성

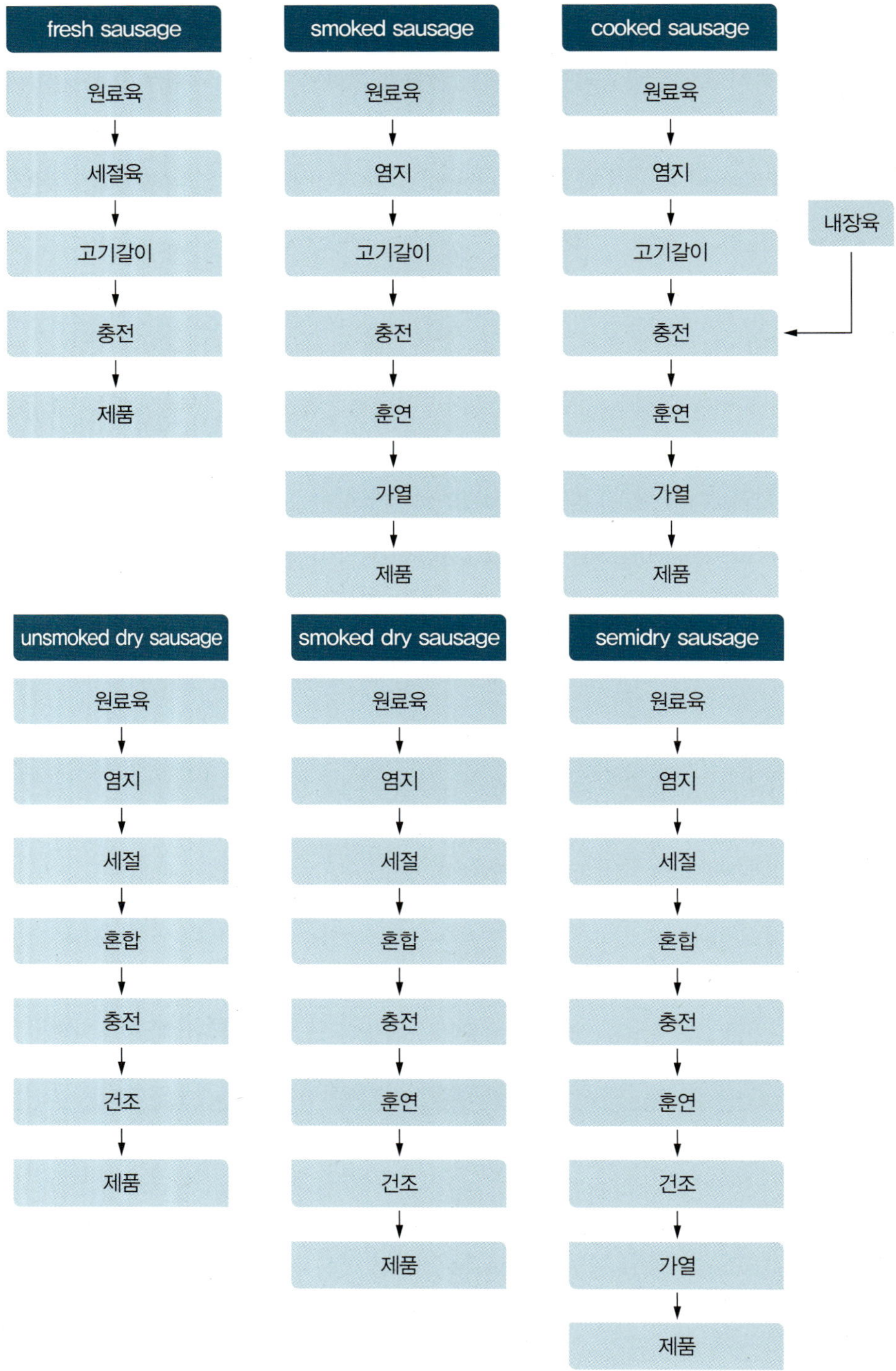

그림 7-7 소시지의 제조공정

③ **베이컨**

베이컨은 돼지의 복부육(삼겹살)을 정형, 혈교, 염지, 수침, 건조, 훈연, 냉각의 과정을 거쳐 수분 60% 이하, 조지방 45% 이하로 만든 후 얇게 썰어 셀로판으로 진공포장한 제품이다. 복부육 외에 등심육을 가공한 로인 베이컨, 어깨 부위를 가공한 숄더 베이컨도 있다.

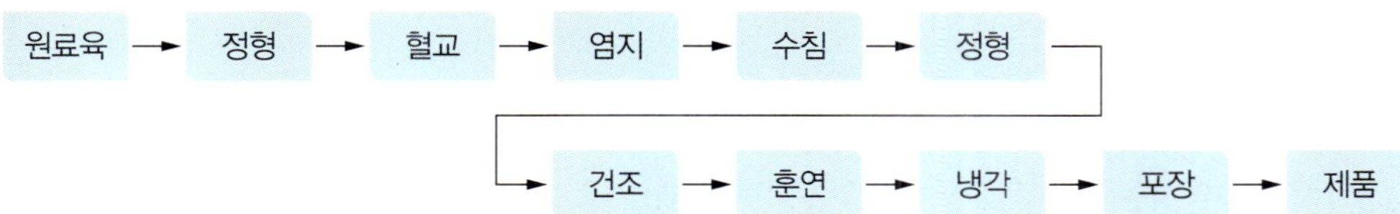

그림 7-8 베이컨의 제조공정

(3) 기타 육가공 제품

- 콘드비프 : 고기류 통조림 중 세계적으로 가장 많이 소비되는 것으로 젖소의 폐우, 노령화된 노령우 등의 중질육을 원료로 뼈, 힘줄 등을 제거하고 건염지하여 삶은 후 조미료, 향신료 등을 혼합하여 통에 넣고 살균한 것
- 육포 : 쇠고기를 얇게 썰어서 양념을 바른 다음 햇볕에 말린 것
- 건조고기 : 콘드비프 같은 것을 24시간 후에 물을 빼고 훈연하여 휴대용이나 보존용으로 한 것
- 장조림 : 쇠고기 등을 간장, 설탕, 향신료 등으로 조미하여 조림한 것

5) 육류의 저장

육류는 단기간 저장 시에는 -2~3°C의 냉장온도에서, 장기간 저장시에는 -30~-29°C의 냉동온도에서 저장한다. 쇠고기는 도살 후 0°C에서 7일 정도 저장할 수 있으나, 저장온도가 높아질수록 저장기간이 단축된다. -18~-10°C에서 쇠고기는 6~8개월, 돼지고기는 3~4개월 저장할 수 있다.

냉동 시 생기는 얼음결정은 조직세포를 파괴하므로 해동하면 육즙이 유출되어 미생물이 번식하기 쉬우므로 될 수 있으면 급속냉동한다. 급속냉등을 하면 얼음결정을 미세하게 만들 수 있어 육질의 변형을 최소화하고 해동 시의 육즙 유출량도 줄일 수 있기 때문이다.

2. 알(난)가공

알은 가금류로부터 생산되는 주요 산물로 부화하면 병아리가 될 수 있는 모든 성분을 갖추고 있다. 식용하는 알에는 오리알, 거위알, 칠면조알, 타조알, 메추리알 등이 있으나 달걀과 메추리알을 가장 많이 먹는다.

1) 달걀의 구조

달걀은 타원형으로 난각, 난백, 난황 세 부분으로 되어 있으며, 난각의 색깔과 광택은 백색 또는 갈색으로 닭 품종에 따라 특유의 색깔을 갖는다. 색깔은 영양가와 무관하며 가격과도 상관관계가 없다.

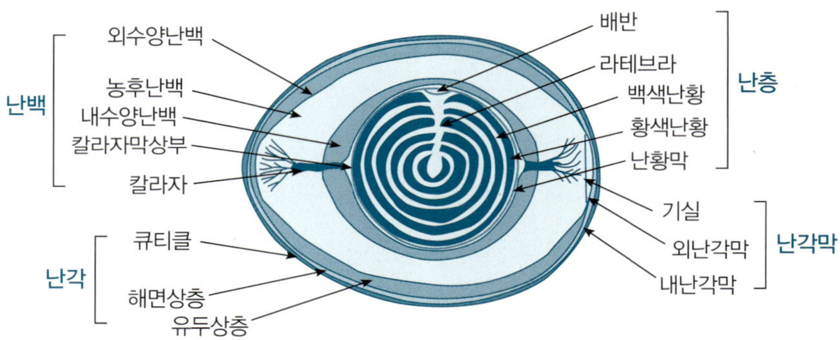

그림 7-9 달걀의 내부 구조

2) 달걀의 가공품

달걀은 대부분 신선한 식란(위생란)으로 소비되나 대량생산 시는 1차 가공품인 액상란, 건조란, 동결란 등으로 가공되어 다시 2차 가공품인 피단, 마요네즈 등의 원료로 이용된다.

(1) 액상란

액상란이란 달걀을 할란하여 얻어진 것으로 전란액, 난백액 및 난황액 등이 있다. 전란액은 제과, 제빵의 원료 및 단체급식의 조리용으로 사용되고 난백액은 제과용, 수산연제품, 소시지 및 음료용으로 이용된다. 난황액은 대부분 마요네즈 제조에 쓰이고 일부는 제과, 제면용 및 이유식용으로 사용된다. 변질이 빠르므로 할란 후 20시간 이내에 사용해야 하며 저온보관이 불가능한 경우는 동결 또는 건조한다.

원료란은 저온실에서 10~15°C로 보관하며, 사용 시 투시검사 또는 할란검사를 실시하고 경우에 따라 대장균과 생균수 검사도 실시한다. 정상란을 골라 세란하고 난각 표면을 살균한 후 할란기에서 할란한다. 여과기로 여과하여 난액 중 혼입된 껍데기 조각, 알끈, 난황막 등을 제거하고 응고되지 않도록 저온살균한다.

(2) 동결란

폴리에틸렌 봉지에 살균된 액상란을 넣고 -45~-35°C로 급속동결하여 저장한다. 이때 난황은 그대로 동결하면 해동 시 유동성을 잃고 젤 모양으로 굳어지기 쉬우므로 이를 막기 위해 글리세린, 소금, 설탕 등을 5% 정도 첨가하여 동결한다.

(3) 건조란

건조란은 알의 내용물을 건조한 것으로 저장성이 크고 수송이 편리하나 색, 맛, 용해성, 응고성, 기포성 등이 크게 저하되고, 갈변현상이 나타나며, 지방이 산패되기 쉬워 불쾌취가 발생되는 것이 단점이므로 이를 유의해서 가공해야 한다.

종류로는 전란분, 난백분 및 난황분이 있다. 전란분은 신선란 또는 냉동란을 분무건조하거나 피막건조한 것으로 최종제품의 수분이 5% 이하가 되어야 하며 물을 가해 용해시켰을 때 풍미, 용해도, 영양가치가 신선란과 같아야 한다. 이때 전란분의 포립성은 신선란을 원료로 한 것보다 냉동상태에서 분무건조한 것이 좋다. 건조된 제품은 진공포장하거나 캔에 넣어 질소 충전하여 밀봉함으로써 불쾌취를 줄일 수 있다.

이때 난액을 그대로 건조하면 저장 중에 갈변할 우려가 있으므로 갈변의 원인물질인 난백 중의 당을 유산균과 같은 미생물에 의한 발효와 글루코오스 옥시다아제glucose oxidase와 같은 효소를 이용해 제거하면 갈변을 막을 수 있다.

이렇게 제조된 전란분과 난백분은 1년 이상, 난황분은 6개월 이상 안전하게 냉장 보관이 가능하며 주로 아이스크림, 쿠키, 케이크 등에 사용된다

(4) 피단

피단Pidan은 알 중에 알칼리를 침투시켜 내용물을 응고, 숙성시킨 조미달걀로 중국에서 주로 만들어지던 알 가공품이지만 최근에는 세계적으로 널리 알려졌다. 본래는 오리알을 원료로 한 것이지만 달걀을 사용하여도 무방하다.

피단을 제조할 때는 탄산소다, 초목회, 소금, 생석회 및 물을 적당한 비율로 혼합하여 반죽한 것을 알 껍데기 표면에 1cm 두께로 일정하게 바른다. 그 후 항아리에 담아 냉소에서 3~4개월 발효시키면 알칼리가 알 속으로 침투하여 난백을 응고시키고 투명한 적갈색을 띠게 한다. 또한 난황은 가장자리 부분이 응고하게 되고 외부는 흑녹색, 내부는 황갈색을 띠게 되며, 암모니아와 유화수소 등의 휘발성 물질이 생성되어 독특한 풍미를 갖는 제품이 된다.

달걀의 난백은 오리알의 경우와는 달리 젤라틴화하여 단단해지므로, 오리알과 같은 방법으로 처리한 후 한 번 더 삶아 주면 오리알과 같은 상태가 된다.

3. 우유 및 유가공

1) 우유의 성분

우유의 조성은 대략 수분 87%, 탄수화물 5%, 단백질 3.5%, 지질 3.3%, 무기질 0.7%로 영양소 함량은 동물, 품종, 계절, 사료, 연령, 영양상태, 착유시간에 따라 달라진다.

(1) 탄수화물

우유 속의 당은 대부분 유당으로 약 5% 정도 함유되어 있다. 유당은 설탕의 1/5 정도의 감미도를 가지며 에너지원으로서뿐 아니라 장의 유산균의 번식을 왕성하게 하여 다른 유해균의 번식을 억제하는 효과가 있다. 그러나 용해성이 낮은 α-유당의 결정은 물에 잘 녹지 않아 냉장이나 냉동 유제품에서 쉽게 침전되어 모래 같은 느낌을 주는 텍스처 문제를 일으킨다. 그 외에 우유에는 유당의 구성 단당류인 갈락토오스와 포도당도 소량 있으며, 극소량의 올리고당도 함유되어 있다.

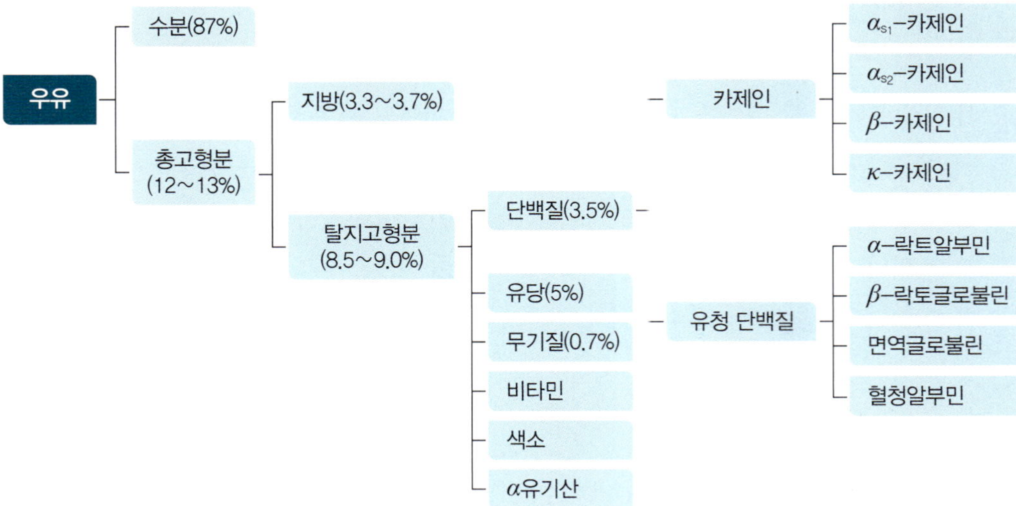

그림 7-10 우유의 성분조성

(2) 단백질

우유의 pH를 4.6으로 맞추었을 때 침전되어 부드러운 커드로 변화되는 단백질인 카제인casein과 침전되지 않는 유청whey단백질이 있다.

① 카제인

우유단백질의 약 80% 정도를 차지하며 α_{s1}-카제인(30.6%), α_{s2}-카제인(8.0%), β-카제인(28.4%), κ-카제인(10.1%) 등 4개의 주요 카제인으로 구성된다. 카제인은 등전점인 pH 4.6에서 응고, 침전되나 산의 농도가 진해지면 다시 녹는다. 또한 가열하여도 잘 응고되지 않으나 100°C에서 약 12시간, 130°C에서 약 10시간, 150°C에서 약 3시간 가열하면 응고된다.

카제인 분자는 마치 산딸기 같은 형태의 미셀구조로 존재하는데, 각 단위 미셀에는 많은 인산기가 있어 칼슘이온에 의해 서로 결합되어 존재한다. κ-카제인의 친수성이 강한 부분은 미셀 표면에 존재하여 미셀이 수화되도록 함으로써 미셀들이 서로 결합하려는 것을 막아주고 있다. 다른 카제인들은 미셀 내부에서 서로 소수성결합에 의해 연결되어 존재한다. 카제인 미셀들은 직경이 20~30nm 정도로 지방구보다는 작지만 빛의 투과를 효과적으로 차단하여 우유 특유의 불투명한 유백색이 되도록 한다.

산에 의한 카제인의 응고 카제인에 산이 첨가되면 pH가 카제인의 등전점 근처로 낮아져 침전이 일어나게 된다. 즉 카제인 미셀 표면의 음전하가 산의 수소이온과 결합하므로 더 이상 분자들 사이의 음이온에 의한 반발력이 없어져 서로 결합되어 침전하는 것이다.

레닛에 의한 카제인의 응고 레닛은 송아지의 위벽에서 얻어지는 효소로서 κ-카제인(169개 아미노산)의 105번째 페닐알라닌과 106번째 메티오닌 사이의 펩티드결합을 분해하여 친수성 부분을 분리시킴으로써 카제인 미셀을 안정화시키는 기능을 잃게 한다. 분리된 파라-κ-카제인은 칼슘에 의해 불용화되고, 따라서 미셀들은 서로 결합하여 커드형태의 응고물로 되는 것이다.

② 유청단백질

유청단백질은 우유단백질의 20% 정도로 우유에 녹아 존재한다. β-락토글로불린(9.8%)과 α-락트알부민(3.7%), 면역글로불린(2.1%), 혈청알부민(1.2%) 등으로 이루어져 있다.

β-락토글로불린은 우유를 조리나 살균 등의 가열에 의해 κ-카제인과 복합체를 형성하며, 함황아미노산인 시스테인을 함유하여 열처리 가공 시 가열취cooked flavor의 원인이 된다. 또한 우유를 가열하면 밑바닥에 변성된 유청단백질이 침전하여 눌어 붙는 현상이 나타나며, 침전된 유청단백질과 유당에 의해 비효소적 갈변반응이 진행되면서 색과 향미의 변화가 나타난다.

(3) 지방

우유의 지방함량은 대략 3.3~3.7%로 중성지방이 약 98%이고 인지질, 카로티노이드, 스테롤, 지용성 비타민 등도 함유되어 있다. 우유의 중성지방은 지방산 조성이 특이하여 저급지방산(탄소수 4~10개)이 다른 식품에 비해 많다. 우유의 지방은 물에 지방구의 형태로 분산되어 유화상태로 존재하는데, 각 지방구들은 인지질 효소, 지단백 등의 유화제 역할을 하는 막에 의해 둘러싸여 있다. 지방구의 크기는 0.1~10μm 정도로 1mL에 약 15×10^9개 정도가 분산되어 빛은 산란시킴으로써 우유가 불투명한 유백색으로 보이게 한다.

(4) 비타민과 무기질

우유는 비타민 A, B_1, B_2, 니아신, C, D 등 거의 모든 비타민을 함유하고 있고 칼슘과 인의 우수한 공급원이다.

(5) 효소

우유에는 알칼라인포스파타아제, 리파아제, 프로타아제와 잔틴 옥시다아제 등의 많은 효소가 함유되어 있다. 열처리로 유해한 미생물들을 살균할 때 알칼라인 포스포타아제가 불활성화되므로 이 효소의 활성을 측정하여 우유 살균의 지표로 사용한다. 리파아제는 유지방을 가수분해하므로 불활성화되어야 하는 반면, 잔틴 옥시다아제는 FAD를 분해하여 리보플라빈을 생성시키는 유용한 역할을 한다.

2) 시유

시유는 우유성분을 가능한 손상시키지 않고 식품위생상 안전하게 처리하여 시판하는 우유를 말한다.

(1) 시유의 종류

현재 시유는 모두 열처리 가공된 우유로 살균방법에 따라 살균우유와 멸균우유, 첨가되는 원료에 따라 유음료 및 강화우유, 가공방법에 따라 환원우유와 유당분해우유, 성분조성에 따라 무지방유, 저지방유 등으로 분류된다.

① 우유

우유는 원유에 다른 유제품이나 영양소를 첨가하지 않고 균질화, 살균 또는 멸균, 냉각과정을 거쳐 생산된 대표적인 시유이다. 우유에는 다른 성분을 혼합해서는 안 된다고 규정하고 있으나, 원유의 성분함량이 서로 다르므로 일정한 성분 규격에 맞도록 원료유끼리 혼합하거나 과잉의 유지방을 제거하는 표준화과정을 거쳐야 한다.

② 가공유

가공유는 원유를 표준화시키고 다시 강화제(첨가물)를 첨가한 후 균질화, 살균, 냉각과정을 거쳐 생산된 시유이다.

- 환원우유 : 탈지분유에 무염버터와 물을 가하거나 전지분유에 물을 가하여 우유의 성분조성과 똑같이 만든 우유를 말하며 재생우유라고도 한다.
- 저지방우유 : 원유에서 유지방분을 제거하여 1~2%의 유지방을 함유하도록 만든 우유

- 강화우유 : 우유에 비타민이나 무기질 등의 영양소를 강화한 우유이다.
  - 셀레늄우유 : 항산화제인 셀레늄, 비타민 A(일반우유의 4배 이상), 비타민 E(일반우유의 20배 이상)가 함유된 노화방지 우유
  - 고칼슘우유 : 칼슘을 일반 우유의 2배 이상으로 강화하여 하루 한 팩으로 1일 칼슘권장량을 충분히 섭취할 수 있도록 한 우유
  - DHA 우유 : 두뇌발달에 중요한 불포화지방산인 DHAdocosahexaenoic acid가 강화된 우유
- 농후우유 : 원유에 유성분의 함량을 늘려 유지방 3.5% 이상, 무지고형분 8.5% 이상 되도록 조절한 우유이다.

③ 유음료

커피우유, 초콜릿우유, 과즙우유와 같이 우유나 탈지유에 커피, 초콜릿, 과즙, 설탕, 안정제 등을 가하여 맛을 좋게 한 것으로 착색이 되어 있고 우유성분도 보통우유의 반 정도이다.

(2) 시유의 제조공정

시유 및 대표적인 유가공품의 제조공정은 그림 7-11과 같다.

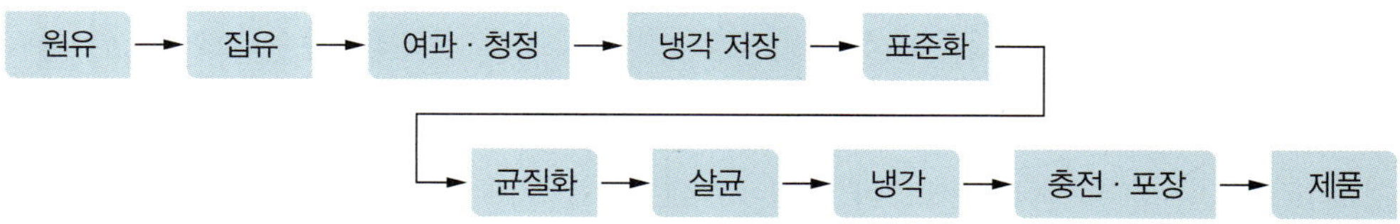

그림 7-11 시유의 제조공정

① 집유 및 수유 검사

집유란 낙농장에서 생산하여 냉각 원유조에 보관하는 우유를 수집하는 과정이다. 집유된 우유는 신선도와 유제품 원료로서의 적합성을 판정하고 가격을 결정하기 위해 수유검사를 한다.

② 청정화

우유에 혼입되어 있는 먼지나 이물질을 여과기 또는 원심청정기를 이용하여 제거한다. 여과기는 송유 파이프 중간에 장착되어 먼지를 포집하고 우유의 미세한 이물질을 제거할 수 있으나 작업 도중 막힐 우려가 있어 연속작업에는 적합하지 않고 세균이나 백혈구는 제거되지 않는다. 이에 비해 원심청정기는 여과기보다는 효율적이고 연속작업도 가능하며 세균, 백혈구도 제거 가능하다.

③ 냉각저장

여과 및 청정이 끝난 우유는 냉각기를 통하여 4°C로 냉각되어 저유탱크에 저장된다.

④ 표준화

표준화란 시유의 성분규격에 맞도록 유지방, 무지고형성분 및 강화성분 함량을 조절하는 과정이다. 주로 탈지우유나 유지방(크림)을 사용하여 지방함량을 일정하게 한 다음 필요한 경우 비타민 A나 D를 강화한다.

⑤ 균질화

우유의 지방은 직경이 0.1~10μm인 구형으로 우유 중에 분산되어 있다. 이러한 우유를 일정 시간 방치하면 큰 유지방구들부터 표면으로 떠올라 서로 모여 크림층을 형성하여 지방이 분리되는 현상이 일어난다.

균질화는 우유를 균질기에 넣어 2,000~2,500psi의 압력으로 작은 구멍(노즐)으로 통과시키는 공정으로 우유의 지방구들을 2μm 이하의 작은 지방구로 균일하게 미세화시켜 서로 결합하여 떠오르는 것을 방지하는 과정이다.

균질화처리를 한 우유는 점도가 증가되고 분산된 입자의 미세화로 빛의 분산이 증가하여 더 희게 보이게 된다. 균질화된 우유는 열에 대해 더 불안정하고 빛에 더 민감하며 거품이 더 잘 일어난다. 또한 균질화과정에서 작은 지방구들의 표면에 카제인이 흡착되므로 균질우유로 만든 커드가 더 부드럽고 소화율도 높다.

⑥ 살균

우유에 존재하는 병원성 미생물을 사멸시키는 열처리공정이다.

- 저온장시간살균법LTLT : 62~65°C에서 30분 동안 가열

- 고온단시간살균법HTST : 72~75°C에서 15초 동안 가열
- 초고온살균법UHT : 135~150°C로 0.5~5초 동안 가열

⑦ 냉각

살균처리 후 즉시 7~10°C 이하로 냉각해야 미생물 번식을 최소화할 수 있다. 저온살균 후에는 표면 냉각기를 사용하며 고온 및 초고온 살균기는 대체로 냉각장치도 같이 있어서 열처리 후 즉각적인 냉각이 가능하다.

⑧ 충전 및 포장

유리병, 플라스틱용기, 종이팩 및 테트라팩 등의 포장용기에 충전되어 살균우유는 냉장 유통된다.

3) 농축유제품

우유의 대부분은 물로서 저장하기에는 부피가 크므로 물을 증발시켜 고형분의 함량이 많게 농축한 유제품을 말하며 연유가 대표적이다.

(1) 가당연유

제품의 성분규격에 맞게 표준화시키고 16~18%의 설탕을 첨가하여 원액의 1/2.5~1/3까지 농축한 것으로 62.5~64.5%의 설탕이 함유되도록 하여 저장성 을 높인 유제품이다.

제조공정은 **그림 7-12**와 같다. 예열은 80°C 내외에서 5~10분간 처리하며 목적은 미생물과 효소를 파괴하여 저장성을 높이고, 농축과정에서 수분 증발이 빠르고 눌어붙는 것을 방지하고, 농축 전에 우유단백질을 변성시켜 열안정성과 점도를 높이고, 첨가한 당을 완

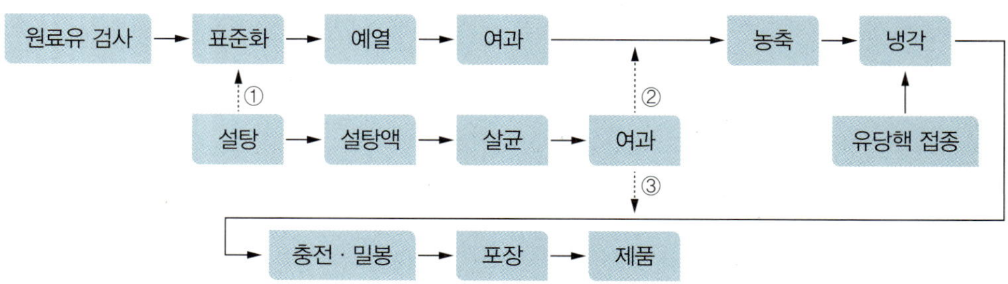

그림 7-12 가당연유의 제조공정

전히 용해시키기 위함이다.

당을 첨가하는 시기는 세 가지가 있는데 예열 전에 직접 첨가하거나, 당을 별도로 살균하여 농축하기 전에 첨가하거나, 농축 말기에 65%의 당을 첨가하는 법이 있다.

냉각 시 과포화상태의 유당이 결정화되는데 이 결정을 적어도 10μm 이하의 미세결정이 되게 하여 모래알 같은 촉감이 느껴지지 않도록 해야 한다. 일반적으로 유당 결정은 28~30°C에서 가장 신속하게 생성되므로 먼저 이 온도까지 냉각시키고 여기에 멸균된 미세한 분말유당을 핵으로 접종하여 미세한 유당결정을 유도해야 한다.

(2) 무당연유

설탕을 첨가하지 않으므로 농축 후 밀봉해서 멸균함으로써 저장성을 높인 유제품으로 제조공정은 **그림 7-13**과 같다. 예열은 가당연유보다 고온에서(93~98°C, 5~15분) 실시하여 살균과 동시에 멸균 시 고온처리에 대한 열안정성을 높이기 위해 실시한다.

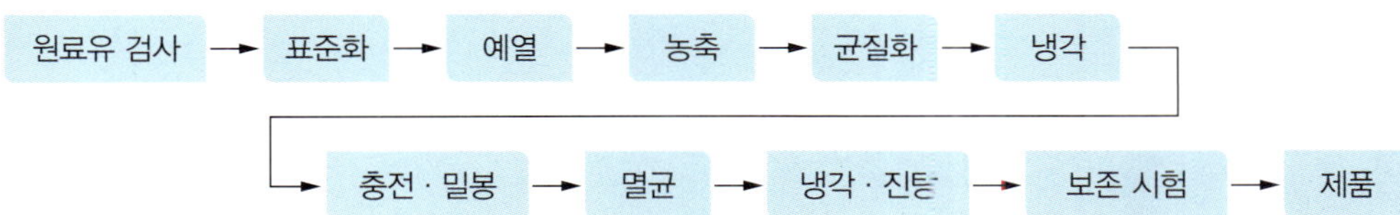

그림 7-13 무당연유의 제조공정

가당연유는 고농도의 설탕에 의한 점성으로 지방 분리를 막을 수 있으나 무당연유는 그대로 저장하면 보존 중 지방 분리를 일으키므로 농축 후 균질화를 해야 한다. 균질 후에는 즉시 냉각하고 밀봉 후에는 고압멸균하므로 상부공간을 남기고 밀봉해야 한다.

무당연유는 가당연유와는 달리 그대로는 보존성이 없어 고온으로 멸균시켜 미생물이나 효소를 파괴해야 한다. 멸균은 점성을 높이고 지방 분리를 방지하는 효과도 있다.

멸균 후 가당연유와는 달리 냉각만을 목적으로 실온으로 빨리 냉각시킨 후 멸균의 불충분으로 생길 수 있는 커드를 부드러운 크림상으로 만들기 위해 진탕한다.

4) 건조유제품

우유 또는 탈지유의 수분을 제거하여 수분함량을 5% 이하로 건조시켜 분말상으로 만들어 보존성을 높인 것으로 분유가 대표적이다.

분유의 종류에는 우유를 건조한 전지분유, 탈지유를 건조한 탈지분유, 모유와 비슷한 조성으로 영양성분을 조정하여 건조한 조제분유 등이 있으며 제조공정은 그림 7-14와 같다.

분유 제조 시 예열의 목적은 유해한 효소와 세균을 파괴시키는 데 있으나 단백질의 열변성을 최소화하여 분유의 용해성을 높이기 위해 단시간 가열이 좋다. 또한 분무건조 전에 1/4 정도로 농축을 하면 열효율이 높아지고, 건조시간이 단축되며, 분유입자의 분산성과 보존성이 향상된다. 분무건조 후 분유는 충분히 냉각하여 체를 통해 거친 입자들을 제거하고 충전한다. 일반적으로 전지분유나 조제분유는 지방의 산화를 막기 위해 질소충전을 한다.

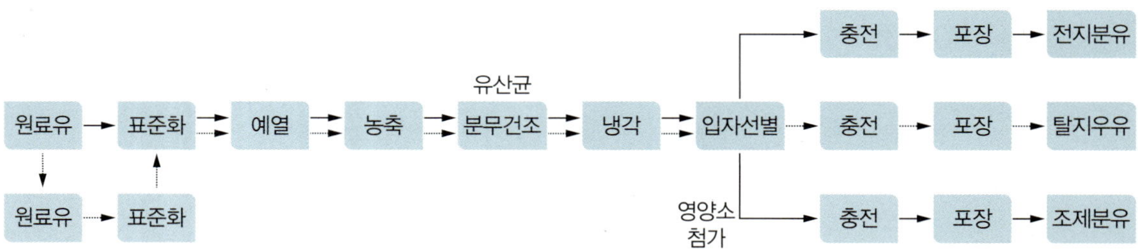

그림 7-14 전지·조제·탈지분유의 제조공정

5) 크림

우유에 함유된 지방질을 원심분리기로 분리하여 살균한 후 냉각하여 제품화한 것이다. 「식품공전」에서는 크림을 유지방분이 18% 이상으로 정의하고 있다.

(1) 커피크림(coffee cream)

유지방이 18~20% 정도로 함유된 것으로 라이트크림 또는 테이블크림이라고도 한다. 커피의 풍미를 온화하게 하고 색을 희게 하기 위해 첨가된다. 또한 유지방함량 10~12% 정도의 크림을 하프 앤 하프half and half 크림이라고 한다.

(2) 휘핑크림(whipping cream)

유지방이 30~50%인 것으로 유지방이 30~36%인 라이트 휘핑크림과 36% 이상인 헤비 휘핑크림이 있다. 주로 케이크나 디저트로 이용된다.

(3) 발효크림(cultured cream, sour cream)

유지방 18% 이상의 크림을 74~82°C에서 30분 동안 살균하고 젖산균으로 발효시켜 산에 의해 응고가 일어난 후 균질화한 제품이다. 과일, 치즈, 향신료 등을 넣어 풍미를 변화시키기도 한다.

(4) 플라스틱 크림(plastic cream)

크림을 더 원심분리하여 유지방 함량을 80% 이상으로 높인 제품으로 실온에서 고체상태이다. 주로 아이스크림과 버터의 원료로 사용된다.

6) 버터

버터는 18% 이하의 물과 80% 이상의 유지방이 함유된 유중수적형 유화상의 유가공식품이다. 우유에서 분리한 크림을 서서히 교반하여 유지방구막을 파괴하면 지방입자들이 모여 작은 덩어리가 되고 이것을 모아 짓이겨서 남아 있는 물이 지방에 분산되도록 만든 것이 버터이다.

버터의 종류에는 소금을 가한 가염버터, 소금이 첨가되지 않은 무염버터와 원료 크림에 유산균을 넣어 발효시킨 발효버터, 발효시키지 않은 감성버터sweet butter가 있다.

버터의 제조과정은 **그림 7-15**와 같다.

- 크림분리 : 우유 중 크림층을 분리하여 지방함량 30~40% 정도의 크림을 얻는다.
- 중화 : 크림의 산도가 높으면 지방 손실이 크고 버터의 풍미와 보존성도 떨어지므로 크림의 산도가 0.1~0.14%를 유지하도록 중탄산나트륨으로 중화한다.
- 살균 및 냉각 : 병원성 유해균 살균 및 지방 분해효소 불활성화, 풍미 개선, 전연성 개선, 발효 시 젖산균 발육 저해물질 파괴 등의 효과를 얻는다.
- 발효 : 발효버터에만 적용되는 공정으로 젖산균을 순수배양한 버터 스타터를 살균

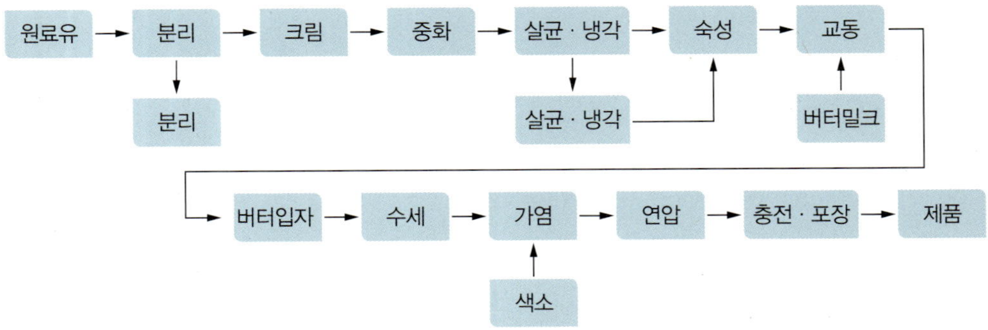

그림 7-15 버터의 제조공정

된 크림에 첨가하여 발효시킨다. 크림량에 대해 3~6%의 스타터를 넣고 크림의 산도가 0.3%가 될 때까지 20~22°C에서 4~6시간 발효시킨다.

- 숙성 : 2~4°C의 저온에서 12시간 정도 보존하여 액상의 유지방을 결정화시킨다.
- 교동 : 결정화된 지방에 기계적인 충격을 주어 지방구끼리 뭉쳐 버터입자가 형성되고 버터밀크와 분리되도록 하는 작업이다.
- 버터밀크 배출 및 세척·가염 : 아래층(물층)의 버터밀크를 제거하고 모인 버터입자에 냉수를 가해 교반하면서 세척한다. 보존성과 풍미 향상을 위해 약 1.0~2.5%의 소금을 첨가한다.
- 연압 : 모인 버터입자 덩어리를 방망이로 밀거나 천천히 교반하여 버터조직을 균일하게 만드는 조작으로 연속상의 지방에 소량의 물이 균일하게 분산된 유중수적형 식품인 버터가 된다.
- 충전 및 포장 : 버터의 종류나 용도에 따라 적당한 용기나 은박지를 사용하여 포장한다.

7) 치즈

우유를 응유효소인 레닛 또는 젖산으로 응고시킨 후 세균이나 곰팡이 등으로 숙성시켜 만든 유제품으로 생산지, 수분함량, 원료 등에 따라 약 800여 종류가 있다.

(1) 자연치즈

자연치즈natural cheese는 전유, 탈지유, 크림 또는 버터밀크에 젖산균, 응유효소(레닛), 유기산 등을 이용하여 카제인을 응고시킨 후 유청을 제거하여 압착성형 후 숙성시켜 만든 제품이다. 일반적인 제조공정은 **그림 7-16**과 같다.

치즈의 숙성과정 중에는 치즈 종류마다 다양하게 접종된 세균이나 곰팡이에 의해 단백질이 분해되어 아미노산과 크고 작은 펩티드 분해물이 생성되어 특유의 향미와 질감이 형성되며 지질의 화학적 변화로 지방산과 락톤, 알코올, 케톤류, 알데히드와 에스테르 등의 다양한 유기화합물이 숙성치즈 특유의 향미를 형성한다.

자연치즈를 분류하는 기준은 응유방법(효소응고, 산응고 가열응고), 원료유의 종류(우유,

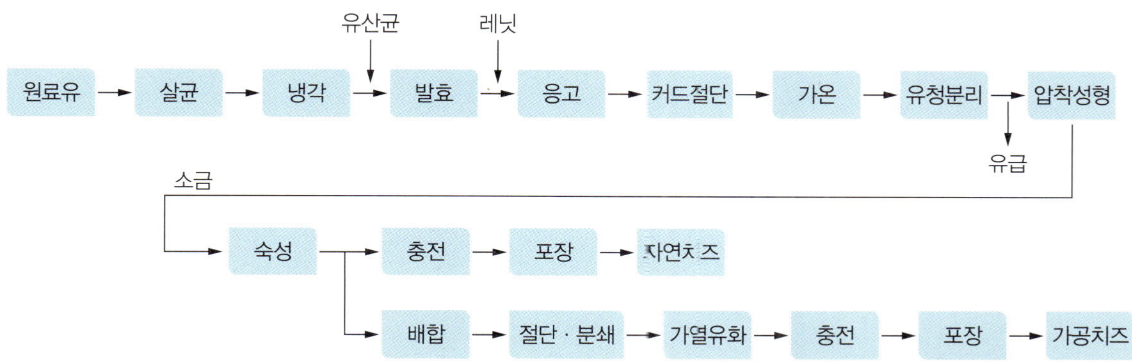

그림 7-16 치즈의 제조공정

표 7-6 경도에 따른 자연치즈의 분류

구분	수분	숙성 관여 미생물		치즈의 종류
연질치즈	55~80%	흰곰팡이		카망베르, 브리, 뉴샤테
		비숙성		커티지, 모차렐라, 요크, 크림, 캠브리지
반경질치즈	45~55%	세균		브릭, 먼스터, 림버거, 하바티
		푸른곰팡이		로케포르, 스틸톤, 블루
경질치즈	34~45%	세균	발효가스 구멍이 큰 것	에멘탈, 그루이에르
			발효가스 구멍이 작은 것	고우다, 에담
			가스구멍이 없는 것	체다, 콜비
초경질치즈	13~34%	세균		파마산, 로마노, 사프사고

산양류), 원료유의 지방함량(크림, 전지유, 탈지유), 숙성방법(비숙성, 세균숙성, 곰팡이 숙성), 치즈의 경도(연질, 경질) 등이 있다. 이 중 치즈의 경도에 의해서는 **표 7-6**과 같이 분류된다.

(2) 가공치즈

가공치즈processed cheese는 종류가 다르거나 숙성기간이 서로 다른 자연치즈를 원료로 혼합, 분쇄하고 적절한 유화제와 함께 유화솥에서 가열, 유화시킨 것을 포장, 냉각한 제품이다. 가공치즈는 품질이 균일하고 모양과 무게를 자유롭게 선정할 수 있고 버리는 부분이 없어 이용률이 높고 경제적이다.

8) 아이스크림

아이스크림은 원유와 유제품을 주원료로 하여 다른 식품이나 설탕, 향료, 색소, 유화

표 7-7 아이스크림의 종류

아이스크림	특징
보통아이스크림(plain ice cream)	향미성분을 소량만 넣은 것으로 바닐라, 커피, 캐러멜, 꿀 아이스크림 등을 함유
초콜릿 아이스크림(chocolate ice cream)	초콜릿이나 코코아가 함유
과일 아이스크림(fruit ice cream)	과일조각, 과일즙 및 인공과일향·색소 성분이 함유
견과 아이스크림(nuts ice cream)	호두, 아몬드 등을 첨가
과자 아이스크림(confection ice cream)	과자나 사탕의 조각을 첨가
연질 아이스크림(soft ice cream)	경화시키지 않고 연질상태로 소비
사탕·과자 아이스크림(confection ice cream)	과자나 사탕을 첨가
냉동 커스터드(frozen custard)	달걀노른자 첨가
팬시 아이스크림(fancy ice cream)	색깔이나 무늬 첨가
아이스밀크(ice milk)	지방분이 낮은 것으로 유지방 2% 이상, 유고형분 7% 이상 함유
셔벗(sherbet)	아이스밀크보다 유제품을 적게 사용한 제품으로 무지유고형분 2% 이상 함유
멜로린(mellorin)	유지방 대신에 식물성 유지를 넣은 제품
빙과(ice cake)	유제품을 전혀 사용하지 않고, 설탕, 과즙, 안정제와 색소, 향료, 유기산 등으로 동결하여 만든 제품

제, 안정제 등을 가하여 교반하면서 얼린 것으로 그 종류는 표 7-7과 같다. 「식품공전」에 의하면 아이스크림은 유지방분 6% 이상, 유고형분 16% 이상을 함유하며 아이스밀크는 유지방분 2% 이상, 유고형분 7% 이상, 그리고 셔벗은 무지유고형분 2% 이상을 함유한 제품이다.

비교적 높은 유지방함량 때문에 부드러운 텍스처와 풍부한 향미를 갖게 되며 우유 고형물들은 텍스처와 향미를 더욱 증진시킨다. 젤라틴, 알긴산나트륨, 펙틴 등의 안정제는 물과 젤을 형성하여 빙결정 생성을 억제하고, 부드러운 조직감을 주며, 제품이 녹는 것을 지연시키고, 각 성분을 균일하게 분산시켜 안정하게 유지하는 효과를 나타낸다. 이외에 설탕, 향료, 색소, 유화제 등도 첨가된다.

아이스크림의 제조공정은 그림 7-17과 같다. 특히 이 중 가장 중요한 아이스크림 믹스의 동결과정에서는 교반에 의해 공기가 혼입되고 얼음입자와 지방이 균일하게 분산되어 반유동체의 소프트크림상이 된다. 이때 혼입된 공기로 부피가 증가되는데 원료에 비해 증가한 부피의 비율을 증용률over run이라고 한다. 일반적으로 약 80~100%의 증용률로 제조한 아이스크림의 텍스처가 좋으며, 이보다 높으면 공기거품이 너무 많아 허전함이 강하고, 이보다 낮으면 아이스크림이 너무 단단하게 느껴진다.

경화는 동결 후 용기에 충전된 반유동체의 소프트아이스크림을 −30~−20°C로 급격히 냉각시켜 일정한 형태를 유지하는 하드아이스크림으로 전환시키는 공정이다.

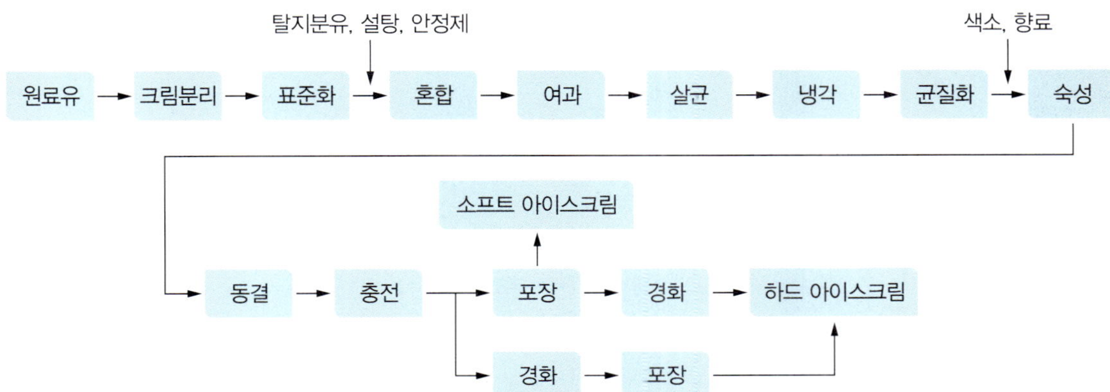

그림 7-17 아이스크림의 제조공정

9) 발효유

발효유란 일반적으로 우유, 산양유, 마유 등과 같은 포유동물의 젖을 원료로 젖산균과 효모를 이용해 유당을 유산으로 발효시켜 단백질의 커드를 형성시키고, 여기에 감미료, 향신료, 과일, 과즙, 과일잼, 복합안정제(펙틴, 젤라틴, 전분) 등을 첨가하여 음용하기 좋게 만든 것이다.

발효유는 순수하게 젖산균에 의해서만 발효가 일어나는 젖산발효유와 젖산균과 효모의 공동작용에 의해 일부 알코올이 생기는 젖산-알코올 발효유로 구분된다. 발효유의 제조에 사용되는 젖산균은 액상요구르트의 경우 젖산간균인 *Lactobacillus. casei*, *L. bulgaricus*, *L. acidophilus*, *L. helveticus* 등의 단일균주가 이용되어 왔으나 최근에는 *Bifidobacterium* spp.가 혼합된 혼합균주가 사용되고 있다. 호상요구르트의 경우는 *Streptomyces thermophilus*와 *Lactobacillus* spp.가 혼합배양되어 사용되었으나 최근에는 *Bifidobacterium* spp.를 포함한 3~4종의 균이 혼합배양되어 상품화되고 있다. 한편 효모는 *Saccharomyces*, *Torula* spp.가 주로 이용된다.

발효유의 일반적인 제조공정은 **그림 7-18**과 같으며 발효유제품 종류 및 특징은 **표 7-8**과 같다.

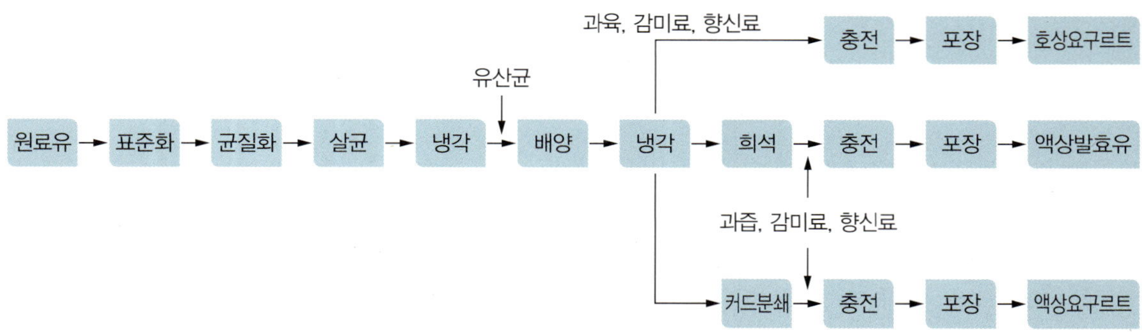

그림 7-18 발효유의 제조공정

표 7-8 발효유제품 종류 및 특징

종류			특징
젖산 발효유	젖산균 음료		• 원유 또는 유가공품(무지유고형분으로서) 3.0% 이하, 젖산균수 10^6/mL 이상
	액상 발효유		• 원유 또는 유가공품(무지유고형분으로서) 3.0% 이상, 젖산균수 10^7/mL 이상 • 국내 소비량이 가장 많음
	농후 발효유	호상 요구르트	• 원유 또는 유가공품(무지유고형분으로서) 8.0% 이상, 젖산균수 10^8/mL 이상 • 과육이나 과일잼을 첨가하여 떠먹을 수 있게 만든 요구르트
		액상 요구르트	• 호상요구르트와 유사한 성분 • 배양 후 커드를 완전히 분쇄하여 점도를 낮추고 과즙, 향료, 감미료 등을 첨가하여 균질함으로써 마실 수 있게 만든 요구르트
	발효 버터유		• 버터밀크 또는 탈지유(무지유고형분으로서) 3.0% 이상, 유지방 1.5% 이하, 젖산균수 10^7/mL 이상 • 버터 제조 시의 부산물인 버터밀크를 젖산균으로 발효시켜 응고된 커드를 분쇄, 액상화
	냉동 요구르트		• 요구르트를 -20~-15°C에서 동결
젖산-알코올 발효유	쿠미스		• 마유를 젖산균과 효모를 이용해 발효 • 젖산 0.6~1.0%, 알코올 0.7~2.5%, 탄산가스 함유
	케피어		• 염소, 양, 소의 젖을 젖산균과 효모를 이용해 발효 • 젖산 0.9~1.1%, 알코올 0.5~1.0%, 탄산가스 함유

08

수산물 가공

1. 수산 연제품 2. 수산 건제품 3. 수산 훈제품
4. 수산 염장품 및 젓갈 5. 조미 가공품

수산물은 그 종류가 아주 다양하며, 수분이 많고 조직이 연하여 부패가 쉬우며 취급 시 여러 가지 오염원에 노출되는 경우가 많아 식중독의 위험도 많이 가지고 있다. 따라서 위생적으로 가공하여 안전성과 저장성을 부여하여 식품의 가치를 높여야 한다.

수산물의 가공기술은 천일건조부터 진공동결건조까지 무척 다양하므로 원료의 특성과 제품의 종류 및 품질을 고려하여 제조방법을 선택해야 한다.

1. 수산 연제품

수산 연제품은 어체에서 정육만을 취하여 수세한 후 소금과 부재료를 넣고 갈아 고기풀을 만든 후 성형, 가열한 제품이다. 이 제품은 일본에서 창안된 것으로 예전에는 고기풀을 구워서 만들었는데 그 후에 가공법의 발달로 오늘날과 같은 연제품이 만들어졌다.

연제품은 어종이나 어체의 크기에 관계없이 원료의 사용범위가 넓고 맛의 조절이 자유롭다. 또한 어떤 소재라도 배합 가능하고, 외관, 향미, 물성 등이 어육과는 다르며 바로 섭취할 수 있어 다른 일반 수산 가공식품과는 다른 특징이 있다.

1) 연제품의 제조원리

어육 단백질은 수용성 미오겐myogen, 염용성 액틴actin과 미오신actomyosin, 불용성 콜라겐collagen과 엘라스틴elastin 등으로 구성되어 있다.

어육에 2~3%의 소금을 첨가하고 갈면 염용성 단백질인 미오신과 액틴이 다량 용출되어 액토미오신을 형성해 점성이 강한 졸 상태의 고기풀이 된다. 이 액토미오신 분자를 가열하면 응고되어 서로 엉키면서 입체적 망상구조를 형성해 탄력성을 가진 젤이 된다. 이때 첨가된 소금에 의해 단백질의 보수성이 커져서 물분자는 단백질 분자에 강하게 수화된 채 망상구조의 한 부분이 된다.

(1) 고기풀 제조

고기풀 제조 시 소금농도 2~3%, pH 6.5~7.0로 조절하면 염용성 단백질의 용출이 잘 되어 탄력성 있는 젤을 형성한다. 여기에 중합인산염을 첨가하면 소금과 함께 탄력증강제, 결착제로서 작용한다.

(2) 망상구조 형성

망상구조의 강약에 따라 가열 후 젤의 탄력성이 좌우되므로 원료육의 특성에 따라 강력한 망상구조가 형성되도록 연제품을 제조해야 한다.

일반적으로 온도가 높고 가열속도가 빠를수록 탄력성은 증가하고 저온에서 장시간 가열하면 탄력성이 약해진다. 60°C 부근을 빨리 통과시키고 중심온도가 75°C 이상이 되도록 가열해야 탄력성 있는 젤 형성과 살균이 이루어진다. 그러나 저온에서 강한 젤을 형성하는 경우도 있으므로 이럴 경우는 저온에서 1차로 가결하여 일단 젤을 형성시키고, 2차로 고온에서 가열하여 살균해야 한다.

또한 고기풀을 성형하여 30~40°C에서 방치하면 망상구조가 잘 형성되어 가열 후 탄력 있는 젤이 형성된다.

(3) 탄력증강제

5~20%의 전분, 0.35g/kg의 브롬산칼륨, 0.2~0.5%의 염기성 아미노산, 0.1~0.3%의 염화칼슘, 식물성 단백질 등이 망상구조를 강화시키는 탄력증강제로서의 역할을 한다.

2) 연제품의 종류 및 제조공정

(1) 어묵

수산연제품에는 여러 종류가 있으나 그 제조공정은 유사하다. 어묵의 일반적인 제조공정은 그림 8-1과 같다. 원료육으로는 주로 조기류, 갈치, 전갱이, 상어류 등이 쓰이나 요즘은 여러 종류의 어종을 사용한다.

① 판붙이어묵(kamaboko)

생선의 머리, 내장, 지느러미를 제거하여 씻은 후 롤식 채육기에 걸어 정육만을 취한 다음 수세한다. 수세는 어육을 물에 담고 교반하여 혈액, 색소, 지방, 수용성 단백질 등을 제거하는 과정으로 색을 희게 하고 염용성 단백질의 용출을 높여 탄력을 준다. 물기를 없애고 세절하여 어육 속의 결체조직과 작은 뼈를 제거한다. 이를 사일런트커터silent cutter에서 소금, 부재료와 혼합하여 갈아 고기풀을 얻고 나무판에 반원통상으로 붙여 증기로 찐다. 1차 가열로 치밀한 젤 구조를 만들고, 2차 가열로 그 구조를 안정화시킨다. 냉수에

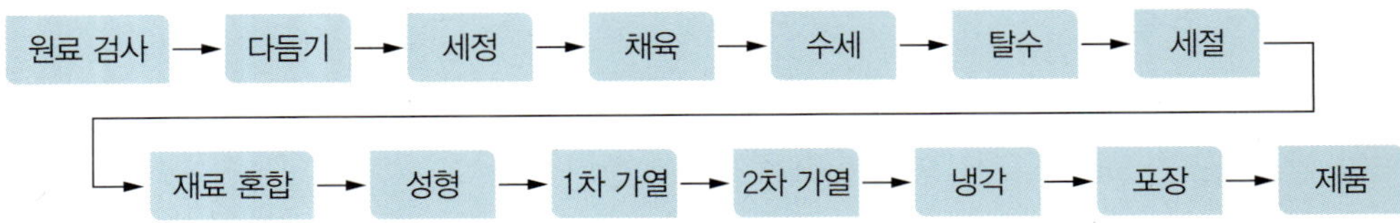

그림 8-1 어묵의 제조공정

서 냉각시킨 후 제품화한다.

② 부들어묵(chikawa)

꼬챙이에 고기풀을 원통상으로 말아 붙여 구운 것을 부들어묵이라 한다. 공정은 판붙이어묵과 비슷하나 약간 거친 편이며 성형한 후 배소로에서 구워 완성시킨다.

③ 튀김어묵(fried kamaboko)

어육 고기풀을 기름에 튀긴 것으로 급속한 가열로 탄력이 강하고 기름에 튀겨서 맛이 좋다. 상어류나 정어리의 고기풀에 채소를 잘게 다져 혼합하거나 향신료를 첨가하기도 한다. 일반적으로 탄력이 약한 원료를 사용하므로 전분을 원료육의 15% 정도로 사용한다. 1차 가열은 120~140°C에서 2차 가열은 180°C 전후에서 한다.

(2) 어육소시지(fish sausage)

어육소시지는 어육이나 어육 및 식육을 염지하여 훈연한 것 또는 어육이나 어육 및 식육 등을 케이싱에 충전하여 열처리한 것으로 어육의 함량이 식육의 함량보다 많은 것을 말한다. 통기성 없는 열수축성 포장재를 케이싱으로 사용하고, 고온에서 장시간 살균하여 저장성을 갖게 한 것이 특징이다. 어육소시지의 제조공정은 **그림 8-2**와 같다.

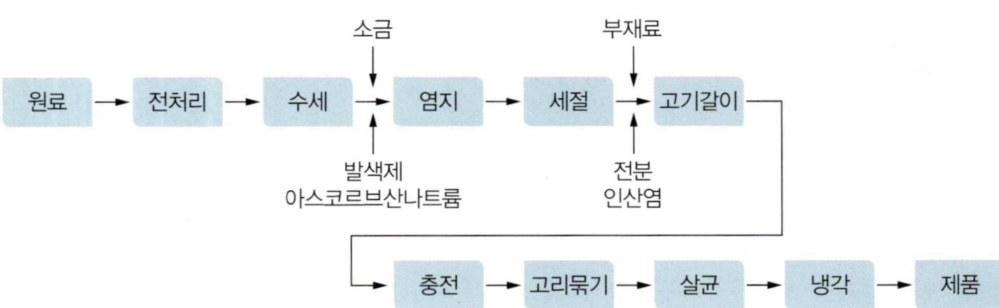

그림 8-2 어육소시지의 제조공정

2. 수산 건제품

수산물의 수분을 제거하여 미생물의 번식이 어렵도록 만들어 저장성을 갖도록 한 것을 수산 건제품이라고 한다. 수산 건제품의 수분함량은 브통 10~14% 정도이며, 조미건품과 같이 제품의 맛을 고려하여 수분함량을 50% 정도로 하는 것도 있으나 이들 저장에는 냉장고를 이용해야 한다. 건조방법은 태양열과 바람에 의한 자연건조, 실내나 그늘에서 말리는 음건법, 그 외 열풍건조, 진공건조, 동결건조법을 이용한다.

1) 소건품

수산물을 그대로 건조한 것으로 원료를 전처리하고 세정한 뒤 건조하여 제품화한다. 방법이 단순하여 손작업이 많지만 많은 양을 한 번에 처리할 수 있다. 소건품의 예로 마른 오징어, 마른 꽁치(과메기), 명태, 마른 미역·김 등이 있다

마른 오징어의 표면에는 백분이 있는데 이것은 오징어의 타우린 성분이다. 미역은 탈염미역과 염장미역이 있는데 탈염미역은 나뭇재나 끓는 물 또는 담수에서 탈염한 미역이며, 염장미역은 채취한 그대로 또는 대강 물로 씻어 건조한 것이다.

소건품의 제조공정은 그림 8-3과 같다.

원료 → 전처리 → 세정 → 건조 → 제조

그림 8-3 소건품의 제조공정

2) 염건품

어패류를 염지하여 물기를 제거한 후 건조한 것으로 전처리와 세정을 한 후 염지하고 씻어 건조시킨다. 제품은 소금을 함유하므로 세균의 번식을 막을 수 있으나 건조 정도는 소건품보다 좋지 않다. 대표적인 것으로 정어리, 꽁치, 대구, 고등어, 조기 등이 있으며, 염건조기(굴비)는 원료의 17~25% 정도의 소금을 뿌려 약 1주일 탱크에 담아 염장하거나 식염수에 10일 내외로 염장하여 건조시킨다.

완성품의 수분함량이 10% 정도이며 제조공정은 그림 8-4와 같다.

원료 → 전처리 → 세정 → 염지 → 수세 → 건조 → 제품

그림 8-4 염건품의 제조공정

3) 자건품

어패류를 끓는 소금물(5~10%)에서 삶은 후 건조한 것이다. 어체의 비린내를 제거할 수 있고, 세균의 살균과 자가소화효소를 파괴시켜 부패를 막고, 수분과 지방의 일부 제거로 건조가 쉬워진다. 대표적인 제품은 마른멸치와 새우로, 멸치는 소금물에 삶아 색을 좋게 하고 끓는 물 표면으로 떠오르는 기름을 제거한 후 하루에 한 번씩 뒤집으면서 2~3일 건조한다. 자건품의 제조공정은 **그림 8-5**와 같다.

원료 → 세정 → 자숙 → 건조 → 제품

그림 8-5 자건품의 제조공정

4) 동건품

선별과 전처리를 한 원료를 동결과 융해를 반복해 드립으로 수분을 제거하여 건조한 제품이다. 동결할 때 조직이 파괴되고, 녹을 때 액즙이 유출되어 건조가 빠르지만 가용성 성분의 손실이 크다. 대표적인 동건품은 마른 명태로, 손질한 명태를 20마리씩 꿰어 밤에는 얼리고 낮에는 녹이는 과정을 30~50일 반복해 약 80% 건조시킨 후 건조대에서 원료를 쌓아 비닐이나 부직포로 3~4일간 덮어두어 건조시킨다. 동건품의 제조공정은 **그림 8-6**과 같다.

원료 → 전처리 → 동결 · 융해 → 건조 → 제품

그림 8-6 동건품의 제조공정

5) 건제품의 저장

수산 건제품은 온도, 습도, 광선, 공기에 안전하지 못하므로 저장 중에 흡습, 산화, 변색,

표 8-1 수산가공품의 냉장 저장

제품명	냉장		
	온도(℃)	습도(%)	기간
소건품(오징어)	-2~5	70~75	6~12개월
소건품(멸치, 청어)	-18~-15	70~75	6~12개월
소건품(미역)	-12	70~75	1개월
자건품(멸치, 꽁치, 작은 장어)	-18~-10	70~75	1~6개월
염건품(꽁치, 멸치, 고등어, 삼치, 방어)	-15~-10	70~75	1~6개월
염건품(숭어, 고등어, 청어, 멸치, 꽁치)	-20~-10	70~80	3~6개월
염장 어란	-18	75~80	6~12개월
조림류	-15~-10	75	3~6개월
젓갈류(꼴뚜기, 멸치)	-18	75	6개월
훈제품(청어, 오징어, 낙지)	-15~-10	75~80	3~6개월
어묵류	0~2	0~85	1~2개월
튀김류	0~2	0~85	1~2개월
어육 햄·소시지	2~5	30~85	2~3개월

자료 : 이경애 외, 2004

이취가 생길 수 있다. 가능한 낮은 온도에서 습기를 피해 보관해야 한다.

3. 수산 훈제품

수산 훈제품은 어패류를 염지하여 적당한 염미를 부여한 후 훈연실에서 건조, 훈연하

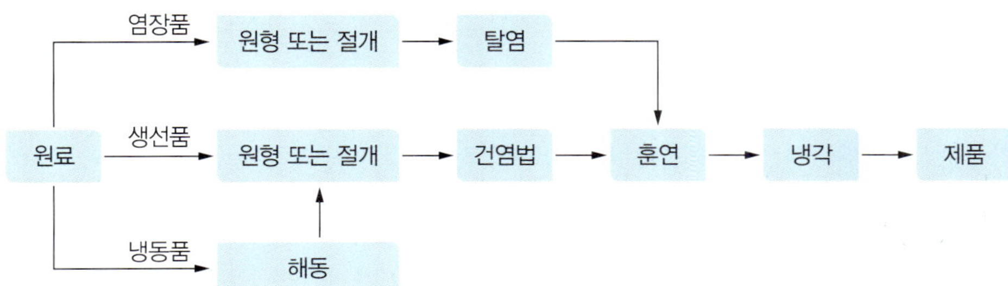

그림 8-7 수산 훈제품의 제조공정

여 독특한 풍미와 보존성을 갖도록 한 것이다. 수산 훈제품의 제조공정은 그림 8-7과 같다.

훈연의 방법에는 냉훈법, 온훈법, 전훈법, 액훈법 등이 있다.

1) 냉훈법

10~30°C 정도의 온도에서 1~3주일간 훈연한다. 공정이 서서히 진행되면서 건조도가 높아져 수분함량 35~45% 이하의 저장성 있는 제품을 얻을 수 있으나 풍미는 온훈법보다 못하다.

2) 온훈법

50~80°C 정도의 온도에서 2~12시간 훈연한다. 건조도는 낮아 수분함량 50% 이상이나 제품에 독특한 풍미를 줄 수 있는 방법이다.

3) 전훈법

훈연을 전장 내에서 실시하여 연기성분이 제품에 흡착되는 것을 촉진시키는 방법이다. 시간을 단축할 수 있으나 설비비가 많이 들고 보존성이 떨어진다.

4) 액훈법

훈재를 사용하는 대신 목재를 건조할 때 얻어지는 목초액이나 숯을 만들 때 나는 연기를 포집, 농축하여 이용하는 방법이다.

5) 훈제품의 저장

냉훈제품은 수분함량이 10% 이하이고 유기산, 알데히드, 에스테르, 페놀 등의 살균성 연기성분이 표면에 부착되어 있어 세균이 번식하는 것은 염려하지 않아도 된다. 그러나 머리 부분은 훈연 후에도 수분함량이 40~50%이므로 고온에 장시간 방치하면 부패할 염려가 있다.

훈제품일지라도 곰팡이가 발육할 가능성이 있으므로 저장할 때에는 표면에 샐러드유를 도포하여 공기의 접촉을 막는 것이 좋으며 건조하고 낮은 온도에서 보관한다.

4. 수산 염장품 및 젓갈

어패류에 방부력을 부여하기 위해서는 15% 이상의 소금이 필요하다. 소금은 수분을 탈수시켜 식품의 수분활성도를 낮추고, 고삼투압으로 세균 세포의 원형질 분리를 일으키며, 탄산가스의 용해도를 증가시키고, 산소의 용해도를 감소시켜 세균이 발육하지 못하게 한다.

특히 젓갈은 어패류의 근육이나 내장을 염장하여 부패균의 번식을 억제하는 한편, 자가소화효소나 미생물 효소의 작용으로 육질을 분해·숙성시켜 독특한 풍미와 조직감을 내도록 한 제품이다. 그러므로 원료육에 비해 펩톤, 펩티드, 염기, 젖산, 아미노산 등이 많이 함유되어 있다. 다른 염장품은 육질의 형태가 보존되어 있으나 젓갈은 육질이 분해되어 독특한 풍미를 갖는다는 점이 다르다. 우리나라 젓갈의 일반적인 제조공정은 **그림 8-8**과 같다.

소금 또는 간장 ↓

원료 → 수세 → 탈수 → 전처리 → 혼합 → 숙성 · 발효 → 포장 → 제품

그림 8-8 일반 젓갈의 제조공정

1) 멸치젓

멸치젓은 남해안 지방에서 많이 담그는 젓갈로 봄에 담근 것을 춘젓, 가을에 담근 것을 추젓이라 하는데 춘젓의 맛이 더 좋다.

선도가 좋은 멸치를 물로 씻고 물기를 뺀 후, 용기에 소금과 멸치를 번갈아 넣어 절인다. 소금량은 20~25% 정도가 표준이며 양질의 재제염을 사용한다. 담근 후 수일간은 하루 한 번 정도 휘저어 소금이 고르게 침투하도록 한 후 밀봉하여 시원한 그늘에 두어 2~3개월 숙성시킨다. 멸치가 삭으면 맑은 웃물이 고이는데 이것을 생젓국이라 하여 조미료로 사용한다. 이때 비린내가 남아 있으면 숙성이 덜 된 것이며 표면의 기름기는 걷어내야 한다.

2) 새우젓

새우젓은 젓을 담는 시기에 따라 동백젓, 오젓, 육젓, 추젓 등으로 구분하며, 5~6월에 담근 육젓은 새우가 가장 살이 오른 철에 담가 가장 맛이 좋으므로 10월경부터 김장에 사용할 수 있다.

새우는 껍질이 있어 소금이 육질로 배어드는 것이 느리고 내장에 강력한 효소가 있어 부패되기 쉽다. 그러므로 우선 선도가 좋은 원료를 사용하고 소금의 양이 다른 젓갈에 비해 많아야 한다. 이러한 조건이 갖춰지지 않으면 색깔이 검고 단맛이 없으며 액즙이 탁하고 악취가 난다.

소금농도는 여름에는 35~40%, 가을에는 30% 정도로 재제염을 사용하는 것이 좋다.

5. 조미 가공품

조미가공품은 어패류에 적당한 조미를 하여 생이나 구워서 쉽게 먹을 수 있도록 한 것이다. 만들 때는 다음과 같은 사항에 유의한다.

- 머리, 뼈, 지느러미, 조개껍데기 등 먹을 수 없는 부분을 모두 제거하고 정육만으로 만든다.
- 소금, 설탕, 식초 등을 사용하여 조미와 동시에 보존효과를 높인다.
- 취급이 편리하고 저장성이 좋은 제품이 되도록 포장한다.

1) 조미 건제품

대표적인 조미 건제품은 조미 쥐치포이다. 쥐치의 머리, 내장, 껍질을 제거하고 세편뜨기를 한 후 물로 잘 씻은 다음 탈수한다. 여기에 설탕, MSG, 소금 등으로 조미한 다음 육중에 잘 침투되도록 일정 기간 보관한 후 수분함량이 25% 이하가 되도록 천일건조하거나 저온의 열풍건조를 한다.

2) 조미 배건품

대표적인 조미 배건품은 조미 오징어이다. 오징어를 수세, 박피하여 살짝 데친 후 얼음물에 냉각시키고 조미한다. 조미료는 식염, 설탕, MSG, 호박산, 구연산, 솔빈산칼륨 등을 혼합하여 원료에 넣어 보관한 후 건조한다. 하루 정도 수분의 분포를 균일하게 하기 위해 쌓아 두었다가 140°C에서 2분 정도 굽는다. 구운 것은 인열기로 잘게 찢은 후 PVDC 대에 넣어 진공포장한다.

09

유지 가공

1. 유지의 분류 2. 유지의 채취 3. 유지의 정제
4. 유지 가공품 5. 유지의 저장과 산패

유지는 고열량 에너지원인 동시에 여러 가지 영양적 기능이 있지만, 식품에서는 향미를 제공하고 가공식품의 제조에 중요한 재료가 된다. 하지만 현대인에게는 과량 섭취로 인해 건강상의 문제를 야기해 소비자의 선택이 특별히 중요한 가공식품 분야이기도 하다.

유지는 지방산과 글리세롤이 결합한 글리세리드로 물리적인 상태에 따라 보통 상온에서 액체인 것을 '유oil'라고 하고 고체인 것을 '지fat'라고 하며 이들 제품을 유지제품이라 한다. 액체유는 주로 불포화지방산의 글리세리드로 구성되어 있는 반면, 고체지는 주로 포화지방산의 글리세리드로 구성되어 있다.

유지는 크게 천연유지와 가공유지로 나눌 수 있고, 이를 세분하면 **그림 9-1**과 같다. 또한 각종 천연유지의 지방산 조성은 **표 9-1**과 같다.

※ ( )안은 요오드가

그림 9-1 유지의 분류

표 9-1 각종 유지의 지방산 조성

구분 유지	지방산(%)															
	6:0	8:0	10:0	12:0	14:0	16:0	18:0	20:0	22:0	24:0	16:1	18:1	18:2	18:3	20:1	22:1
면실유	–	–	–	–	1	29	4	미량	–	–	2	24	40	–	–	–
낙화생유	–	–	–	–	미량	6	5	–	3	1	미량	61	22	–	–	–
해바라기기름	–	–	–	–	–	11	6	–	–	–	–	29	52	–	–	–
옥수수유	–	–	–	–	–	13	4	미량	미량	–	–	29	54	–	–	–
참기름	–	–	–	–	10	5	–	–	–	–	40	45	–	–	–	
유채유	–	–	–	–	–	3.8	1.6	–	–	–	–	32.9	71.5	9.0	12.4	42.4
대두유	–	–	–	–	미량	11	4	미량	미량	–	–	25	51	9	–	–
올리브유	–	–	–	–	미량	14	2	미량	–	–	2	64	16	–	–	–
팜유	–	–	–	–	1	48	4	–	–	–	–	38	9	–	–	–
홍화유	–	–	–	–	미량	8	3	미량	–	–	–	13	75	1	–	–
코코넛유	0.5	9.0	6.8	46.4	18.0	9.0	1.0	–	–	–	–	7.6	1.6	–	–	–
팜핵유	–	2.7	7.0	46.9	14.1	8.8	1.3	–	–	–	–	18.5	0.7	–	–	–
코코아버터	–	–	–	–	–	26.2	34.4	–	–	–	–	37.3	2.1	–	–	–
우지	–	–	–	–	6.3	27.4	14.1	–	–	–	–	49.6	2.5	–	–	–
돈지	–	–	–	–	1.8	21.8	8.9	0.8	–	–	4.2	53.4	6.6	0.8	0.8	–
양지	–	–	–	–	4.6	24.6	30.5	–	–	–	–	36.0	4.3	–	–	–
닭기름	–	–	–	1.9	2.5	63.0	2.4	–	–	–	8.2	48.2	0.8	–	–	–
정어리기름	–	–	–	–	6.4	12.7	0.9	–	–	–	8.8	12.7	–	–	14.1	20.8
대구기름	–	–	–	–	1.4	19.6	3.8	–	–	–	3.5	13.8	–	–	3.0	1.0

1. 유지의 분류

1) 식물성 유지

동물성 유지를 많이 먹으면 혈중 콜레스테롤을 증가시켜 건강상의 문제가 생기므로 세계적으로 식물성 유지의 소비가 증가하는 추세이며, 우리나라에서는 콩기름, 참기름, 유채유의 소비량이 많다.

식물성 유지는 요오드가 130 이상인 건성유, 100~130인 반건성유, 100 이하인 불건성유로 분류한다. 건성유란 공기 중의 산소를 흡수하여 산화, 중합되면 점성이 증가하고 최종 고화되는 불포화도가 높은 유지를 말한다.

① 콩기름(대두유)

국내에서 가장 많이 사용하는 기름으로 거의 수입에 의존하고 있으며 우리나라에서 생산되는 대두는 주로 콩나물, 두부, 장류 제조에 이용된다. 콩기름은 반건성유로서 리놀레산 함량이 높아 보존성이 떨어지므로 고도불포화지방산 함량이 낮은 품종을 육종하려고 하고 있다. 식용에 적합하게 처리하여 튀김, 식탁용 기름, 샐러드나 마요네즈용 기름으로 사용하거나 경화유의 원료로 사용한다.

② 옥수수유(옥배유)

옥수수를 수입하여 전분 및 가공품을 만들 때 부산물로 생기는 옥수수 배아로 만든 반건성유이다. 옥수수 배아는 33~40%의 기름을 함유하며 이를 식용에 적합하게 처리하여 마요네즈, 경화유의 원료로 사용한다.

③ 유채유

우리나라 제주도에서 생산되는 유채의 씨로부터 채취한 반건성유이다. 인체에 유해할 수도 있는 에루스산erucic acid의 함량이 적은 품종은 식용유 제조에 이용된다.

④ 참기름

참깨는 45~55%의 기름을 함유하고 있으며 이를 가열·압착하여 채취한 반건성유이다. 고소한 맛과 향이 있어 가정에서 많이 사용되며 토코페롤, 세사몰 같은 천연 항산화제를 함유하고 있어 저장성도 좋다.

⑤ 낙화생유(땅콩기름)

땅콩에서 압착법으로 채취되는 불건성유로 엷은 황색을 띤다. 특유의 맛과 향이 있어 식용유나 경화유의 원료로 사용된다.

⑥ 면실유(목화씨기름)

목화씨를 가열·압착하여 채취한 반건성유로서 주요 지방산인 리놀렌산을 부분 경화하여 변향을 없애고 산화 안정성을 높여 식용하여 왔지만, 독성물질인 고시폴gossypol이 함유되어 있어 정제 시 주의해야 한다. 식용유, 경화유의 원료로 사용된다.

⑦ 미강유(현미유)

현미를 도정할 때 생기는 쌀겨로부터 추출 또는 압착한 반건성유이다. 비교적 많은 유리산과 불순물을 함유하고 있어 정제가 어려우나 적절히 정제한 경우 리놀렌산의 함량은 낮아지고 천연 항산화물질이 존재하므로 식용 가능하다.

⑧ 올리브유

지중해 연안에 널리 분포된 올리브 열매의 과육에는 40~70%의 지방이 함유되어 있다. 이 열매를 압착하여 채취한 불건성유로서 식용유로 사용되며 올레산이 65~85%로 특이하게 많고 리놀레산이 적어 산화에 안정하다.

착유 시 처음 추출되는 상급품의 기름을 엑스트라 버진extra virgin이라 하여 정제과정을 거치지 않고 직접 이용하므로 발연점이 낮아 튀김유로는 부적당하나, 시판품은 정제과정을 거친 각종 등급을 혼합한 것으로 튀김유로 사용가능하다.

⑨ 해바라기유

해바라기씨에서 채취하는 건성유로서 보통 식용유로 많이 쓰인다.

⑩ 들기름

들깨의 씨로부터 추출 또는 압착한 건성유로 독특한 방향을 가져 참기름 대용으로 사용되며 깻묵은 사료나 비료로 쓰인다. 참기름에 비해 산패가 빠른 편이다.

⑪ 홍화유(잇꽃유)

홍화씨를 압착 또는 추출하여 채취한 건성유로 리놀레산 함량이 많다. 담백한 풍미를 가지고 열에 약하므로 혼합유로 사용하는 것이 좋다.

⑫ 팜핵유 및 팜유

야자과에 속하는 팜은 팜핵에 45~53%, 팜 과육에 50% 정도의 지방을 함유하고 있어 이로부터 기름을 채취해 정제한 후 튀김용, 경화유용, 제과용으로 사용한다.

⑬ 코코넛유(야자유)

야자과육으로부터 채취한 기름으로 제과용, 경화유의 원료로 사용된다.

⑭ 코코아유(코코아버터, 카카오버터)

코코아(카카오) 나무의 열매를 쪼갠 후 얻은 코코아(카카오)콩을 압착하여 얻는 기름으로 기름을 짜고 남은 탈지박은 분쇄하여 코코아로 가공된다.

2) 동물성 유지

우지, 돈지, 어유 등을 사용하며 우리나라에서는 우지의 수요가 많다.

① 쇠기름(우지)

소의 배, 신장, 심장 등의 지방조직에서 얻어지는 연한 황색의 고체지방을 추출하여 채취한 기름으로 정제하여 경화유의 원료로 사용한다.

② 돼지기름(돈지)

돼지의 복부, 신장, 다른 지방조직에서 얻어지는 백색의 고체지방을 용출법으로 채취한 기름이다. 구성 지방산은 팔미트산, 스테아르산, 올레산, 리놀레산 등으로 우지보다는 불포화지방산이 많아 융점이 낮으므로 육질이 연하고 입에서의 촉감, 색, 풍미가 좋아 고급 중화요리에 많이 쓰인다. 튀김유, 라면제조용, 경화유의 원료 등으로 사용된다.

③ 어유

꽁치, 정어리, 고등어 등의 어류에서 얻어지는 기름으로 어류를 열탕 중에 넣고 가열하여 떠오르는 기름을 원심분리하여 어유를 얻는다. EPA, DHA 등과 같은 고도의 불포화지방산을 많이 함유하고 있어 영양적으로 우수하나 자동산화가 쉽게 일어나므로 대부분은 직접 식용유지로 사용되기 어렵고 경화유를 만든 다음 이용한다.

④ 고래기름

고래의 근육, 내장, 뼈 등에서 용출하여 얻어지며 경화유의 원료로 사용된다.

⑤ 버터

유지방에서 분리한 크림을 살균하여 젖산균으로 발효, 숙성시킨 후 교반하여 만든다.

2. 유지의 채취

원료에서 유지를 채취하는 공정에는 용출법rendering, melt ng out process과 추출법extraction process, 압착법expression process 등이 있다.

1) 식물성 유지의 채취

식물성 유지의 원료는 동물성 유지 원료에 비해 비유지 성분이 많으므로 용출법을 사용하지 못하고 일반적으로 압착법과 추출법이 이용된다.

(1) 전처리

유지 원료에 들어 있는 이물질들을 제거하는 조작과 열처리를 통해 채유 효율을 높이는 과정이 필요하다. 즉 정선, 파쇄, 압편, 증자의 단계를 거치며 이후 착유과정으로 들어간다.

① 정선

원료 중에 이물질이 있으면 기름을 흡수해 생산량과 품질을 저하시키거나 기계를 손상시키므로 체를 치거나 바람을 이용해 정선하고, 쇳조각이나 못 등은 자석분리기를 이용해 제거해야 한다.

② 파쇄

정선이 끝난 원료는 롤 분쇄기roll mill로 파쇄하여 단단한 껍질을 벗기는 과정이다. 이때 너무 미세한 가루로 만들면 분말이 유지를 흡수해 오히려 생산량이 떨어지므로 롤러roller의 간격을 적당히 조절해야 한다.

③ 배조

볶음솥에 원료를 절반 정도 넣고 15~20분간 볶는 과정으로 적당히 볶으면 단백질이 응고하고 기름의 유동성이 증가되어 압착 시 단백질이 기름과 같이 흘러나오지 않고 기름이 쉽게 흘러나온다. 또한 기름의 비린내도 없어지고 좋은 향을 내나 지나치게 볶으면 오히려 색과 향이 나빠지고 원료의 효율도 떨어지므로 중간에 원료를 으깨어 적당히 볶아지도록 주의해야 한다.

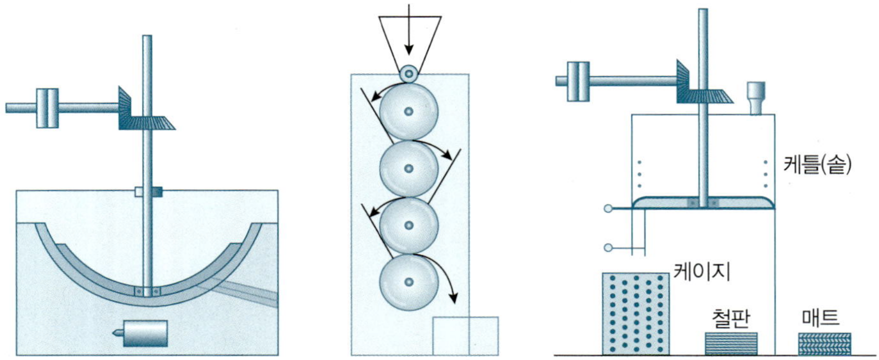

그림 9-2 볶음솥, 압편기, 증자기와 케이지

④ 압편

압착법이나 추출법에서 행해지는 전처리이나, 케이지 프레스 사용 시에만 행해지고 익스펠러 사용 시에는 생략되는 과정이다. 압편기를 통해 원료를 압편하여 추출 효율을 높이는 과정으로 압편기는 3~4단의 활면롤이 적당하며 롤의 간격은 0.5mm가 적당하다.

⑤ 증자

압착법에서만 행해지는 전처리로 케이지 프레스 사용 시에만 행해지고 익스펠러 사용 시에는 생략되는 과정이다. 원료를 증기로 10~20분간 찌는 과정으로 세포기름과 수분과의 치환을 유도해 기름의 점도를 낮춤으로써 기름방울이 모여 조직 표면으로 나오는 것을 촉진한다. 증자기는 대체로 케틀솥이 사용되며 밀폐되어 내압이 걸리는 압증기도 많다.

(2) 착유

착유과정에서는 유지성분의 변화를 막고 가능한 한 불순물의 혼입을 방지해야 하며 최대한의 수율을 얻도록 해야 한다. 또한 유박oil cake의 효용가치를 높일 수 있도록 해야 한다.

① 압착법

압착법은 유지함량이 많은 식물 원료에 기계적인 압력을 가하여 유지를 채취하는 방법으로, 사용되는 압착기는 여러 종류가 있다. 소규모의 경우에는 수동식 압착기를 사용하고 공업적으로는 불연속식 압착기인 케이지 프레스cage press와 연속식 압착기인 익스펠러expeller를 사용한다.

압착법으로 착유한 다음 유박에는 2.5~5%의 유지가 남게 되므로 압착법으로 예비착유를 한 다음 용제로 추출하는 추출법을 병용하는 압출법을 사용해 수율을 높일 수 있다.

케이지 프레스 증자한 원료를 케이지 속에 일정량씩 담는데, 철판을 놓고 그 위에 매트, 원료, 매트, 원료의 순으로 되풀이해서 케이지를 가득 채워 프레스의 안에 밀어 넣은 후 압력을 가해 케이지를 올리면 위쪽의 고정 원기둥의 철판과의 사이에서 원료가 압착되고 기름은 매트 속을 통과해 케이지 구멍을 통해 밖으로 흘러나온다.

익스펠러 screw가 회전하면서 착유하는 연속식 압착기로 유지 함유율이 높은 유채, 참깨, 땅콩, 야자 등의 착유에 이용된다. 배조한 원료를 hopper로 넣으면 원료는 screw로 압착되면서 보내지고 기름은 원통에 뚫린 중간 링의 구멍에서 흘러 나온다. 구멍이 있는 원통과 screw와의 간격은 끝으로 갈수록 좁게 되어 있고 유박은 얇은 파편이 되어 원통 끝의 틈으로 밀려 나온다.

② 추출법

유지원료에 휘발성 유기용제를 사용하여 유지를 추출한 후 용제는 증류로 회수하고 남은 유지를 얻는 방법이다. 압착법보다 불순물이 적은 유지가 얻어지며 유박에 남는 유지도 0.5~1.5% 정도밖에 되지 않는다. 유지의 함량이 적은 원료에도 이용할 수 있으므로 주로 종자의 채유에 이용되며 대량처리도 가능하므로 큰 공장에서 많이 사용한다.

추출법에서도 파쇄, 압편, 건조 등의 전처리가 필요한데 압착법과 다른 점은 볶거나 찌는 과정이 없고 대신 압편하여 건조하면 용제가 잘 침투해 수율이 높아진다.

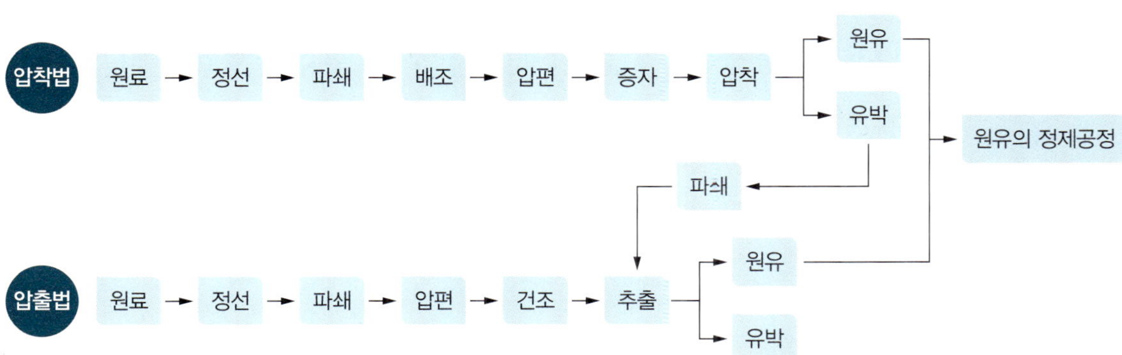

그림 9-3 압착법과 추출법을 통한 유지 채취공정

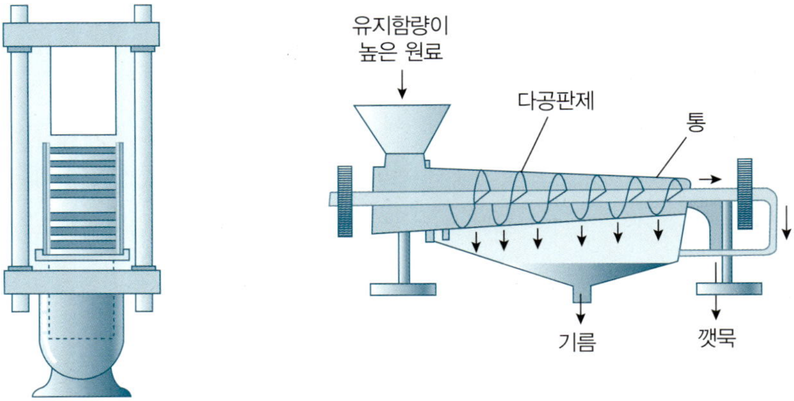

그림 9-4 케이지 프레스와 익스펠러

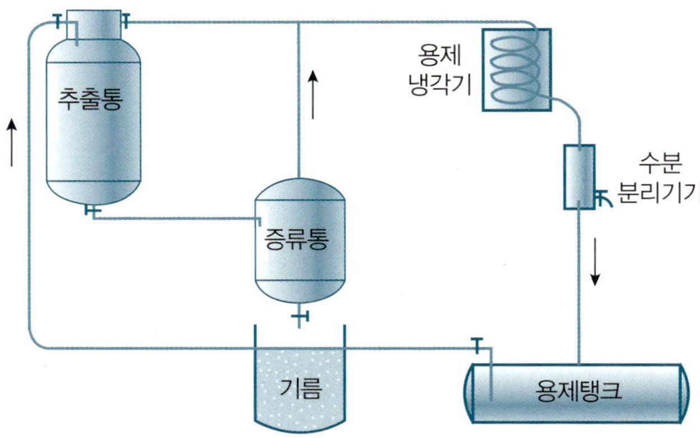

그림 9-5 유지 추출장치

사용되는 용제는 *n*-헥산이 가장 많이 쓰이며 추출장치는 **그림 9-5**와 같다.

원료가 담긴 추출통에 용제를 주입하여 60~70°C에서 약 2시간 동안 추출한 후 추출액은 밑으로 빼서 증류기로 보내 용제를 증류, 정제하여 용제탱크로 회수한다.

2) 동물성 유지의 채취

동물성 원료에서 유지를 추출할 때는 용출법을 주로 사용한다. 원료를 직접 가열하여 수분을 증발시키고 유리되는 지방을 얻는 건식용출법dry rendering과 원료를 뜨거운 물이나 수증기에 노출시켜 유리되는 지방을 얻는 습식용출법wet rendering이 있다.

① **초취법**

원료를 절단하여 이중솥에 넣고 증기로 가열하여 지방을 녹인 후 냉각하거나, 뜨거울 때 천주머니에 넣어 여과, 압착하여 결체조직을 분리시킬 수도 있다. 쇠기름, 돼지기름, 고래기름 등의 채취에 이용된다.

② **증열법**

원료를 고압통에 넣고 가압용해시킨 후 여과, 압착하여 채취하는 방법으로 대량처리가 가능하다.

③ **자취법**

원료를 뜨거운 물속에 넣어 삶고 뜬 기름을 정치 또는 원심분리하여 채취한다. 어유나 간유의 채취에 이용된다.

3. 유지의 정제

원료에서 채취된 유지를 원유crude oil라 하는데 여기에는 수분, 흙, 섬유질, 단백질, 탄수화물, 색소, 유취물질 등 여러 가지 불순물이 함유되어 있다. 이러한 불순물을 제거하여 유지의 품질을 높이는 과정을 정제라 한다.

1) 전처리

원유 중의 불순물을 제거하고 정제공정을 쉽게 하기 위해 침전탱크에서 불순물을 가라앉히거나 여과, 원심분리, 응고, 흡착, 가열 등을 한다.

2) 탈검(degumming)

유지의 불순물인 인지질(레시틴), 단백질, 탄수화물 등의 검질을 제거하는 공정으로 유지에 75~80°C의 온수를 1~2% 첨가하여 믹서로 수화시키면 검질이 팽윤되어 응고하는데 이것을 원심분리로 분리, 제거한다.

콩기름의 탈검으로 얻어지는 부산물인 레시틴은 계면활성작용과 유화작용을 하여 식물첨가물로뿐만 아니라 화장품, 영양제, 침투제 등으로 이용된다.

3) 탈산(deacidification)

원유에 함유된 유리지방산을 제거하는 공정으로 유지를 60~70°C로 가온하고 느리게 교반하면서 10~15%의 수산화나트륨액을 샤워상태로 뿌려 비누액을 만든 후 이 비누액을 원심분리로 분리, 제거한다. 이때 유리지방산뿐 아니라 공존하는 단백질, 인지질(레시틴), 색소 등도 같이 제거되어 튀길 때 거품이 나지 않고 탈색의 효과도 얻을 수 있다.

4) 탈색(bleaching)

식물성 원유에 함유된 카로티노이드, 클로로필, 고시폴 등의 색소물질을 제거하는 공정으로 이들은 탈산, 탈취의 과정에서도 제거되지만 충분하지 않으므로 이 과정을 거쳐야 한다. 탈색방법으로는 활성백토나 활성탄을 이용하는 흡착법, 과산화물을 이용한 산화법, 자외선을 이용한 일광법 등이 있는데 공업적으로는 흡착탈색법이 많이 이용되고 있다.

5) 탈취(deodorization)

원유 중 불쾌취의 원인이 되는 저급카보닐화합물, 저급지방산, 저급알코올, 유기용매 등을 제거하는 공정으로 이들은 본래의 성분이거나 제조과정이나 변패에서 온 것이다. 냄

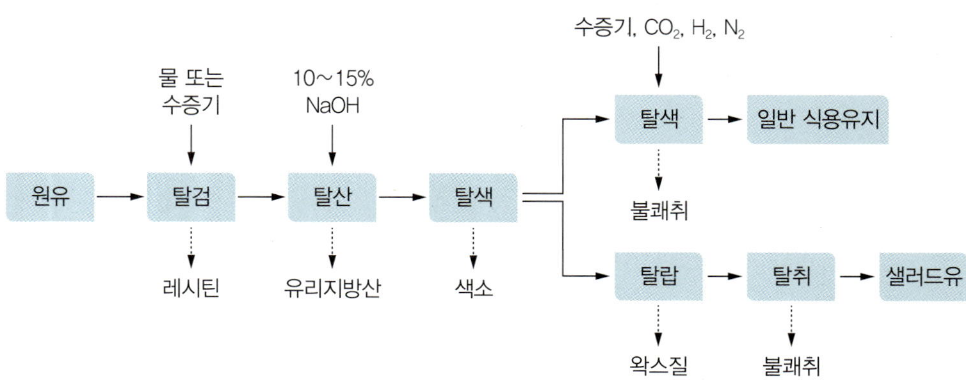

그림 9-6 유지의 정제공정

새성분은 대부분 휘발성이므로 탈취공정은 고도의 진공을 유지하는 상태에서 행해져야 한다. 즉 유지가 진공상태의 탈취탑 내부의 트레이를 자동적으로 이동하는 가운데 220~250°C의 수증기, 이산화탄소, 수소, 질소 등을 불어 넣어 휘발시킴으로써 냄새를 제거한다. 이때 색소, 과산화물, 지방산등도 같이 제거된다.

6) 탈랍(dewaxing)

냉장온도에서 고체가 되는, 녹는점이 높은 납wax을 제거하는 정제공정으로 샐러드유와 같이 냉장고에 보관하는 유지의 제조에 필수적인 정제공정이다. 이 공정은 탈취 전에 미리 원유를 0~6°C에서 18시간 정도 방치하여 생성된 고체지방을 여과 또는 원심분리하여 제거하는 공정이므로 동유처리wintering라고도 한다. 그러나 올리브유는 이때 향미가 좋은 기름이 제거되기 때문에 동유처리하지 않는다.

4. 유지 가공품

유지는 사용목적에 따라 일정한 물리·화학적 성질을 갖도록 가공할 필요가 있다.

1) 경화유(hardened oil)

어유나 식물유 같은 불포화지방산이 많은 액체유는 불안정하고 쉽게 산패되므로 냄새가 많이 난다. 이와 같은 불포화지방산의 이중결합이 니켈과 백금 촉매와 고온고압하(160~180°C, 6~12기압)에서 수소첨가에 의해 단일결합으로 바뀌면 융점이 높은 포화지방산이 되어 적당히 단단한 고체기름이 만들어진다. 이러한 공정을 경화라고 하고, 이때 만들어진 고체기름을 경화유라고 한다.

$$-CH{=}CH- \xrightarrow[+H_2]{Ni,\ Pt} -CH_2{-}CH_2-$$

이렇게 경화유를 만들면 산화나 열에 대한 안정성이 증가하고 융점이 높아져 고체지방량이 증가되며 색·냄새·맛이 개량된다. 그러나 수소화과정 중 일부 불포화지방산은 시스형에서 트랜스형 입체구조로 이성화하여 포화지방산보다도 더 나쁜 건강상의 위해를 끼침이 밝혀져 최근에는 경화유의 과잉 섭취에 대해 경고하고 있다.

경화유의 제조공정은 어유, 면실유, 대두유 그 밖의 식물유를 원료로 정제, 수소 첨가와 촉매의 제거, 제품화의 3단계로 나뉜다. 즉 원료를 수산화나트륨으로 탈산하고 산성백토로 탈색한 후 물을 전기분해하여 만들어낸 수소와 0.1~0.2%의 촉매를 넣어 교반하며 경화유를 만든다. 이때 불어 넣는 수소의 양에 의해 굳기가 정해지는데, 융점이 32~36°C 정도 되는 굳기의 경화유가 얻어지도록 수소의 양을 조절해야 한다. 경화유는 충분히 탈취하여 마가린이나 쇼트닝의 원료로 사용한다.

2) 마가린(margarine)

마가린은 식물성기름(면실유, 대두유, 야자유 등), 동물성기름(경화어유, 우지, 돈지 등)과 경화유를 원료로 하여 소금, 비타민 A, 착색제(β-카로틴), 향료(디아세틸, 바닐라), 유화제(레시틴) 등의 부원료를 넣어 유중수적형으로 유화한 가공품으로 수분 15~16%, 소금 3~5%, 유지 80% 이상으로 배합되어 있다.

제조공정은 그림 9-7과 같다. 원료 유지는 융점이 32~36°C 정도 되도록 배합하며 발효유를 첨가하기도 한다. 여기에 부원료들을 가하여 유화기homogenizer, votator로 가온, 가압하여 유화시킨 후 급랭시킨다.

마가린은 원래 버터의 대용품으로 개발된 것인데 리놀레산 함량이나 신전성이 버터보다 우수하고 비타민, 색소, 기능성 물질의 첨가가 용이하여 많이 이용된다.

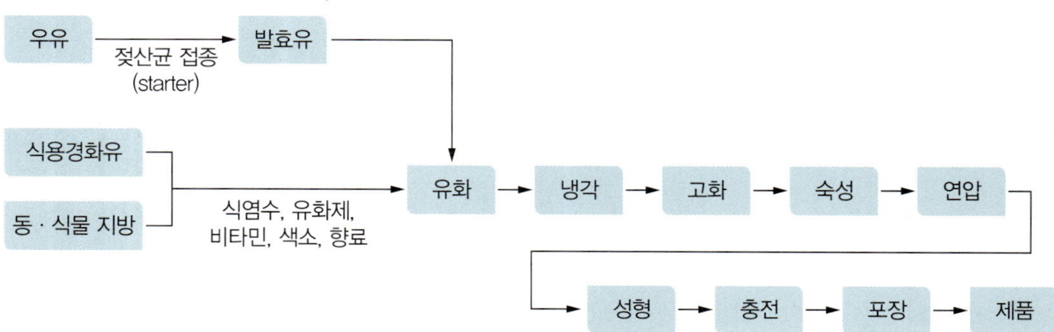

그림 9-7 마가린의 제조공정

3) 쇼트닝(shortening)

쇼트닝은 충분히 정제한 각종 경화유와 동·식물성 유지들을 배합하여 급랭한 후 10~20%의 질소가스 또는 탄산가스를 갖게 하여 쇼트닝성, 크림성, 가소성을 좋게 가공한 크림상태 또는 고형상태의 식품이다. 마가린과 다른 점은 유화작업이 없어 유화되어 있지 않고 질소가스 중에서 롤러로 섞어 제품을 부드럽게 혼합했을 뿐 다른 부원료를 전혀 혼합하지 않는다.

쇼트닝은 다음과 같은 성질이 있어 제과·제빵에서 라드의 대용품으로 널리 사용된다.

(1) 쇼트닝성(부스러지기 쉬운 성질)

크래커, 페이스트리, 비스킷 제조 시 쇼트닝을 밀가루에 섞으면 지방 덩어리가 반죽 동안 눌려 넓은 지방막을 형성함으로써 글루텐 연결을 완전히 차단시켜 층flaky을 형성하고 부스러지기 쉬운 성질flakiness을 나타낸다. 또한 빵 제조 시에 쇼트닝은 내부에서 발생한 탄산가스나 수증기를 밖으로 통과하지 못하게 함으로써 크게 팽창하게 한다.

(2) 크리밍성(포기성)

쇼트닝과 설탕을 잘 섞을 때 쇼트닝은 공기를 많이 함유하므로 나중에 밀가루를 섞어 부풀릴 때 빵의 결을 부드럽게 한다.

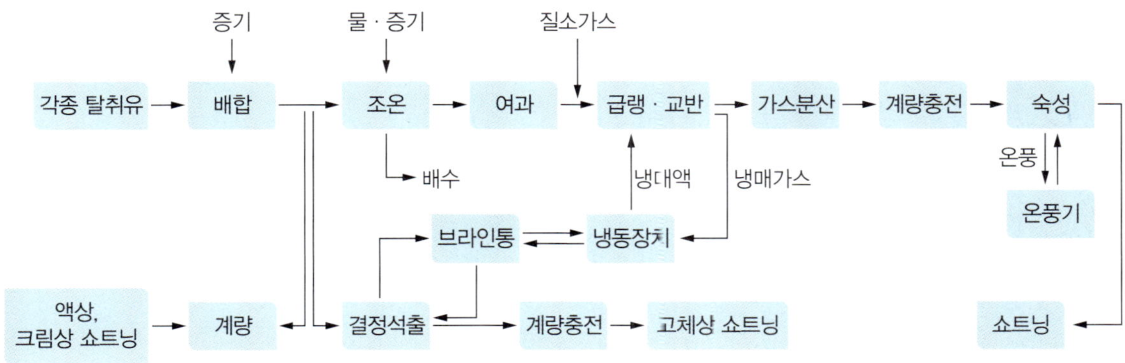

그림 9-8 쇼트닝의 제조긍정

(3) 컨시스턴시

광범위한 온도에서 끈기를 갖는 성질이다.

5. 유지의 저장과 산패

유지를 다량 함유한 식품이 저장 중에 산소를 흡수하여 산화하거나 산, 알칼리, 효소 등에 의해 가수분해가 일어나 유지의 맛, 색, 냄새 등이 열화하는 것을 산패라고 한다. 유지의 산화는 특히 가열·가공 중에 더욱 급속히 진행되어 영양성, 물성, 기호성 등이 감소할 뿐 아니라 이취off-flavor, 필수지방산의 파괴, 색깔의 변화, 독성 등을 일으킨다.

1) 산패의 종류

유지의 산패를 일으키는 원인은 여러 가지가 있으나 다음과 같이 나눌 수 있다.

(1) 자동산화에 의한 산패

유지는 상온에서 산소에 의해 서서히 산화되므로 자동산화라 부르며, 반응 개요는 그림 9-9와 같다. 이 반응은 라디칼 반응으로 자동적으로 반응이 진행되어 과산화물hydroperoxide을 축적한다. 축적된 과산화물은 한편으로는 계속 분해되어 산패취의 원인이

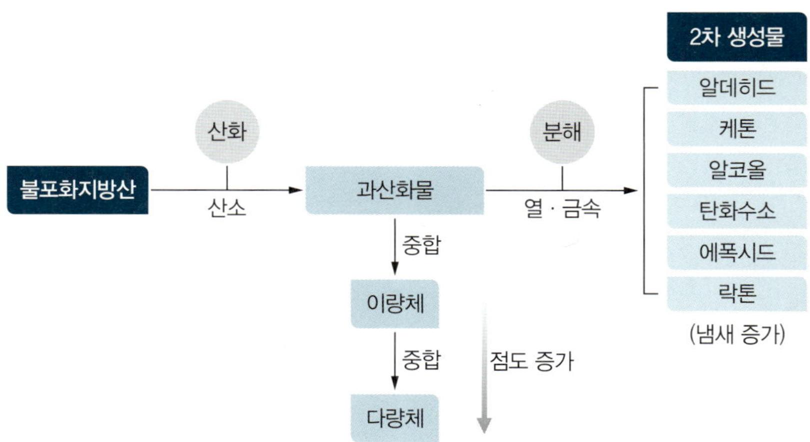

그림 9-9 유지의 자동산화 개요

되는 알데히드 등의 이차 생성물을 만들고 또 다른 한편으로는 중합되어 이량체, 삼량체 등의 중합체를 형성하여 유지의 점도를 증가시킨다.

- 개시단계 : 이중결합을 가진 불포화지방산이 열, 빛, 금속 등에 의해 느슨하게 결합된 수소원자를 빼앗겨 라디칼을 형성하는 단계이다.
- 진행단계 : 생성된 라디칼에 산소가 결합하여 퍼옥시라디칼이 형성되고, 이것이 다른 불포화지방산으로부터 수소를 빼앗아 과산화물을 만드는 동시에 새로운 라디칼이 생성되는 단계이다. 불포화지방산의 이중결합이 거의 없어질 때까지 연쇄적으로 진행되며 과산화물은 저분자로 분해되어 나쁜 냄새를 낸다.
- 정지단계 : 연쇄반응은 라디칼이 또 다른 라디칼이나 항산화제와 반응하거나 불포화지방산이 없어질 때까지 계속된다. 생성된 중간산화물들이 서로 결합하여 새로운 중합체를 형성하는데 이들은 라디칼이 아니므로 반응성이 상실되어 연쇄반응이 종결된다.

(2) 가수분해에 의한 산패

유지는 산, 알칼리, 가수분해효소에 의해 중성지방이 글리세롤과 유리지방산으로 가수분해되어 불쾌한 냄새나 맛을 형성하여 산패된다. 이때 유지의 가열온도가 높거나 장시간 가열하면 가수분해에 의해 생성된 글리세롤로부터 물이 빠져나와 아크롤레인acrolein이 된다.

(3) 가열산화에 의한 산패

유지를 높은 온도에서 장시간 가열했을 때 일어나는 산화로 튀김이나 고온 요리의 가열에 의한 산화는 자동산화와 같은 기전으로 진행되지만 속도가 훨씬 더 빠르다. 생성된 과산화물은 고온으로 인해 축적되지 않고 바로 중합되어 다량체를 형성하거나 저분자물질로 분해된다.

(4) 산화효소에 의한 산패

지방산을 산화시키는 효소로는 리폭시게나아제lipoxigenase와 리포히드로퍼옥시다아제lipohydroperoxidase가 있다.

2) 유지의 산패에 영향을 주는 요인

유지는 상온에서 저장하는 동안 천천히 산화하지만 다음과 같은 인자에 의하여 산화는 더욱 촉진된다.

(1) 유지의 불포화도

불포화지방산은 포화지방산보다 산화되기 쉽다.

(2) 온도

일반적인 화학반응과 마찬가지로 온도 상승은 반응속도를 증가시키지만, 유지는 특수 온도에 민감하여 100°C 이상에서는 과산화물이 축적되지 않고 분해되며, 0°C 이하에서는 얼음결정의 석출로 금속촉매의 농도가 높아져 반응이 촉진된다.

(3) 광선

광선, 특히 자외선은 라디칼의 생성을 촉진시켜 과산화물의 분해를 촉진한다.
따라서 유지는 어두운 장소나 착색병에 보관해야 한다.

(4) 수분

수분은 유지 산화를 촉진하나 단분자층의 수분은 유지 산화를 억제한다.

(5) 금속이온

구리, 주석, 아연, 철 등의 이온은 산화를 촉진하므로 유지를 담는 용기는 스테인리스 스틸이 좋다.

(6) 색소화합물

엽록소, 헴 등도 산화를 촉진하므로 유가공품이나 정제하지 않은 기름은 저장 중에 주의하여야 한다.

(7) 효소

지질 가수분해효소인 리파아제, 에스테라아제, 포스포리파아제 등은 유리지방산을 형성하여 유지의 산화를 촉진시키고 리폭시다아제는 과산화물의 생성을 촉진시킨다.

3) 항산화제

식물성 유지에는 천연 항산화제가 주로 존재하므로 식물성 유지는 동물성 유지에 비해 불포화지방산의 함량이 높음에도 불구하고 산화속도가 느리다. 또한 종류만 사용하기보다는 두 종류 이상을 병행하면 효과가 커지는데 이를 상승효과라 한다.

천연 항산화제로는 식물성 유지의 비타민 E, 참기름의 세사몰, 목화씨의 고시폴, 콩제품의 레시틴, 안토시안 같은 폴리페놀 화합물, 식물성 식품의 플라보노이드 화합물, 수지물질인 과이액 검 등이 있으며 그 외에 향신료인 로즈마리, 세이지, 계피, 정향, 생강 등도 항산화력을 갖고 있다. FDA에서 허용하는 합성항산화제로는 부틸히드록시아니솔BHA, 부틸히드록시톨루엔BHT, 몰식자산프로필PG, 제3기부틸히드로퀴논TBHQ, 에틸렌디아민사초산EDTA 등이 있다.

한편 자신은 항산화 능력이 없거나 약하지만 다른 항산화제와 병행하여 사용하면 항산화 능력을 상승시키는 상승제synergist로는 구연산, 인산, 주석산, 사과산, 비타민 C 등이 있다.

참고문헌

김덕웅 외. 개정 식품가공저장학. 광문각, 2004

김동연 외. 농산가공학. 영지문화사, 1990

김병묵. 식품저장학, 진로연구사, 2004

김재욱 외. 식품가공저장학. 광문각, 2003

박헌국 외. 식품가공저장학. 진로연구사, 2003

송재철. 최신식품가공학. 효일문화사, 1998

이경애 외. 식품가공저장학,. 교문사, 2004

전재근 외. 식품공학. 라이프사이언스, 2002

장학길. 식품가공저장학. 라이프사이언스, 2006

최수일, 김상호. 식품기기학. 동명대학 출판부, 2004

A.L. Branen, P.M. Davidson, S. Salminen, J.H. Thorngate. Food Additives 2nd ed., Marcel Dekker, Inc., 2002

B.M. McGregor. Tropical Products Transport Handbook. USDA Office of Transportation, Agricultural Handbook 668, 1989

CODEX Alimentarius Commission. Recommended International Code Of Hygienic Practice For Low And Acidified Low Acid Canned Foods(CAC/RCP 23-1979, Rev. 2). FAO, 1993

David R. Lide. CRC Handbook of Chemistry and Physics, Internet Version 2007, (87th Edition), 〈http:/www.hbcpnetbase.com〉, Taylor and Francis, 2007

F.A. Paine and H.Y. Paine. A Handbook of Food Packaging, 2nd ed., Blackie Academic & Professional, 1992

FDA. Guide to Inspections of Low Acid Canned Food Manufacturers Part 3 Containers/Closures, 1998

Food processing technology : P. Fellows(2000) CRC Press : Woodhead G.W. Gould. Introduction, Mechanisms of Action of Food Preservation Procedures(G.W. Gould, ed.), Elsevier Applied Science, 1989

G.W. Gould. Overview, New Methods of Food Preservation(G.W. Gould, ed.), Blackie Academic and Professional, 1995

J. Chirife. Physicochemical aspects of food preservation by combined factors. Food Control 4: 210, 1993

J.D. Floros. The shelf life of fruits and vegetables, Shelf Life Studies of Foods and Beverages: Chemical, Biological, Physical, and Nutritional Aspects(G. Charalambous, ed.). Elsevier Science Publishers B.V., Amsterdam, 1993

L.B. Rockland and L.R. Beuchat, Introduction, Water Activity: Theory and Applications to Food(L.B. Rockland and L.R. Beuchat, eds.), Marcel Dekker, Inc., 1987

L.R. Beuchat. Microbial stability as affected by water activity. Cereal Food World 26:345, 1981

P.J. Fellows. Food Processing Technology Principles and Practice, 2nd ed., Wood Head Pub. 2000

R. Drapron. Enzyme activity as a function of water activity, Properties of Water in Foods(D. Simato and J.L. Multon, eds.), Martinus Nijhoff Publishers, 1985

Stanley M. Walas. Chemical Process Equipment Selection and Design. Butterworth-Heinemann, 1990

찾아보기

ㄱ

가당연유 294
가소성 202
가수공정 193
가수-탈배아공정 216
가스빼기 204
가스저장 146
가시광선 142
가압멸균기 121
가압여과기 61
가압형 유화기 58
가열 109
가열살균 112
간장 238
간접가압식 150
간접가열법 111
감자전분 228
강력분 198
강화지 158
개관검사 125
거친 파쇄기c 46
건식 도정 180
건식세척 43
건조 80
건조란 287
건조유제품 296
겨층 183
경막전열계수 110
경직해제 276
경화유 329
고구마전분 227
고기풀 306
고압살균 150
고압처리 150
고온단시간살균법 127
고전장 펄스 145
고주파순간접착기 165
고추장 240
곡류 178
골판지 158
공기동결법 99
공기성분조절 포장 168
과냉각 96
과립성형 77
과열증기 171
과일주스 257
광학적 색깔 38
교반 51
교반형 유화기 58
국제식품규격위원회 112
균질화 45
그릿 217
글라신지 157
글루테닌 198
글리아딘 198
금속코팅 필름 164
금속 냉동식품 101
급속동결 96
기기적 색깔 38
기름튀김 두부 237
기질농도 27
기화 80
김치 266

ㄴ

나무용기 159
내유성 155
내유지 157
냉동곡선 96
냉동 사이클 89
냉동설비 90
냉동화상 103
냉매 89
냉장 90
냉장법 89
냉풍냉각 93
냉훈법 312
노타임 반죽법 207
노화 209, 220
농축 68
농축유제품 294

니콜라스 아페르 10

ㄷ

단위조작 12, 34
단위체 156
단증류기 73
달걀 286
당면 216
당장 130
대두단백 237
대류 110
데치기 39
도살 275
도우 205
도정 179, 180
도정도 184
동건품 310
동결건조기 87
동결농축 72
동결란 287
동결속도 98
동결저장 95
동결저장법 89
동물성 유지 322
동물성 유지의 채취 326
동유처리 329
된장 240
두부 233
두유 232
드라이 아이스 106
드립 108
들뜬 상태 139
등급 35
디스크밀 50
디스크 볼 원심분리기 61
디스크 세퍼레이터 180, 193

ㄹ

라면 215
라미네이트 165
라울의 법칙 96
레토르트 121
롤러선별기 37
롤밀 49
루이스 파스퇴르 10
르 샤틀리의 원리 150
리본형 혼합기 54

ㅁ

마가린 330
마그네틱 세퍼레이터 193
마멀레이드 266
마쇄 44
마이크로파 109, 135
마이크로프로세서 44
마찰 181
마찰세척 43
막분리 62
막여과 62
말분 196
맥주 243
메쉬 195
메시 36
멸균 118
멸치젓 313
무게 35
무게선별기 36
무균포장 144, 171
무당연유 295
무발효빵 210
미립자화 44
미생물의 사멸곡선 114
미세 분쇄기 46
미셀 219
밀가루 189
밀가루 국수 215
밀링 세퍼레이터 191
밀봉 119

ㅂ

박력분 198
박엽지 158
반사 38
반죽 51, 55
반죽법 204
반죽 형성 200, 203
발열 142
발효공정 207
발효유 302
방사선 조사 138
방사선 조사 표시 140
방향성분 흡착제 175
배아 183
백미 183
밴드접착기 165
버터 297
베이컨 285
베이킹 파우더 200
벼 182
변성전분 216, 224
병원성 독소생성 미생물 128
보냉차 106
보리 187
보존료 132
복사 111, 138
본레스햄 281
본인햄 280
볼밀 48
부동액 100

부들어묵 308
부유세척 41
부패균 128
분급 35
분리 58
분무건조기 84
분무세척 41
분무장치 84
분별증류 70, 72
분별증류기 73
분산성 45
분쇄 44
분쇄공정 45, 196
분쇄기 46
분쇄롤 217
분쇄비율 46
불완전살균 139
불포화도 334
비상 스트레이트법 205
비스킷 212
비열처리 129
비후숙 과채류 32
빙결점 96
빙결정 96
빙온저장법 93
빙장법 92
빛 차단성 156

ㅅ

사별공정 195
사이런트커터 279
사일런트커터 307
사후경직 275
삭면법 214
산발효채소 266
산소 28
산소흡착 시스템 173
산소흡착제 171
산장 131
산패 332
산화환원 전위 25
살균 139
삼투압 25, 129
삼투작용 129
상대습도 16
상업적 멸균 112
새우젓 314
서류 218
석발기 193
선별 38
선별공정 35
성형 74
세균검사 126
세몰리나 216
세절 277
세정 39
세척공정 39
셀룰로오스 아세테이트 161
소건품 309
소시지 283
소주 245
소화율 219
송풍동결법 100
송풍분류기 43
송풍해동법 107
쇼트닝 331
쇼트닝성 331
수분활성도 17, 27
수분 흡착제 174
수산 건제품 309
수산 연제품 306
수산 염장품 313
수산 훈제품 311
수소이온농도 29
수압식 압착기 64
수인법 214
수중유적형 57
수중해동법 107
수직 단관형 증발농축기 71
수화 203
숙성 276
순화공정 194
스쿠러 192
스크루 압착 엑스펠러 64
스크루 혼합기 54
스크린 컨베이어 41
스트레이트 밀가루 196
스펀지 205
스펀지법 204
습식 도정 180
습식세척 41
승화 80
시간온도허용한도 104
시유 291
식물성 유지 319
식물성 유지의 채취 323
식육 270
식육의 부위별 명칭 272
식품가공 12
식품저장 12
식품조사 138
식품첨가물 131
식품 포장재료 153
심온동결법 100

ㅇ

아스피레이터 180, 184, 191
아이스크림 300

아이스크림 냉동기 53
아이오노머 164
아황산지 157
안식향산 132
알루미늄 포일 167
알루미늄합금 168
압연 51
압연성형 76
압착 64
압착법 324
압축식 냉동기 90
압출성형 76, 160
액상란 286
액훈법 312
약주 244
양면지 158
양철판 167
어묵 307
어육소시지 308
얼림두부 237
에탄올 방출제 174
에틸렌비닐 아세테이트 공중합체 164
에틸렌 흡착제 173
엑스레이 44
여과 61
여과박 61
여액 61
역삼투 63
연마분쇄 44
연삭물질 185
연속제빵법 205
연신 160
열변성계수 117
열전달 기기 111
열전도도 110
열접착 장치 165
열처리 80
열풍건조기 84
염건품 309
염장 130
염지 277
예냉 93
오버런 56
옥수수 216
옥수수전분 221
온도계의 보정 116
온도조절 포장 175
온훈법 312
옴의 법칙 144
완만동결 96
완성공정 196, 208
완전살균 139
왕겨 182
외관검사 124
용매 추출 66
우유 288
원심분리 60
원판분리기 44
원형질 분리 25
위스키 245
유도가열 146
유동층동결법 102
유바 237
유압식 압착기 64
유중수적형 57
유지 가공품 329
유지의 정제 327
유통기한 16
유통기한 변화 14
유화 44, 51, 56, 279
유화액 56
유화제 57
육가공 277
융해 80
응괴성형 77
이산화탄소의 흡착제 173
이산화황 132
익스펠러 325
인스턴트 두부 237
일반 두부 234

ㅈ

자건품 310
자동산화 332
자력선별기 43
자석 분류기 193
자석세척 43
자외선 142
자취법 327
장류 238
재반죽법 206
재생 셀룰로오스 160
잼 266
저온균 91
저온살균 127
저온장시간살균법 127
저온장해 94
저온저장 89
적외선 141
전기가열접착기 165
전기저항 144
전기해동법 107
전도 109
전두부 236
전분 218
전분당 226
전자파 135

전처리 323, 327
전환기적 상승 147, 255
전훈법 312
절단 44
절단법 214
절단분쇄 44
절삭 181
점도 219
접촉동결법 101
접촉해동법 107
젓갈 313
정맥 188
정미 184
정선 179, 191
정선공정 35
정선기 193
정전기적 세척 43
제과 210
제면 212
제분 44, 181, 191
제분 공정도 192
제분율 198
제빵 200
제빵법 204
제현기 183
젤리 264
젤리점 265
조미 가공품 314
조미 건제품 314
조미 배건품 314
조사 160
조쇄공정 194
조쇄롤 49, 194
조질 194
종이류 157
주류 241
주정 244
주조성형 75
중간수분식품 18
중력분 198
증기압 123
증류 72
증류주 244
증발건조기 84
증발농축 69
증산작용 256
증열법 327
지관 159
직접가압식 150
직접가열법 111
직접반죽법 204
진공냉각 933

ㅊ

착면법 214
착유 324
찰리 181
찰리우법 207
청국장 240
청정화 293
청주 244
청징 260
체 36
체분리 45, 194
초고온가열처리법 127
초음파세척법 42
초임계유체 추출 67
초취법 327
초퍼 50
최대빙결정생성대 96
최소수분활성도 20
추출 65
추출법 325
충격 181
충진 119
치즈 298
침강분리 59
침지세척 41
침지식 동결법 100
칩보드 158

ㅋ

캐스팅 160
캘린더링 160
커피 246
커피 생두 246
컨시스턴시 332
케이싱 279
케이지 프레스 64, 325
케이크 211
코팅지 158
콤프턴 효과 139
콩 가공식품 231
콩류 228
쿠키 211
크기 36
크라프트지 157
크래커 211
크롬코팅스틸 167
크리밍성 331
크림 296
크세논 가스 142
클리어 밀가루 196

ㅌ

탁주 244
탄력증강제 307
탈검 327

탈기 119
탈랍 329
탈산 328
탈색 328
탈취 328
탈피 39
텀블러 혼합기 54
템퍼링 194
토막썰기 44
통조림의 변패 126
통조림의 표시 124
투과 38
투과도 155
투과성 153
튀김어묵 308
트립신 저해제 228

ㅍ

파라벤 132
파리나 216
파쇄 44
파스타 216
파스퇴리제이션 127
파텐트 밀가루 196
판붙이어묵 307
판지 158
팽윤 219
페달 55
펙틴질 256, 263
평형상대습도 17
포도주 243
포장 152
포장두부 236
폴리비닐리덴 클로라이드 162
폴리비닐 클로라이드 161
폴리스티렌 163
폴리아미드 163
폴리에스테르 163
폴리에틸렌 161
폴리카보네이트 164
폴리테트라플루오로에틸렌 164
폴리프로필렌 162
품질유지 특성곡선 104
프레스햄 282
프로펠러 혼합기 56
프리즈플로 저장법 102
피단 288
피막제 135
핀밀 49
필름류 159
필터 프레스 62

ㅎ

하분법 214
한계수분활성도 20
한외여과법 62
항산화제 134, 335
해동 106
해머밀 48
햄류의 가공 280
헤드 스페이스 119
현미 182
호미니 217
호흡작용 255
혼합 51, 52
혼합공정 207
혼합기 53
활면롤 49
활성 포장 171
황산지 158
회분식 팬 증발기 71
회전드럼 48
효모먹이 203
효소 25
후숙 과채류 32
후숙작용 256
훈연 131, 279
훈증 131
휴면작용 257
흡착 65
히스테리시스 18

저자 소개

신성균
한양여자대학교 식품영양과 교수

이석원
유한대학교 호텔외식조리학과 교수

이수정
부천대학교 식품영양학과 교수

주난영
배화여자대학교 조리학과 교수

최남순
배화여자대학교 식품영양학과 교수

개정판 식품가공저장학

2008년 9월 5일 초 판 발행
2023년 9월 5일 개정3쇄 발행

지은이 | 신성균 · 이석원 · 이수정 · 주난영 · 최남순
발행인 | 유제구
발행처 | 파워북
주 소 | 경기도 고양시 일산동구 호수로 358-25
동문타워 2차 529호
전 화 | (02) 730-1412
팩 스 | (031) 908-1410
등 록 | 1997년 1월 31일 제2014-000067호

정 가 22,000원
ISBN 978-89-8160-346-5 (93590)